教育部人文社会科学研究项目（编号：22YJC840023）

U0722277

随机干预实验：
实践指南

Running Randomized Evaluations：

A Practical Guide

[美] 瑞秋·格伦纳斯特
（Rachel Glennerster）

[美] 库扎伊·塔卡瓦拉沙
（Kudzai Takavarasha）

著

聂景春

译

重庆大学出版社

图书在版编目(CIP)数据

随机干预实验：实践指南 /（美）瑞秋·格伦纳斯特（Rachel Glennerster），（美）库扎伊·塔卡瓦拉沙（Kudzai Takavarasha）著；聂景春译 . -- 重庆：重庆大学出版社, 2025. 3. --（万卷方法）. -- ISBN 978-7-5689-4951-4

Ⅰ . G312

中国国家版本馆 CIP 数据核字第 2025Z8U204 号

随机干预实验：实践指南

SUIJI GANYU SHIYAN :SHIJIAN ZHINAN

（美）瑞秋·格伦纳斯特（Rachel Glennerster）
（美）库扎伊·塔卡瓦拉沙（Kudzai Takavarasha） 著
聂景春 译

策划编辑:林佳木
责任编辑:黄菊香 版式设计:林佳木
责任校对:关德强 责任印制:张 策
*
重庆大学出版社出版发行
出版人:陈晓阳
社址:重庆市沙坪坝区大学城西路 21 号
邮编:401331
电话:(023)88617190 88617185(中小学)
传真:(023)88617186 88617166
网址:http://www.cqup.com.cn
邮箱:fxk@ cqup.com.cn(营销中心)
全国新华书店经销
重庆华林天美印务有限公司印刷
*
开本:787mm×1092mm 1/16 印张:22 字数:430 千
2025 年 3 月第 1 版 2025 年 3 月第 1 次印刷
ISBN 978-7-5689-4951- 4 定价:75.00 元

作译者简介

瑞秋·格伦纳斯特

库扎伊·塔卡瓦拉沙

作者

格伦纳斯特博士目前是芝加哥大学社会科学系经济学副教授。她的研究领域主要为：在西非和南亚等国使用随机干预实验方法研究民主和问责制、健康、教育、小额信贷、妇女赋权等项目的影响。她的相关研究成果发表于 *Science, British Medical Journal* 及经济学顶级期刊 *American Economic Review, Quarterly Journal of Economics, Journal of Political Economy, Journal of the European Economic Association, Economic Journal* 等。格伦纳斯特博士撰写的关于随机干预实验方法的书籍及文章累计被引用高达5000次，产生了广泛影响。在加入芝加哥大学之前，格伦纳斯特博士于2004年至2017年担任麻省理工学院阿卜杜勒·拉蒂夫·贾米尔贫困行动实验室(J-PAL)的项目执行主任。此外，格伦纳斯特博士还帮助建立了"世界除虫"计划，为全世界的儿童提供了10亿次驱虫治疗。

塔卡瓦拉沙来自津巴布韦。他毕业于麻省理工学院，获得化学工程和经济学学位。他于2004—2012年担任麻省理工学院阿卜杜勒·拉蒂夫·贾米尔贫困行动实验室(Abdul Latif Jameel Poverty Action Lab，J-PAL)的项目负责人。在任职期间，他帮助 J-PAL 撰写政策简报、研究快讯，并设计了用于推广随机干预实验方法的项目培训材料。这些材料构成了本书《随机干预实验：操作指南》的基本框架。目前，库扎伊·塔卡瓦拉沙是一位专职写作人。

译者

聂景春，陕西师范大学教育实验经济研究所副研究员，中国人民大学管理学博士。开展的研究主要是基于随机干预实验方法，探索有利于儿童发展（包括儿童早期发展）的家庭支持及学校支持政策。研究领域主要涉及：政策影响评估、农村人力资本、健康经济学和教育经济学。截至2024年，在农村地区组织开展随机干预项目4项。在 *PNAS*、*Economic Development and Cultural Change*、《北京大学教育评论》、《华东师范大学学报（教育科学版）》、《中国农村观察》等发表论文40多篇，出版《社会科学研究：从生活体验到思维方法》等专著2部，获陕西省高等学校人文社科论文一等奖1项。

书　评

我一直在寻找一本书，以训练我的学生、研究助理和实地工作人员来设计和实施社会政策实验。现在，我终于发现了这样一本书——《随机干预实验：实践指南》。它提供了对随机干预实验所有阶段的实用指导，这些知识以前只有直接跟着评估专家工作才能学到。

——杰弗里·B.利布曼（Jeffrey B. Liebman），哈佛大学约翰·肯尼迪政府学院

影响评估是提高发展成效的关键资源。然而，迄今为止，政策制定者、非政府组织工作人员和各类发展专业人员都无法获得有关影响评估的实际指导。在通常情况下，我们被困在理论探讨和哲学辩论中，而错过了讨论实际实施影响评估的机会。随机干预实验评估能够使交易工具更易于使用且更方便用户，从而极大地促进了该领域的进步。这本指南对于政策制定者、从业人员和捐助者来说是必读书目。

——乔迪·纳尔逊（Jodi Nelson），盖茨和梅琳达基金会

由瑞秋·格伦纳斯特和她的同事开创的随机干预实验评估已成为新的消除贫困的有力工具。这本书为我们提供了如何真正做到这一点的关键指南。本书是致力于用证据指导政策的学生、专业人士和研究人员的必读书目。

——迪恩·卡兰（Dean Karlan），《不流于美好愿望》的合著者

随机干预实验在研究人员和政策制定者中越来越受到欢迎，因为这一方法对产生出基于严格证据和创造性思维的决策带来了巨大的希望。然而，开展随机干预实验可能令人望而生畏。它有很多步骤，项目早期做出的决定可能会对项目的生命周期产生不可预见的影响。这本书，基于10多年来最重要的实践者的个人经验和J-PAL研究人员多年来积累的丰富经验，为寻求参与这一过程的人提供了安慰和指导。

——埃丝特·迪弗洛（Esther Duflo），J-PAL联合主任和《贫困经济学》及《贫穷的本质》的合著者

随机干预实验方法的中国实践（代序）

　　本书是随机干预实验方法的经典入门读物，作者瑞秋·格伦纳斯特与库扎伊·塔卡瓦拉撰写此书时均就职于美国麻省理工学院的阿卜杜勒·拉蒂夫·贾米尔贫困行动实验室（J-PAL）。因此，书中引用的案例主要来自 J-PAL 团队在非洲、南亚、拉丁美洲等地区实施的随机干预实验项目。J-PAL 团队在中国的项目相对较少，因此书中涉及中国的案例较为有限。然而，随机干预实验这种前沿的研究方法，实际上早已被中国学者关注和运用。本书译者聂景春副研究员所在的陕西师范大学教育实验经济研究所即是国内较早引入并大规模应用该方法的研究团队之一，并且在推动这一方法的中国本土实践方面已取得广泛影响力。

　　为使读者更好地了解随机干预实验如何在中国应用，借着本书的出版，简单介绍一下陕西师范大学教育实验经济研究所团队的相关工作。

一、陕西师范大学教育实验经济研究所介绍

　　陕西师范大学教育实验经济研究所（Center for Experimental Economics in Education at Shaanxi Normal University，CEEE）成立于 2004 年 12 月。CEEE 一直致力于通过研究促进农村发展、缩小城乡发展差距。在长期的研究探索中 CEEE 开始认识到人力资本积累对农村发展的至关重要性，因而逐步聚焦于该问题，重点关注农村儿童的教育和健康问题。CEEE 相信，帮助农村儿童接受良好的教育，改善他们的营养健康状况，培养他们必需的能力，给予这些农村儿童茁壮成长的机会，是经济稳定增长和持续繁荣的人力资源保障。

　　而实现这一目标，不仅需要学术理论探讨，更需要探索切实有效、可操作、低成本、可复制推广的解决方案，推动政策进步。在长期的研究探索中，CEEE 认识到了随机干预实验在实现该目标方面的独特优势，从 2006 年就开始在中国农村学校开展随机干预实验项目。随机干预实验不仅是一种因果推断方法，更是一种政策设

计和模拟工具。该方法的使用,促使研究者从关注学术理论转向关注社会待解决的实际问题,从解释社会现象转向更积极主动地设计干预策略、解决社会问题。CEEE试图通过应用随机干预实验这一重要工具,将学术研究带出象牙塔,应用于解决农村儿童人力资本发展的实际问题。

CEEE是国内少有的以使用随机干预实验方法为主要特色的研究团队之一。截至目前,CEEE已累计开展随机干预实验项目60多项,内容主要覆盖五大主题:"儿童早期发展""营养、健康及教育""信息技术与人力资本""教师与教学"和"公共卫生"。迄今为止,CEEE的项目共为农村儿童发放了100多万粒维生素片,为农村学生提供了1700万元的助学金,在800所学校开展了计算机辅助学习项目,为4000户农村家庭提供婴幼儿养育指导,为农村学生发放了10万副免费眼镜,对数千名高校学生和项目实施者进行了行动研究和影响评估的专业训练;基于研究结果提交的29份政策简报被国家采纳。

《华东师范大学学报(教育科学版)》2020年第8期专刊介绍了CEEE在随机干预实验方面开展的工作及研究进展。为使学者熟悉我们的工作,下面对CEEE主要的五大研究领域的一些项目进行简要介绍[更详细的介绍可参阅:史耀疆,张林秀,等.(2020).教育精准扶贫中随机干预实验的中国实践与经验.华东师范大学学报(教育科学版), 38, 1-67.]。

1. 儿童早期发展

CEEE儿童早期发展项目致力于通过开创性研究探索使儿童终身受益的早期干预方案。团队在西北农村贫困地区抽样调查发现,样本中超过一半的0—3岁婴幼儿的认知能力发展潜能未得到充分发挥。自2012年开始,CEEE与国家有关部门合作,开展了7项随机干预实验项目,以探索促进农村儿童早期发展的有效方案,其中包括:(1)从制约儿童发展潜能实现的"营养"元素方面开始探索,设计了"辅食营养包补充"项目,为农村地区儿童每天补充一包富含铁和微量元素的营养包;(2)从制约儿童发展潜能实现的"养育"元素出发,设计了"养育师入户开展亲子指导"随机干预实验研究项目;(3)为覆盖更多农村儿童,将养育师入户指导项目升级为养育中心项目,在儿童居住相对聚集的农村社区建立了50个村级儿童早期发展活动中心;(4)为探索由政府主导、科研团队提供技术支持、社会力量提供资金支持的服务提供模式是否可行,联合陕西省宁陕县政府和公益机构在宁陕县探索了整县覆盖的可行性[相关研究成果请参阅: a) Sylvia, S., Warrinnier, N., Luo, R., et al. (2020). From quantity to quality: delivering a home-based parenting intervention through China's family planning cadres. The Economic journal (London), 131, 1365 - 1400; b) Sylvia, S., Luo, R., Zhong, J., et al. (2022). Passive versus active service delivery: comparing the effects of two parenting interventions on early cognitive development in rural China. World Development, 149, 105686.]。

2. 营养、健康与教育

CEEE 关注农村地区儿童的健康问题,包括贫血和近视等问题。CEEE 的研究结果显示,30% 的农村学生患有缺铁性贫血,而开展的 6 项随机干预实验项目均表明,简单的营养干预就能够减少贫血,提高农村儿童的学业表现。据此 CEEE 向有关部门提交了 4 份政策简报。中央政府对此作出回应,启动了一项为期 10 年的新政策,每年投资 160 亿元实施营养改善计划,惠及 3300 万农村学生。此外,农村地区未矫正的视力问题(近视学生未佩戴合适的眼镜)较为普遍,这影响着他们的视力健康和学业表现。CEEE 开展了 5 项随机干预实验项目,探索了一系列视力健康方面的可行干预,包括提供视力保护信息干预、提供免费眼镜、建立常规化的视力筛查和检查流程等[相关研究成果请参阅:a) Luo, R., Miller, G., Rozelle, S., et al. (2019). Can bureaucrats really be paid like ceos? Substitution between incentives and resources among school administrators in China. Journal of the European Economic Association.1-37; b) Miller, G., Luo, R., Zhang, L.,et al.(2012). Effectiveness of provider incentives for anaemia reduction in rural China: A cluster randomised trial. BMJ, 345, e4809.]。

3. 信息技术与教育

农村地区及民族地区中小学生的学业表现落后于城市地区学生水平,其主要原因是学习资源,尤其是优质教师资源的匮乏。CEEE 与知名教育机构合作,陆续开展了 7 项随机干预实验项目,探索通过计算机辅助学习、双师在线课堂等信息化手段,将城市优质教师、课程资源引入农村,以提高学生的学业表现、改善学生的心理健康水平等,缩小城乡儿童人力资本差距[相关研究成果请参阅:a) Lai, F., Luo, R., Zhang, L., et al. (2015a). Does computer-assisted learning improve learning outcomes? Evidence from a randomized experiment in migrant schools in Beijing. Economics of Education Review, 47, 34-48; b) Mo, D., Swinnen, J., Zhang, L., et al.(2013b). Can one-to-one computing narrow the digital divide and the educational gap in China? The case of Beijing migrant schools. World Development, 46, 14-29.]。

4. 教师与教学

城乡之间教育资源的不均衡是教育均衡发展的重要问题。这种不均衡体现在校园环境、师资配备、教师薪酬水平及积极性等多个方面。CEEE 自 2006 年来连续开展了 7 项随机干预实验项目,探索了为农村学校配备生活教师以改善农村学生心理健康状况；通过事先资助承诺（有条件现金转移支付）以提升高中升学率、减少辍学；根据教师表现实施绩效工资以促进教师教学积极性等干预措施的影响[相关研究成果请参阅：a) Loyalka, P., Sylvia, S., Liu, C., et al. (2019). Pay by design: teacher performance pay design and the distribution of student achievement. Journal of Labor Economics, 37 (3), 621-662; b) Yi, H., Song, Y., Liu, C., et al. (2015). Giving kidsa head start: the impact and mechanisms of earlycommitment of financial aid on poor students in rural China. Journal of Development Economics, 113: 1-15.]。

5.公共卫生和治理

CEEE关注农村居民的营养健康状况，这不仅取决于农村医疗服务水平的可及性，也受医疗服务质量的影响。CEEE采用"标准化病人法（Standardized Patients，SPs）"测量农村基层医疗服务质量。目前，CEEE开展了3项随机干预实验项目，探索村医培训、互联网医疗干预等策略对提升农村医疗服务质量的有效性[相关研究成果请参阅：Sylvia, S., Xue, H., Zhou, C., et al. (2017). Tuberculosis detection and the challenges of integrated care in rural China: a cross-sectional standardized patient study. PLOS Medicine, 14, e1002405.]。

二、中国随机干预实验案例介绍：看得清、学得好

为更好地说明随机干预实验操作方法如何体现在实际的项目操作中，本部分将以CEEE联合北京大学等高校开展的一系列学生视力方面的随机干预实验为案例，对其执行过程进行详细介绍。该项目自2011年起在中国西北农村地区的中小学陆续实施。

1.问题起源

中国乃至整个东亚地区都是近视高发地区。全世界近一半的近视患者来自中国。CEEE自2004年以来一直在农村学校开展研究项目。在长期的调查研究中，我们发现，有很多小学生上课看黑板时总是眯着眼睛，这表明他们可能近视了。但没有戴眼镜又表明，他们（或他们的家长）可能没有意识到他们近视了。

在开展项目前，我们首先需要确认，这是否是一个普遍存在的、值得关注的、待解决的社会问题。确认一个社会问题不能仅凭一个偶然的观察，不能靠猜想，不能是"我觉得……""我认为……"，而需要有坚实的现实依据。为此，我们针对农村学生视力问题开展了大规模的实地调研，自2011年起累计为1000多所中小学校、20多万名中小学生进行了视力筛查。结果发现，24%的小学生为低视力（近视、远视或弱视等）。但这些低视力的学生中，仅有18%戴了眼镜[相关研究成果请参阅：

Yi, H.,Zhang,L.,Ma,X.,et al. (2015). Poor vision among China's rural primary school students: prevalence, correlates and consequences. China Economic Review, 33, 247-262.]。而低视力不及时矫正,可能会使学生上课时看不清黑板、跟不上学习进度,从而影响其学业表现。调查结果表明,农村学生的视力矫正确实是一个值得关注的社会问题,可以作为随机干预实验优先关注的问题(关于如何确定随机干预实验关注的问题,见本书模块3.2和3.3)。

2. 问题分析及干预设计

通过佩戴眼镜矫正视力是解决低视力问题最简单有效的措施。因此,我们将研究聚焦于已经为低视力的学生,关注他们为什么患有低视力却未及时佩戴眼镜。在设计相应的干预措施前,需要对问题的原因进行分析。通过调研,我们认为可能有以下两方面原因。一是知识或信息方面的原因。学生关于近视的知识可能不足,没有意识到近视问题的存在。二是资金约束问题。学生们可能意识到了近视问题,但配一副眼镜对于农村家庭毕竟不便宜,因而没有及时去配眼镜。

针对这两方面的原因,项目组设计了两种类型的干预策略。一是对学生进行视力知识培训干预。项目组与中山大学眼镜中心等权威机构合作,制作了介绍视力问题的宣传海报、视频材料及相应课程材料,对学生(及教师)进行视力知识宣讲。二是与公益组织合作,向经确认需要佩戴眼镜的学生提供免费眼镜。

但有文献表明,免费得到的物品通常使用率会较低。一方面是因为免费的物品可能会发放给并不需要的人,另一方面也可能是因为人们并没有为得到该物品付出任何成本,因此并不珍惜得到的物品。为应对这一问题,我们又设计了一项免费眼镜干预的升级版——眼镜券干预,即学生不是直接收到一副免费的眼镜,而是收到一张可以到县城眼镜店兑换免费眼镜的眼镜券。它与免费提供眼镜最主要的不同是,通常从农村学校到县城有一段距离(平均为23千米)。学生要兑换免费的眼镜,需要额外付出一点成本,包括到县城的交通费用以及相应的时间成本。这一点额外的成本,一方面劝阻不想戴眼镜的人去领免费眼镜,节省了项目费用,避免浪费;另一方面也会让兑换了眼镜的人更珍惜得到的眼镜,从而增强项目效果。无论是降低项目成本,还是增强项目效果,均有利于提高项目的成本效益(关于成本效益的讨论,见本书模块9.3)。

3. 干预实施

(1)项目对象的选择

本项目选择了某西北地区农村学校四、五年级的学生作为研究对象,这里主要的考虑是,一、二、三年级学生年龄太小,阅读能力不足,可能不容易理解调研问卷的内容，调研不好开展。本项目基线调研为2011年9月，评估调研为2012年5月。项目干预周期为一学年，而六年级的学生面临着小升初，有一定的考试压力，学生及老师不容易配合项目（关于研究对象的选择，见本书模块5.2）。

（2）随机化层面的选择

随机化应在哪个层面上进行呢？可以在学生个体层面上进行随机化吗？在学生个体层面上随机化可能存在两方面的问题。如果干预组的学生和对照组的学生在同一个班级，一是可能有溢出效应问题。对干预组学生进行视力方面的信息干预时，他们可能会将这些知识分享给同班的控制组学生。二是也可能存在实验效应问题。当对照组学生得知干预组学生可以得到免费眼镜而自己却不可以时，可能会改变自己的行为，例如更加努力或灰心丧气，即约翰·亨利效应或霍桑效应。这些会导致估计结果出现偏误。此外，在个人层面随机化也存在执行方面的问题，这意味着要在所有学校都开展干预，从而增加执行成本。

为避免上述这些问题，我们选择在学校层面进行随机化。为进一步避免可能的溢出效应，我们在每个乡镇仅选择一所农村小学参与项目。因不同乡镇之间的农村小学平均距离超过20千米，因此，这些学校的学生（及其家长）之间互动交流的可能性较小（关于随机化层面的选择，见本书模块4.2；关于溢出效应的讨论，见本书模块7.3）。

（3）统计功效及样本量计算

我们使用Optimal Design（OD）软件进行了统计功效及样本量的计算。假设每所学校需要眼镜的学生有10名，组内相关性（ICC）为0.15，显著性水平为0.05，其他变量可解释的变异为0.50，在统计功效为90%的情况下，为探测到0.20个标准差的干预效应，需要每个干预组有42所学校（关于统计功效及样本量的计算见本书第6章）。

因知识干预和免费提供眼镜属于两种不同类型的干预。我们想观测两者之间的交互影响，因此本项目采用了交叉设计。具体设计与每个干预组别的学校数如下表所示。

"看得清、学得好"项目干预分组情况

干预组别	对照组	免费眼镜组	眼镜券组
无知识干预	42所	42所	42所
有知识干预	42所	42所	42所

（4）随机化

为增强统计功效，我们使用了配对随机化的方法。所有252所学校根据3个变量（1.区县；2.四、五年级学生的总数；3.四、五年级低视力学生的总数。）划分为

42个子层。每个子层有6所学校。然后使用随机程序将6所学校随机分到6种干预组别中。这种配对随机化方法大大增强了统计功效(关于配对随机化的说明,见本书模块4.5)。

(5)对照组干预的实施

在项目开始前,我们提交了伦理道德审查申请并获得了批准。我们也为对照组的学生提供了免费眼镜,只是在评估调研结束以后再提供。这主要是出于伦理道德方面的考量,并在伦理道德审查中进行了详细说明(关于随机干预实验伦理道德问题的讨论,见本书模块2.4)。

但这一信息在项目评估结束前我们并未告知对照组的学生及老师,也就是说,他们既不知道干预组的学生得到了免费眼镜,也不知道自己未来也会得到免费眼镜。这同样是为了避免影响其未来的行为。例如,如果对照组学生提前知道自己未来会得到免费眼镜,则在干预期间可能不会自己去配眼镜。而这可能高估项目实际的影响效果。事实上,即使没有干预,对照组也有约三分之一的学生自己去配了眼镜(关于实验效应的讨论,见本书模块7.4)。

我们也在美国经济学会的网站上进行了实验注册(关于实验注册与预分析计划的讨论,见本书模块8.3)。

(6)项目实施前的准备

在进行基线调研及正式开展干预前,我们做了一些准备工作,主要如下:

一是与当地教育部门沟通,向教育部门负责人详细介绍项目背景、目标及随机干预实验的一些基本要求。一方面是争取教育部门的支持和配合,尤其是遵守开展随机干预实验的一些基本要求(关于项目依从性的影响及避免方法,见本书模块7.1);另一方面,也有利于在项目结束后进行政策倡导(关于政策倡导的相关讨论,见本书模块9.4)。

二是提前通知各所学校做好日程安排,尽量确保学生在调研和干预开始时在校。这有利于减少后期的样本流失(关于样本流失带来的影响及如何避免样本流失的讨论,见本书模块7.2)。

4.结果测量

为评估项目的影响效果,我们主要关注两方面的结果指标。一是学生视力情况及眼镜佩戴情况;二是学生的学业表现(关于测量指标和测量工具的讨论,见本书模块5.1)。

学生视力情况,包括裸眼视力及戴镜视力(如果有眼镜)。我们使用了国际常用的ETDRS(Early Treatment Diabetic Retinopathy Study)视力表。相对于其他视力量表,该量表更为精确,且操作相对简单。该量表可以快速测得学生的裸眼视力及戴镜视力，调研员经过培训即可进行操作。使用该量表也容易进行国际比较。

学生戴眼镜情况是评估项目有效性的重要结果指标。我们选择了两种方式进行测量。一种是学生自报告。学生在调研问卷中报告自己是否经常佩戴眼镜等。但这可能存在谎报、回忆误差等问题。二是随机抽查。调研员在未事先声明的情况下随机到访学校，当教室内正在上课时站在教室窗外，观察学生在上课时佩戴眼镜的情况，并记录下来。这种测量方法相对更为客观，但随机性也会更强（关于随机抽查的优缺点，见本书模块5.3）。

学业表现。我们使用标准化数学测试TIMSS（Trends in International Mathematics and Science Study）测试了学生们的数学成绩。我们并未采用学校组织的数学考试成绩，主要是因为每所学校组织的数学考试内容、时长、时间点等可能有差异，难以进行对比。使用自己收集的数学成绩数据有利于增强数据的可比性（关于是自己收集数据还是使用现有数据的讨论，见本书模块5.2）。

从测量的对象看，在基线调研时和在评估调研时，我们不仅对低视力学生的视力情况及学业表现进行了调研，也对基线调研时正常视力的学生（即非实验对象）进行了调研。这可以用于测量项目可能存在的溢出效应（关于溢出效应测量的讨论，见本书模块7.3）。

5. 数据分析

根据得到的数据，我们进行了如下数据分析：

一是干预实验对学生学业表现的影响。研究表明，向低视力学生提供免费眼镜可以使其标准化数学成绩显著提高0.11个标准差。而仅提供视力知识干预对学生数学成绩没有显著影响。这一结论说明了学生视力健康与其学业表现之间的关系[更详细的研究结果请参阅：Ma, X., Zhou, Z., Yi, H., et al. (2014). Effect of providing free glasses on children's educational outcomes in China: cluster randomized controlled trial. BMJ, 349, 1-12.]。

二是佩戴眼镜与学生视力健康之间的关系。有学生家长表示，之所以不给孩子配眼镜是因为担心戴眼镜会导致视力进一步下降。我们使用研究数据回答了这一问题。结果表明，戴眼镜不仅没有使视力进一步下降，而且可以减缓视力下降的速度[更详细的研究成果请参阅：Ma, X., Congdon, N., Yi, H., et al. (2015). Safety of spectacles for children's vision: a cluster-randomized controlled trial. American Journal of Ophthalmology, 160, 897-904.]。

三是溢出效应的探索。发放免费眼镜不仅对原来低视力的学生有好处，对原来正常视力的学生也产生了好处，促进他们更积极地保护视力，避免近视，即产生了正向的溢出效应[更详细的研究成果请参阅：Nie, J., Liu, H., Reheman, Z., et al.

(2024). Reap More than Sow: Experimental Evidence for Spillover Effects of Free Eyeglass Distribution on Normal Vision Students through Vicarious Punishment, Working paper.]。

四是成本效益分析。成本效益分析衡量了不同干预策略带来的影响效果的差异。我们对该项目进行了成本效益分析,发现最具有成本效益的干预方式,其实是提供眼镜券而不提供知识干预[更详细的研究成果请参阅:a)Sylvia, S., Ma, X., Shi, Y., et al.(2022). Ordeal mechanisms, information, and the cost-effectiveness of strategies to provide subsidized eyeglasses. Journal of Health Economics,,102594;b)聂景春, 高秋风, 杨洁, 等.(2020). 随机干预实验中的成本效益分析方法及其在中国农村教育领域中的应用. 华东师范大学学报(教育科学版), 38, 68-91.]。

6.研究后续进展

视力问题是中国学生面对的重要健康问题。以上述项目为基础,我们又针对s视力方面的不同问题,持续进行了研究探索。后续进行的探索如下:

首先,我们扩展了项目适用对象,探索该类干预方式对不同群体学生是否同样有影响效果。主要包括:探索了对农村初中学生干预的效果;探索了对打工子弟学校学生的影响。研究发现,提供免费眼镜对这些学生同样有积极影响,这表明该类干预方式具有较好的推广性[更详细的研究成果请参阅:Nie, J., Pang, X., Wang, L., et al. (2020). Seeing is believing: experimental evidence on the impact of eyeglasses on academic performance, aspirations, and dropout among junior high school students in rural China. Economic Development and Cultural Change, 68, 335-355.]。

其次,我们从服务供给的角度探索了更多不同类别干预的有效性。这包括:

一是提供视力筛查服务。如果"没有意识到近视"是不佩戴眼镜的主要原因,那么提供视力筛查服务就可以解决该问题。为此,我们在126所学校开展了"视力大使"项目,培训教师为学生筛查视力并评估其筛查的准确性。

二是为教师提供视力筛查激励。教师是学生校内活动的主要管理者,学生发生视力问题也可能是因为教师对学生视力关注不足。因此,项目组为教师提供了一项现金激励,激励教师更关注学生视力问题,并评估了其效果[更详细的研究成果请参阅:Yi, H., Zhang, H., Ma, X., et al.(2015). Impact of free glasses and a teacher incentive on children's use of eyeglasses: a cluster-randomized controlled trial. American Journal of Ophthalmology, 160(5), 889-896.]。

三是视力中心干预项目。视力问题的产生还可能源于视力服务供给不足。为此,我们使用标准化病人法测试了县城及农村地区视力中心的服务质量,发现视力服务质量确实明显较低[更详细的研究成果请参阅:Nie, J., Zhang, L., Gao, J., et al. (2021).

Using incognito standardised patients to evaluate quality of eye care in China. British Journal of Ophthalmology, 105, 311-316.]。为此，项目组在县城建立了视光中心为农村学校提供视力服务并评估了其影响[更详细的研究成果请参阅：Ma, Y., Congdon, N., Shi, Y., et al. (2018a). Effect of a local vision care center on eyeglasses use and school performance in rural China: A cluster randomized clinical trial. JAMA Ophthalmology, 136(7), 731-737.]。

　　这些随机干预实验项目的开展不仅形成了丰硕的研究成果，而且推动了各地相关部门对学生视力问题的关注，促成了更多视力服务相关政策的改善。

三、随机干预实验的中国实践经验

　　本书《随机干预实验：操作指南》在项目的开展过程中提供了重要指导，本书涉及的一些原则和经验贯穿于随机干预实验开展和实施的各个环节。但这些原则与经验主要是从世界范围内随机干预实验项目中总结出来的。中国也有着丰富的随机干预实验的本土实践，也形成了一些自己的经验原则。

　　在随机干预实验的设计与实施方面，我们总结出了一些经验原则。第一，问题导向，精准聚焦。选题要有较强的政策性，研究的问题应当瞄准现实的社会问题，应当是教育政策制定者（或其他相关人员）关注的、迫切想要解决的问题（例如，学生的心理健康问题），或者是制定政策时迫切需要厘清的问题。第二，全面沟通，多方合力，设计干预方案时加强多学科合作。现实问题是复杂的，一个现实问题的出现可能是多方面的原因带来的，促进多学科合作是提高干预设计质量的关键因素之一。第三，逐步探索，简单渐进。想要通过一次随机干预实验就找到有效的干预方式并彻底解决问题，是非常困难的。干预设计的"简单渐进"原则是将复杂问题简单化、将大问题化解为小问题，通过一步步累积逐步解决问题，而不是试图一次性、彻底地解决所有问题。围绕一个待解决的问题，通过多次的项目逐步迭代，一步步设计出更有效的解决方案。第四，干预设计应该注重理论指导下的创新性。干预方案的设计强调政策导向性，但并不排斥干预设计对理论的应用。

　　开展随机干预实验最重要的目标是解决社会问题、推动政策进步。在中国重要的是要推动政府参与随机干预实验项目。我们基于中国实践总结出了研究者与政府合作的3种渐进式不断探索的实践模式，分别为：（1）观察模式；（2）部分参与模式；（3）全程参与模式。

　　观察模式，即政府有关部门是一个纯粹的观察者角色。在这种合作模式下，项目团队主要负责开展项目，但从选题到实验设计等各阶段均需得到政府部门的认可，以此促进政府部门在科学研究证实问题后，作为主体参与项目下一阶段的实施中。政府官员在还没有完全理解研究问题本身或某一干预方案时，通常会采取规避风险的做法,以一种谨慎、缓慢的方式来参与项目实验。面对这样的局面,实证研究应该先于政策制定者的行动。研究团队需要向政策制定者展示详尽的项目报告,重点介绍为何关注该问题、做了什么干预、结果如何以及下一步计划如何改进等,以此让政府部门意识到,针对这一特定问题研究团队的目的是希望为政府部门提供科学的决策依据,这样一来,政府部门在下一阶段参与项目时就会减少很多顾虑。

部分参与模式,即政府部门从项目执行的早期阶段开始参与。在这种合作模式下,政策制定者部分地参与该项目的实施,但在项目构思及设计等比较复杂、零散的前期部分,政府部门还是更多地以观察者的形式参与。对一些问题,可能已经有了国际研究验证过的潜在的可行解决方案,但尚未在中国进行本土化的尝试和改善,这种情况下项目团队需要与政府部门密切合作,以推动政府全面参与项目的实施。从理论上讲,研究团队已经知道某种干预是能起作用的,但在方案实施过程中,研究团队需要与政府合作来回答一些基本问题:这种干预是否在当地的政策环境中可行?在已知多种干预方案都有效的情况下,哪一种在本地政策环境下最有效?等等。如果政府部门实地参与项目实施,并且对研究团队评估干预方案的过程进行观察,那么在验证了干预方案的效果后,该方案后续作为政策试点推广的机会也会大大增加。一般来说,项目实施将会逐渐转化为政府的行动,政府部门可以在自己的管辖区域内大规模推广项目成果。

全程参与模式,即政策制定者在项目的早期构思阶段便参与进来,成为项目团队的一部分,参与项目选题构思、实验设计、方案实施、结果分析及政策推广。对于一些教育发展问题,基于国际成熟经验和国内本土化的试点验证,政府已经接受并认可这些成功的项目干预方案,并将作为主体探索下一步推广方案。经过研究团队与政府部门共同探索的推广方案,政府可以独立总结出更适合自己管辖区域的有效方案,并向其他区域推广。

陕西师范大学教育实验经济研究所在开展随机干预实验方面已经积累了很多经验,但我们希望,随着本书的出版,有更多的学术同行加入到应用随机干预实验方法的行列,在形成更多高质量研究成果的同时,也能提升政策制定机制的科学性和有效性,促进全社会的发展与进步。

前　言

过去10年里，为检验减贫项目的有效性而开展的随机干预实验的数量显著增多，质量也显著提高了。使用随机干预实验方法进行项目影响效果评估（即随机化评估）越来越受到欢迎。20年前，随机干预实验仅用于测试药物或疫苗的有效性，政府、国际机构或非政府组织很少使用该方法进行项目影响效果评估。而现在世界各地开展的随机干预实验多达几百项，涉及教育、卫生、社会治理、环境和赋权等各类政策。

通过持续开展随机干预实验，我们得以深入理解导致贫困持续存在的基本过程，以及摆脱贫困的有效途径。每一次的评估不仅解答了一些问题，还提出了新的研究课题。基于上一次评估的结果而开展的下一次评估，则将使我们不断丰富对有效策略的认识。为了更有效地与贫困作斗争，我们需要运用这些知识来设计更好的项目。

本书主要针对那些希望通过采用（或参与）严谨的影响评估方法，以建立扎实的证据基础，以探寻贫困问题解决方案的研究者。开展随机干预实验时需要在考虑项目实际环境的基础上做出决策，并持续进行权衡。在资源匮乏的环境中这些决策和权衡过程尤为艰难，即便最周全的计划也可能会被突发事件打乱。本书在很大程度上借鉴了阿卜杜勒·拉蒂夫·贾米尔贫困行动实验室（J-PAL）的实践经验，该实验室是由麻省理工学院与其附属研究中心及世界各地大学的研究人员组成的国际研究网络。

J-PAL有着浓厚的合作氛围，每一本书、每一篇论文、每一次会议报告都是许多参与者共同的贡献，也包括很多默默无闻者的贡献。很多人为本书提出了宝贵建议，因此，这本书不仅仅是我们两位作者的贡献。

帕斯卡琳·杜帕斯（Pascaline Dupas）和迈克尔·克雷默（Michael Kremer）对我们

大量的疑问进行了详尽的解答，并提出了诸多有益的建议，他们二位也是引领我们步入随机干预实验领域的先驱。马克·肖特兰（Marc Shotland）认真审查了每一章节，提供了建设性的意见和建议，并负责构建了本书的在线学习资源。艾莉森·卡佩里（Alison Cappellieri）撰写了本书的附录、术语表和参考文献，并对全书的文字进行了精细的编辑。克莱尔·沃尔什（Claire Walsh）审查了所有引用的文献。莉亚·霍根（Leah Horgan）设计了本书的人物和封面。约翰·弗洛雷塔（John Floretta）提供了第5章的详尽数据资料。本·费根伯格（Ben Feigenberg）和本·马克斯（Ben Marx）确保我们对专业术语的表述准确无误，特别是在第4章、第6章和第8章。本·马克斯制作了所有统计功效的图。卡特琳·塔洛克（Catlin Tulloch）和安娜·亚卢里斯（Anna Yalouris）协助设计了"成本—效益"的案例。迈克尔·克雷默和本·奥尔肯（Ben Olken）不厌其烦地帮助我们解决一些棘手的计量经济学问题。我们特别感谢吉多·因本斯（Guido Imbens）和约恩-斯特菲安·皮什克（Jörn-Steffen Pischke）的深入且全面的反馈，使本书得以进一步完善。我们还非常感谢众多匿名审稿人的宝贵意见。最后，感谢玛丽·安·贝茨（Mary Ann Bates）的悉心审阅、精准判断，以及对文本的创新性编辑和重写，没有她，本书或许无法面世。

感谢项目实施者的奉献精神——他们允许自己做的项目参与评估。没有他们的奉献精神，本书描述的工作不可能完成。他们花了大量时间讨论在项目评估中应该测试什么、如何测试，弄清楚如何将随机化元素引入项目，并就如何衡量不同的结果提出建议。这么做是需要相当大的勇气的，因为他们知道项目评估可能会导致发现他们的项目没有收到成效。在这里，我们需要特别提及在发展中国家率先引入随机干预实验进行项目评估的非政府组织及其负责人：非洲国际儿童援助组织的奇普·伯里（Chip Bury）、塞瓦曼达尔组织（Seva Mandir）的尼利玛·赫坦（Neelima Khetan）、布拉罕基金会（Pratham Foundation）的马达夫·查万（Madav Chavan）和鲁克米尼·巴纳吉（Rukmini Banerji）。

缩略语和首字母缩写

3ie   International Initiative for Impact Evaluation   国际影响评估协会

AHTS   Agricultural Household Tracking Survey   农户跟踪调查

BMI   body mass index   体重指数

CCT   conditional cash transfer   有条件现金转移支付

CDD   community-driven development   社区主导型发展

CDF   cumulative distribution function   累积分布函数

DIME   Development Impact Evaluation   发展影响评估

ETP   Extra Teacher Program   额外教师计划

FICA   Federal Insurance Contributions Act   联邦保险缴款法

FMB   First Macro Bank   第一宏观银行

FWER   family-wise error rate   总体错误率

IAT   implicit association test   内隐联想测验

ICS   International Child Support   国际儿童援助组织

IID   independent and identically distributed   独立同分布

IRB   institutional review board   伦理道德审查委员会

ITN   insecticide-treated (bed) net   驱虫蚊帐

ITT   intention-to-treat   意向干预效果

J-PAL   Abdul Latif Jameel Poverty Action Lab   阿卜杜勒·拉蒂夫·贾米尔贫
         困行动实验室

LLIN   long-lasting insecticide-treated net   长效驱虫蚊帐

MDE   minimum detectable effect   最小可检测的影响效果

MFI   microfinance institutions   小额信贷机构

MIT   Massachusetts Institute of Technology   麻省理工学院

NERICA   New Rice for Africa   非洲新水稻项目

NGO   nongovernmental organization   非政府组织

NONIE   Networks on Impact Evaluation   影响评估网络

PACES   Programa de Ampliación de Cobertura de la Educación Secundaria   中学教育扩招项目

PAP   pre-analysis plan   预分析计划

PPP   purchasing power parity   购买力平价

PTA   parent-teacher association   家长教师协会

RDD   regression discontinuity design   断点回归设计

SBM   School-Based Management   学校本位管理

SCA   structured community activity   结构化社区活动

SD   standard deviation   标准差

STI   sexually transmitted infection   性传播感染

SURE   seemingly unrelated regression estimation   似不相关回归估计

TDA   tax deferred account   税务延期账户

UP   Uttar Pradesh   北方邦

VDC   village development committee   村发展委员会

VEC   village education committee   村教育委员会

WDR   World Development Report   世界发展报告

WHO   World Health Organization   世界卫生组织

目　录

实验方法 1

本章将借助一个典型案例详细阐述如何运用随机干预实验推动社会重大变革，并对设计随机干预实验以及本书其余部分提供一个全面的概述。本章结构如下：

模块 1.1　随机干预实验的力量
模块 1.2　随机干预实验的全过程

模块 1.1　随机干预实验的力量

本模块介绍了一个案例，展示了一个小型非政府组织如何通过严格执行项目影响评估找到了有力的证据，从而改变了数百万人的生活。

1994年，我和迈克尔·克雷默一起去看望他在肯尼亚农村生活一年时期的家人。[1]我们见了迈克尔的许多老朋友，其中包括保罗·利佩亚（Paul Lipeyah）。他向我们详细介绍了他在非洲国际儿童援助组织（后文简称ICS）所从事的工作。该组织是一个非政府机构，致力于援助肯尼亚西部省布西亚附近地区的公立学校。保罗请教我们能否提供一些建议以提升他们正在实施和将要实施的项目的执行效果。对此，迈克尔建议他们采用随机干预实验方法：如果非洲国际儿童援助组织想要了解其项目的影响，可随机挑选他们所服务的学校，并随机决定分阶段实施新项目的顺序。

此后几年里，ICS使用随机干预实验方法评估了许多旨在改善学生教育的项目，包括向学校提供额外的投入（教室、教科书、教师）、降低学生上学成本（提供免

---

[1]本章节的"我"指作者之一瑞秋·格伦纳斯特。

费校服和校餐）、提供绩效激励（为优秀的女生提供奖学金，为定期上课的教师提供奖金）。这些项目有的会产生预期的影响，有的则不会。但是，ICS与越来越多的研究人员合作，在教育、农业、妇女赋权、清洁用水和卫生等领域不断创新和试验，他们在如何改善生活和如何评估项目方面积累了越来越多的经验。[1]

1997年，ICS（按照世界卫生组织的建议）分阶段实施了对儿童进行肠道寄生虫（如钩虫和血吸虫病）干预的项目，结果令人震惊。驱虫项目使当地学校儿童的缺勤率减少了25%，这成为ICS尝试过的最具成本效益的提高入学率的教育类项目。该项目的长期结果表明，参与驱虫项目的女孩未来接受了更多的教育，更有可能种植经济作物，而参与驱虫项目的男孩未来每周工作时间增加了3.5小时，且更有可能从事制造业工作，获得更高的工资。[2]

在坚实的证据基础上，2009年，肯尼亚原总理拉伊拉·奥廷加（Raila Odinga）宣布了一项计划，为300万名处境最危险的肯尼亚儿童实施驱虫项目。2012年，该项目扩大到学龄前儿童，因为进一步的证据表明驱虫项目对幼儿的认知能力提升有帮助。[3]截至2013年，在肯尼亚和世界各地实施了驱虫项目的儿童达到4000多名。ICS从未想到能有这么多的孩子参与他们自己的项目。然而，正是通过对他们项目评估形成的证据，使他们帮助到了肯尼亚和世界各地数百万名孩子。

自1994年以来，我们对哪些项目有效、哪些项目无效及如何进行随机干预实验有了更多了解。在此之前，大多数社会项目的随机干预实验评估都是在富裕国家与政府合作开展的，成本非常高。但研究人员和ICS等组织之间的合作经验表明，在预算有限和环境非常差的情况下，与小组织开展高质量的随机干预实验进行项目评估也是可能的。尽管此前是许多政府项目采用了随机干预实验进行项目评估，但事实证明非政府组织也具有灵活性和创新性，能够学习应用这一方法。新的问题、有限的项目预算、新的合作伙伴，这些新的挑战均刺激了随机干预实验方法的创新。

我们已经掌握了如何在项目中创新性地运用随机干预实验，解读并测量溢出效应，设计较为可靠的测量方法来衡量诸如腐败和赋权等难以量化的成果。在极其有限的预算下，我们力求实现最大的统计功效，最大限度地降低样本流失率，并设计量表以解答有关人类行为模式的基本问题，以及如何激励行为改变。

本书汇集了大量源于实际应用的实用创新案例。我们的目标是使更多个人和组织能够参与或委托他人执行高质量的随机干预实验，以便为消除贫困的最优策

---

[1] ICS的评估团队最终从ICS中独立出来，建立了一个新团队：贫困行动创新组织（Innovations for Poverty Action，IPA）。
[2] 该项目的研究者包括莎拉·贝尔德（Sarah Baird）、琼·哈莫里·希克斯（Joan Hamory Hicks）、迈克尔·克雷默和爱德华·米格尔（Edward Miguel）。研究内容被呈现在附录的评估案例1中。
[3] Owen Ozier, "Exploiting Externalities to Estimate the Long-Term Effects of Early Childhood Deworming", Working paper, University of California, Berkeley, 2001.

略提供更广泛、更深入的实证依据。我们期望在未来20年，这类严谨的证据能迅速积累。借助创新与试点项目，政策制定者和项目执行者可以根据证据对项目进行持续创新和改进，提升项目效能，为人类生活带来实质性的改进。

模块1.2　随机干预实验的全过程

在本模块中，我们将概述设计和实施项目评估的基本步骤，并说明本书其余章节的安排。我们讲述了一个印度教育项目的随机干预实验的故事，我亲身经历了该项目从开始到实施、分析到扩大规模的全过程。[1]

正确的开始：选择正确的问题进行检验

在模块1.1中提及的肯尼亚之行10年后，我与麻省理工学院的一组研究人员共同策划了我们的下一次评估。近期，我们成立了阿卜杜勒·拉蒂夫·贾米尔贫困行动实验室，旨在推广随机干预实验方法，并推动严谨评估结果产生更大的政策效应。尽管随机干预实验（及本书中的大部分经验教训）在世界范围内众多学科和地区具有很高的价值，但我们的核心专长在于发展经济学。因此，在确定工作优先级时，我们首先关注哪些评估可以为发展中国家的减贫事业提供最具价值的参考？哪些创新具有应用潜力但尚未得到验证？哪些项目受到政府和非政府组织的欢迎，但缺乏严谨的证据支持？

在我们与发展中国家实施项目的组织进行交流及查阅相关文献的过程中，社区问责项目始终是一个优先考虑的事项，它们频繁出现。《2004年世界发展报告：让服务惠及穷人》对此观点进行了充分阐述。[2]该报告着重指出发展中国家服务质量欠佳和问责制度缺失的问题，包括服务提供者的长期高缺勤率。该报告认为，社区问责制是优化失效服务的最佳途径之一。生活困顿的穷人不仅比官僚更有动力促使服务正常运行，而且他们更容易对服务提供者进行监督，因为他们就在现场，就在服务提供的地方。如果赋予他们监督权，这些优势将得到充分发挥，从而使服务质量得到提升。

在实践中，可通过设立学校与诊所等社区监督机构，以及向社区提供相关权利

①Abhijit Banerjee, Rukmini Banerji, Esther Duflo, Rachel Glennerster, and Stuti Khemani, "Pitfalls of Participatory Programs: Evidence from a Randomized Evaluation in Education in India", *American Economic Journal: Economic Policy* 2 (2010): 1-30.

②World Bank, *World Development Report 2004: Making Services Work for Poor People* (Washington, DC: World Bank, 2003).

与所需服务信息的方式向社区成员赋予监督权。国际机构、非政府组织及政府均希望在自己的项目中使用这种方法。

我们有理由相信社区问责制在实践中具有显著成效。政策倡导者强调，公民对学校和诊所的监督参与度与服务质量之间存在正相关关系，随着参与人数的增加，服务质量得到提升。一个广为人知的案例来自乌干达，该国政府起初直接向学校发放赠款。然而，调查发现仅有25%的赠款实际到达学校。针对这一问题，政府开始向社区通报每所学校的资金分配情况。经过几年努力，82%的赠款成功送达学校。[①]

然而，当前尚无法明确社区参与和高质量服务之间的关联性，即社区参与是否直接导致了这些高质量服务的产生。具有较高公民参与度的社区与公民参与度较低的社区在诸多方面存在差异。例如，我所在的马萨诸塞州布鲁克林镇，虽然拥有优秀的公立学校，但其治理模式颇为独特，社区公民主动承担了通常由市政工作人员负责的职责。然而，布鲁克林的另一个显著特点是集中了众多受过高等教育的人群。人们从几英里（1英里约等于1.61千米）外搬到此地，支付高额税收，以确保他们的孩子能够就读于布鲁克林的公立学校。因此，要明确学校的优异成绩在多大程度上源于公民监督的效果，又在多大程度上源于当地家庭对教育的重视，实属困难。更为关键的是，目前尚无法判断其他城镇是否能够通过鼓励（或强制）采用布鲁克林的公民参与模式，达到相似的效果。

> 第2章解释了为什么将项目的影响效果从其他因素中分离出来这么难。我们将讨论评估项目效果的可行方法，并展示随机干预实验如何分离出项目的真实影响效果。

再来看乌干达的例子。在乌干达，当提供给当地人的信息增加时，服务就会得到改善。即使在这一案例中，同样不清楚向社区提供信息在观察到的变化中发挥了多大作用。一些人认为，第一年记录的转移到学校的资金额的准确性很低，此后记录的准确性在逐步提高。此外，有关拨款资金中有多少到达学校的信息被报告给了教育部和捐助者，这引起了不小的轰动。是向教育部和捐助者提供信息发挥了作用，还是向社区提供信息发挥了作用，这也很难说清。[②]

授权社区监督服务提供者承担责任的方法很受欢迎，但对其影响效果的检验却很匮乏。因此，我们决定将该方法作为优先考虑的议题，以随机干预实验来检验其影响效果。

[①] Ritva Reinikka and Jakob Svensson, "The Power of Information in Public Services: Evidence from Education in Uganda", *Journal of Public Economics* 95 (2011): 956-966.

[②] 有证据表明，报社附近的学校在资金流动方面呈现出更为显著的改善，作者认为这得益于有关资金错配信息的易获取性。然而，校长和家长更易接触报纸或许与其他可能影响记录资金流动改善的因素有关，这些因素值得进一步探究。

找到一个特定的环境来检验这一问题

布拉罕基金会是那些热衷于开发和测试社区责任项目的组织之一。该基金会在印度是除政府外最大的教育机构。那么，在印度开展项目合适吗？布拉罕基金会是合适的合作伙伴吗？

印度教育部门因其糟糕的公共服务而备受诟病。小学教师的缺勤率为25%[1]，只有45%的教师在课堂教学[2]。布拉罕基金会还发现即使是经常上学的孩子，在三、四年级时也不能阅读或做简单的数学题。[3]教育质量很差，而且教育资源高度集中。因此，社区问责制有发挥作用的空间。研究人员认为，印度是测试社区问责制项目的合适场景。

事实上，布拉罕基金会也是一个理想的项目评估合作伙伴。他们对印度教育领域有着深入的理解，并渴望评估一个社区动员项目的实际效果。布拉罕基金会此前曾与J-PAL的另一个团队展开合作。该团队成员有阿比吉特·班纳吉（Abhijit Banerjee）和埃丝特·迪弗洛，他们共同评估了一个旨在培训当地年轻女性并安排她们在本地学校为学业落后的孩子担任家庭教师的项目的成效。研究发现，该项目在提升这些孩子的阅读和数学成绩方面非常有效。布拉罕基金会期望将这一模式推广至农村地区，并计划通过招募志愿者而非付费家庭教师来降低项目成本。尽管他们的项目取得了成功，但布拉罕基金会也认识到要改善印度儿童的教育状况，关键在于提高大多数儿童所依赖的公立学校的教育质量。他们设有一个远大的愿景，即通过公民的团结向政府施加监督压力来改善公共教育，并采取直接行动来优化孩子的学习环境，确保印度的孩子们拥有一个更加美好的未来。此外，布拉罕基金会也深知随机干预实验的价值。他们正在一个新项目的初步设计阶段，允许研究人员和项目执行者共同规划项目。他们具备将一个成功的项目进行复制和推广的能力。研究团队还邀请了世界银行的斯图蒂·凯马尼（Stuti Khemani）加入，将世界银行在社区问责方案方面的专业知识和观点融入该项目中。

布拉罕基金会和研究团队一致认为，印度北方邦是实验和评估该项目的理想地点。北方邦是印度最大的邦之一，拥有超过两千万名适龄儿童。然而，当地的学校教育质量堪忧：在项目启动初期进行的调查（基线）显示，仅有42%的7～14岁儿

[1] World Bank, *World Development Report 2004: Making Services Work for Poor People* (Washington, DC: World Bank, 2003; Nazmul Chaudhury, Jeffrey Hammer, Michael Kremer, Karthik Muralidharan, and F. Halsey Rogers, "Missing in Action: Teacher and Health Worker Absence in Developing Countries", *Journal of Economic Perspectives*, 20 (2006): 91-116.

[2] Michael Kremer, Nazmul Chaudhury, F. Halsey Rogers, Karthik Muralidharan, and Jeffrey Hammer, "Teacher Absence in India: A Snapshot", *Journal of the European Economic Association* 3 (2005): 658-667.

[3] 该项目的研究者为阿比吉特·班纳吉、肖恩·科尔（Shawn Cole）、埃丝特·迪弗洛、利伦德（Leigh Linden），研究内容被呈现在附录的评估案例2中。

童具备阅读和理解简单故事的能力[鉴于在部分（随机选取的）学校设立具有法律依据的社区监督委员会不切实际，而在其他学校则可行，因此，我们急需一个虽有监督委员会但并不活跃的环境]。北方邦的立法要求村教育委员会（VEC）监管各村的所有公立学校。然而，大部分村教育委员会并未发挥实际作用。现行法律允许社区通过多种途径提升学校教育的质量：社区可以向议员投诉；当地村委会可以申请资助聘请本地助理教师；村委会拥有可自由支配的资金，可用于改善当地的服务。在北方邦，我们选择在济恩普尔区开展试点和评估。该地区的识字率接近全州平均水平，且是布拉罕基金会尚未开展工作的地区之一。[①]

鉴于我们所选定的背景，我们将一般性的社区问责制问题进一步聚焦为：是否存在一种策略或途径，能够激发印度北方邦的社区积极参与并有效利用现有的问责制，来提升教育质量？

> 第3章探讨在影响评估中应优先考虑哪些问题。当非实验方法可行时，了解当地背景对评估设计的重要性，以及如何甄选合适的评估地点与合作伙伴。

基础问题：我们是如何找出最终的三项干预措施的？

在为期一年的时间里，研究人员和布拉罕基金会共同设计了这个项目和评估方案。他们希望使项目成为社区动员领域的最佳实践案例，以推动加强服务问责制。该项目可以根据当地环境进行调整，同时是可以复制的。我们还必须从该项目的几个备选版本中选择一个，在研究中进行严格测试。最后，我们必须确定如何测量项目的影响效果。

打磨项目设计

布拉罕基金会和研究人员致力于设计和测试一个具有大规模复制潜力的项目。具体而言，该项目的实施应具备相对较低的成本，并且不需要依赖训练有素的或受教育程度较高的员工。考虑项目的可推广性，布拉罕基金会不能对每个村庄投入很多资源去做动员工作。

我们需要对干预背后的理论在济恩普尔区是否适用进行检查。该地区儿童的学习水平是否较低？是否存在提高教育质量的空间（如教师缺勤率过高）？社区是否具备提升教育质量的机制？村教育委员会的角色和职责应如何界定？若村庄欲增设或解雇助理教师，具体操作流程为何？村委会可用于教育的资金规模有多大？

---

① 该项目的定性访谈是在印度前总理拉吉夫·甘地（Rajiv Gandhi）之子拉胡尔·甘地（Rahul Gandhi）所在选区的高里甘完成的。然而，我们担心对教育系统施加改革压力可能会在这样一个备受瞩目的地区引起过激的反应，所以我们把项目换到了济恩普尔地区。

此干预评估是否有助于填补相关领域的知识空白？社区对儿童学习状况的了解程度如何？村教育委员会的角色和职责是否为全体村民所熟知？是否存在仅村长了解而未向其他村民公开的信息（如果是这样，那么强迫村长公开这些信息可能成为一个有效的策略）？我们在北方邦首府勒克瑙的政府办公室，花费了相当多时间深入理解相关法律条文的内涵，并与村长、教师、村教育委员会成员、学生、社区成员及全国和各邦的教育活动家进行了深入交流。

我们发现济恩普尔区的孩子们的学习表现较差，然而大多数家长却对孩子的学习水平存在高估现象。当家长意识到自己的孩子所知有限时，他们备感震惊。根据法律规定，社区可通过多种途径推动学校变革，其中大部分需通过村教育委员会来实施。然而人们对村教育委员会的认知程度相当有限，对他们的权力范围、资金状况，甚至成员构成都鲜有了解。尽管村长通常对村教育委员会有所了解，并能提供一份委员会成员名单，但这些委员会成员往往并不活跃。有时甚至在委员会成员名单上的人也对委员会的存在一无所知，更不必说其他人了。

布拉罕基金会和研究人员均期望将各州及国际上的最优实践纳入考虑。若项目评估测试被全球其他地区视为社区动员的最佳案例，那么将是对项目成果最有效的推广方式。为此，我们研究了《世界银行参与资料手册》，并将其作为社区动员项目设计的参考指南，力求将指南的所有要素融入项目中。[1]

该方案还需要在实地开展工作。因此，该项目团队花费了数月时间深入实地进行逐户调查，以探寻传达社区教育质量问题及推动变革必要性的最有效方式，探讨激发公众对变革热衷的策略，包括多次小型研讨会或一场由教师与村长参与的大型会议。布拉罕基金会将教育问题的关注点从上学儿童的食物供应等陈词滥调转向儿童学习状况及提升学习效果的新视角，为何是有效的？

选择要测试的干预方案

在社区动员问责制项目的设计方案方面，研究人员和布拉罕基金会对各种方案的优缺点存在诸多疑虑。然而，我们有限的资金和统计功效仅能对部分备选方案进行检验[故此，定性研究方法将有助于我们聚焦于关注度较高的替代方案]。

例如，我们曾计划测试一种非常便宜的干预措施，该措施仅通过在整个村庄张贴海报来提供有关社区学习水平的信息、可用的教育资源及产生变化的机制。但我们尝试在一个社区张贴海报后，第二天就发现大部分海报都不见了。这并不能证明张贴海报不起作用，因为我们只在一个村子里尝试了。但基于这一经验，我们

---

[1]Bhuvan Bhatnagar, James Kearns, and Debra Sequeira, *The World Bank Participation Sourcebook* (Washington, DC: World Bank, 1996).

认为这种策略奏效的可能性很低，不值得严格测试。我们选择测试一种互动性更强的方法，主要依靠社区会议来促进信息共享。

基于定性访谈，我们推测：社区成员发现自己孩子学习差的问题越容易，他们就越愿意采取行动纠正这一问题。本研究旨在通过两种干预方案对这一假设进行验证。布拉罕基金会设计了一款简洁易用的测试工具，供社区成员评估其子女的识字和阅读能力。借助此工具社区成员可自行生成关于儿童学习状况的信息，并在社区会议上展示，进而讨论相应的行动方案。

我们还决定借此机会测试布拉罕基金会为农村地区设计的新版教育补习计划——"阅读印度"。布拉罕基金会认为，社区动员项目和"阅读印度"项目具有天然的互补性：为改善教育进行的社区动员，以及让社区成员了解本社区儿童的阅读水平，这对于招募志愿者为孩子进行课后阅读辅导至关重要。从研究视角出发比较有和没有"阅读印度"项目的社区中社区动员的效果，有助于揭示项目成功或失败的原因。例如，如果居民未积极改善公共教育体系，却积极参与"阅读印度"项目，这可能表明问题不在于居民对教育的兴趣或采取行动的意愿，而是对改善公共教育的能力信心不足。然而，人们也担忧当提供更多公共体系外的教育选择时，居民对改善公共系统的意愿可能减弱。因此，我们将能够观察到在提供公共体系外的教育选择时，改革公共体系的行动是变得更强、更弱还是保持不变。

要测试的干预措施

布拉罕基金会最终实施的三项干预措施都采用了相同的基本结构，通过共享教育信息和村民可获得的资源以提高教育质量。

第一项：通过村教育委员会向村民提供改善教育服务的信息。

布拉罕基金会在社区内进行了为期两天的教育活动，包括一系列小型研讨会，最后举办了一场全社区范围的会议。在会议中，教师和村长被要求提供关于改善村庄教育资源的详细信息，包括村教育委员会的构成及获取这些资源的途径。布拉罕基金会工作人员向村民提供了详尽的情况说明书，并分别会见了村教育委员会的每一位成员，明确告知他们各自的角色和责任。

第二项：建立基于村庄的阅读技能记分卡。

在第一项干预的基础上，第二项干预增设了一款简易的评测工具。布拉罕基金会工作人员指导社区成员，运用此工具评估其子女及整个社区的阅读能力。社区成员利用该工具生成一份"阅读报告卡"，并在社区会议上与其他成员共同讨论、分享。

第三项：展示志愿者经营的"阅读印度"课后营地。

第三项干预是对第一项和第二项干预的补充，为有意愿提升教育水平的公民提供了直接的途径。布拉罕基金会组织当地志愿者开展课外阅读营活动,通过4天的培训课程使志愿者掌握简单的阅读教学技巧。志愿者们为有兴趣参与的儿童提供为期两到三个月的课后营地。在此期间,布拉罕的工作人员平均进行了7次实地技术性指导。

干预措施的试点

除了布拉罕基金会及我们的研究团队针对开发干预措施所进行的定性访谈,我们还在若干个村庄开展了干预措施的正式试点。试点的目标包括:(1)检验项目设计的可行性与成功概率;(2)深入探究该项目改变教育的机制与途径的可能性,以便明确测量相关的中间变量与最终结果变量;(3)评估基线调查中所采用的相关测量指标的可行性。试点数据还有助于我们确定进行全面评估所需的样本量。

该试点项目展示出良好的发展前景。在小组讨论和大型社区会议中,村民们表现出极高的积极性和参与度,会议出席率也很高。家长们积极参与对子女基本阅读能力的评估,全社区投入程度显著增加。布拉罕基金会主导该试点项目,研究人员则对其进行定性分析。通过观察社区对干预措施的反应,我们在问卷中新增了相关问题,旨在测量其他社区所采取的应对策略。

随机分配

该评估在北方邦济恩普尔区的280个村庄进行。印度的地区被进一步细分为行政区,每个行政区内平均包含约100个村庄。研究随机选取了4个行政区进行调查,并在每个选定的行政区内随机抽取了参与研究的村庄。因此,本研究具有较高的代表性,可全面反映济恩普尔区(该区有390万人口)的状况。

由于村教育委员会被视为该项目的关键目标对象,而每个村庄仅设有一个村教育委员会,因此无法将单个家庭随机纳入或退出该项目。一个村庄要么接受项目(成为干预组村庄),要么作为对照组村庄。换言之,我们需要在村庄层面进行随机化。我们担心在某个村庄实施的干预可能会对周边村庄产生溢出效应。例如,一个村庄可能会向国会议员反映学校质量问题,从而促使该选区所有的学校改进。若如此就可能会低估项目的影响效果。尽管我们认为这种情况的可能性较小,但仍决定跟踪调查向国会议员投诉的人。在将村庄随机分配到不同干预组和对照组时,我们采用了被称为分层的技术。这意味着我们确保每个干预组中各行政区的村庄数量相等,且所有不同干预组和对照组的基线阅读分数水平一致。我们利用计算机生成的随机数进行随机分配,将研究中的280个村庄分配至表1.1中所述的4个组之一。

表 1.1　随机分配干预组进行社区问责评估

组别	干预		
	向参与者提供如何改善教育的信息	参与者制作基于村庄的阅读技能记分卡	志愿者经营的"阅读印度"训练营
对照组（85个村）	—	—	—
干预组1（65个村）	X	—	—
干预组2（65个村）	X	X	—
干预组3（65个村）	X	X	X

注：每个单元中的X表示该组接受了给定的干预；短横线表示该组未接受该干预。

第4章讨论如何进行随机化，包括是在个体层面还是群组层面进行随机化，在设计阶段如何处理潜在的溢出效应，以及是否分层和如何分层。此外，本章还详细阐述了随机化的实施机制。

数据收集计划

为制订数据收集计划，我们首先需要精准描绘每个干预策略如何带来孩子学习水平的变化。每个干预策略都基于一个假设。第一项干预策略假定公众对教育质量的信息掌握不足，若能更多地参与学校监督，教育质量就有望得到提升。第二个干预策略认为，参与信息创造（如制作成绩单）有助于缩小信息差距，并激发公众采取更多行动。"阅读印度"项目干预策略主张，人们需要一种途径来应对恶劣的教育质量，而不必通过政府官僚机构。图1.1展示了该项目变革理论的简化版。

对于变革理论的每一步我们都制订了一个指标。例如，我们测量教师缺勤率来评价学校教育质量是否较低，使用的方法包括对学校进行突击访问、看看老师是否在上课。

为了评估家长对孩子学业水平的认知，我们采用问卷调查的方式了解家长对孩子阅读能力的自我评估，并随后对孩子的实际水平进行测试。本研究采用随机抽样方法针对农村家庭进行实地调查。同时，我们深入了解家长在子女教育过程中的参与程度，包括他们的子女就读的学校、最近一次访问学校的日期、在村委会讨论教育问题的经历，以及检查子女的学业进度和家庭作业完成情况等。本研究旨在探讨：当得知孩子的学业表现不佳时，家长是否会采取非正式的政府系统以外的行动，如加强家庭作业的监督或将孩子转入私立学校就读。

需求→	投入→	产出→	结果→	影响→
•学校质量差 –学习水平差 –教师缺勤率高 •缺少意识 –学习的结果 –村教育委员会 –村教育基金 •缺少参与 –家长对孩子学习的参与 –村委会未能在会议上讨论教育问题 •缺少行动工具	•提供以下信息 –成绩测试工具 –村教育委员会的职责 –村里可用的资金 •动机 –讨论和会议 –鼓励行动 •培训组织者 –"阅读印度"项目	•村教育委员会的功能 •对辅导教师的需求 •对学校的实地监督 •家长更多参与 –得到额外的培训 –到访学校，与教师交流 –转到私立学校 •课程 –学生参与	•减少知识差距 •更多辅导教师 •减少教师缺勤率 •对学校增加支出 •学生花更多时间 –家庭作业 –阅读 •更多学生去私立学校 •学生完成 –课程	学生学习水平提升

图1.1 简化的变革理论

第5章说明如何借助变革理论设计数据收集计划,以及如何确保选择的测量指标反映了项目带来的真实变化。

为了测量在如何改善教育质量认识方面的差距,我们询问家长、村领导和村教育委员会成员是否听说过村教育委员会,以及他们是否知道村教育委员会的角色和责任。这需要一名村领导和村教育委会成员参与调查。我们在项目结束时又重新问了这些问题,这可以帮助我们评估项目是否成功地缩小了该方面的知识差距。

为了衡量投入,研究小组(独立于布拉罕基金会)仔细监测了项目的实施情况,检查是否举行了村民会议、是否培训了志愿者、是否举办了阅读营。

我们衡量影响的最后一个指标是儿童的学习情况。在项目结束时,我们重新测试了同一组儿童的基本识字和算术能力。

所有的数据收集都是由一家独立的调查公司在研究小组的密切监督下进行的。由研究小组直接聘请的一组监察员重新随机抽查,以检查调查公司工作的准确性。

统计功效分析

我们采用统计功效分析来确定各干预组与对照组所需的村庄数量。鉴于我们将整个村庄随机纳入或排除研究计划，统计功效的关键决定因素之一便是分配给各干预组的村庄数量。然而，我们还要确定每个村庄需要采访多少个家庭。我们认识到，仅需约10个家庭便可较为准确地评估村民对村教育委员会的了解，但为揭示儿童学习水平的变化则需要收集更多儿童的数据。因此，我们对采访的10个家庭中的所有孩子进行了测试，并额外随机选择了20个家庭，仅测试孩子，而不调查家长。

在项目实施与评估过程中我们严格遵循预算限制。在统计功效范围内，我们原计划检验6种不同的干预方案。然而分析结果显示，预算仅能支持对3种干预方案和1个对照组进行检验。为提高评估的精确度，我们倾向于为对照组分配更多样本，以便通过与对照组的对比，准确衡量各类社区动员策略的平均影响效果。

第6章解释如何使用统计功效分析来确定样本的数量、干预组的数量及评估想要检测的最小可检测效果。

我们必须决定我们希望能够检测到的最小学习水平差异是多少。我们以先前对布拉罕基金会的城市教育补习项目的研究成果作为本项目"成功"的评判依据。我们注意到农村项目主要依赖志愿者，其成本较城市项目大幅降低。此外，农村项目的儿童放学后可选择参加课外课程，因此补习班的出勤率可能相对较低，从而降低了我们的统计功效。基于这些原因，我们预期农村项目的评估影响效果将小于布拉罕基金会的城市教育补习项目。同时，我们希望能准确估算该干预措施对不同初始学习水平儿童的效果，尤其是那些初始阅读水平较低的儿童。为此，项目启动前我们进行了一项调查，以便识别这些阅读水平较低的儿童。

该项目的最终样本包括2800户家庭、316所学校、17533名接受阅读和数学测试的儿童（7—14岁），以及来自280个村庄的1029名村教育委员会成员（包括村长）。

干预实施（并监测其实施情况）

这3项干预措施在2005年9—12月实施。一个全职研究小组监测了济恩普尔区的活动以确保遵循随机化方案，并记录了该项目的实施情况。研究小组通过在行政村层面进行随机化，使干预组和对照组的个体在地理上分开，从而将对照组从该项目中受益的风险降至最低。监测数据表明，不仅该项目执行较好，而且人们也积极出席会议并在会上发言。所有接受干预的村庄都至少举行了一次会议，有些村庄甚至举行了多次会议。参加会议的人很多，不同的村庄、种姓和性别都有参与,代表性较好。

在第三干预组的65个村庄中,有55个村庄(占总数的84%)中有志愿者开办了阅读营,服务于7453名儿童(平均每个村庄135名儿童)。在我们随机抽样调查的儿童中,8%的儿童参加了第三干预组的阅读营活动。

在干预措施实施3个月后的2006年3—4月,研究人员开展了一次评估(终线调查)。调查团队力求找到基线调查中采访过的家庭,以及他们前一年采访过的相关儿童。最终,此次调查涵盖了17419名儿童,基线调查中的儿童有716名不在其中,其他均被纳入了此次调查范围。

> 第7章探讨了如何最大限度地降低评估过程中出现错误的风险,如让对照组参与者获得项目参与机会,或者让项目参与者退出项目。

数据分析

当调查完成后,调查公司分两组将所有数据分开录入数据库,并对比两个版本之间的差异以确保数据录入完全准确。

对这次评估的实际分析相当简单直接。我们简单地比较了干预组与对照组在知识、行动和学习水平方面的差距。由于是在村庄层面进行的随机化,我们对标准误在村庄层面进行了调整。干预组与对照组之间的差异即该项干预措施的影响效果。

如果存在大量可供选择的潜在影响结果,则可能出现故意挑选有利的结果测量指标或"数据挖掘"的危险。换言之,存在这样一种风险,即有意识或潜意识地突出显示具有巨大影响的结果,而忽略其他结果。为避免这种风险,我们根据变革理论构建了一组相关变量,并对它们整体进行检测。例如,我们将所有与父母对孩子学习水平的了解相关的结果归属为一个结果,将所有与父母参与学校相关的结果归属为另一个结果。对于每个家庭的结果我们计算了平均影响效果。我们的主要结果是许多结果变量的平均效果。

> 第8章讨论数据分析,包括根据随机化的具体方法、依从率情况等进行调整,还讨论当有多个结果变量时的分析,以及制订预分析计划的好处和坏处。

虽然社区动员项目是在社区层面开展的,但每个社区的"阅读印度"课后营地只有部分孩子参加,而并非所有孩子参加。除观察每项干预措施的平均效果外,我们也评估了参与"阅读印度"项目对孩子们的影响。此时,我们不是观察参与"阅读印度"项目孩子的结果变化(这些孩子并非随机的),而是使用一种"工具变量"方法，将平均影响效果根据孩子的平均参与率进行调整。

如表1.2所示为"阅读印度"项目随机干预实验的全过程

表1.2 随机干预实验的全过程时间安排

时间表	
我们从开始到结束的时间表如下：	
2004年	讨论哪些问题最重要，聚焦于通过社区参与改善政府提供的服务
2004年7月	与布达罕基金会工作人员讨论，能否合作开展一项随机干预实验以评估社区负责制和它们的明星项目——"阅读印度"的效果
2004年7月—2005年7月	定性访谈
2005年3月	选择村庄
2005年3—4月	进行人口统计
2005年4月	开展基线调查
2005年4—7月	开展项目试点
2005年9月—2006年1月	选举出新一届村长后立即实施3项干预措施
2006年3—5月	开展跟踪调查
2006年6月	开始数据分析，撰写分析结果
2007年起	通过与布达罕基金会工作人员、政策制定者召开研讨会来发布结果，并在世界银行和其他学术会议上报告结果
2007年	布达罕基金会从威廉和弗洛拉·休利特基金会（William and Flora Hewlett Foundation）、比尔和梅琳达·盖茨基金会（Bill and Melinda Gates Foundation）收到一笔910万美元的捐助，可以将"阅读印度"项目扩展到印度600多个地区中的300多个地区
2010年	发表学术论文

这项研究的结果有何政策含义？

在基线调查前几天研究团队与布拉罕团队在济恩普尔集合，共同培训调查公司的研究人员掌握布拉罕阅读测试的使用方法。鲁克米尼·巴纳吉当时担任布拉罕基金会研究主管及东北地区负责人，她借此机会向团队成员阐述了新项目历时数月进行研发、实地测试的历程，以及如何促进社区参与对话、引导家长关注孩子学习水平的诸多细节。然后，来自麻省理工学院的经济学专家将协助评估此项目。她坦言，"当然，他们或许会发现此项目并无实效。然而，若果真如此，我们也必须搞清这一事实。为了我们自身及合作伙伴的社区利益，我们不应将时间和资源浪费在无法助力孩子学习的项目上。一旦发现项目效果不如预期,我们会致力于研发更具价值的新干预方案"[①]。

鲁克米尼的论述彰显了布拉罕基金会及其他众多实践者无畏的担当。他们敢于将各自的项目置于可能被认定为效果不佳的风险之中,并坦然接受它们或许无法取得预期成果。然而,鲁克米尼的论述也精练地概括了评估方法的基本原则。

影响评估的结果

提供改善教育质量可行方法的信息、协助公民收集其所在村庄教育状况的数据,均未能促使家长、村教育委员会成员或教师更深入地参与学校系统。此外,这些干预措施也未能激发家长采取更多私下行动,如提供额外辅导或让孩子转至私立学校。考虑到这些结果,前两种干预措施对儿童学习没有影响也就不足为奇了。该项目确实缩小了不同群体的认知差距(在儿童的学习水平和村教育委员会的角色方面),但效果有限,尽管社区会议得到了广泛而热情的参与。

相比之下,在布拉罕基金会组织的"阅读印度"项目中,志愿者不仅成功在课后营地教育了近7500名儿童,还推动了识字率的提升。虽然平均改善幅度较小,例如,识字儿童的提升比例仅为1.7%,但该项目旨在援助那些尚未掌握阅读技能的人群。在这一群体中我们观察到了更为显著的成果。在第三干预组中,项目开始时无法识字的儿童在项目结束时能够识字的概率增加了7.9%。考虑到仅13%的不识字儿童参加了阅读营地,我们估算阅读营地使基线水平上不识字儿童的识字能力提高了60%。在那些无法识字但参加了阅读营地的儿童中,有26%的儿童通过参与阅读营地实现了流利阅读。

这些结果意味着什么?

阐述这些研究结果时我们面临着两大挑战。首先,我们需要深入探究印度北方邦的项目具体进展情况,以理解为何部分干预措施奏效,而其他措施则没有。其次,我们试图揭示这些发现对于理解社区问责制的一般性机制有何启示。为此,我们有必要将这些结果置于其他新兴研究背景之中进行探讨。

我们的研究发现:"在印度北方邦的背景下,仅提供有关教育状况和参与机构的信息并不足以鼓励受益人参与公立学校……[然而,]信息与提供直接行动渠道相结合可以引发集体行动并改善结果……在印度北方邦的背景下,个人似乎更愿意帮助改善其他个人的处境(通过志愿教学),而非采取集体行动来改善制度和社会体制。"我们注意到:"这可能是印度学校官僚主义所特有的。即使家长愿意发挥积极作用,他们也可能对自己影响社会体制的能力过于悲观,或者家长可能无法协调

①这是作者根据回忆记录的鲁克米尼的演讲。

一致以施加足够的压力来影响社会体制。尽管如此，研究结果确实表明，在向目标人群推荐标准的干预措施时也需要谨慎。"[1]

布拉罕基金会通过多种途径对评估结果进行了回应。尽管其并未放弃提升印度公立学校教育质量的目标，但上述评估结果确实在某种程度上削弱了其通过村委会和村教育委员会实现这一目标的信心。北方邦开发的简易测试工具现已被应用于全印度儿童，以生成年度教育状况报告。各地区和各邦的测试成绩引发了媒体的高度关注，进而用以向州和地区官员施压要求其提升教育质量，关注儿童学习（而不仅仅是出勤率或学校膳食）。评估结果显示，"阅读印度"项目的成功助力布拉罕基金会赢得了大量额外资金，并将"阅读印度"项目扩展至超过2300万名印度儿童。然而，布拉罕基金担忧尽管阅读营地对参与其中的儿童有效，但仅有一小部分有需求的儿童实际参与了营地。布拉罕基金会的长期目标是将他们的教学方法融入印度公立学校系统。因此，他们持续对项目进行优化和评估，与地方邦政府开展更为紧密的合作。他们的一些创新取得了成功，而另一些则不然。持续的测试和评估有助于他们区分这两种结果。

在国际上，研究人员和从业人员也在不断探索创新项目和评估提高穷人公共服务质量的可行方法。与此同时，也有许多类似的研究正在进行，其中一项关于乌干达社区动员计划的研究与我们的研究最为相似。该项目恢复了当地诊所的社区监督委员会的活力，向社区居民提供了关于当地诊所服务质量不好的信息（如卫生工作者的缺勤率高等），并与社区卫生工作者合作设计改善服务质量的方法。其结果是减少了卫生工作者的缺勤率，改善了居民的健康状况。[2]虽然这个结果似乎与我们的研究结果形成了鲜明的对比，但两者在其他方面有相似之处。在这两个案例中，社区参与体系在项目开始之前就存在，但并未发挥作用。可以说，为社区提供他们可以采取的直接行动是这两项研究成功的一个重要因素。自那时起，我们发现在公立学校和私立学校竞争的情况下，提供关于巴基斯坦社区学校质量的信息有助于提高考试成绩。而在肯尼亚，授权学校委员会没有任何效果[3]，但给这些委员会提供招聘当地教师的资源显著提高了考试成绩，而培训这些委员会发挥监督作用则增强了这一效果。[4]我们还了解到，在减少腐败方面，印度尼西亚的社区

①Abhijit Banerjee, Rukmini Banerji, Esther Duflo, Rachel Glennerster, and Stuti Khemani, "Pitfalls of Participatory Programs: Evidence from a Randomized Evaluation in Education in India", *American Economic Journal: Economic Policy* 2 (2010): 1-30, quote on p. 5.

②Martina Bjorkman and Jakob Svensson, "Power to the People: Evidence from a Randomized Field Experiment on Community-Based Monitoring in Uganda", *Quarterly Journal of Economics* 124 (2009): 735-769.

③Banerjee et al., "Pitfalls of Participatory Programs"; Christel Versmeerch and Michael Kremer, "School Meals, Educational Achievement and School Competition: Evidence from a Randomized Evaluation", World Bank Policy Research Working Paper 3523, World Bank, Washington, DC, 2004.

④该研究由埃丝特·迪弗洛、帕斯卡琳·杜帕斯和迈克尔·克雷默负责，研究内容被呈现在附录的评估案例3中。

对当地道路项目的监督不如外部审计有效。[1]

从这些证据中可以得出什么结论？我们发现，社区监督在适当情况下可以提高服务质量，但总体来看很难发挥作用。关于受益人参与是否有效的问题并无简单的答案。就像我在经济学入门课程中所学的那样，许多经济问题的解答均取决于特定情境。本案例中社区问责项目是否有效似乎与项目及机构设立背景存在复杂的关联。然而，相较于2004年，我们对影响项目成功的因素有了更深入的认识。日益增多的证据引发了关于社区问责项目的深入探讨，并为项目设计者提供了丰富的思考素材。

这就是我们这段旅程的本质。我们不断进行项目创新，不断评估检验。评估结果推动我们前进，但也产生了更多问题。这些问题同样需要通过评估检验来回答，随着时间的推移，我们也在学习。我们对什么在哪里起作用以及为什么起作用有了更多的了解，这有助于我们更好地设计项目，从而改善生活。

这本书试图为那些希望参与这一旅程的人提供实用的建议，通过随机干预实验进行项目评估，能对改善穷人生活提供越来越多的证据基础。

第9章讨论来自随机干预实验的证据如何为政策提供洞见，包括如何决定结果推广时间，以及如何进行成本效益分析。

---

[1]Benjamin A. Olken, "Monitoring Corruption: Evidence from a Field Experiment in Indonesia", *Journal of Political Economy* 115 (2007): 200-249.

为什么随机化? 2

本章将介绍为何随机干预实验可以准确评估一个项目的影响效果。本章模块如下:

模块2.1 为什么因果影响难以测量?
模块2.2 非实验和准实验评估方法的优缺点
模块2.3 随机化如何实现因果推断?
模块2.4 实验性方法的优点和局限性

模块2.1 为什么因果影响难以测量?

评估一个项目产生的因果影响效果需要比较该项目实际执行时产生的效果与未执行时的效果。本模块探讨因果推断的基本问题,即在同一时间我们无法观察到同一个人既参与项目又未参与项目:我们始终无法直接观察到反事实。

什么是因果影响?

因果影响是由项目带来的结果变量的真实改变。换言之,要估计一个项目的影响,我们需要将人们参与项目时的表现与未参与项目时的表现进行对比。这种假设条件被称为反事实条件。然而,我们不可能直接观察到反事实。我们只能观察到项目实施后会发生什么,而不能观察到项目未实施可能发生什么,因此我们必须对反事实做出推断。这就是因果推断的基本问题。我们经常从其他人身上发生的事情或者项目开始前项目参与者身上发生的事情来推断反事实。但这样推断时我们必须做出假设:参加和不参加项目的人在未实施项目时表现是相同的。我们估计的有效性取决于这些假设是否有效。

案例：校服干预是否改善了孩子的学习？

想象一下，我们想要提高某个地区儿童的受教育水平。这个地区的儿童虽然在学校进行了注册，但并未按时上学，成绩也很差。对小学生阅读和数学能力的全国性测试每两年进行一次。最新的调查发现，在我们调查的这个地区一半的8岁孩子连简单的一年级课文都看不懂。

我们与该地区一家致力于改善孩子学习的非政府组织合作。该组织希望评估向学生提供校服是否对孩子的学习产生影响。[1]该地区的学校并未强制要求学生穿正式校服，但社会上通常认为学生就应该穿校服。一些孩子说如果没有校服他们会觉得很尴尬，无法正常上学。我们认为给每个孩子发一套免费校服可能会帮助他们更多地按时去学校，从而学到更多东西。

该组织给孩子们发放了200套校服。两年后，他们想知道这个项目是否有效，发放校服是否帮助了孩子更多地准时出勤及学到更多东西？对这些孩子学习情况的调查表明，得到校服的孩子的阅读成绩比项目开始前显著提高了。看来，这个项目确实起了作用。但在将该项目推广到其他学校之前，我们想确切地知道阅读成绩的变化是真的由提供校服带来的，还是由其他因素带来的。我们该如何弄清这一问题呢？前后对比是评估项目影响效果的正确方法吗？

除项目外，许多其他因素也会影响孩子的学习

在两次学习测试之间的两年里，参与校服项目的孩子们的学习水平受到许多因素的影响。有些是内在因素：孩子们在逐渐成长、成熟。即使他们没有上学、从未打开过教科书，孩子们仍然可以通过在街上卖小饰品来学习基本的算术，或者通过观察兄弟姐妹阅读周围的广告牌来学习认字。参与校服项目的孩子们也会受到外部因素影响：这段时间内老师和家长可能会改变他们投入教学的时间和资源，或政府可能会在这些项目学校实施供餐项目，鼓励更多孩子上学。

所有这些事件都可能影响到我们关注的孩子的出勤率和阅读成绩。即使没有给孩子们提供校服，他们也会受到影响。如果仅仅测量项目前后孩子的出勤率和阅读成绩，并不能判断出这些变化在多大程度上是由校服项目带来的，而多大程度上需要归因于在同一时间内改变的其他因素。

---

[1]该案例来自埃丝特·迪弗洛、帕斯卡琳·杜帕斯和迈克尔·克雷默的一项研究。该研究被呈现在附录的评估案例4中。

选择很重要：报名参与或被选中参与项目的人，与没有报名参与项目的人是不同的

除了比较给孩子校服前后的阅读成绩，我们还可以比较参与免费校服项目的孩子和没有参与的孩子的阅读成绩。然而，参与项目的孩子和没有参与项目的孩子往往是不同的。我们公布了校服项目，并要求家长报名。然后，我们把校服发给了前200名报名参与的家长的孩子。与没有提前报名的家长相比，提前报名的家长可能有更好的组织能力或者人脉更广，或是更关心教育。

这些家长之间的差异很难观察或测量，而这些不可观察到的差异也可能影响到家长是否支持孩子按时上学、是否帮助孩子学习阅读。积极报名参与项目的家长更可能每天按时送他们的孩子上学，更可能辅导孩子完成家庭作业，家里的报纸等阅读资料也可能更多。此时，对比参与校服项目的孩子与未参与校服项目的孩子的阅读成绩，会发现参与校服项目的孩子分数更高。但这并非校服项目带来的，仅是家长帮助孩子学习的积极性不同带来的。

或者，我们的项目可能针对最贫困的孩子。他们最需要校服，但最贫困的孩子可能还面临着其他上学方面的障碍。此时，当我们将得到校服和未得到校服的孩子进行对比时，得到校服的孩子的出勤率和考试成绩可能更低。这是否表明校服项目让孩子们无法上学，降低了他们的分数？这并不容易判断。这也可能只是因为参与校服项目的孩子在得到校服前相对于其他孩子就是落后的。获得校服可能帮助孩子们更按时上学，但还不足以赶上其他富裕家庭的孩子。

我们把这种参与项目的孩子与未参与项目的孩子有差异的趋势称为"样本选择"。这种选择可能是不同的人参与项目的积极性不同造成的，也可能是项目管理者有意选择某种特征类型的人参与项目造成的。如果在项目影响评估中未考虑到这种选择性，评估出的结果中将存在"选择性偏误"。换言之，我们可能将因参与者的自选择或选择特定群体参与项目而带来的样本本身存在的差异，错误地当成项目带来的影响效果。

因果推断的基本问题：找到一个有效的反事实

在上述案例中，项目实施之后，我们本来希望将收到校服的孩子与一个其他情况完全一样但未收到校服的孩子的结果进行对比。但在现实世界中，我们不可能同时观察到一组人参与项目的结果和未参与项目的结果，也没有办法找到与参与我们项目的人完全一样的人。现在项目已经实施，那么我们永远不可能知道若项目未实施这群孩子会发生什么。如前所述，我们从来不能直接观察到反事实。

在模块2.2和2.3中，我们将讨论如何使用不同的评估方法来模拟反事实。然而,所有这些方法都必须解决这一基本问题,即我们永远不可能同时观察到一个人或一群人在接受干预和未接受干预两种状况下的结果。因此,我们最终会比较不同的人群,一组接受了干预(干预组),另一组未接受干预(对照组)。虽然对照组中的样本并非干预组样本的完美复制品,但总体而言,我们的目标是两组具有相似的平均特征。

例如,在校服项目中,我们担心家长关心孩子教育的程度会影响结果(出勤率和考试成绩),也可能与家长是否报名参加该项目有关。每个家长都是独一无二的,很难找到两个收入水平和关心孩子教育的程度完全相同的家长。即使在家庭内部,家长对长子和次子的关心也可能不同。但如果在干预组和对照组中有很多孩子,则两组孩子的家庭收入平均水平和家长关心孩子教育的平均程度可以看作一样的。所有定量影响评估方法的核心目标都是相同的,即找到一组与干预组平均来看具有相似特征的对照组,但就具体如何找到这样的对照组,不同的估计方法有所不同。

模块 2.2　非实验和准实验评估方法的优缺点

评估的准确性取决于对照组能否精准地模拟反事实。换言之,对照组应该模拟若项目未实施时应发生的情况。一个糟糕的对照组会破坏评估,并使影响估计无效。在这个模块中,我们讨论了许多寻找对照组(反事实)的不同方法。

除随机干预实验之外,我们接下来将探讨一系列常见的影响评估方法的优缺点。随机干预实验并非评估影响的唯一有效途径。在满足相应条件的情况下,以下评估方法也可以发挥其有效性。这些方法的一个主要优点是能够进行回溯性评估,即可对数年前或十数年前某项目的效果进行测量,从而探究其长期影响。然而,非实验或准实验方法所需的假设条件并非总能得到满足。我们将详细讨论每种评估方法所依赖的假设条件。尽管我们主要关注定量影响评估方法,因为这些方法的专业性最强,但我们将首先对定性方法进行简要讨论。

定性影响评估

要了解一个项目或政策如何改变了人们的生活,最简单的方法可能是直接对项目参与者进行访谈。定性研究也有多种技术性方法,可以帮助研究人员判断项目是否改变了项目参与者的生活。直接观察可以记录个体行为和群体动态如何随时间变化。开放式访谈的优点是允许参与者提问,这些问题可能是评估者从未想到过的,因而不会呈现在封闭式的调查问卷中。焦点小组访谈可以收集与项目相关的、不同类型人的认知和经验。参与者之间的交流互动可以激发每个人对项目有更多的认识和思考。针对战争、腐败和性骚扰等这类受访者难以讨论或难以直接面对的经历，相应的定性技术已经开发出来以帮助研究人员深入研究这些问题。例如，参与者可能会被要求讲一个故事、画一幅画，或者使用某个具象代表他们的经历或信念。

该方法的优点

定性方法的最大好处是收集信息的丰富性。例如，不只收集孩子每周上学天数的数据，也可以捕捉到孩子对学校的热爱程度。定性方法还可以非常详细地记录一个项目可能发挥作用的潜在机制。而定量方法则要求将这些丰富的信息简化为几个数字。为了进行统计分析，需要将信息转换为数字——例如，说明两组人的经历在统计上是否有显著差异。但不可否认的是这种转换也会丢失很多信息。多数使用定量方法的研究人员在需要时也会借助定性方法。研究人员可能使用焦点小组访谈及与参与者的开放式讨论来提出研究假设，然后使用定量方法进行检验。研究人员通常会将定量证据和定性证据结合起来使用。在解释一项研究发现时，使用定量方法的研究人员通常也会引用项目参与者的一些个人表述，或是详细描述某些人的经历。使用定量方法的研究人员也越来越多地使用定性方法帮助开发一些量表测量结果（模块5.4列出了其中最受欢迎的方法）。

谁是对照组？

许多定性研究并不试图评估出一个项目或政策的影响效果，它们只是描述一种情况。然而，定性影响研究也会使用一系列方法来创建一个对照组。这种对照组通常是隐性的，不易觉察。例如，当项目参与者讨论项目如何改变了他们的生活时，隐性的对照组是参与项目前的同一个人。然而，现在混合方法正在发展，也可以使用定性方法来比较干预组和对照组（包括随机干预实验中的干预组和对照组）。

需要的数据

定性方法和定量方法的区别在于，前者并不试图将经验事实提炼为数据，尽管大多数定性评估者会在评估中包含一些数据。

需要的假设

若要基于定性方法判断项目的影响效果，我们必须做出一些假设。第一个假设是，评估者或项目参与者需要准确理解反事实这一概念——也就是说，他们必须理解"若该项目未实施会发生什么"这一问题的含义。当询问项目参与者该项目如何改变了他们的生活时，我们其实是在要求项目参与者将社会上正在发生的许多变化与由项目带来的变化进行区分。这是一项艰巨的任务。有时评估者需要帮助参与者区分哪些变化是由社会趋势带来的,哪些是由实施这一项目带来的。当然,这首先要求评估者理解什么是反事实。

第二个假设是,项目参与者对项目的描述和评价是相对客观的,不带有偏见,不受他们个人的期望或偏好影响,或者评估者有办法识别出这种偏见。大量证据表明,人们更倾向于去看他们希望或想要看到的结果。例如,如果人们期望女性表现不佳,这种期望就可能会影响项目评估。研究发现,相较于非面对面面试(面试者的性别可以被隐藏),面对面面试时(可观察到面试者的性别)女性入选精英管弦乐队的概率显著更低。[1]为纠正这种潜在的偏见,定性研究人员需要接受相应的技术培训。这种偏见在定量研究中也存在,我们将在第5章讨论一些解决方法。

最后,我们必须坚信项目评估者是以公正客观的态度对收集的信息进行解读的。解读数据的方法多种多样,如计算平均值、比较不同组别的差异水平、衡量不平等程度等。在基于收集的信息得出项目影响结果的过程中,定性研究人员具有较大的自由操控空间。而我们需要确保这一过程并不受研究人员的个人期望或偏好影响。

简单的前后(pre/post)比较

前后比较可以测量项目参与者如何随着时间的推移而改进(或改变)。项目实施之前记录参与者的结果(基线结果),项目结束后再次记录结果(评估结果),从而可以将项目前后同一个人的两个结果进行比较。

谁是对照组?

项目开始前的项目参与者是项目结束时同一名参与者的反事实对照组。

需要的数据

必须收集项目参与者在项目实施前后的结果数据。

需要的假设

当使用项目实施前的结果作为反事实时,需要假设如果未实施项目,干预组的结果将保持不变;假设随着时间推移的项目实施是影响测量结果变化的唯一因素。

假设不成立的原因有很多。正如模块2.1的校服案例中所讨论的那样,随着时间的推移,除了正在评估的项目外,还有许多因素可以改变项目参与者的结果。这些因素包括:

---

[1]Claudia Goldin and Cecilia Rouse, "Orchestrating Impartiality: The Impact of 'Blind' Auditions on Female Musicia", *American Economic Review* 90 (2000): 715-741.

1. 外部环境在同时变化

想象一下，在实施免费校服项目的同时出现了大范围的洪水，庄稼收成不好，孩子们吃不饱饭。地上存有大量积水，蚊虫滋生，疟疾横行，这也会影响孩子按时上学和学习状态。此时如果通过对比年初和年底的考试成绩来评估项目影响效果，则多半会低估项目的影响效果，甚至可能发现校服项目存在负向影响。但如果相反，庄稼收成好，或者政府推出了一项学校供餐计划，从而提高了孩子们的入学率，此时进行前后对比就可能高估校服项目的影响效果，会错误地将孩子所有的提高都当成是校服项目带来的。

2. 个体自身同时发生的变化：变得更成熟

这是个体自身的自然变化，并非外部环境的变化。这些自然变化也会导致结果的变化。在校服案例中，随着时间的推移孩子们会长大、变得更成熟，认知能力也在提高。即使他们没有上学，这种成长、成熟也会使他们在测试中表现得更好。前后对比将项目期间的所有变化都归因于校服项目，就会高估项目的影响。

3. 恢复（回归均值）

长期以来，世界各地的庸医都仰仗这样一个事实——大多数病人会自愈。如果给这些能够自愈的病人开一些没有药效但也无害的药，你就可以宣称是你治好了这些病人。类似的恢复现象在遭受战争或干旱的社区或失业的个人中也可以发现。项目通常对灾难地区和困境中发人实施帮助，此时就可以像庸医那样，把这种情况下的自然恢复当成你的功劳。前后对比会将这种恢复现象错误地当成项目的影响效果。

参与者与未参与者比较或是横截面比较

横截面比较测量的是项目参与者和未参与者在项目完成后的差异。

谁是对照组？

没有参与项目（无论出于何种原因）的人被作为对照组，在项目结束后他们的相关信息也会被收集。

需要的数据

必须在项目实施后收集项目参与者和未参与者的结果数据。

需要的假设

必须假设除了参与项目这一特征外，未参与项目者与参与项目者在其他方面均是相同的，并且他们在项目开始前参与项目的可能性是一样的（即没有选择效应）。

选择性偏误:预先存在差异的问题

将项目参与者与未参与者进行对比,可以部分解决前面提到的外部环境、个体的自然成长、恢复等问题对项目评估带来的影响。然而,选择参加项目的人(或被安排参与项目的人)往往与不参加项目的人存在系统性差异,这就是所谓的选择效应。

回顾前面的校服案例,以及洪水、营养不良和高疟疾率等降低孩子考试成绩的案例。想象一下在某个地区有210所学校分发免费校服。在评估结束后,对比干预组学校与对照组学校孩子的成绩。若对照组和干预组遭受了同样的洪水,那么两组在外部环境方面就具有可比性。但是,如果干预组和对照组一开始就不同呢?我们或许把免费校服发给了成绩最差的学校或该地区最贫困的学校。此时将参加项目与没有参加项目的学校进行比较,就会发现该项目降低了孩子们的成绩。我们的项目也可能针对的是规模最大的学校,但这类学校通常拥有更好的教育资源,家长的参与积极性也更高,这意味着这些学校孩子们的考试成绩一开始就更高。此时,将参加项目的学校与未参加项目的学校进行对比,先前就存在的差异会使项目看起来好像提高了孩子们的成绩。

多元回归

将参与项目者和未参与项目者进行比较,并控制可能影响结果的其他因素,即将结果变量对干预状况和其他可能解释结果变量的指标进行回归。

对照组是谁?

被调研了的、未参与项目(出于任何原因)者构成了对照组。

需要的数据

在这种情况下,我们不仅需要参与者和未参与者结果变量的相关数据,还需要其他"解释性"或"控制"变量的数据(如年龄、收入水平、教育程度等)。控制变量要么需要在基线调查时收集,要么是年龄这类不受项目影响的数据。

该方法的优点

多元回归分析可以克服上述简单前后比较方法的部分问题。在校服案例中,如果担心干预组学校的孩子可能相对于对照组学校的孩子家庭更贫困,我们可以估计收入和考试成绩之间的关系。接下来,剔除收入差距导致的实验组与对照组学业成绩的差异,剩余的差异可视为项目产生的效果。

为实现这一点,我们可以将考试分数对干预状况和家庭收入水平进行回归。

更多相关细节请参见第8章。

需要的假设

必须假设干预组和控制组所有方面的差异均已包含在控制变量中，特别是那些在两组之间不同且会影响结果变量的特征均已被纳入控制变量（有这种担心是因为，有时这类控制变量可能不可观察或未被测量）。

选择性偏误：不可观察的差异

我们很难证明上述假设是否正确。对于一些允许参与者自己决定是否参与的项目，项目参与者和未参与者在一些难以观测的特征方面极有可能存在差异，如动机或信心。然而，动机等这些未被观察到的特征很可能与孩子的考试成绩、家庭收入等相关。即使参与者不能自己选择是否参与项目，项目实施者决定在哪些地方开展项目也可能有背后的原因，这也会导致参与者和未参与者之间存在未被观察的差异。我们可能知道选择项目实施的每个细节过程，并确信在这样的过程中参与者和未参与者之间不存在未被测量的差异。但要证明这一点可能很难。但既然差异是"未被观察"的，那我们就无法用数据证明群体之间是否真的存在差异，所以我们要另外想办法。

在下面讨论的断点回归方法中，我们将利用是否参与项目的决策机制来创建反事实。

统计匹配

统计匹配是多元回归分析的一种特殊形式。寻找一组在可观察的特征方面（如年龄、收入、教育程度等）与项目参与者相似的人作为对照组，然后将项目参与者与没有参与项目的对照组进行匹配比较。

谁是对照组？

可以通过两种方式构建对照组：

精确匹配。每名参与者与至少一个未参与者匹配，他们在选定的可观察特征上是相同的。例如，他们有相同的性别、年龄和职业。

倾向得分匹配。使用年龄、收入等特征来预测谁会参与项目。每名参与者和未参与者都被赋予了参与项目的概率或倾向，即倾向得分。每名参与者匹配一名具有相同参与倾向得分的未参与者。

例如，我们可能发现年龄、收入、教育程度及过去的投票习惯与一个人是否投票相关。相似地，受过良好教育和较富裕的女士更可能接受小额信贷，已婚女士也是如此。我们可以计算出每名女士在有机会获得小额信贷的情况下接受小额信贷的概率。我们可以将一名根据计算有60%机会接受小额信贷的女士与另一名同样有60%机会接受小额信贷但未接受小额信贷的女士进行匹配。

如果这两名女士接受小额信贷的概率相同,那么为什么一名接受了而另一名没有呢?两种不同的倾向得分匹配方法是基于不同的解释。一种倾向得分匹配方法是将那些有机会接触的人与没有机会接触的人进行匹配,即如果她们都有机会接触到,那么被匹配的两个人接受小额信贷的概率是相似的。

另一种倾向得分匹配方法是在实施项目的地区将参与项目的群体与未参与项目的群体进行匹配。下文将说明,该种情况的假设是:是否参与项目是随机的。

需要的数据

需要关于结果变量的数据,以及参与者和未参与者的"匹配变量"。如果要根据多种特征进行匹配,可能需要有较大的样本量和变量的大量数据。

该方法的优点

倾向得分匹配是多元回归分析的一种特殊形式。它的优点是,在估计中将最大的权重赋予对照组中与干预组最为相似的(根据可观测变量),且被预测最有可能接受项目的那部分人。它的缺点是,相较标准多元回归有更多假设条件。我们将在下面讨论。

需要的假设

为了用匹配方法创建一个有效的反事实,用以匹配的变量特征必须足够全面。除了在参与项目上有不同外,参与者和未参与者在其他所有方面的差异均应被包含在内。与多元回归分析情况一样,动机等不可观察的特征是一个主要问题。我们必须假设已经匹配了足够多的其他特征。这些特征与不可观察的特征相关,从而确保匹配上的项目参与者和未参与者不再存在差异。

然而,当作出这一假设时,我们需要问自己:"如果未参与项目的个体和参与项目的个体一样有可能参与该项目,他们为什么没有参与呢?"

两种不同的匹配方法给出的答案是不同的,其暗含的假设也略有不同。两种方法都可以用于精确匹配或倾向得分匹配。

在对项目参与者和未参与者进行匹配时,我们可以在实施项目的地区确定影响人们参与项目的因素,然后在未实施项目的地区寻找具有相同特征但未参与项目的人。我们将比较实施项目的地区和未实施地区具有相同潜在参与概率的人群。为实现无偏估计,需要假设影响项目是否实施的因素不会对结果产生影响。例如,如果在一些地区开展了小额信贷项目,而在另一些地区未开展,我们可能会担心实施小额信贷项目的地区和未实施地区之间存在难以观察的、系统性的差异。某些地区优先开展小额信贷项目，可能是由于这些地区具有更大的发展潜力，而这种潜力可能未包含在匹配变量中。

当在实施项目的地区对项目参与者和未参与者进行匹配时，应是每名研究对象都有资格参与该项目。这样，我们就不用担心那些只影响一个群体而不影响另一个群体的冲击。但我们现在的困惑可能是：既然项目参与者和未参与者具有相同的可观察特征，那为什么他们没有参与该项目呢？此时唯一重要的假设是，人们是否参与项目完全是偶然的、随机的。我们选择了恰当的匹配变量，可以解释两者之间所有的特征差异，仅剩下是否参与项目的状态是不同的。例如，两名女士参与小额信贷项目的概率相等，但其中一名女士是在去拜访朋友的路上碰巧经过了小额信贷办公室因而参与了项目，而另一名女士的朋友在另一个方向上因而未参与项目。

双重差分方法

该方法结合了前后比较及参与者和未参与者的比较。它测量的是随着时间的推移，项目参与者的结果变化与未参与者的结果变化之间的关系。

谁是对照组？

未参与项目但收集了相关信息数据的人。

需要的数据

需要项目参与者和未参与者在项目实施前后的结果数据。

该方法的优点

该方法针对的问题是：干预组和对照组之间存在不可观察的差异，但这些差异对结果的影响不随时间而变化。例如，在校服案例中可以比较收到校服和未收到校服的孩子的成绩变化情况。那些提前报名参与校服项目的家长可能会更积极地辅导孩子的家庭作业，因此他们孩子的考试成绩可能在基线调查时和评估调查时都相对更好。只要家长的积极性对孩子成绩的影响效果不随时间变化，干预组和对照组之间父母动机的差异就不会影响孩子考试成绩的变化。因此，对比干预组和对照组之间的考试成绩变化可以准确地估计出项目的影响效果。

需要的假设

必须假设如果该项目不存在，这两个群体在这段时间内的变化趋势是相同的，也就是干预组和对照组之间存在的差异不影响两组的结果随时间变化的趋势。在校服案例中,如果干预组的家长更积极、受过更好的教育,且这类家长对年龄更大的孩子或学业本身更难的孩子帮助更大,那么上述假设就是无效的。为检验项目开始前两组的变化趋势是否相同,可以查看干预组和对照组以往的变化情况。这需要在项目开始前进行多轮数据收集。然而,即使有这些额外的数据,仍然会有人提出怀疑:干预组和对照组在过去的变化趋势是相同的,就能保证它们在项目实施后未来的变化趋势也是相似的吗?

双重差分设计通常还要求在基线调查中不存在测量误差。例如,假设为基线调查时考试成绩较低的儿童提供教育补习项目。如果实际上所有的孩子都有完全相同的知识水平,但有些孩子碰巧因为测量不当而在基线调查时分数较低,那么即使该项目不起作用,这些孩子的分数也会自动回到评估调查时的平均水平。此时,我们可能会错误地认为项目起了作用。

断点回归设计(RDD)

该方法适用于评估具有准入资格线的项目。例如,父母收入低于特定值的孩子可以获得免费校餐,或者成绩高于某一特定分数线的孩子可以进入名校。略高于分数线(从而参与项目)和略低于分数线(从而未参与项目)的孩子可以进行比较。

谁是对照组?

对照组由接近资格线但落在资格线"错误"一侧的个人组成,他们未能参与项目。

需要的数据

需要知道能否参与项目究竟是如何被决定的(即资格线在哪里),用于确定整个样本资格线(如收入或考试成绩)的变量的数据,以及结果变量的数据。我们通常仅使用那些处于资格线附近的参与者,而不是所有参与者,因此当样本量较大时断点回归设计的估计效果较好。

该方法的优点

在其他非实验性方法中,我们必须对人们为什么选择参与项目或为什么选择在该地区实施项目做出猜想,并希望这些决策没有导致项目参与者和未参与者存在未被观察的系统差异。断点回归设计的优点是,如果确切地知道项目参与者是如何被决定的,就可以检验这些决定规则是否被实际遵守,从而不必担心有其他未考虑到的因素影响了项目参与者的选择。

需要的假设

该方法只能用于参与者的决定规则恰巧存在一个资格线的情况。因为某项机制的存在，项目参与者和未参与者参与项目的概率必须有断点，而且这些断点机制必须被较好地遵守（例如，我们必须确信如果错过了截止日期，政府官员或有钱人同样不能再申报该项目，没有空子可以钻）。

我们需要假设，断点规则不是为了迎合某个特定目的而故意制订的（例如，为让某个重要人物或某个地区能恰好参与项目掐着点设定资格线），此时分数是略高于还是略低于分数线是这两个群体的唯一重要区别。更确切地说，不管资格线如何设置，那些刚好在资格线之上的人因为高于资格线的程度不同而在项目开始前会有细微差异。然而，需要假设这种边际差异对结果只有边际影响，即偏离资格线的程度越大，对结果的影响越大。

例如，如果要评估进入波士顿或肯尼亚的精英学校对孩子未来收入的影响，并且我们知道这些精英学校严格按照考试成绩录取学生。那么，我们可以对比那些刚刚达到分数线而进入精英学校的孩子和那些略低于分数线而错过精英学校的孩子的未来收入情况。[1]并非所有分数线以上的孩子最终都会进入精英学校，但他们进入精英学校的概率在分数线处陡然增加。考试成绩与未来收入相关，但要使断点回归设计有效需要假设在未设置精英学校的情况下，考试成绩与收入之间的关系不会恰好在资格线处有急剧变化。因此，如果发现考试成绩对孩子未来收入之间的影响正好在精英学校设定的分数线处陡然增加、出现跳跃，则可以认为这种陡然增加的收入是由于上精英学校概率的增加带来的。

该方法的缺点是，它仅测试了项目对资格线附近孩子的影响。在上述精英学校的案例中，那些刚跨过录取分数线、勉强进入精英学校的孩子在精英学校的班内排名可能总是垫底。精英学校项目对这些孩子的影响肯定与对班内排名中等或排名前列的孩子的影响是不同的。若要考虑推广扩大精英学校项目，那么就需要厘清精英学校项目对那些录取分数线附近孩子的影响。

工具变量

某个额外因素或工具变量可以预测一个人是否参与项目，且该因素与结果变量不相关（除了通过影响是否参与项目、继而影响结果变量这一路径）。

有时地理特征可以作为好的工具变量。例如，在印度尼西亚一座高高的山脊

---

①Adrienne M. Lucas and Isaac Mbiti, "Effects of School Quality on Student Achievement: Discontinuity Evidence from Kenya", *American Economic Journal: Applied Economics*, 2014, 6(3): 234-263.

Atila Abdulkadiroglu, Joshua D. Angrist, and Parag A. Pathak, "The Elite Illusion: Achievement Effects at Boston and New York Exam Schools", *Econometric*, 2014, 82(1): 137-196.

将一个偏远的山谷与相对发达、人口稠密的城镇区分隔开来。[1]山谷的某些地方可以接收到山谷另一侧的电视信号,而山谷中另外一些地方却因为高山脊的阻挡接收不到电视信号。当人们想走出山谷到最近的城镇去,没有人选择跨越山脊,而是选择沿着山谷、绕着山脊走出去。因此,该山谷的一个特定社区能否接收到电视信号与其偏远程度、土地质量等无关。而附近山脊的高度仅通过影响电视信号接收来影响山谷中的村民。此时,可以利用山脊的高度作为工具变量来评估电视对社会资本或对女性态度等结果的影响。

谁是对照组?

在这种情况下,随机因素造成的参与项目概率较低的人或难以从项目中受益的人是对照组。

需要的数据

需要关于结果变量、工具变量和其他控制变量的数据。

该方法的优点

工具变量方法的优点在于,它可以找到一个不受选择性偏误影响又可以预测是否参与项目的工具变量,来评估存在选择性偏误的项目的影响效果。在电视的案例中,是否拥有电视是一种自选择。因此对比有电视和没有电视的人并不能准确评估项目的影响结果:有电视的人与没有电视或买不起电视的人本身就可能有很大不同。但如果是否有一台电视是一些不寻常的偶然因素造成的,比如附近山脊的高度,那么可以用它来评估电视的影响。

需要的假设

工具变量需要一个强有力的假设,即工具变量只通过一个特定的渠道来影响结果变量。在电视的案例中,假设山脊高度仅通过影响电视信号接收来影响对社会资本或对女性的态度。如果最近的山脊高度影响了到达最近城镇所需的时间,那么它就不再是一个有效的工具变量。如果最近的山脊高度影响了社区降雨量、河流深度或农业用地质量等,它也不再有效。

值得注意的是,工具变量仅仅估计的是一个项目、政策或技术对某一特定人群产生的影响。在电视的案例中,我们只能评估电视对那些生活在周围地理特征影响到电视信号接收的人的影响,而没有办法评估对人口稠密、有独立的电视信号接收塔的地区的人们的影响。

---

[1]该案例灵感来自以下论文:Benjamin A. Olken, "Do Television and Radio Destroy Social Capital? Evidence from Indonesian Villages", *American Economic Journal: Applied Economics* 1 (2009): 1-33.

模块2.2总结

- 定性影响评估假设研究人员预设的观点不影响对信息的解读，并且受益人和/或研究人员知道什么是反事实。

- 前后比较假设任何随着时间的推移产生的变化是由项目带来的。

- 横截面比较假设参与者和未参与者之间的任何差异都是由项目实施带来的，且在项目参与者和未参与者之间不存在选择性偏误（即没有系统差异）。

- 多元回归假设参与者和未参与者之间的所有差异都已被控制。为控制这些差异，首先需要能够测量它们。

- 双重差分方法纠正了参与者和未参与者之间初始水平的差异，并比较了两组之间的差异随时间的变化。必须假设在没有实施项目时项目参与者和未参与者之间具有相同的时间变化趋势。

- 统计匹配将有机会参与项目的人与没有机会参与项目的人进行匹配时，该方法假设在完成匹配后，可以参与项目的人和不可以参与项目的人之间没有任何系统差异，即没有什么重要的原因可以解释为什么有些人可以参与这个项目，而另一些人不可以。

- 统计匹配将项目实施地区参与项目的人和未参与项目的人进行匹配时，是假设（在匹配的人中）是否有人参加项目是随机的、偶然的。

- 只有当一个项目有明确的决定规则、参与者和未参与者之间有一条清晰的分界线时才能使用断点回归设计。它比较刚好低于资格线和刚好高于资格线的人，并假设在资格线处仅有项目参与率陡然增加，而其他因素在资格线处是连续的。

- 工具变量要求存在一个不受选择性偏误影响的因素，该因素可以预测项目参与率，且仅通过影响项目参与率而影响最终结果。工具变量不能通过其他渠道影响最终结果。

模块2.3　随机化如何实现因果推断？

随机干预实验是一种能够明确因果关系的评估方法。本模块详细阐述了随机分配如何帮助我们构建一个高效的反事实对照组。这样的对照组要求从平均水平来看与干预组没有显著差异。

随机干预实验的关键特征是，能够参与该项目或从该政策中受益的人是随机选择的，从而使接受项目的人和作为对照组的人之间不存在系统性差异。这被称为随机分配。随机分配与随机抽样不同。随机分配是使随机干预实验在评估项目影响效果方面具有优势的关键所在。随机抽样是随机选择接受调查的人（见工具盒2.1）。

工具盒2.1　随机分配并非随机抽样

在随机分配与随机抽样过程中，我们均运用随机过程来选取研究对象（如个人、家庭、学校等）。然而，两者存在巨大差异。在随机抽样中我们针对一个总体进行操作，通过随机过程在总体中挑选参与项目的个体，从而使选定的这个群体能代表总体。通过测量该群体的特征我们可以推断总体特征（大多数调查均采用此方法）。在随机分配中，我们是将一组研究对象——一个符合研究要求的群体——运用随机过程分派至不同组别，如干预组与对照组（即通过随机过程决定是否参与项目）。

在所有随机干预实验中，随机分配是必不可少的步骤。然而，大多数实验还同时采用了随机抽样方法。例如，当我们评估免费校服项目时，可以随机选择哪些学校可以获得免费校服（随机分配），但为了解项目的影响效果仅需要随机抽取部分学生进行调查（关于如何确定要调查的学生数量，将在第6章中详细介绍）。因此，可在干预组和对照组学校中随机抽取学生样本进行调研（随机抽样），以便全面了解该项目对所有学生的影响。

我们也可以使用随机抽样来决定在哪里进行评估，此时评估结果就会更具有代表性（就像调查能代表更广泛的人群一样）。该方法将在第4章进行讨论。

随机分配的过程通常遵循以下步骤，如图2.1所示。

界定参与条件。首先，界定有资格参与该项目的群体，然后从中选择干预组。可能一个村庄的所有家庭均有资格参与项目，或者项目仅提供给低于某一贫困线的家庭。在随机分配之前需要一份完整的项目评估对象清单（个人、学校或诊所）。很多时候可能没有这样的数据或者数据质量很差，这就意味着需要先对村里的人或者区里的学校进行一次人口普查。

随机分配干预组和对照组。从符合条件的所有群体中将每名评估对象通过随机过程分配给不同的干预组别，如抛硬币、使用随机数生成器、抓阄等。然后，不同组的人接受不同的干预（干预组）或不接受干预（对照组）。第4章将详细介绍不同随机化方法的优缺点。重要的是被分配到哪一组是完全随机、偶然的，因此分配到干预组或对照组与任何可能影响结果的特征完全无关。只要我们的调研样本足够大，两组在统计上就会是相同的。例如，两组中有意愿经营企业的人的比例是相同的；学习好的学生和学习差的学生比例是相同的；社会关系好的学生和被社会排斥的学生的比例是相同的。

随机化方法的一个重要优势是，它不仅使可观察的特征（如收入和考试成绩）在不同组间是平衡的，也使不可观测的特征（如动机或天赋）是平衡的。这意味着平均而言，干预组和对照组在项目开始时具有可比性，而在没有项目的情况下它们的变动趋势将是相同的。

只对干预组中的个体实施干预。随机化完成后，只向干预组中的个人、村庄或学校提供项目或给予参与项目的权限（有关随机化程度的更多细节，请参见模块4.2）。

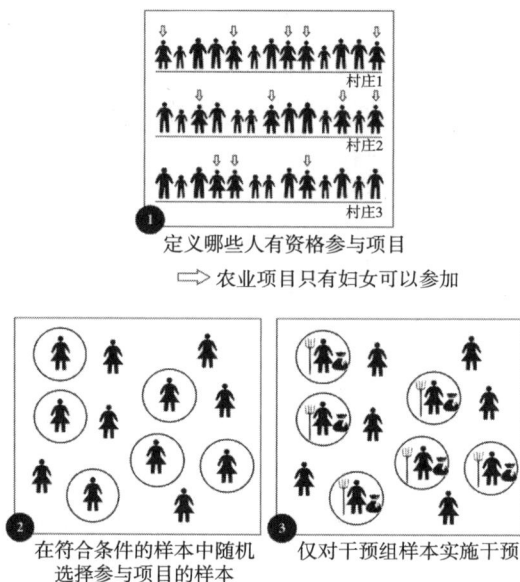

图2.1 随机化步骤

多数人可能熟悉随机干预实验方法在评估药物有效性方面的应用，但该方法在农业领域的应用也有悠久历史（工具盒2.2）。

我们不能（也不应该）强迫人们遵守我们的研究方案。我们只能提供该项目，而人们完全有权利拒绝参与。有些人会接受我们的提议，而有些人则不会。对照组中的一些人也可能会想办法参与该项目。如果项目的实际参与情况与我们的预先安排相一致，此时将更容易评估出项目的影响效果，这将在下面的第4章和第6章详细介绍。如果项目未按预先安排的进行，但只要干预组中实际接受干预的人的比例高于对照组，我们仍然有办法评估出项目的影响效果（详见第7章，该章节详细介绍了如何尽可能确保实际接受干预与预设计划相一致的基本方法）。

模块2.4 实验性方法的优点和局限性

随机干预实验具有简洁明了的优势，对问题的回应无需依赖过多的假设。在进行项目评估前,随机干预实验需要提前进行精心设计,并根据评估需求收集特定且全新的数据。这些特点也意味着随机干预实验存在局限性。例如,每项研究只能解答有限数量的问题,因此回答每个问题产生的数据收集成本相对较高。本模块旨在阐述随机干预实验的优势与局限性,以便我们更好地判断何时适合采用随机干预实验进行项目评估,何时不宜采用。

工具盒2.2　随机干预实验的起源

控制组和实验组的概念于1747年由詹姆斯·林德(James Lind)提出,当时他用科学的实验方法证明了柑橘类水果在预防坏血病方面的好处。*林德因此也被认为是临床试验之父。然而,将受试者随机分配到对照组和干预组的方法直到后来才发展出来。

20世纪20年代,罗纳德·A.费舍尔(Ronald A. Fisher)进行了第一次农业领域的随机干预实验,将随机化引入科学实验。费舍尔的实验田野工作在他里程碑式的著作《实验的设计》(*The Design of Experiments*)中得到充分展现。这本书是随机干预实验方法发展的关键催化剂。

20世纪60年代,随机干预实验被引入政府资助的社会实验领域。这些新型社会实验不再局限于以植物和动物为对象的较小规模实验,而是转向对人类进行大规模研究。社会实验方法在欧洲各国和美国等被广泛应用于评估电价政策、就业计划、福利政策和住房补贴等项目的影响效果。自此以后,社会实验在世界各地、各类学科领域和多种环境中得到广泛应用,为政策制定提供指导。

* Duncan P. Thomas, "Sailors, Scurvy and Science", *Journal of the Royal Society of Medicine*, 90 (1997): 238.

精准设计随机干预实验以回答特定问题

正如在上一模块中所讨论的,将一个项目或一个项目的部分要素进行随机分配可以评估该项目或其部分要素的因果影响。这样做的优势是可以精确地控制随机化的内容,从而控制研究内容。将项目进行随机分配有助于评估整个项目的影响效果。也可以将项目的某个组成部分进行随机分配,这样可以分离出项目不同部分的影响效果。我们可以设计随机干预实验来精确地检验一个经济学家争论多年的理论概念,或者检验一个有争议的政策问题。换句话说,我们可以精准设计随机干预实验以准确回答我们需要回答的问题。

在美国及许多其他国家,贫困人口往往聚集在特定的地理区域。许多人认为,这种贫困人口的集中可能会加剧社会阶层的固化:贫困地区的就业机会往往有限,学校可能因资金短缺而无法吸引合格的教师；年轻一代缺乏成功的榜样，犯罪率往往较高。然而，我们很难将贫困本身产生的影响与受其他贫困人口包围所产生的影响进行区分，因为生活在贫困地区的贫困人口与生活在富裕地区的贫困人口存在差异。为了解决这一问题，研究人员与美国住房和城市发展部展开合作，该部正计划向符合政府住房援助条件的贫困家庭提供住房券。[①]一些家庭继续有资格获得传统的住房补贴(在他们的社区获得住房补贴)，而其他家庭则获得两种类型代金券中的一种。第一种代金券用于补贴贫困率在10%以下的社区的私人住房，第二种代金券用于补贴新建社区的私人住房，但对这些社区的贫困水平无限制。换言之，研究人员可以通过随机化方法确定人们是否生活在贫困社区，从而将贫困对健康、就业和儿童结果的影响与生活在贫困社区对这些相同结果的影响区分开来。此时，随机干预实验使研究人员能够精确地设计评估，以回答准实验方法难以解答的问题。

模块4.6回顾了一些其他具有代表性的随机干预实验项目案例，这些案例充分展示了随机干预实验方法在实际应用中的灵活性：随机干预实验不仅可以用于回答一个项目是否有效这样较为简单直接的问题，也可以用于探究人类行为的深层性问题。

但随机干预实验方法也有缺点。设置一个干预组和一个对照组只能回答一个问题：两组之间干预情况的差异带来的影响是什么？若有多个干预组则可以回答更多问题，但这会大大增加研究成本，而能回答的问题仍然非常有限。

另一种策略是通过对具有国家或州代表性的样本进行某些关键议题的详细调查来收集数据(例如，世界银行进行的人口和家庭状况及生活水平调查，美国的人口普查或抽样调查，以及其他发达经济体的类似调查)。通过对同一个人或家庭进行长期追踪研究可以创建一个面板数据，如印度尼西亚的家庭生活调查、墨西哥的生活调查、汤森路透在泰国的经济调查及美国的全国青年队列研究等。这些调查通常规模庞大，覆盖范围广泛，具有全国代表性，对于描述现状和分析发展趋势具有重要作用(这对项目设计至关重要，具体将在模块3.1中详细阐述)。尽管这些调查的成本较高，但研究人员已广泛采用这类调查数据来研究各种不同的问题。

评估者常常采用不同时期调研中出现的随机冲击来评估特定政策和项目的实际效果(详见模块2.2)。例如，汤森路透在泰国的经济调查被用于评估泰国政府推出的百万泰铢基金项目在各地农村的实际影响。该项目的主要内容是在农村地区设立由本地经营者管理的小额信贷基金。何种政策或项目的影响可以通过大规模追踪调研来评估，这取决于这些政策或项目产生冲击的方式。因此，在刚开始开展

---

①该研究由杰弗里·克林（Jeffrey Kling），杰弗里·利布曼（Jeffrey Liebman），劳伦斯·卡茨（Lawrence Katz）完成，研究内容被呈现在附录的评估案例5中。

调查时并不能确定能够使用该调查数据进行政策或项目评估。换言之，该评估方法的优缺点与随机干预实验的优缺点恰好相反。

外推性：随机干预实验回答特定情境下的问题

提及随机干预实验首先会涉及项目的外推性问题，具体包括两种。第一个问题，如果实验实施得不好，参与实验的人平时的表现与未参与实验的人平时的表现明显不同，或者参与实验的人（或执行实验的组织）与未参与实验的人（或未参与项目实施的组织）明显不同，那么该项目的影响效果就会受到影响，推广该项目是否能得到同样的影响效果就会受到质疑。模块7.4将讨论如何使项目的实验效应最小化，而在模块3.3将介绍如何检验项目的外推性。

关于外推性的第二个问题，也是最为常见的问题之一，在某一特定情境下得出的评估结果是否可推广，以及在何种情况下可推广至其他情境。与大型全国性调查不同，随机干预实验通常针对特定区域进行评估，收集相关数据。这些区域可能涵盖数百个社区。

一项评估结果是否以及何时适用于其他情境，是一个重要的外推性问题，对此我们将在模块9.2中详细探讨。值得注意的是，外推性问题存在于所有类型的评估之中，而不仅限于随机干预实验。若某项研究在特定时间、地点的结论无法对其他时间和地点的情况做出预测，那么就没必要进行任何评估或研究。我们需要了解如何以及何时能将一项评估结果推广至其他情境（这可以通过对比不同评估结果来学习）。如模块9.2所述，我们只能依据理论进行结果的外推，而这些理论可基于随机干预实验提供的证据构建。

假设较少，结果透明

由于项目参与人能否接触项目是随机分配的，因此基于随机干预实验进行因果推断时不需要像使用其他方法那样做出很多假设。我们不需要假设没有报名参加项目的人和报名参加项目的人一样有积极性。因为我们已经知道，平均来看，在评估开始时干预组和对照组在所有维度上都是一样的。

随机干预实验的设计较为简单，其结果的解释直接明了，且具有较高的透明度。正如模块8.1中所述，在随机干预实验的设计足够简单的情况下，可以直接通过对比干预组与对照组结果变量的均值来进行结果分析。

结果的假设较少，结果相对透明，这就增强了结果的可信度，从而有利于说服政策制定者相信这些结论。研究人员常常对如何解释研究结果，以及这些结果对不同假设或不同数据分析方法的敏感性存在争议。这些争议很容易让政策制定者感到厌烦。

当然也不能过分夸大这种优势。并非所有随机干预实验的结果都容易分析或呈现。我们可能会同时评估多个干预措施,这时影响效果的分析会很复杂。如果干预组对项目的依从率很低,或在评估调研时追访不成功、出现样本流失,那么在分析中必须解决这些问题。这也会使结果分析更为复杂、更为不透明。我们还可能比较该项目对不同类型参与者的影响(模块8.2将讨论随机干预实验的不同分析方法)。将随机干预实验结果与统计建模技术结合起来的做法也越来越普遍。这种结合能够回答更多问题,但它也要求我们做出更多假设。

例如,肯尼亚的一项研究考察了保护天然泉水的影响(将泉水包裹在混凝土中,并增加一根管道将泉水带到地表,而不让其受到污染)。[1]在该地区随机抽取了一些泉水样本进行保护。通过比较生活在受保护的泉水附近的人和生活在未受保护的泉水附近的人的健康结果,可以评估该项目对居民健康的影响。然而,研究人员也调查了居住在有保护和没有保护的泉水之间的人愿意走更远的路,从有保护的泉水中取水的意愿程度。通过对人们时间价值的假设,研究人员估计了人们为清洁水"付费的意愿"。研究人员利用干净的水对健康的实际好处和为干净的水付费的意愿,测算了一个孩子生命的隐含价值。研究人员还预测,私人企业家不会投资这一保护泉水的项目,因为他们无法对产生的清洁水收取太多费用。

换句话说,通过增加一些假设可以使用随机干预实验的结果来回答更广泛的问题,这有很多好处。但是,这样做需要放弃简单明了的分析所具有的好处。

如果对研究质量存在争议,随机干预实验的结果也同样可能不那么明确。并非所有随机干预实验都具有相同质量。然而,与其他方法相比,判断随机干预实验的质量所需要的专业知识可能更少。模块9.1将提出评估随机干预实验质量时使用的标准。

未来的评估

随机干预实验通常是前瞻性评估,即在项目开始之前设计评估方案(后文将讨论一些例外情况)。这既有优点,也有缺点。

收集针对性数据

与其他形式的前瞻性评估一样,随机干预实验能够根据评估需要有针对性地收集数据,包括项目开始前收集的数据(基线数据)。一些非实验设计采用的识别因果影

---

[1]Michael Kremer, Jessico Leino, Edward Miguel, and Alix Peterson Zwane, "Spring Cleaning: Rural Water Impacts, Valuation, and Property Rights Institutions", *Quarterly Journal of Economics* 126 (2011): 145-205.

响的策略通常依赖政策的变化。由于这些研究通常是在政策变化之后设计的,因此估计政策变化产生的影响所需的数据可能无法获得。数据的可获得性(如在项目开展之后才收集数据)会限制能够研究的问题(如恰好在政策变化时进行的国家调查中收集的数据)。在项目开展前收集基线数据有很多好处,具体参见模块5.2。

然而,这样做的缺点就是成本很高。人们通常认为随机干预实验的成本很高。很多时候确实如此,因为数据收集的花费很大,在总成本中占比很高。因此,随机干预实验的成本会因对特定数据的需求不同而有所差异。近期的随机干预实验成本从几千美元到数百万美元不等,这取决于研究周期的长短、需要检验的假设数量、项目是在个体还是在群组层面随机化(见模块4.2),以及需要收集的结果变量的类型等因素。

例如,针对孕妇购买经杀虫剂处理过的蚊帐的研究,其成本相对较低。这些孕妇购买蚊帐的价格是随机决定的(因为是在个体层面进行的随机化),这意味着研究所需的样本量可能不需要太大(见模块6.2),并且可以在地理上相对集中。该研究的主要观测结果之一是孕妇是否购买了蚊帐,这是可以立即获取的数据。研究人员还会重返项目参与者的住所,观察他们是否已挂起蚊帐(以及支付蚊帐费用是否会影响购买者在拥有蚊帐后更积极地使用蚊帐)。这些结果变量相对容易收集,且在项目结束后不久即可获取。[1]

随机干预实验有时也使用已有的其他数据来评估项目影响效果。例如,为研究参加越南战争对服役者的影响,研究人员可以使用社会保障税收记录中的数据来检查征兵抽签对收入的影响。[2]在哥伦比亚,为研究政府向随机抽取的儿童发放私立学校入学券项目的影响,研究人员可以利用政府的大学入学考试数据(一个很好的预测高中毕业率的指标),从而可以用较低的成本对该项目进行长期随访。

使用其他人已经收集的数据可以大大降低评估成本,但缺点是只能对已收集了相应数据的结果变量进行检验。随机干预实验所需要的某个特定群体的人、在特定时间的结果变量恰好被别人已经收集了,这种情况一般来说是很少见的,除非该随机干预实验的规模非常大。

协同设计和评估

系统性、创新性的实验可以带来创新的解决方案。这需要打破政策制定者只

[1]该研究由杰西卡·科恩(Jessica Cohen)和帕斯卡琳·杜帕斯完成,研究内容被呈现在附录的评估案例6中。
[2]Joshua Angrist, "Lifetime Earnings and the Vietnam Era Draft Lottery: Evidence from Social Security Administrative Records",*American Economic Review* 40 (1990): 313-336, and "Did Vietnam Veterans Get Sicker in the 1990s? The Complicated Effects of Military Service on Self-Reported Health", Working paper 09-19, Center for Economic Studies, US Census Bureau, Washington, DC.

负责政策设计、社会科学研究者只负责项目评估的状况，两者在干预措施的设计过程中需要通力合作。随机干预实验是前瞻性的，需要项目评估者和项目实施者之间的密切合作，从而形成长期而深入的合作伙伴关系。通过多方合作，我们可以充分借鉴已有的实践经验和理论研究、已有的项目影响评估结果，并充分考虑当地实际情况、收集当地居民的反馈，进而设计出新的干预措施。在开展正式的大规模项目之前，项目实施者可以先开展小规模的试点，在试点中可以尝试一些更具冒险性的新想法。

例如，肯尼亚西部省开展了一项发放经杀虫剂处理的床上用的蚊帐（INTs）项目。这类蚊帐可以预防疟疾。该项目连续进行了多期，检验了向村民免费发放蚊帐和收取较低费用等多种不同发放方案对蚊帐的覆盖率、使用率等结果的影响。从短期看，免费发放蚊帐会迅速提高其覆盖率，但用户付费可能会增加使用该产品的心理承诺。从长期看，免费发放蚊帐理论上会减少未来购买这类蚊帐的意愿，从而减少长期的覆盖率。第一个实验考察了价格对短期蚊帐需求和使用的影响。研究人员发现，随着价格上涨，需求急剧下降，但同时使用率却并未提升，仍保持不变，这与传统观点不符。[1]是否有办法降低人们对蚊帐价格的敏感性，提高该类蚊帐的支付意愿呢？第二个实验对同样的贫困人口进行了一系列营销活动的试点。所有这些都没有产生影响，这表明只有价格才是重要的。但是免费发放蚊帐对长期覆盖率有何影响呢？人们是否会习惯免费领取蚊帐从而减少购买意愿呢？也有可能人们会了解到该类蚊帐的好处从而更愿意购买它们？第三个实验表明，那些免费获得蚊帐的人更有可能在以后为蚊帐付费，大概是因为他们已经知道蚊帐是有用的。由于评估是前瞻性的，研究人员可以基于先前的研究设计出新的研究方案，从而能够精准地检验某一特定问题。

长期的结果会在长期中出现

前瞻性评估的一个缺点是，必须等待项目实施完、能够感觉到影响、收集和分析完数据，才能对其影响进行评估。需要等待多长时间取决于我们要回答的问题。有些问题可以很快得到回答。而在一些情况下，结果的变化需要很长时间才能出现（模块5.2将讨论数据收集的时间）。

例如，当研究人员要评估不同筹款方式的有效性时，他们会随机给筹款人分配不同的话术脚本，让他们使用这些脚本挨家挨户地为慈善机构筹款。有些受访者被要求购买彩票（收益将捐给慈善机构），而有些受访者被告知他们的捐款将被按一定比例配捐，而有些受访者只是被要求捐款。该研究的结果变量是获得捐赠的

---

[1]该研究由杰西卡·科恩和帕斯卡琳·杜帕斯完成，后续研究由帕斯卡琳·杜帕斯完成，研究内容被呈现在附录的评估案例6中。

金额,这是可以立即测量的。①

相比之下,在孟加拉国开展的一项随机干预实验,该项目为有未婚少女的家庭提供补贴(旨在鼓励晚婚)和教育支持,以帮助女孩继续留在学校上学。该项目对推迟结婚和提高教育水平有显著影响,但其对生育率、妊娠并发症和未来儿童健康的长期影响只有在长期内才会显现。②

可进行追溯的评估方法(如模块2.2中所讨论的、利用过去发生的准随机冲击的方法)则没有这些限制。例如,20世纪初洛克菲勒基金会(Rockefeller Foundation)在美国南部开展了驱虫项目。21世纪初研究人员利用项目实施的时间和不同区域寄生虫密度的变化来创建一个反事实,评估了该项目的影响。这些影响效果就是长期影响效果。③相比之下,在肯尼亚开展的驱虫随机干预实验项目必须等待10年才能评估其10年的影响。④

随机干预实验并不总是合适或有用的

有许多重要问题不能或不应该通过随机干预实验来回答。模块2.2已经讨论了一系列非随机干预实验评估方法及其潜在假设。如果这些假设能够被满足,并且准实验方法比随机干预实验方法更便捷、更容易,那么使用准实验方法将是有意义的。此外,一些问题即使不进行项目影响评估也能回答,而有些问题即使开展随机干预实验也不能回答。

当不需要影响评估时

即使不开展影响评估,许多重要的问题也能回答。例如,在一个教科书项目中,如果发现教科书根本没有分发或没有学生使用,那么就没必要去评估它的影响了。模块3.1将阐述更多无须开展影响评估、可采用其他替代方法进行评估的实例。

随机干预实验不适用于评估宏观经济政策

随机干预实验方法的一个显著优点是,它能够解答关于因果效应的具体问题。然而,为了有效地解答这些问题我们需要对大量的项目参与者进行随机化。但是,

---

① Craig E. Landry, Andreas Lange, John A. List, Michael K. Price, and Nicholas G. Rupp, "Toward an Understanding of the Economics of Charity: Evidence from a Field Experiment", *Quarterly Journal of Economics* 121 (2006): 747-782.

② 该研究由艾丽卡·菲尔德(Erica Field)和瑞秋·格伦纳斯特完成,研究内容被呈现在附录的评估案例7中。

③ Hoyt Bleakley, "Disease and Development: Evidence from Hookworm Eradication in the American South", *Quarterly Journal of Economics*, 122 (2007): 73-117, doi: 10.1162/qjec.121.1.73.

④ 更多信息可参见莎拉·贝尔德、琼·哈莫里·希克斯、迈克尔·克雷默和爱德华·米格尔的研究。研究内容被呈现在附录的评估案例1中。

如果拟评估的政策仅能在国家层面实施，并且该国的每个公民都能立即接受该政策，此时就很难利用随机干预实验方法进行评估：要实施该政策，就必须随机选择一些国家采取该政策而另一些国家则随机地不采取。

该类宏观政策的一个例子是采用固定汇率制度，因为整个国家只有一种汇率，而每个人都将受到汇率政策的影响。然而，当一项政策在全国范围内实施但不是所有地方都能全面覆盖时，仍可以进行随机干预实验，关于这种情况我们将在4.3模块中详细讨论。然而，大多数宏观经济问题都很难使用随机干预实验进行评估（甚至是完全不可能的）。

随机干预实验并不能很好地识别一般均衡效应

一般均衡是指一个结果是由成千上万的人或数百万次潜在的相互作用带来的。如美国马萨诸塞州的汽油价格案例。在马萨诸塞州，一周内有数百万人购买汽油，也有数千个不同的加油站出售汽油。影响汽油价格的因素很多，包括世界油价、当地需求、运输成本、汇率、税收和炼油能力等。价格是由所有这些因素的复杂相互作用确定的。虽然同一个州内一个加油站的价格与另一个加油站的价格可能不完全相同，但它们之间可能是相互关联的。因此，整个系统中的某一部分受到冲击（如通过随机提高价格或削减需求），可能引起整个系统的改变（即使改变的幅度可能很小）。此时，我们就创造了所谓的一般均衡效应。随机干预实验方法并不擅长识别这些一般均衡效应，因为根据定义，这种效应是在整个系统层面都能感受到的，因而不存在对照组（至少在系统内部是这样）。使用随机干预实验方法观测一般均衡效应的唯一方法是在整个系统层面上进行随机化。

工资和价格通常是由供给者和需求者在不断地购买与消费中实现动态均衡的。因此，一个项目对该地区一般工资和价格的影响是很难被识别的。这有两层含义：首先，如果将项目扩大到全部人口，基于随机干预实验评估出的结果不能准确地反映该项目的实际影响效果，因为评估过程忽略了一般均衡效应。其次，因为一般均衡效应的存在，很多重要问题可能无法通过随机干预实验方法来回答。

以教育对收入的影响为例。我们可以为随机抽取的孩子提供上学补贴（形式可以是给他们买一件免费的校服或支付学费）。然后，我们可以追踪我们资助的孩子和那些没有获得资助的孩子。我们可能会发现那些得到资助的孩子比没有得到资助的孩子平均多接受了三年教育，并在日后的生活中获得了更高的收入。由此可见，学校教育有助于提高收入水平，并可以计算出教育对收入的具体影响。但如果这个国家的每个人都突然挣得更多了，会发生什么呢？若受过良好教育的人数过多，工资水平是否会因此下降？如果是这样，上述评估就是高估了政策扩大后教育对收入的影响。然而，这一案例也可能出现相反方向的均衡效应。一个国家受过更多教育的人比例提高时,可能会吸引更多的外国投资或产生更多创新,从而对收入产生正向影响。此时,评估结果就低估了项目推广后教育对收入的影响。

第二个问题是,我们可能对一般均衡效应本身特别感兴趣。我们可能想了解受过教育的工人数量的大幅增加是否能够吸引更多外国投资。我们衡量一般均衡效应的唯一途径是市场是否被分割。换句话说,较小的本地市场是否至少在一定程度上受到本地需求和供应的影响。如果这一假设成立,我们可以在局部层面进行随机分配。以法国的一个项目为例,该项目对当地青年接受职业培训的机会进行了随机分配。研究发现,帮助一个年轻人找到工作会对该地区其他年轻人找工作的前景产生负面影响。[①]该案例表明一般均衡效应是一种溢出效应,即项目的影响会从目标人群延伸到其他人身上。模块4.2和模块7.3将详细讨论溢出效应及如何应对溢出效应。当市场在一定程度上相互隔离时,溢出效应就局限于特定的局部区域。尽管通过大规模的随机干预实验可以评估这些溢出效应,但无法测量其在更广泛应用后对整个经济的影响。

难以识别一般均衡效应可能是随机干预实验方法最主要的缺点之一,但其他评估方法也同样存在这一问题。在任何需要将接触过某个项目的群体与未接触项目的群体进行对比的评估方法中,都必须考虑一般均衡问题。只有当整个系统中不同的群体经历过不同的冲击并能够对这些不同冲击进行对比时,才有可能测量一般均衡效应。另一种策略是构建关于整个系统的模型,并对系统各部分之间的互动方式做出假设,这被称为一般均衡模型。尽管这些模型在很大程度上依赖于假设,但它们确实可以用于评估可能的一般均衡效应。

接下来的一章将深入探讨在影响评估和随机干预实验方法中,哪些类型的问题可以得到解答,以及哪些问题不适合或不应通过随机干预实验方法来解答。

伦理问题

所有涉及人类的评估研究都会引发伦理问题。随机干预实验在伦理方面既有优势,也有局限性。我们首先列出任何以人类为受访者的研究需要遵守的共同原则。值得注意的是,这些原则适用于所有研究,而不仅仅是评估性研究。这里的研究是指对目标对象进行分析,以总结出具有更广泛适用性经验的系统性研究。项目评估多数情况下也是为了总结更广泛的经验教训。从这一点看,项目评估也是研究。

[①]该研究的作者包括布鲁诺·克萨姆彭(Bruno Crépon)、埃丝特·迪弗洛、马克·古尔甘德(Marc Gurgand)、罗兰·拉泰洛特(Roland Rathelot)和菲利普·扎莫拉(Philippe Zamora),研究内容被呈现在附录的评估案例8中。

影响评估和研究的伦理原则

伦理原则适用于以人类为研究对象的研究人员。许多研究机构都有伦理道德审查委员会(IRB)。对于任何涉及人类受访者的研究,伦理道德审查委员会负责在项目开展之前对研究计划进行伦理道德审查(除非该研究被认为具有伦理问题的风险非常小),并根据伦理原则进行评估和提出建议。

美国国家人类受试者保护委员会(National Commission for the Protection of Human Subjects)的《贝尔蒙报告》(*Belmont Report*)提出了此类研究的基本伦理原则。大多数研究人员都遵循类似的伦理原则。我们简要介绍一下其要点,以便对随机干预实验如何及何时需要遵守这些原则进行讨论。[①]我们强烈建议所有从事研究的人仔细阅读本报告的细节和相关的指导方针。《贝尔蒙报告》提出的三个原则如下:

- 尊重性原则。人们的决定需要得到尊重,尤其需要注意的是必须获得研究参与者的知情同意。有些群体需要特别保护,因为他们可能不完全了解参与研究的风险(如儿童)或可能难以拒绝参与(如因犯)。
- 受益性原则。研究人员应避免蓄意对研究参与者造成伤害。例如,诱导研究参与者参与已知具有潜在危害的项目。然而,若要求研究过程中完全消除参与者的所有风险,可能导致研究无法进行,这对整个社会同样会产生负面影响。因此,在评估社会总体利益与潜在风险之间,研究人员应寻求最大化社会效益、最小化潜在伤害的方法。
- 公平性原则。风险与收益在不同群体间的分配应保持公平性。关键在于防止某一群体承担所有风险,而另一群体独占所有收益。例如,若一种具有潜在风险的疫苗在因犯中进行试验,而一旦获得批准仅提供给富人使用,这就是不公平的。

知情同意

尊重性原则要求将该研究的相关信息告诉那些想参加研究的人,并征得他们同意,使他们成为研究的一部分。知情同意通常是基线调查的一部分。知情同意中要对实验内容进行解释,并要求参与者同意继续参与实验。根据风险程度的不同,知情同意可以是口头的,也可以是书面的。口头同意的好处是它可以将文盲纳入项目和研究(否则他们可能会被吓得不敢参与),但这需要文盲的特别许可。在某些情况下,如果实验风险很小且获得知情同意非常困难,或者获得知情同意的过程会破坏实验的有效性,则可以放弃知情同意原则,或者向参与者提供部分信息。例如,当一项实

[①]该委员会是因对第二次世界大战期间和之后进行的不道德研究感到担忧而成立的。该报告可在美国卫生与公众服务部的网站上找到, 关键词"The Belmont Report"(2012.11.28)。

验关注人们对于种族偏见的认知如何影响其回答问题时,便可采取此种做法。

在只有一部分参与评估项目的个体接受研究调查时,知情同意原则的适用性可能会变得模糊。这种情况主要出现在整个社区被随机分配至某一项目的场景中。有时,那些未接受调查的个体不被视为研究的一部分,因此无须获取他们的知情同意。通常而言,尽管项目向整个社区开放,但个体仍可自行决定是否参与,这种参与决策可被认为是知情同意的(只要研究人员向决定参与的个体详尽地解释了项目内容)。然而,如果参与并非自愿的(如将氟化物或氯添加至市政水源中),征求整个社区的意见并解释潜在风险就显得尤为关键。即便参与是自愿的,当整个社区被随机分配至项目时,将研究和项目告知整个社区也是一个好的做法。

对与被研究人群相关的问题进行评估

通常,社会科学研究的目标是解答与研究对象群体相关的议题。例如,对法国针对失业青年推出的就业指导项目的效果进行探究,旨在优化法国青年的就业前景;对肯尼亚西部省孕妇蚊帐使用状况的研究,旨在制定相关政策以提高该地区孕妇使用蚊帐的覆盖率。在这一过程中我们应遵循公平性原则。

项目评估会拒绝某些人参与项目吗?

但是受益性原则呢? 随机干预实验会使部分人不能参与项目,而这些被拒绝参与项目的人本可以从项目中受益。这对他们难道不是一种伤害吗? 随机干预实验是否也会对那些利益和风险尚不明确的项目进行测试? 在回答这些问题之前,值得注意的是,这两个问题实际上是相互对立的。当我们认为随机干预实验不允许部分人参与项目是可能存在伦理道德问题的,其实潜在假设了我们已经知道该项目必定对参与者是有好处的。但实际上,在多数情况下,我们并不了解该项目的影响,这正是我们需要进行评估的原因。当我们正在评估一个未知的项目时,我们应该"拒绝"让所有人参与该项目以防止产生潜在的负面影响。研究,尤其是随机干预实验研究,之所以被认为是符合伦理的,是因为它基于以下观点:如果我们不确定一个项目是否有益,在推广项目之前评估其影响将使整个社会受益。最先参与项目的人可能会面临一些风险,但这些风险需要与更好地了解其影响所带来的潜在好处进行权衡。研究人员有责任向参与者解释这些风险,并确保他们是自愿参与的。

通常而言,相对于直接实施项目,以随机干预实验的形式开展项目在短期内并不会增加或减少可能受益于项目的个体数量,而是仅仅改变了项目覆盖的地理范围。在没有评估的情况下项目可能面向特定地区所有符合条件的个体。然而,如果需要对项目进行评估,项目可能会选择覆盖来自两个地区的一半符合条件的个体。在某些情况下改变项目参与者可能会引发伦理问题。例如,如果一个项目精准地针对最需要的人群,随机干预实验可能需要将评估范围扩大到更具普遍性、针对性较低的人群。模块4.3对此类情况下的伦理问题进行了深入讨论,并阐述了如何精细设计实验以降低潜在的伤害。其中,我们研究了一种特定的随机干预实验,即在资格线处进行抽签以决定是否接受干预的情况。

权衡风险和收益

尽管在短期内随机干预实验可能会降低参与项目的人数,但这仍可能符合伦理原则。例如,因为需要先进行试点评估而推迟了大规模项目推广。同样,我们需要在对潜在风险与收益进行权衡的基础上做出决策。我们必须权衡对那些如果不做这项研究他们就会更早参与项目的人造成的潜在伤害,以及对其影响有严格证据所带来的潜在好处。好处包括:如果项目有效,就能够利用积极影响的证据来筹集更多资金以便在长期内扩大项目规模;如果项目的影响效果令人失望,就能够用更有效的项目来取代原来的项目。如果发现项目产生了意想不到的负面影响,因而没有扩大规模,那么评估可能会避免伤害。

例如,非洲国际儿童援助组织在肯尼亚西部省开展了一项旨在通过提供培训和资金来加强当地妇女自助团体的项目,该项目应用随机干预实验方法进行了评估。结果显示,干预组中高收入、受教育程度更高的妇女成为团体领导的比例更高,而最脆弱的妇女退出的比例反而增加了。[1]这项评估帮助非洲国际儿童援助组织避免推广一项人人都认为对弱势妇女有利的项目,但实际该项目可能损害他们本想帮助的人。

在评估项目的成本与收益时,一个关键的考量因素是我们所具备的关于该项目潜在好处的证据数量。如果我们已有充分的理由确信某项目将带来积极影响,那么对这一项目开展评估研究需要考虑更多的潜在好处。

最后,值得注意的是,对研究人员来说,评估一项他们担心可能具有潜在危害的项目也是合乎伦理道德的。此时,对此类研究的审批要非常严格,开展这类研究也需要更多的潜在好处。设想一个广泛实施的项目,尽管研究人员对其可能产生的有害影响感到担忧,但没有足够的证据来说服项目执行者相信该项目存在潜在风险,应该停止。相反,收集有关该项目潜在危害的证据可能带来巨大的好处,这种好处超过了参与研究个体所面临的潜在风险。在这种情况下开展项目的关键伦理原则是,在没有确凿证据证明该项目存在有害影响(如果有此类证据我们应停止项目实施,而不是仅进行评估)的情况下,向项目参与者充分揭示所有可能的风险。

---

[1]Mary Kay Gugerty and Michael Kremer, "Outside Funding and the Dynamics of Participation in Community Associations", *American Journal of Political Science* 52 (2008):585-602.

若我们的研究确实证明该项目存在有害影响,这些证据将有利于推动未来减少同类项目的实施。

伦理的跨文化观点

上述伦理原则多源自美国。然而,在其他国家和地区开展随机干预实验时必须充分考虑这些地区对伦理道德的认知。许多国家对涉及人体受试者的研究设有独立的伦理道德审查委员会。这些委员会可以在国家层面或机构内部发挥作用,它们有助于研究人员在制定伦理标准时兼顾当地文化因素。尽管这些机构遵循的指导原则通常与美国的指导原则相似,但在某些情况下这些伦理原则可能更侧重于医学领域,而不太符合社会科学家的需求。在一些国家涉及人体受试者的研究的伦理道德审查委员会仅限于医学研究,而在其他一些国家伦理道德审查委员会的覆盖范围并不明确。即使当地没有伦理道德审查委员会或没有负责社会科学影响的审查委员会,了解当地人认为哪些方法具备道德合法性,哪些方法不具备也是至关重要的。

在J-PAL的研究人员曾工作过的地方,随机化或抽签被广泛认为是公平且道德的稀缺资源分配方式。实际上,许多受益者认为随机分配或抽签比他们的传统方法(如基于政治关系、贿赂大小或无法解释且看似武断的决策等)更为公平。然而,要实现公平的关键在于确保随机化的方式得当。例如,若仅随机挑选某个班级的部分学生享有免费午餐,而其余学生无法享受,人们可能认为这不符合伦理道德。相反,若选择部分学校提供免费午餐而其他学校不提供,这可能被认为是非常正常、不存在伦理道德问题的。

模块4.2将讨论与随机化层次(如个体还是群组)相关的伦理道德问题,模块4.3[①]将探讨不同情境下的随机干预实验可能出现的特定伦理道德问题。

[①]关于随机干预实验伦理道德的进一步讨论, 可以阅读: Rachel Glennerster and Shawn Powers, "Assessing Risk and Benefit: Ethical Considerations for Running Randomized Evaluations, Especially in Developing Countries", in *Handbook on Professional Economic Ethics* (Oxford, UK: Oxford University Press, 2016).

问正确的问题 **3**

本章将深入探讨随机干预实验在何种场景下适用,哪些项目或问题应优先考虑运用随机干预实验进行评估,而哪些问题更适合采用其他方法予以解答。本章包含以下模块:

模块3.1 不需要开展影响评估的问题

评估有很多类型,包括需求评估、过程性评估和影响评估。每种评估都是为了回答不同类型的问题而设计的。本模块将讨论每种类型的评估可以提供哪些新的信息,以及我们可以基于现有证据、文献综述和成本效益测算学到什么。

在上一章中,我们探讨了随机干预实验在构建证据和推动政策改善方面具有的诸多优势。然而,高质量地实施随机干预实验并不容易,且成本很高。只有当随机干预实验所产生的经验证据带来的收益超过其成本时,才应考虑开展随机干预实验。值得注意的是,并非所有项目都需要采用随机干预实验方法进行评估。了解项目效果及其原因,不一定总是需要依赖随机干预实验方法进行评估。许多关键问题可通过其他评估方式来解答,如需求评估或过程性评估。

回答不同的问题需要不同的方法

为提高政策和项目的有效性,我们需要厘清一系列问题:战略性问题包括政策和项目的目标是什么;描述性问题包括问题现状是什么、有哪些机会;项目性问题包括项目如何顺利开展;效果性问题包括项目是否正在改变人们的生活等。理想情况下,我们不仅希望知道自己的组织和项目在上述各方面的情况,还希望知道其他人了解哪些内容。我们的战略重点如何与其他组织的战略重点重叠或互补?我们项目的影响与其他已经过检验的替代方法的影响相比如何?不同的评估方法适用于回答不同类型的问题。

这里讨论的大多数问题并不需要使用随机干预实验方法来回答。然而,若要开展一项高质量的随机干预实验,则上述所有问题均需要厘清。特别是我们需要很好地了解参与者和项目背景的描述性信息,了解项目的目标,并有明确的过程性指标。这些指标应该能够反映出待评估项目的实际实施情况如何。

战略性问题:我们想要达到什么目标?

我们的目标是什么?我们应该重点关注什么?我们的目标是优化健康状况还是提高教育水平?我们的目标人群是哪些?我们最关心的具体结果是什么?这些问题均是关键问题。然而它们并非本书的核心内容,在帮助组织确定高层战略目标中的优先级方面我们也没有特别的专业知识。关于战略问题,我们将不再深入讨论,只是强调在优秀的项目设计和评估过程中,第一步且关键的一步是明确项目目标。

描述性问题:需求是什么?

要设计一个好的项目或政策,我们必须深入了解项目背景。项目的实际情况是怎样的?目标人群面临着怎样的问题和机遇?他们以前是如何应对这些问题的?他们如何利用他们的机会?回答这些问题对于设计更好的项目和更好的评估方案至关重要。一个好的描述性评估还可以揭示现有项目设计是否合理或是否满足实际需求。

过程性问题:项目实施得怎么样?

项目的运作状况如何?物资是否按计划送至目标地区?项目资源是否分配至适当的人员手中?即便尚未进行影响评估,我们也可以回答有关项目流程的问题,并从中获取关于项目效果的大量有用信息。

效果性问题：为什么会有效？

鉴于项目已经实施，我们需要知道项目是否改变了目标人群的结果以及项目整体有效性如何。若项目包含多个组成部分，则有必要研究这些部分单独作用或整体作用时哪种效果更好，以及哪些组成部分对项目有效性至关重要。此外，我们还需了解设计类似项目所依据的理论。例如，有些项目设计者选择对产品和服务收费，他们认为愿意付费的人更可能正确使用这些产品和服务。我们可以通过影响评估来验证这一假设：收费是否能帮助真正需要的客户更易获得并充分利用我们的产品和服务？

需求评估

仔细收集定性和定量的描述性信息可以帮助我们更多地了解项目。描述性调查或需求评估可以回答的问题包括：

- 项目的目标人群是哪些（如哪些人群需求最大或受益最大）？
- 目标人群面临哪些问题和机遇？
- 他们面临问题的可能原因是什么？
- 针对这些问题，人们已经采取了哪些措施？
- 还有哪些挑战尚未解决？

何时需求评估最有用？

描述性方法在项目设计中具有重要作用，它们是设计好的项目的基础。该方法通过深入探究项目背景的方式，确保设计出的项目能针对性地解决特定背景中的实际问题。这些问题对目标人群具有重要意义，项目设计应充分考虑他们的困境和现状。需求评估还有助于揭示现有项目的不足。例如，我们可以通过需求评估了解为什么项目针对性不强或使用率低。焦点小组讨论可能揭示参与者是否认为到项目提供点的距离太远，或者是否感觉项目开放的时间不合理；缺勤调查可以揭示项目工作人员的出勤情况；参与度调查能评估潜在合格的参与者中实际使用服务的人数比例；随机供应检查则能确保供应的顺畅进行。

如果设计一项小学教育项目（或评估），那么我们需要了解该地区小学适龄儿童的学习水平。谁成绩差？谁成绩好？成绩差的可能原因是什么？儿童缺勤率是多少？教师缺勤率是多少（如果定期上课的儿童学得很好，缺勤可能是问题所在）？还是说定期上课的儿童仍然落后？家长和孩子是怎么解释为什么孩子不去上学，为什么孩子觉得学习很难？老师怎么解释为什么学生成绩差？课堂教学是如何进行的？有哪些学习材料？这些学习材料是否适合大多数儿童的学习水平？孩子是生病了还是饿了？他们能看到和听到正在发生的事情吗？

我们还需要知道是否还有其他人在该地区针对同一问题开展项目，他们在做什么。

厘清这些问题将有助于我们更好地设计项目，从而解决这些问题。对于影响评估，需求评估或描述性调查不仅有助于（与实施者一起）基于变革理论厘清项目的因果链条（见模块5.1），还可以帮我们选择合适的测量工具（见第5章）及计算统计功效。

描述性评估或需求评估中最常用的方法是什么？

需求评估通常包括与个人或焦点小组进行结构化的定性访谈。然而，代表性的定量调查同样很有意义，它能够帮助我们深入了解项目背景，为项目设计提供信息，并揭示现有项目中的问题。即便资金有限而无法开展新的代表性调查，我们也可从其他渠道获取相关的定量数据。综合运用定性和定量技术对于全面深入了解拟实施或正在进行的项目背景非常有用。

定性方法的优势在于其允许开放性问题讨论。自由讨论通常更容易使评估者提出新的问题、产生新的想法。然而，在需求评估或描述性评估中，若仅依赖定性方法可能会产生误导，因为参与者往往会揣摩评估者提问题的用意，从而给出他们认为评估者期望听到的答案。有时受益人可能会觉得指出现有服务或项目的问题是不礼貌的。他们也可能会夸大自己在某个项目或设施上的使用频率（类似于人们声称的洗手次数往往多于实际次数）。

最后，受问题影响的人群未必总是能充分理解他们所面临的问题。例如，肯尼亚西部省的家长并未意识到他们的孩子感染了寄生虫，而这是导致孩子逃课的原因。[1]因此，其他项目和研究的设计发现对于我们项目具有极高的参考价值，既可用于满足自身项目需求评估或进行描述性评估，也有助于我们设计该项目定性和定量研究的方案。项目设计的关键在于避免对当地需求的片面理解，而全面了解实际情况将有助于更精准地提出问题。第5章详细讨论了收集结果变量的方法，其中许多工具同样适用于需求评估。

何时仅需求评估或描述性评估就足够了？

需求评估或描述性评估在某些情况下足以引发对项目根本性的质疑，迫使我们在执行前重新审视项目规划。有时，即使不开展影响评估，仅是需求评估或描述性评估也可能引发对现有项目的密切关注。在以下情况下描述性评估即可满足需求。

---

[1]该研究的作者包括莎拉·贝尔德、琼·哈莫里·希克斯、迈克尔·克雷默和爱德华·米格尔，研究内容被呈现在附录的评估案例1中。

不存在真正的问题。例如，一个项目（或计划中的项目）要解决的问题可能在当地并不存在（虽然有可能在其他地方存在），或该问题在当地并没有我们想象的那么重要。例如，我们可能会假设厕所设施和卫生产品不足导致女孩逃学。但一项描述性调查可能发现，女孩在月经来潮的日子上学的可能性与不在月经来潮的日子并无显著差异。[1]

拟解决的问题并不是人们优先考虑的问题，也没有我们想象的那么严重。我们可能计划推出新的金融产品，但意识到现有的风险分担和信贷的非正式网络已经非常复杂，因而金融产品不是优先的干预策略。

问题产生的原因与设想的不同。我们发现在观察的人群中腹泻发病率较高，因此推测这可能与饮用水源的污染有关。为解决这一问题，我们设计了一个项目，包括建造厕所以及鼓励使用厕所，同时防止水源受到污染。然而，尽管采取了这些措施，腹泻发病率仍居高不下。进一步的调查发现，饮用水在家庭储存环节的污染程度较高，而水源本身的污染程度相对较低。因此，针对这一问题更有效的解决方案应为采用点式水处理方法，如添加氯元素。

使项目有效的条件尚未满足。试想一下，我们计划对在医疗机构分娩的孕妇提供奖励。然而，如果一项需求评估显示当地医疗机构的工作人员缺勤率较高，我们可能需要重新审视该项目，因为若无人接待孕妇，激励她们来医院分娩将变得毫无意义。

过程性评估

过程性评估可以揭示一个项目是否按计划实施，以及它的运行情况如何。过程性评估中的典型问题如下：

- 项目服务是否被提供了（教科书或建筑材料是否在正确的时间送到了正确的人手中）？
- 是否在正确的时间将项目物资交给了正确的人（桥梁是否搭建，培训是否进行，疫苗接种是否进行）？
- 项目工作人员是否沟通顺畅并且工作努力？
- 所有的钱都入账了吗？

---

[1] Emily Oster and Rebecca Thornton, "Menstruation, Sanitary Products, and School Attendance: Evidence from a Randomized Evaluation", *American Economic Journal: Applied Economics* 3 (2011): 91-100, and "Determinants of Technology Adoption: Private Value and Peer Effects in Menstrual Cup Take-Up", NBER Working Paper 148128, National Bureau of Educational Research, Cambridge, MA, 2009; J-PAL Policy Briefcase, "Menstruation as a Barrier to Education?" (Cambridge, MA: Abdul Latif Jameel Poverty Action Lab, 2011.

何时过程性评估最有用?

虽然并非每个项目都需要评估,但每个项目都需要过程性评估。大多数组织都会在项目进行时厘清项目执行情况,这也是项目监测和评估的一部分。持续的过程性评估的一个关键好处是可以及早发现项目实施中的问题,及时纠正。另一个好处是,随时随地的项目监测可以激励项目工作人员更好地工作,提高服务质量。过程性评估对影响效果也至关重要。当我们发现项目没有影响效果时,项目实施的好坏,其含义是截然不同的。

何时仅过程性评估就足够了?

通过开展过程性评估我们可以判断一个项目是否失败以及失败的原因。例如,若发现教科书未能送达学校或新型教育软件未被采用,评估教科书或新型教育软件是否有助于提高学生学业成绩就显得毫无意义了。

过程性评估的方法有哪些?

在过程性评估中可采用多样化的数据收集工具。第5章将深入探讨数据收集的相关问题。以下为可采用的主要方法。

对设计的操作计划进行评估。在变革理论的每个阶段,操作计划都应明确说明为实现目标所需执行的任务、执行人员及执行时间。若尚未制订相应的计划,我们必须立即制订这样的计划以确保项目有序推进。例如,假设我们正在开展一个抗疟疾项目,在产前诊所分发蚊帐。[1]我们需要购买蚊帐,招募诊所加入项目,发放和储存蚊帐,通知目标人群,确保只给目标人群发放蚊帐,等等。操作计划概述了所有的项目任务,对这个计划的分析可能会发现潜在的问题。

检查书面记录。通过查阅书面记录能够验证操作计划是否得以执行。我们可以追踪资金流动情况,确定投入的交付期限,确保满足时间节点要求,并在可行范围内评估新设施或新项目的使用率。

实地核查。在理想的情况下,文档审查与实地核查应同步进行。书面记录可能显示新学校的出勤率较高,然而一个完善的过程性评估还要求实地核查。定期的随机抽查能快速发现书面记录与实际情况的偏差程度。此外,我们还应访谈受益人,听听他们的说法。他们在使用新学校吗? 他们是如何找到它的?

文献综述

文献综述与我们以上讨论的方法均不同。文献综述并不收集关于项目的背

---

[1]该研究由杰西卡·科恩和帕斯卡琳·杜帕斯完成,研究内容被呈现在附录的评估案例6中。

景、过程或影响的新信息，而是试图总结现有研究中涉及这些问题的信息。文献综述回答如下问题：

- 在这个领域已经做了哪些研究？
- 证据的质量如何？
- 证据是否存在漏洞？
- 这些空白对需要做出的决定有多重要？
- 从许多不同的研究中得出的一般教训是什么？

何时文献综述最有用？

系统的文献综述可以让我们了解所研究课题的知识状态，包括实证和理论两方面。它告诉我们已有研究已经尝试了哪些解决方案，哪些是有效的，哪些是无效的，为什么这些解决方案是有效的，以及它们的哪些组成部分对影响效果的产生更重要。此外，通过文献综述还能挖掘出一些潜在的理论机制，这些机制可能有助于阐明我们试图解决的问题产生的原因，也能够解释在其他地方的一些不同解决方法为什么有效或无效。

当有很多好的证据可供借鉴时，文献综述特别有用。我们可以借鉴这些证据来优化项目设计，重新设定投入优先级，从而侧重于那些已被证明具有显著效果的项目。对于评估者而言，文献综述有助于识别最关键的知识缺口，进而明确下次评估的主要目标。在缺乏严谨证据的领域，文献综述可以快速完成。这样的文献综述也会使学者关注到该领域研究的不足，从而激发他们开展更多研究。正如接下来所讨论的，对于大量低质量的研究，再精细的记录也难以产生实质性的价值。

何时仅使用文献综述就足够了？

在进行文献综述之后，我们可能会认为即使不进行项目影响评估，我们也有充分的证据来判断是否应推进项目。例如，我们可能计划在拉贾斯坦邦的学校实施健康项目。通过梳理不同学校健康干预措施的证据文献，我们决定支持政府在肠道寄生虫负荷高的地区大规模实施驱虫行动。尽管如此，我们仍然需要开展需求评估以便确定该州哪些地区的寄生虫感染率较高。此外，我们还需要进行过程性评估以确保驱虫药物被实际送达学校，并确保儿童按剂量服用。虽然影响评估可能很有趣，因为在此类环境下驱虫的影响尚未被评估，但我们仍可能通过权衡资源压力和驱虫项目的现有证据，决定不对该项目进行影响评估。

文献综述的方法有哪些？

在进行文献综述前首先须明确综述的范围。是仅关注影响评估研究，还是应包含描述性研究？若旨在了解其他研究人员如何在改进过程中取得成果，那么综述可以侧重于过程性评估。此外,需明确其地理和学科界限,例如是否应涵盖英国小学的相关研究,还是希望纳入其他工业化国家的研究?又或许我们对低收入地区的研究更感兴趣。总之,需要根据我们的目标确定综述的范围。

在明确综述范围之后我们需要系统地筛选应纳入综述的研究,这可能涉及检索相关期刊及研究数据库[科克伦协作网(Cochrane Collaboration)提供了系统文献综述的操作指南]。[①]利用现有综述作为研究起点是一个明智的选择。我们可以此为基础,通过整合最新的研究成果来更新或拓展这些综述以满足研究需求。很多发展组织经常发布综述性文献。例如,世界银行每年发布《世界发展报告》(WDR),针对一个特定问题或领域进行深入探讨,并常突出关键研究(更全面的文献综述通常作为《世界发展报告》的背景文件发布)。多边组织内的研究和评估部门,如发展影响评估倡议组织,也会发布综述性报告。国际影响评估协会(3ie)也发表了很多领域的综述性文献。专注于影响评估的研究机构,如麻省理工学院的J-PAL和贫困行动创新组织(IPA),常在其官方网站提供针对特定领域证据的文献综述。

许多学术期刊也会定期发表文献综述。这些综述通常对特定研究的质量进行评论,使其更容易对其结论进行判断。它们还讨论研究之间的关系,并得出更普遍的经验。例如,在经济学方面,*Handbook of Economics* 系列(其中有关于农业、发展、教育、劳动和许多其他部门的卷)、*Annual Review of Economics* 和 *Journal of Economic Perspectives* 都有对近期文献的综述。

确定纳入综述的质量门槛是文献综述下一步发展的关键。若一篇综述未对研究质量进行筛选,而是对某一主题相关的所有研究全部囊括,这不仅无法提供有效的帮助,还可能产生极大的误导性。以产生正外部性的干预措施(如驱虫项目)为例,此类项目不仅可使参与者受益,还可使他们的邻居受益。若研究中未考虑这些潜在的外部性,将可能系统性地低估项目的影响(见模块4.2)。设想有30项研究评估了这一干预措施,其中24项研究未考虑潜在的外部性,仅5项研究考虑了外部性。若对所有研究一视同仁,无论质量高低,则都可能得出干预无效的结论。然而,若专注于这5项更为精确的研究可能发现干预非常有效。尽管文献综述可以指出研究质量的差异,但投入大量时间(如有)在低质量研究上仍不明智。或许我们可简要解释为何某些研究质量较低,但纳入低质量研究将分散对高质量研究的关注。

文献综述对纳入的文献的质量要求多高,在一定程度上取决于可获得证据的难易程度。如果该领域高质量的影响评估很少,我们将不得不花费更多时间纳入描述性研究和低质量的影响评估研究(同时注意不同研究提到的自身的局限性)。如果有大量高质量的描述性研究和严格的影响评估研究,我们可以设定更严格的

---

①Julian Higgins and Sally Green, eds., *Cochrane Handbook for Systematic Reviews of Interventions: Cochrane Book Series* (West Sussex, UK: John Wiley and Sons, 2008).

纳入标准。纳入一定量的描述性研究是有必要的，因为这有助于更好地了解问题和背景（模块2.2讨论了非随机影响评估方法的优缺点，模块9.1涵盖了如何判断随机干预实验的质量）。

另一个要做的决定是在研究结果中加入多少解释。一些文献综述只是简单地展示了各种研究成果，很少深入探讨它们之间的内在联系。而另一些文献综述则努力将众多研究纳入一个统一的理论框架中。如果处理得当，后者能让我们从现有研究中获得更深刻的洞见。例如，我们可以基于现有发现提出理论假设，进而推广至其他情境。正如模块9.2中所详述的，若缺乏一定的理论基础，我们无法准确预测某一情境下的结果能否以及如何推广至其他情境。因此，好的文献综述应将经验证据回顾与理论基础相结合。

成本效益预测或商业性评估

在这里，我们最后讨论的是一种结构化方法，该方法能够借助现有文献证据来解答与项目相关的问题，而无须进行全面的影响评估。成本效益预测（也称"商业性评估"）涉及提出假设性问题。例如，若项目具有特定的成本和影响效果，它是否是解决相关问题的最具成本效益的策略？在何种条件下一个在某一环境中表现出成本效益的项目在另一环境中仍具有成本效益？具有最大影响效果的项目是否一定具备成本效益？

何时适用成本效益预测或商业性评估？

该方法主要应用于对比具有相似或相同目标，或拟解决的问题一致的项目。对在细微环境差异下实施的类似项目进行成本效益对比分析，有助于我们系统地探讨成本变动对成本效益的影响。这些项目还为敏感性分析提供了基础，进而帮助我们了解在何种条件下新项目才具有成本效益。例如，若项目在新环境中的影响效果降低20%是否仍具备成本效益？通过对具有相同目标的项目进行成本效益对比分析，有助于我们判断新项目是否具有优势。

在某些情况下即使没有足够的研究来进行成本效益对比分析，商业性评估仍然具有一定的价值，尤其是在成本较高的项目中：这些项目可能在任何情况下都无法具有很高的成本效益。

假设我们正在筹划一个旨在提升农民收入的项目。当前，农民每年的平均利润为400美元。该项目将向200个农民提供资金和培训，总成本为100万美元。也就是说，为每个农民投入的成本为5000美元，这意味着需要将农民的收入提高12.5倍，才能实现项目的收支平衡。即便存在溢出效应，比如每个农民将所学知识传授给其他5个农民，使他们的收入翻番，项目给农民带来的收益仍然无法达到实施成本的一半。借助商业性评估,我们能更清晰地看到这些成本效益对比,进而重新审视该项目,包括它对稀缺资源的有效利用是否有效。

可以使用哪些方法?

成本效益分析是指结果变量变动一个标准单位所需要的成本。例如,对比使用不同方法减少儿童腹泻的项目:改善水源,提供氯和教育人们洗手。我们可以计算出每个项目避免一个儿童腹泻病例的成本,从而可以比较具有相同目标的不同项目实现每单位影响效果的成本(模块9.3将更详细地讨论如何进行成本效益分析)。

在成本效益分析中我们需要对成本和影响效果做出假设,以判断拟开展的项目在不同假设下是否有效。做出假设时可以参照其他项目成本效益分析中的成本和影响效果数据。预测时需要检验不同的情况,包括最好情况下的成本效益及最接近现实情况下的成本效益。如果成本效益预测表明在最好的情况下、项目影响效果最大时,该项目也比其他替代性项目成本效益要低,那么实施该项目就没有意义。

何时仅成本效益预测就足够了?

对新项目进行的成本效益分析和商业性评估都是预测,都需要做出假设。然而,如果在不同的假设下结果均是稳健的,此时即使不进行影响评估我们也可以做出是否要投资该项目的决策。我们可能发现一个项目在多数合理的假设下都不具有成本效益,因此可以认定不应将资源投资于该项目,而应该投资其他项目。或者在多数假设条件下该项目的成本效益都相对更高,因而可以投资该项目。可以通过过程性评估检验我们关于成本和项目依从率的假设是否正确,越是不确定性的项目越需要投入更多资源用于评估。

案例:赞比亚自来水项目的商业性评估

试想一下,我们专门针对水资源项目提供资金支持。此刻,我们收到了一项旨在将清洁水输送至赞比亚卢萨卡市郊贫困地区家庭的项目建议书,以解决当地居民无法获得清洁水的问题。该项目旨在降低腹泻发病率。那么,该项目是否值得开展并加以评估呢?

幸运的是,已经有研究对其他降低腹泻发生率的方法进行了影响评估。针对摩洛哥城市地区的自来水项目,开展的随机干预实验研究表明,腹泻发生率并没有显著降低。但需要注意,摩洛哥与赞比亚卢萨卡市的情况有所不同。在摩洛哥,居民已经普遍使用上由公共水龙头提供的清洁自来水。这些水的水源来自同一水网,并通过管道系统直接输送到每家每户。但在赞比亚卢萨卡市,社区用水仍存在污染问题。因此,基于摩洛哥的研究对本项目的参考意义有限。

一些随机干预实验研究表明,解决受污染水源的干预方案对健康产生了积极影响,这包括改善人们取水的水源,或为人们提供氯,以便在家中储存的水中添加氯。我们利用这些评估结果来估算在我们的环境中实施这些干预策略的成本效益。接着,我们计算收到的项目计划书中的人均成本,从而可以估算出,要让使用管道自来水成为当前降低腹泻发病率的最具成本效益的方法,以及腹泻发病率需降低多少。我们可能发现,建设和维护基础设施、将自来水输送至每个家庭,成本要比其他方法高出许多数量级。因此,引入自来水降低腹泻发病率的实际效果可能不会比其他方法更具成本效益。因此,即使没有严格的影响评估结果,我们也可以得出不应为该项目计划提供资金的结论。

我们需要审慎对待商业性评估的结果。这些结果有助于预测项目可能的成本效益,并排除那些即使在最佳情况下也不太可能具有成本效益的干预策略。然而,商业性评估并不能取代影响评估。尽管商业性评估可能表明,即使是适度的影响效果也足以使项目具有成本效益,这一结论具有一定的参考价值。但若未进行影响评估,我们将无法确切了解这些适度的影响效果是否能够实现。然而,在无法进行影响评估的情况下,商业性评估或许可以作为合适的替代方案。商业性评估还能帮助我们判断项目是否具有发展潜力,是否值得进行深入评估。最后,商业性评估或成本效益预测可以为统计功效计算提供有价值的数据(将在模块6.4中讨论),这能帮助我们确定进行严格影响评估所需的样本量。

模块3.1总结

- 描述性调查和需求评估可以厘清实际存在的问题是什么,已经存在哪些解决方案,以及现有机构和项目的运作情况,从而有助于完善我们的项目设计。
- 过程性评估可以揭示一个项目执行得如何。有时过程性评估就能回答我们关注的问题。
- 文献综述有助于厘清如何设计一个好的项目及哪些项目应该优先考虑。文献综述还有助于厘清在哪些方面进行额外的影响评估是最有用的。
- 成本效益预测或商业性评估可以厘清设计的项目在不同的假设下是否具有成本效益。如果即使在最好的情况下所提议的项目也不太可能具有成本效益,则即使没有进行影响评估,我们也可以得出不宜实施该项目的结论。

模块3.2 需要开展影响评估的问题

影响评估不仅能够回答一个项目或政策是否有效的基本问题,还可以回答其他很多相关问题。其中一些问题可能与运行该项目的特定组织相关,但更多的问题是反贫困的人士共同关心的。

这个项目的影响是什么?

对于一个具有明确定义的项目,我们关注的是项目整体的有效性,这是影响评估需要解答的核心问题。项目可能包含一个或多个组成部分。举例来说,某项目可能提供免费校服,以减轻家庭的经济负担,从而鼓励学生留在学校继续学习。针对该项目的影响评估可以具体而精确地回答一些问题,例如回答在家庭无须承担校服费用时辍学率会下降多少。或者项目可能为学校提供一揽子资源,包括教科书、校服、校舍维修及奖学金,以协助贫困儿童接受教育。在后一种情况下影响评估关注的是一整套资源的综合效应。

项目的哪些要素最重要?

我们可能还想了解一个项目中哪些要素对影响最为重要。例如,我们已经知道有条件现金转移支付项目可以有效改善健康和教育。然而,有条件现金转移支付项目包含两个要素:额外资金和特定条件(如家庭送孩子上学并使用医疗服务)。就其影响效果而言,哪个因素更为关键? 如果推动结果的因素是家庭能够在教育和健康方面投入更多资金,那么无条件转移支付可能会比有条件转移支付更具优势。无条件转移支付不会排除最贫困的家庭,这些家庭通常无法满足特定条件,并且其成本也较低,因为我们不需要监督他们是否遵守特定条件。然而,如果特定条件本身就是推动结果的因素,那么无条件转移支付的效果可能就不佳。了解一个项目中最关键的组成部分可以帮助我们设计出同样有效但成本更低的项目,从而使同等的资源能够惠及更多人。

我们应该选择两种策略中的哪一种?

我们可能想要测试一个项目的替代版本的相对有效性,这样就可以推广最有效的干预策略。以小额信贷为例。一个信贷项目既可以是团体负责,也可以是个人负责。哪种方式会增加贷款还款率? 在一个典型的小额信贷项目中,借款人必须立即开始偿还贷款,比如在收到贷款后的一周内。改变宽限期对借款人投资的项目类型有何影响? 我们可以通过改变宽限期长度或还款时间来探究其对不同类型投资项目的影响。

一个抗疟疾项目的主要内容可能是在当地药店提供可兑换蚊帐的代金券,但具体实施时可以有很多不同的版本。我们可以调整营销活动中突出显示的信息（如关于疟疾对健康的负面影响或预防疟疾所带来的积极效果），可以改变发放代金券的受众对象（男户主或女户主），也可以调整共付额大小即补贴金额（如针对一款价值6美元的蚊帐，我们可以提供2美元、4美元或6美元等不同面额的代金券）。[1]

是一次解决一个问题，还是同时解决所有相关问题？

一个项目是否必须全面解决所有问题才能产生效果？例如，一个农业项目是否必须包括向农民提供推广服务、信贷服务、投入和营销支持、金融知识培训以及农村道路改善？通常的假设是，单独解决这些问题中的任何一个都无法取得显著成效，只有综合实施多项措施才能显著改变农民的行为和收入。这就是假设干预措施之间存在强烈的互补性。但这种假设并未得到充分证实。因此，可以设计影响评估来测试综合项目对于总体效果是否超过各个组成部分单独作用的总和，以证实这种互补性的存在。

一种情境下的结果适用于另一情境吗？

影响评估是对特定人群在给定时间内实施某一项目或政策所产生影响的评价。如果在相近的情境下推广实施这些项目或政策，我们可以认为已经有足够的证据表明其是否有效。但如果是在不同的情境下，则可能需要对其影响效果重新评估。

在拉丁美洲和加勒比地区有条件现金转移支付已被广泛采用并进行了评估。鉴于这些国家在服务、收入等方面具有较高的相似性，因此我们可以相当自信地预测类似的结果将在该地区出现。然而，在撒哈拉以南非洲国家的情况可能不同，需要开展新的评估。考虑到大多数撒哈拉以南非洲国家预算有限，现金转移支付的规模必须进行重新设计。同时，在新的背景下健康挑战也会有所不同。例如，某些撒哈拉以南非洲国家的艾滋病问题更为严重。因此，在新的背景下有条件现金转移支付应对健康挑战的效果如何？一系列影响评估已经对这一问题进行了探究，使得有条件现金转移支付的设计和评估更能适应当地情况，如在马拉维。[2]

在另一个案例中，研究人员评估了一个向极端贫困人口提供生产性资产（如水牛）并给予指导，以帮助他们实现财务可持续性的项目。[3]研究人员在孟加拉国、埃

---

① 该研究由杰西卡·科恩和帕斯卡琳·杜帕斯完成，研究内容被呈现在附录的评估案例6中。

② Hans-Peter Kohler and Pascaline Dupas, "Conditional Cash Transfers and HIV/ AIDS Prevention: Unconditionally Promising?" *World Bank Economic Review* 26 (2012): 165-190.

③ This set of ongoing evaluations is discussed in Innovations for Poverty Action, "Ultra Poor Graduation Pilots", accessed January 2, 2012.

塞俄比亚、加纳、洪都拉斯、秘鲁和也门等多个国家的不同情境下进行了测试,部分原因是担心该项目影响效果可能对环境敏感——例如,由于极端贫困人口所处环境不同,提供给他们的资产可能存在差异,并且极端贫困人口必须应对不同的市场条件。

观察到的行为和挑战背后的基本过程是什么?

我们的政策解决方案和项目设计是基于对问题根源的深刻洞察。影响评估有助于梳理出驱动观察到的行为的深层原因。例如,非洲农民未采用能提高产量并最终改善福祉的农业技术,这可能有多种原因。该技术可能没有达到农民预期的显著效果。如果农民对其缺乏了解也不会使用该技术,此时推广服务或许可以提高该技术的使用率。也可能是风险厌恶等原因,即使该技术回报较高,但也存在更大变数(风险),所以农民不愿采用。在这种情形下,保险或其他风险分散机制或许有助于提高其使用率。此外,也可能是因为他们想使用该技术但存不下足够的钱购买。此时存款承诺可以发挥作用。[1]

如何确定技术使用率低的原因呢?我们可以通过询问农民的意见,并从他们的回答中形成可能的假设。然而,人们往往无法准确阐明行为动机。影响评估可以测试这些替代假设以确定技术使用率低的现象到底是如何出现的。它们不仅有助于我们了解农民所面临的问题,还能激发新思路来解决这些问题。

模块3.3 如何在影响评估的问题中确定优先级

在筛选需进行影响评估的问题数量时可以借鉴第一个模块中探讨的方法。然而,部分问题仅能通过开展新的影响评估来解答。当想要回答的问题不只是"该项目是否有效"等,而是想深入探讨更为复杂的问题(如第二个模块中所述)时,这就需要对问题进行优先级排序。本模块将探讨如何挑选适合随机干预实验解答的问题。

我们需要从战略高度出发审视应实施哪些随机干预实验,并为不同选项设定优先级。当需要在多个影响评估问题之间权衡时并无简单的规则可循,因为需综合考虑诸多因素。尽管如此,我们仍探讨了在确定影响评估候选问题的优先级时需考虑的一些关键因素。

---

[1] Kelsey B. Jack, "Market Inefficiencies and the Adoption of Agricultural Technol-ogies in Developing Countries", Agricultural Technology Adoption Initiative, J-PAL (Abdul Latif Jameel Poverty Action Lab, MIT), and CEGA (Center for Effective Global Action, Berkeley), 2011.

评估结论的潜在影响是什么？

开展项目影响评估旨在提供信息，以协助我们和国际社会的其他利益相关方进行项目投资的决策，并指导项目实施。是否投资开展随机干预实验将取决于其结果所产生信息的潜在影响力。为了衡量该影响力需厘清以下几个问题。

该项目或方案是否受欢迎，或者是否投入了大量资源？

当一个项目或方案得到广泛采纳并投入大量资源时，其影响评估的经验教训将具有显著的指导意义，并有助于提升资源使用效率。在其他条件相同的情况下，如果某一特定类型的项目是组织或政府部门的核心工作，那么对该项目的影响评估便成了一项至关重要的任务。同样地，若某一类型的项目在各国和组织中普遍实施，那么对其进行影响评估也应被赋予较高的优先级。

该项目或方案是否有可能被规模化？

某些项目或许当前规模尚小，但已计划进行大规模的拓展，这类项目的评估应该给予更高优先级。这种拓展为深入探究其有效性并开发适合未来更大规模推广的项目提供了良好的契机。此外，若项目尚未大规模推广，则可以更加灵活地根据评估结果进行后续调整。一旦项目大规模推广后，风险将增加，既得利益者也将增多。此时，对项目进行调整的难度就会变大，即便影响评估结果显示该项目几乎没有或根本不具有任何好处，也可能很难再对项目进行大的调整或削减项目规模。

该方案是否成本低、易推广？

一种方案虽然尚未被广泛采用，但因其成本低廉且不依赖于稀缺资源（如高度积极和熟练的工作人员），具备扩大规模的潜力，那么这类项目的评估应该给予更高的优先级。发现一项低成本、可扩展的方案是有效的，可能会比发现一项昂贵且难以复制的项目是有效的对政策制定产生更大的影响。

现有证据的程度如何？

若某一特定评估问题已通过多个高质量的影响评估方法进行验证，那么应适当降低对其评估的优先级。尽管要了解结果是否受环境影响需通过重复评估实现，但在进行此类评估时我们需审慎行事，避免简单地重复他人的研究工作。在其他条件不变的情况下，通常从首次影响评估中汲取的经验教训要远多于从第五次检验同一问题的影响评估中获取的经验教训。

目前全球各个领域正在进行数百项随机干预实验评估。减少贫困也有成千上万种不同的方法，这意味着任何评估都或多或少有其意义，都很难是对完全相同项目的重复评估。然而,在确定要进行哪些评估时我们还是应该选择那些有最大潜力为证据基础作出新贡献的项目。因此,如果已经有许多类似项目的评估,对那些尚未被充分研究的项目进行评估可能会产生更大的贡献。

这些问题是交叉性质的还是理论驱动的?

在各种不同的项目和背景下某些问题反复出现,对这些问题的评估就非常有价值。因此,尽管从其他标准来看这些问题可能并不被视为高优先级(例如,这些项目可能规模较小且推广的可能性低),但我们仍可以将解决这些基本问题的影响评估置于首位。这些交叉问题的实例包括以下几个:

- 哪些方法有助于降低公共服务使用率?
- 价格对求医行为的影响是什么?
- 班级规模对学习效果有多重要?
- 更多社区参与发展项目的影响是什么?
- 人们愿意为减少空气污染支付多少钱?
- 支付更高的工资能减少腐败吗?

在不同的背景下这些问题的答案可能存在差异,然而这正是需要经过实证检验的重要问题。通过在不同背景下收集更多关于这些重要问题的证据,将能够确定哪些结果可以推广应用,哪些不能。

当研究的问题具有交叉性时我们必须精心设计评估方案,以便从诸多影响因素中分离出我们想要检验的目标因素。举例来说,若要探究班级规模对学生学业表现的影响,但课堂教学环境中的许多其他方面(如教师类型、投入水平)也在同步改变,那么在不做出额外假设的情况下将无法单独分析出班级规模对学生学业表现的具体影响。因此,对于交叉问题的评估有时需要人为构建一些理想化的实验项目,在推广复制这些项目时需根据具体情境进行调整。这类人为构建的理想化项目主要关注一些适用于多种不同类型的、具有普遍性的问题。

案例:额外教师计划

研究人员开始测试三个对发展中国家教育至关重要的问题:班级规模缩小、教师更负责任以及根据初始学习水平进行分班,以评估这些干预策略对学生学习的影响。他们与一个小型非政府组织(非洲国际儿童援助组织)合作设计了一个项目来回答这三个问题。尽管该项目采用了当地雇用的合同制教师,这是整个发展中国家普遍采用的策略,但项目设计在很大程度上是为实现评估目标服务的。例如,不同类型的教师被随机分配到不同班级中,从而可以评估不同类型教师对结果产生的影响。因此，资深教师在一半的项目时间内会被分配到表现较差的班级中。①
这种设计与项目推广过程中的实际做法是不同的，在现实中资深教师更可能会被
要求负责管理表现好的学生班级。然而，上述实验中的理想化的项目设计有助于
研究人员厘清项目实施所产生影响的各种途径，并为未来设计教育项目提供广泛
经验和启示（本案例中使用的复杂随机化设计将在第4章详细讨论）。

该问题能被很好地回答吗？

有些问题很重要，但也很难通过随机干预实验来精确回答，特别是与国家层面
政策相关的问题。回答这类问题需要在国家层面进行随机化，但显然我们很难将
某些国家随机分配以实施一项政策。有时一些结果发生的概率非常低（这意味着
检测到这些结果需要非常大的样本量）或者极其难测量。此时，我们需要非常谨慎
而精巧的设计或者拥有足够大的样本量时才可能进行随机干预实验评估。当样本
量不足或结果测量条件不成熟时进行评估将是浪费时间和金钱。

案例：固定汇率和浮动汇率的成本与收益

随机干预实验无法直接评估固定汇率和浮动汇率的具体影响，因为我们无法
随机挑选全球一半的国家实行固定汇率，而另一半国家实行浮动汇率。我们或许
可以借助随机干预实验来检验预测固定汇率或浮动汇率影响的经济模型中的一些
假设（例如，在存在合理理由调整价格和工资的情况下，价格和工资在多大程度上
仍倾向于保持稳定——"黏性工资"假设）。然而，随机干预实验并不适用于评估整
个汇率制度的影响。

案例：倡导保护妇女的继承权

另一个难以使用随机干预实验进行评估的领域是法律改革游说活动。同样
地，由于影响评估发生在国家层面，因此很难进行随机化。或许可以寻求创新方
法，对因果链的某个中间环节进行检验，而该中间环节可以在较低层次上进行随机
化。例如，我们可以鼓励立法者参加关于妇女法律权益的信息发布会，并对比分析
参与者与未参与者在态度和知识方面的差异。然而，在评估设计过程中需审慎考
虑溢出效应问题。若无法有效控制或衡量溢出效应，则最好不要进行影响评估，避
免产生误导性结果。

---

①该研究由埃丝特·迪弗洛、帕斯卡琳·杜帕斯和迈克尔·克雷默负责，研究内容被呈现在附录的评估案
　例3中。

案例：减少性别暴力项目

性别暴力在众多发展中国家（以及部分发达国家）是一个重要问题，因此探讨何种策略在降低性别暴力方面最为有效至关重要。然而，随机干预实验很难用于评估该问题，这并非因为实验结果处于太高的层面上，而是结果难以衡量。一个旨在解决性别暴力问题的项目可能面临这样的风险，即促使更多女性主动揭露自己所遭受的暴力行为。如果出现这样的情况，干预组报告的事件数量很可能超过对照组，导致项目似乎增加了暴力行为，而实际上它降低了暴力（关于此类测量问题将在第5章详述）。鉴于性别暴力问题的重要性，我们不能忽视其测量难度，需创新性地寻求精确客观的测量方法。在未解决测量问题前对该问题的评估将是浪费时间和资源。换言之，等待适当的时机来解答这个问题至关重要。采用不好的测量方法进行影响评估可能产生误导性信息，从而引发负面影响。

该问题能被精确地回答吗？样本量够吗？

在统计功效不足以精确回答问题的情况下开展影响评估可能造成资源浪费，甚至产生反向效果。在评估结束时我们将对项目的影响进行估计，并给出相应的置信区间。若置信区间较大，将无法确切地断定该项目的影响程度。尽管投入了大量资源进行评估，仍难以获得充分有效的证据。

另一个潜在风险在于尽管该项目已展示出显著的效果，但由于置信区间过大，我们无法明确地区分其效果与零效应之间的差异。这种"无法确定效果"的现象可能被误认为是该项目缺乏有效性的证据，但实际上我们既不能排除该项目有较大的效果，也无法排除零效应的可能性。这种结果被称为"不精确的零"，通常是评估设计不当所致。在评估旨在比较两种潜在可行的干预策略时，若统计功效不足以准确区分这两种干预策略的影响，也可能出现类似的问题。

因此，我们应优先考虑那些能够提供精准答案的问题，因为我们能从中获得更多有益知识。在第6章中我们将详细探讨如何准确评价回答不同问题的精度差异。

项目及其背景具有代表性吗？

评估的目标是产生尽可能多的普适性知识，因此在选择评估环境时应注重代表性。通常我们希望避免过于特殊或异常的背景条件，如项目参与者引人注目、享有特别待遇或实施项目的地区拥有非常好的通信和基础设施等。若想要了解项目在更广泛范围内扩大规模是否有效，测试环境需要与项目未来拟推广复制的环境类似。

选择具有代表性的环境不仅要求地理上的代表性，还需确定典型项目与具备代表性的合作伙伴。举例来说，若要评估社区驱动发展项目的成效，我们可以选择一个典型项目进行评估。该项目的预算规模与其他类似项目相当，且实施效率保持在平均水平。若我们希望探究小额信贷对民众生活的作用，则可以评估一个在全球数百个不同项目中尽可能具有代表性的小额信贷项目。例如，大部分小额信贷项目针对妇女群体，采取某种形式的连带责任，初始阶段提供小额贷款（至少如此），并要求每周偿还。通过评估具备这些特征的小额信贷项目，我们更有可能将研究结果推广至其他类似项目。

然而，在某些情况下评估代表性不足的项目仍具有实际意义。例如，我们可能需要开展概念验证评估。在此类评估中，我们提出如下问题："在该干预策略实施最好的情况下将会产生何种影响？"公共卫生影响评估通常采用这类方法来验证假设。例如，在巴基斯坦的一项评估中，研究人员提出了如下问题："若让卡拉奇贫民窟居民经常使用肥皂洗手，能使腹泻发病率降低多少？"尽管被测试的项目因强度太大而无法经济有效地扩大规模，但它证实了一个关键假设：尽管粪便污染导致这些社区居民发生腹泻的途径有很多种，但洗手本身可能对降低腹泻程度有显著影响，从而揭示了潜在的解决方案。即使概念验证评估表明在最理想的状况下该项目并没有效果，但这种评估仍具有重大价值。某个项目通常不会因某次评估未发现任何影响而被认定为完全无效。然而，如果通过概念验证评估也未发现任何影响，则可能真的需要怀疑该项目是否有效。

评估一个非代表性的项目还有另外一个原因。某一类型的典型项目的影响效果已经有了较多证据，而某种类型的替代干预策略尚未被广泛采用、不具有代表性，但其可能更便宜或理论预期更有效，此时这类干预策略也值得探索。

项目是否足够成熟，值得评估？

评估初创项目具有一定的局限性。初创项目在启动初期往往面临诸多执行挑战，而这些问题通常需要数月的时间来解决。在项目尚处于不稳定阶段便展开评估可能会浪费时间和金钱。我们可能会发现项目的实际影响相对有限，继而引发一个疑问：待实际问题得到解决后，稍后再行评估其影响效果是否变得更大？另一个值得关注的问题是项目在早期阶段往往需要进行调整与变更。若对 1.0 版本进行评估后不久便被 2.0 版本替代，这将导致资源浪费。

然而，在早期阶段进行评估也有好处。由于初创项目处于不断变化和发展之中，执行者可能更倾向于依据评估结果对项目进行相应的调整。此外，我们不希望等到项目已经覆盖数百万参与对象之后，才知道这个项目的效果其实不好。

因此，选择项目评估的时机需要对多个方面进行权衡取舍，其依据取决于特定情境下的具体目标。若想评估一种广泛应用于众多组织且根深蒂固的策略的影响，我们可能更倾向于挑选具有稳定运行记录的项目，而非初创项目。

如果与一个正在涉足新领域且愿意尝试不同策略的组织合作，我们可能会在项目尚在调整阶段时就决定尽早进行评估。然而，在后一种情况下我们仍建议对该项目先进行小规模的试点以确保其具备所需功能，并在评估启动之前将项目设计固定，避免对一个持续变化的项目进行评估。

有合适的合作伙伴吗？

要通过随机干预实验进行高效评估，关键在于获得项目执行者的全面支持。这种支持涉及多个层面。组织的高层应致力于揭示项目效果，无论评估结果好坏都愿意公开。他们需要投入时间和/或员工精力，仔细思考评估的具体实施，包括测量哪些结果、如何测量，并集思广益地应对可能出现的挑战。例如：项目实施可能需推迟至基线调查结束；项目运输成本可能高于平时，因为项目需要覆盖更大区域以设立对照组；在整个评估过程中要保持项目设计的相对稳定，以便明确评估内容。但这些做法可能与组织在实施过程中的创新愿望产生冲突。所有这些挑战都可以克服，前提是需要实施项目的合作组织内部高层有想要评估的意愿并作出承诺。

执行组织中层与基层工作人员的参与和支持对于设计和实施高质量的随机干预实验同样重要。为了确保干预只提供给干预组，而不提供给对照组，且为了精准实现这一过程，需要中层和基层工作人员密切参与，制订具体的操作方案。详细了解项目实地运行的细节有助于更合理地将复杂的综合干预拆分成多个不同的干预组、分别进行检验，同时也有助于发现是否存在显著的溢出效应及如何将其最小化。若项目团队能深入了解随机干预实验的重要性及实施方法，将有助于完善实验设计、及时发现可能影响随机干预实验有效性的问题，并提前应对。然而，若基层工作人员对随机干预实验的理解不足或对项目评估不够尽心尽力，很可能会破坏实验的完整性。这种破坏可能有多种形式，如重新分配资源、向对照组社区提供援助和项目，或更改项目设计。

如果我们与一个项目执行机构合作评估他们的主打项目，需要认识到这可能给该执行机构带来较高风险，可能出现一些现实问题。尽管部分执行机构乐于了解其主打项目的影响效果，无论是正面的还是负面的，但并非所有情况都是如此。当一些组织意识到评估可能揭示他们的主打项目没有预期影响时，他们可能会产生抵触情绪。这种抵触可能影响到他们按照协议合作推进随机干预实验。这些组织可能会突然提出许多理由，认为在项目中引入随机化元素不可行，尽管在最初的讨论中他们也提出了多种可能的随机化方法。更为严重的是，在评估进行过程中项目执行者可能会因可能出现的负面结果而感到威胁，从而破坏评估过程。

一方面，我们想要寻找一个真正专注于评估的合作伙伴，需要他们理解评估的必要性和开展随机干预实验的重要性；但另一方面，我们还想对具有"典型"特性的团队及其"典型"项目进行评估。有时这两者之间可能存在冲突。[①]当将随机干预实验方法引入某一全新的领域时这种冲突尤其明显。最先主动提出接受评估的合作伙伴往往具有特殊性。在通常情况下，我们必须在特定环境中权衡各种目标。重要的是要牢记，如果没有合作伙伴的支持就不可能有效地进行随机干预实验评估。

回答这个问题要花多少钱？

影响评估的成本跨度较大，从数千美元至数百万美元不等。因此，在权衡优先考虑哪些问题时需综合考虑回答不同问题所需的成本。在预算相同的情况下，可以选择多次执行低成本评估以解决中等重要性的问题，或进行一次高成本评估以应对至关重要的问题。

决定影响评估成本的关键因素是随机化层次（通常在个体层面随机化的评估成本较低，见第6章的统计功效）、持续时间（评估项目的长期影响所需成本更高）、结果测量方式（一些结果测量，如生物标志物，收集成本很高，还有一些结果测量方差很大，这意味着样本量必须更大）和地点（例如，在印度城市进行的研究比在非洲农村进行的研究成本要低得多，因为交通成本和高技能调查员的工资较低）。

然而，如果一个问题很重要，评估提供的证据有可能对许多国家的政策产生重大影响，那么即使该评估费用很高也是值得的（当我们将评估的成本与将资金错配给无效或可能有害的项目的成本进行比较时，尤其如此）。在这些情况下，一个好的模式是基金会或援助机构集中资源来回答关键问题。一种可行的做法是，创建一个基金会，专注于回答某个领域的几个关键问题，并发出公告征集可以回答这个问题的研究提案。[②]然后，基金会或机构可以选择最优的方案进行资助，而不是让每个小组织都为了评估而匆忙开展许多小型随机干预实验，这样更有可能产生有价值的证据。

---

①关于这一点的一个有意思的讨论请阅读如下文章：Hunt Allcott and Sendhil Mullainathan, "External Validity and Partner Selection Bias", NBER Working Paper 18373, National Bureau of Educational Research, Cambridge, MA, 2012。

②更多信息可以查看J-PAL的研究倡议：Abdul Latif Jameel Poverty Action Lab, "Policy Lessons", accessed January 2, 2012, 3ie的网址上也有相关信息3ie, "Inform Policy", accessed January 2, 2012.

该领域的一个案例研究

在本模块和前一个模块中,我们强调了根据特定策略对影响评估问题进行优先级排序的重要性,并探讨了多种可能的选择标准。通过印度非政府组织塞瓦曼达尔的案例研究,我们可以看到如何将这些原则应用于实践。该组织长期致力于在印度拉贾斯坦邦乌代普尔农村部落社区开展工作,并力图扩大其在健康领域的影响力。然而,在面对资源相对有限的情况下,需要探寻如何在约束条件下实现最优效果。

他们首先揭示的是描述性知识差距:人口中的主要健康问题是什么? 在研究员的协助下,他们对需求进行了详尽的评估(详见模块3.1)。该评估基于一项具有代表性的家庭调查,收集了自我报告的健康状况,还有血液样本中的血红蛋白数量等客观指标的数据。此外,调查还涵盖了家庭成员中接受干预者的支付费用情况。同时,对项目参与者所提及的公共和私人医疗服务提供者进行了调查,以明确他们可以获取的培训和资源。

需求评估揭示了4个尤为突出的问题:(1)不同年龄和性别群体中较高的贫血发病率,这可能对生产力和健康状况产生负面影响;(2)儿童免疫接种覆盖率偏低;(3)政府卫生工作人员的缺勤率较高;(4)儿童腹泻发病率较高。这些挑战在其他地区也较为常见。因此,针对塞瓦曼达尔如何有效解决这些问题的实证研究具有重要意义,这对印度及其他地区的相关组织具有借鉴意义。

接下来,我们将探讨其他组织在处理这些问题时所采用的方法及其有效性。但值得注意的是,针对塞瓦曼达尔组织在贫困、农村和人口密度较低等特殊环境下所面临的问题,某些其他地区的解决策略并不适用。例如,尽管在许多情况下集中提供经过铁强化的基本食品(如面粉)是缓解贫血问题的常用方法,但对于自行种植、加工和食用面粉的社区来说,这种方法并没有帮助。因此,为了研发针对这些基本问题的创新解决方案,塞瓦曼达尔和研究团队进行了文献梳理,尤其关注了预防性保健领域中成本较低的相关研究。

根据需求评估、文献梳理以及非政府组织内部及与其他组织的讨论,并结合塞瓦曼达尔先前在教育部门收集评估证据,我们对多种不同方法进行了试点。在试点初期部分方法因其实际可行性较低而被排除。例如,采用在水井中进行氯化处理以降低腹泻发生率的方法,由于卫生工作者的高缺勤率以及监测难度较大,在没有持续监测的情况下难以达到适当的氯化水平,且这种监测也难以持续。此外,过高的氯含量会导致当地居民抱怨水的口感,而过低的氯含量则无法达到预期的保护效果。

随后,我们针对前3个挑战(贫血、免疫和缺勤)提出了3种解决方案。这些策略在成本效益和可推广性方面表现出色，并通过随机干预实验进行了评估。最终，其中一种策略取得了显著成果：定期举办的免疫训练营，通过提供小额食物奖励激励参与者，使完全免疫接种率从6%提升到了39%。虽然另外两种策略被证明是无效的，但这一过程也让我们对哪些措施对贫血和缺勤是有效的、哪些是无效的有了更多了解。

进一步阅读：

Banerjee, Abhijit, Angus Deaton, and Esther Duflo. 2004. "Wealth, Health, and Health Services in Rural Rajasthan." American Economic Review 94 (2): 326-330.

Banerjee, Abhijit V., Esther Duflo, and Rachel Glennerster. 2008. "Putting a Band-Aid on a Corpse: Incentives for Nurses in the Indian Public Health Care System." Journal of the European Economic Association 6 (2-3): 487- 500.

Banerjee, Abhijit V., Esther Duflo, Rachel Glennerster, and Dhruva Kothari. 2010. "Improving Immunisation Coverage in Rural India: A Clustered Randomised Controlled Evaluation of Immunisation Campaigns with and without Incentives." British Medical Journal 340: c2220.

J-PAL Policy Briefcase. 2011. "Incentives for Immunization." Cambridge, MA:Abdul Latif Jameel Poverty Action Lab.

模块3.3总结

- 受欢迎、投资高或即将扩大规模的项目方案需优先评估。
- 成本低且易于推扩的项目方案也应优先考虑。
- 相对于那些已经有相当多证据的问题，证据很少的问题应优先考虑。
- 部分评估方法的成本远低于其他方法。在成本与所产生的证据价值之间应进行权衡。
- 启动评估前必须确认有能力回答我们关注的问题，样本量要足够，对结果测量指标可以精确测量。
- 过早进行评估有可能测试一个不成熟的项目，而太晚进行评估则可能在一个无效的项目上浪费资源。
- 需要在一个具有代表性的环境中进行评估。
- 是否有好的、愿意了解项目影响效果的项目执行伙伴？

随机化 4

项目随机化的方法有很多种。本章将讨论如何在特定的背景下选择特定的随机化方法。我们还讨论了随机化的过程和机制。这一章包括6个模块：

模块4.1　随机化的机会

模块4.2　选择随机化的层面

模块4.3　确定对项目的哪些方面随机化

模块4.4　简单随机化的机制

模块4.5　分层和配对随机化

模块4.6　随机化设计案例汇编

模块4.1　随机化的机会

本模块我们详细阐述了如何根据项目的3个关键维度（参与的机会、参与的时机以及对参与项目的激励）进行随机分配，从而构建干预组与对照组。随后我们概述了9种适用于随机干预实验的典型场景，并通过近期的评估实例加以阐述。

哪些情况可以随机化？

为了评估一个项目或政策的影响，我们随机选择的干预组必须比对照组有更大概率参与项目。可以通过控制项目或政策的以下3个方面来实现这种项目参与概率的差异性：

1.参与项目的机会：可以选择向哪些人提供参与该项目的机会。

2.参与项目的时机：可以选择何时提供参与项目的机会。

3.对参与项目的激励：可以选择激励哪些人参与项目。

我们可以掌控项目层面的这3个要素，因此它们也成为我们能够随机分配的3个方面。无论是在调整项目参与机会、选择参与项目的时机，还是在设定参与项目的激励措施上，我们都可以在个体或群组层面进行调整。例如，我们可以随机选择一个社区内的成员，仅向部分人提供参与项目的机会，而排除其他人的参与机会。或者我们可以随机选择一个社区，向该社区的所有成员提供参与项目的机会。

对参与项目的机会随机分配

本模块探讨的3种可能性中，随机分配参与项目或政策的机会是较为常见的。假设我们拥有向100所学校提供教科书的充足资源。此时可以列出200所符合条件的学校，并在评估期间以随机方式选择其中100所学校来发放教科书（只向这100所发放），剩余的100所学校则构成了对照组。

对参与项目的时机随机分配

我们可以对人们参与项目的时间进行随机分配，指定谁先参与，谁后参与。以肯尼亚为例，一个在学校开展的驱虫项目计划在3年内逐步推广到75所符合条件的学校。我们可以将这些学校随机分为3组，每组25所，并随机选择哪一组在3年的每一年开始该项目（图4.1）。第1年，A组开始实施项目，B组和C组一起组成对照组。第2年，B组开始实施项目，和A组一起组成干预组，而C组仍是对照组。在第3年，C组开始实施项目，现在3个组都是干预组，不再设有对照组。我们可以延迟一些人参与项目的时间，从而产生参与项目时间的差异，就如上述驱虫项目。在模块4.5中，我们将看到也可以通过让人们轮流参与项目来创造这种差异。

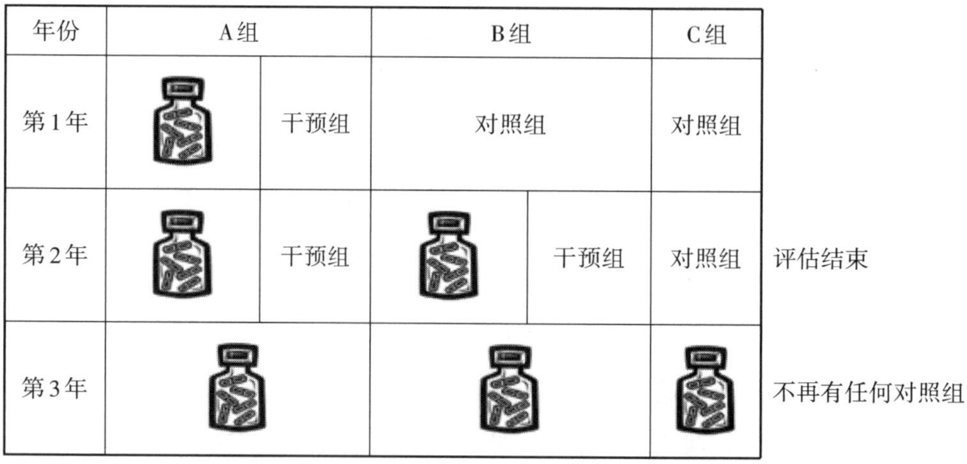

年份	A组		B组		C组	
第1年		干预组	对照组		对照组	
第2年		干预组		干预组	对照组	评估结束
第3年						不再有任何对照组

图4.1 在分阶段设计中，对参与项目的时机进行随机分配

注：药瓶表示在这3年的任意一年中哪个组接受了干预。

对参与项目的激励进行随机分配

在某些情况下我们可能不能对参与项目的机会本身进行随机分配,但可以对参与项目的激励措施进行随机分配。有些项目所有人都有机会参与,但目前仍只有部分人真正参与了项目,此时对参与项目的激励措施进行随机分配的方法就会很有用。项目将继续向所有符合条件的人开放。然而,只有干预组的部分成员将会获得额外的激励,以鼓励他们参与项目。

设想一个场景,我们正在对一个旨在为种植经济作物的农民提供储蓄账户的项目进行评估。在符合注册条件的250个家庭社区中仅有50个家庭选择了开设储蓄账户。事实上,这50个家庭更倾向于进行农业投资。我们试图确定储蓄账户是否帮助他们积攒了农业投资所需的资金。为此,我们将剩余的200个符合条件的家庭随机分为干预组和对照组,并向干预组提供额外的激励以鼓励他们开设储蓄账户。具体做法是,我们向随机选取的干预组的100个家庭发送了介绍储蓄账户好处的信函,并对他们的注册过程提供协助。而对于另外100个对照组家庭我们未采取任何行动。我们预计这种激励措施将使干预组中有更高比例的人开设储蓄账户,例如干预组可能达到45%,而对照组可能仅为20%。这将形成不同组参与项目机会的差异,进而为影响评估创造条件(图4.2)。

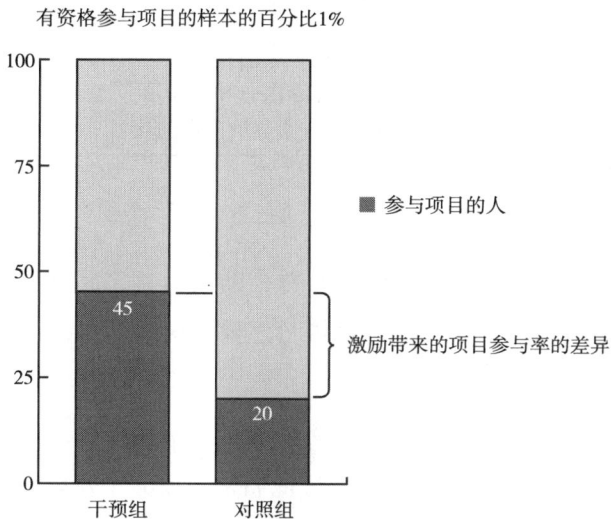

图4.2　通过激励鼓励干预组更多的人参与项目

激励可以看作让一些人参与项目的过程更容易,因此他们更有可能参与项目,从而可以产生我们所需要的项目参与率的差异。

何时可以开展随机干预实验?

在项目实施者试图创新解决问题、引入新项目或面临资源有限无法满足所有潜在受益人需求等情境下，随机化方法的应用便显得尤为重要。我们在表4.1中列举了10个典型的例子。大多数情况下随机干预实验的开展并不会改变项目受众的数量，这一规律同样适用于上述所列举的所有机会（关于这一点的伦理讨论见模块2.4）。在此列表中有一些案例，开展随机干预实验可能改变项目确定目标人群的方法，我们将在模块4.3.1中讨论这种改变的伦理含义。[①]

表4.1　随机化的机会

机会	描述
对项目进行新的设计	当一个社会问题被确认存在，但对如何解决该问题尚未形成共识时。评估者从一开始就与项目实施者合作，设计项目然后评估其影响效果
新的项目	当一个项目是新的项目，并正在进行试点和评估时
新的服务	当一个已经存在的项目提供一项新的服务时
新的项目参与者	当一个项目扩展到新的人群时
新的项目地点	当一个项目扩展到新的地区时
超额认购	当对项目感兴趣的人超过项目能承载的服务能力时
认购不足	当有资格参与项目的人并非都会参与项目时
轮换	当一个项目或一项负担被轮流享有或承担时
权限资格线	当一个项目设有资格线，低于资格线的人被随机抽取一部分允许参与项目时
分阶段参与项目	由于后勤和资源等方面的原因，项目潜在受益者不能同时开始参与项目，人们可以通过随机的方式分阶段参与项目

对项目进行新的设计

我们或许已经发现了一个社会问题，并推断出针对该问题需要的新的解决方案。此时，项目评估者可以在正式启动项目之前与已成功开展类似项目的机构展开合作，以优化项目实施。

案例：系列健康项目中的研究伙伴关系试点。塞瓦曼达尔组织在印度拉贾斯坦邦乌代普尔地区开展了近60年的项目，他们始终致力于在教育、环境、小额信贷和健康领域开展项目，推动社会进步。2002年，该组织携手研究人员开展了一项全面性调查，旨在明确主要的健康和保健需求。双方在一系列随机干预实验中共同设计并试点测试了3种干预措施。[②]

---

①关于随机干预实验伦理问题的更多讨论，可阅读：Glennerster and Powers in *The Oxford University Press Handbook on Professional Economic Ethics* (Oxford, UK: Oxford University Press, forthcoming), and William R. Shadish, Thomas D. Cook, and Donald T. Campbell, *Experimental and Quasi-experimental Designs for Generalized Causal Inference* (Boston: Houghton Mifflin, 2002).

②更多细节请参见模块3.3。

新的项目

当一个项目是新的且其影响效果尚不明确时,使用随机干预实验进行评估往往最有价值。此外,通过随机选择的方法确定项目的受益人也常常被认为是分配项目最公平的方式。

案例:墨西哥试行新的社会福利项目。墨西哥全国范围内的有条件转移支付项目最初以教育、健康和食品计划项目(PROGRESA)的名义,在7个州的农村地区作为试点项目推出。在抽样的506个社区中,随机分配至试点项目的社区共计320个。那些被分配到对照组的社区是在评估结束后才被纳入项目中,此时项目已经被证明是有效的,因而扩大了规模。[①]

新的服务

为了应对新的挑战项目需要持续进行优化与完善。例如,我们可以灵活调整定价策略或交付模式,并可以引入创新型服务。类似于试点测试,我们可以随机将新型服务分配给现有客户或新客户进行评估。

案例:小额信贷机构增加新服务。除了向贫困人口提供信贷服务外,许多小额信贷机构现在还增设了储蓄账户、健康保险以及商业培训等附加服务。例如,印度的一家小额信贷机构引入了医疗保险;在菲律宾,一家小额信贷机构在其团体责任产品之外还推出了一项个人责任贷款产品;而在印度,一家小额信贷机构则提供了金融知识培训。[②]新服务试点的客户通常是随机选择的,这为评估创造了机会。

案例:肯尼亚某HIV教育项目增加了一项风险信息宣传活动。总部设在荷兰的国际儿童援助组织在肯尼亚试点了一项改进全国HIV教育课程的项目。该项目现有3个组成部分,后来又增加了一项宣传活动以解决代际性行为的危险。这部分新内容被随机分配到328所参与学校中的71所。[③]

新的项目参与者和新的项目地点

为扩大项目规模可在现有的项目地点增加新的项目参与者,或者增加新的项目服务地点。当资源无法同时满足所有新增参与者的需求时,随机化方法可能是确保服务顺序公平的最佳策略。

[①]该研究的作者为保罗·舒尔茨（Paul Schultz）,研究内容被呈现在附录的评估案例9中。
[②]相关研究可以阅读: Jonathan Bauchet, Cristobal Marshall, Laura Starita, Jeanette Thomas, and Anna Yalouris, "Latest Findings from Randomized Evaluations of Microfinance", in *Access to Finance Forum* (Washington, DC: Consultative Group to Assist the Poor, 2011). 关于菲律宾吸烟的研究可以阅读: Dean Karlan, Xavier Gine, and Jonathan Zinman, "Put Your Money Where Your Butt Is: A Commitment Savings Account for Smoking Cessation", *American Economic Journal: Applied Economics* 2 (2010): 213-235.
[③]该研究的作者为埃丝特·迪弗洛、帕斯卡琳·杜帕斯和迈克尔·克雷默,研究内容被呈现在附录的评估案例4中。

案例：美国某个州扩大了免费医疗保险项目。在美国联邦政府的支持下，各州为数百万贫困家庭提供免费医疗保险。目前该项目拟进一步扩大覆盖范围，使略高于贫困线的低收入家庭也可以参与。然而，俄勒冈州因资金有限，无法对所有符合新增条件的人提供免费保险。因此，该州对符合新增条件的低收入家庭采取了随机抽签的方式，被抽中者可以获得免费医疗保险。后续研究对被抽中者和未抽中者在医疗保险使用、健康状况及经济压力等方面进行了对比分析。[①]

案例：某教育实习项目拓展到一个新城市。2000年，印度的布拉罕基金会将其教育补习项目成功拓展至瓦尔道拉市。该市涵盖123所学校，每所学校均配备了辅导教师，然而这些教师是被随机分配到三年级或四年级的。[②]

超额认购：供不应求

在发展中国家项目资源往往供不应求。对此，当需求超过供给时，随机分配或许是最公平的参与方式。

案例：哥伦比亚政府使用随机抽签方式发放中学学费代金券。哥伦比亚的一个项目致力于为贫困家庭的学生提供私立学校的学费代金券，然而合格且有意愿的学生数量超过了可供分配的代金券数量。为了确保公平性，市政当局选择以随机抽签的方式分配这些代金券。[③]

案例：美国政府使用随机抽签方式发放富裕社区的住房代金券。美国正在试点的住房项目，通过为家庭提供住房代金券，帮助他们从贫困的社区搬迁到更为富裕的社区。鉴于美国对住房援助的需求往往超过公共住房的供应，美国住房和城市发展部决定对代金券采取随机发放的方式，旨在严格评估该试点项目的效果，并公平地分配有限的代金券资源。

认购不足：供大于求

在某些情况下即便项目资源充足、能满足全体人员需求且对所有人开放，其使用率仍然可能偏低，参与项目服务的人数少于项目本应能服务的人数。为提高项目使用率，可采取提供更多信息或激励措施的方式鼓励参与者。此类激励可以是随机提供的。此外，对于一些必要但不受欢迎的项目（如越南战争中的征兵活动或印度的妇女政治席位配额项目）也可能存在认购不足的情况。在此情况下，随机抽

①Amy Finklestein, Sarah Taubman, Bill Wright, Mira Bernstein, Jonathan Gruber, Joseph P. Newhouse, Heidi Allen, Katherine Baicker, and Oregon Health Study Group. 2012. "The Oregon Health Insurance Experiment: Evidence from the First Year", *Quarterly Journal of Economics* 127 (3)：1057-1106.

②该研究的作者为阿比吉特·班纳吉、肖恩·科尔、埃丝特·迪弗洛、利伦德，研究内容被呈现在附录的评估案例2中。

③该研究的作者为埃里克·贝廷格（Eric Bettinger）、迈克尔·克雷默、胡安·E.萨维德拉（Juan E. Saavedra），研究内容被呈现在附录的评估案例10中。

签常被视为分配这些不受欢迎项目的公平手段。

案例：美国某大学鼓励教职工注册退休储蓄项目。与许多美国雇主一样，美国某大学也设有退休储蓄项目。每年该大学会组织宣介会介绍退休储蓄的相关信息并吸引教职工参与该项目。有一年该校为参加宣介会的教职工提供了 20 美元的额外激励，该激励奖金是随机发放的。[①]

案例：南非某大型信贷机构通过邮寄宣传品开拓客户。该机构以相对较高的利率向高风险借款人提供贷款。该机构通过直接邮寄宣传品的方式来宣传其产品并开拓潜在客户。邮寄宣传品的客户是随机选择的，宣传品内容也是随机的，从而可以评估该方式对信贷需求的影响。[②]

案例：越南战争期间美国政府志愿兵数量不足。在美国，符合征兵条件的年轻人需通过随机抽签的方式来确定他们是否需要在军队中履行兵役义务。随后，研究人员使用该随机抽签的机会评估了服兵役对未来劳动力市场结果的影响。[③]

轮换

在某些情况下，项目资源在同一时间内仅够满足部分符合项目要求的参与者需求，但项目资源在较长一段时间内会稳定提供。鉴于每个个体都渴望加入该项目却无法同时满足所有人的需求，此时可以采取轮流参与项目的策略。可以通过随机排序决定项目资源或负担的轮转顺序，将已经轮换到参与项目的组视为干预组。采用此策略时需注意当项目轮转到下一组时，上一组的影响效果是否会持续存在，从而导致下一阶段结果的改善或恶化。

案例：印度某邦政府随机循环分配村委会政治配额。在印度的选举周期中，农村村委会的三分之一必须由女性担任主席。为确保村委员会保留席位的公平轮换，某些地区采取了随机排序的方式确定保留席位的顺序。[④]

权限资格线

有时项目参与的权限会根据某一资格线设定。这些资格线对于定位项目瞄准的服务对象至关重要。然而这些精确的资格线的设定常有一定的主观随意性。例如，拥有土地面积不足 1 英亩（约等于 4047 平方米）的妇女可能符合特别援助条件。

①该研究的作者为埃丝特·迪弗洛和埃马纽尔·塞斯（Emmanuel Saez），该研究被呈现在附录的评估案例 11 中。

②Dean Karlan and Jonathan Zinman,"Observing Unobservables: Identifying Information Asymmetries with a Consumer Credit Field Experiment", *Econometrica* 77 (2009): 1993-2008.

③Joshua D. Angrist, "Lifetime Earnings and the Vietnam Era Draft Lottery: Evidence from Social Security Administrative Records", *American Economic Review* 80 (1990): 313-336.

④该研究的作者为洛瑞·比曼（Lori Beaman）、拉加本德拉·查托帕德耶（Raghabendra Chattopadhyay）、埃丝特·迪弗洛、罗希尼·潘德（Rohini Pande）和佩蒂亚·托帕洛娃（Petia Topalova），研究内容被呈现在附录的评估案例 12 中。

但是相较于拥有0.95英亩土地的女性，拥有1.05英亩土地的女性获得政府支持的可能降低了多少呢？武断设置的资格线使我们能够近似随机地选择项目参与者。

案例：菲律宾某农村银行的信用评分。在菲律宾第一宏观银行客户的商业贷款资格取决于其信用评分，评分范围为0~100分。信用评分低于30分将被视为信用不良，贷款申请将被自动拒绝；而当评分达到60分及以上时，客户则被视为具备良好的信用状况，其贷款申请可获得批准。为评估干预效果，我们在31~59分的信用评分范围内随机选取申请贷款的客户（即略高信用度者）批准其贷款，构成干预组；而该范围内其他的贷款申请者将被拒绝，从而形成对照组。本研究旨在探讨对信用处于边缘区域的客户提供贷款的影响。[1]

分阶段参与项目

由于项目资源或服务能力的限制，项目有时可能无法一次性满足所有参与者的需求。然而，一旦项目资源增加，人们可以分阶段逐步参与项目，这为对项目参与者的参与顺序进行随机化创造了条件。

案例：某非政府组织分阶段开展驱虫项目。受限于后勤与财务条件，非洲国际儿童援助组织在肯尼亚的寄生虫防治项目每年仅能新增25所学校的项目点。因此，所有学校（共75所）被随机分为3组，每组25所，并按年度逐步纳入其中一组（随机挑选）。历经3年，所有学校均已实施干预措施。[2]

模块4.1总结

项目的哪些方面可以随机化？

- 一个项目可以随机化的3个方面：
1. 参与项目的机会
2. 参与项目的时机
3. 对参加项目的激励
- 对参与项目的机会进行随机化是3种可能性中最常见的一种。
- 当项目无法同时惠及所有人时，可以随机安排参与项目的时间。然后，这些人被分阶段纳入项目。如果该项目的效果是在短期就可以出现且是短暂的，该项目可以在符合条件的人中轮流参与。
- 当随机提供参与项目的激励时，我们会向其中一些人提供额外的信息或激励。

---

①该研究为迪恩·卡兰（Dean Karlan）和乔纳森·辛曼（Jonathan Zinman）总结，并被呈现在附录的评估案例13中。

②该研究为莎拉·贝尔德、琼·哈莫里·希克斯、迈克尔·克雷默和爱德华·米格尔总结，并被呈现在附录的评估案例1中。

当项目对所有满足条件的人员开放但参与度未达预期时,通常采取此种策略。

随机化的机会通常在何时出现?

- 当项目正在进行试点测试时。
- 当项目增加新服务时。
- 当项目增加新的参与者时。
- 当项目添加新的项目地点时。
- 当项目超额认购时。
- 当项目认购不足时。
- 当项目需要轮换时。
- 当项目有参与权限的资格线时。
- 当项目必须分阶段增加参与者时。

模块4.2　选择随机化的层面

本模块将讨论如何确定随机化的层面,是对个体、家庭、社区、学校、诊所还是在其他层面上进行随机化。

大多数项目和政策的目标是改变个人的生活,然而它们通常需要通过学校、信贷机构、家庭或社区等组织来实施。设计随机干预实验时需要决定是以个体为单位纳入项目,还是以整个群体为单位纳入项目。

图4.3展示了个体层面的随机化和群组层面的随机化所涉及的不同步骤。图A描述了在塞拉利昂选拔参与农业项目的妇女的流程。我们与项目执行者协同合作,在塞拉利昂潜力较高的3个区域中挑选了3个村庄进行项目实施与评估。在这些村庄内我们确定了符合项目参与资格(本案例为成年妇女)的人员,并将她们随机分配至干预组与对照组。其中,干预组妇女可参与项目,而对照组妇女则无法参与。对干预组与对照组所有妇女进行数据收集。

在群组层面的随机化设计中,我们首先从选择研究地点开始。正如本章后面所讨论的那样,为确保研究具有较大地理区域的代表性,我们可以用随机方法选择研究地点。在本例中我们选择了3个地区作为整个国家的代表,并根据参与项目的标准筛选参与项目的对象。关于村庄规模,我们选择了中等规模的村庄(因为较小规模的村庄能从提供的培训中受益的农民太少,而较大规模的村庄非农的比例太高)。在这些村庄中我们采用随机方法,将部分村庄纳入培训,另一部分则作为对照组。值得注意的是,在此情况下并不需要调查每个村庄内所有人员,而只需要对每个村庄中符合条件的参与者随机抽取一部分进行调查。

A 个体层面随机

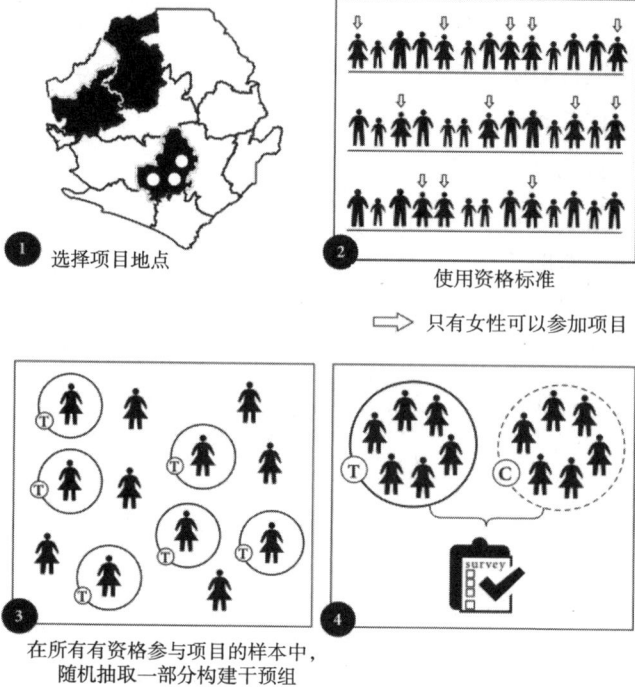

1 选择项目地点

2 使用资格标准

⇨ 只有女性可以参加项目

3 在所有有资格参与项目的样本中，
随机抽取一部分构建干预组

4

B 群组层面随机

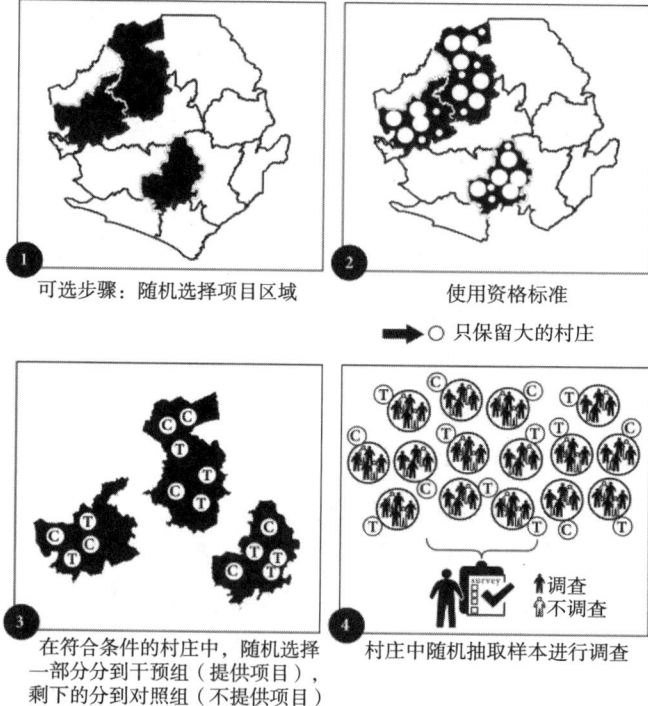

1 可选步骤：随机选择项目区域

2 使用资格标准

➡ ○ 只保留大的村庄

3 在符合条件的村庄中，随机选择
一部分分到干预组（提供项目），
剩下的分到对照组（不提供项目）

4 村庄中随机抽取样本进行调查
👤调查
👤不调查

图4.3　个体层面随机化步骤与群组层面随机化步骤

在个人和社区(村庄)层面进行随机化是最常见的,但也可以按学校、诊所、农业合作社或年级进行随机化。

有些项目在多个层面上运行。许多小额信贷组织通过贷款小组向个人提供贷款。负责几个贷款小组的信贷官员会访问这些小组。为了进行评估,我们可以按个人、贷款小组、村庄或信贷人员随机进行。随机化的层次越高,被分在同一个群组中的人数越多。

在通常情况下,随机化的单位取决于实施项目的单位。我们经常会选择在诊所层面进行项目随机化,一些诊所会获得额外支持,而其他一些则不会,这主要是基于项目操作性的考虑:有时在同一个社区很难只让一部分人参与项目,而不让另一些人参与项目。然而,并非总是在执行层面进行随机化的。就像小额信贷案例中展示的那样,一个项目可能存在多个不同的实施层次。此外,还有许多其他考虑因素。表4.2列出了确定随机化层面时需要考虑的6个关键因素。

表4.2　确定随机化层面时的技术性和非技术性考虑因素

考虑因素	需要问的问题
测量的单位	结果变量是在哪个层面上进行测量?
溢出效应	有溢出效应吗?你希望在项目评估中发现溢出效应吗?你想要测量出溢出效应吗?
样本流失	在哪个层面随机化最能避免样本流失?
依从性	在哪个层面随机化最能使样本遵循分配方案?
统计功效	在哪个层面随机化能有最大的可能探测到影响效果?如果在群组层面随机化,我们是否有足够大的样本量?
可行性	哪个层面的随机化在伦理、财务、政治和后勤等方面最可行?哪个层面的随机化最容易实施?哪个层面的随机化成本最低?

测量单位和随机化单位

随机化层面应与关注的结果测量层面相一致或更高。以工人再培训对企业利润影响为例,尽管我们可以在工人层面实施培训的随机化,但仅能在企业层面测量利润这一结果。因此,我们只能选择在企业层面进行随机化处理。

类似地,印度的选民教育活动[在当地两个非政府组织萨拉希发展基金会(Sarathi Development Foundation)和萨塔克·纳格里克·桑加桑基金会(Satark Nagrik Sangathan Foundation)的支持下实施]提供了关于候选人质量的信息。评估者关注这些信息对选举结果的影响。由于印度选举投票是匿名的,因此只能收集到个人投票自我报告数据。作者担忧自我报告的投票数据可能存在系统性差异——例如,某些类型的人可能不愿意透露他们如何投票。实际上,只有在整合投票站一级才能获得真实的投票报告。因此,尽管干预针对单个家庭进行,但该活动是在投票站层面进行的随机化。[①]

溢出效益和随机化单位

项目既可以产生直接影响，也可以产生间接影响。这种间接影响被称为溢出效应或外部性。溢出效应有多种形式，可以是正面的，也可以是负面的。溢出效应产生的渠道有以下几种：

- 身体或物理性的：通过免疫项目接种的儿童减少了疾病在社区中的传播。参与养猪技术培训项目的农民增加了对环境的污染。
- 行为性的：在一个农业项目中，一个农民通过观察干预组邻居的实践，学会了施肥技术。
- 信息性的：人们通过从其他项目获得蚊帐的人那里了解了杀虫剂处理过的蚊帐的有效性（也称为社会学习）。
- 市场范围或一般均衡：因为项目对雇用年轻工人的公司提供经济激励，从而使更多年龄大的工人失业。

为何溢出效应很重要？

随机干预实验的有效性要求，一个人的结果不应依赖于他周围其他人被分配的组别。然而，当存在溢出效应时这一假设就无法成立。例如，如果一个农民的邻居被分配到干预组而非对照组，那么该农民就更有可能使用肥料，因为他会观察到邻居使用肥料并模仿其行为。

然而，当一个人的行为取决于其他人的干预分配状态时，干预组和对照组之间的结果差异不再能够准确反映该项目的影响。举例来说，如果对照组农民从他们所在干预组邻居处了解到肥料的好处，这些对照组农民就无法再代表一个良好的反事实：他们采取行动的方式已经不再是在没有项目介入下干预组农民会采取的方式。

选择随机化层面以避免溢出效应

如果干预组和对照组之间不存在相互作用，溢出效应将不会发生。溢出效应的产生要求不同组之间必须存在一些共同因素以充当信息传递通道。在所有条件相等的情况下，干预组和对照组之间的物理距离越近、互动程度越高，则溢出效应越显著。可以通过调整随机化层面将互动限制在同一干预组内部，这是限制对照组溢出效应的最佳方法。

[①]Abhijit Banerjee, Donald Green, Jennifer Green, and Rohini Pande, "Can Voters Be Primed to Choose Better Legislators? Experimental Evidence from Rural India", Working paper, Massachusetts Institute of Technology, Cambridge, MA, 2009.

以肯尼亚的HIV风险教育项目为例。在40分钟的课堂中,来自非洲国际儿童援助组织的项目官员分享并讨论了按年龄和性别分列的HIV相对风险信息。有人担心参加课程的孩子会和其他班级的朋友交流所学到的知识。为减少溢出效应的风险,研究人员在学校层面进行了随机化。[1]学校之间的距离越远,项目的影响效果就越可能被全部限制在干预组学校内,而避免溢出到对照组学校。

选择随机化层面以测量溢出效应

若要测量溢出效应,需要在对照组中设立一个溢出组和一个无溢出组。在分析过程中可以将干预组与无溢出组的结果进行对比,从而评估该项目的影响。将溢出组和无溢出组的结果进行对比可以评估溢出效应的大小(见模块8.2)。在选择随机化层面时,我们需要确保控制组暴露于溢出效应的程度是有差异的。若选择的随机化层面过高,则干预组与对照组之间将没有任何接触。尽管这样消除了溢出效应问题,但同时也无法计算出潜在的溢出效应大小。相反地,选择的随机化层面过低,则所有对照组都会成为溢出组,都会被溢出效应污染,从而不再有"纯粹"的对照组,因而无法评估项目的影响效果。

我们可以对溢出效应的大小进行调整,因为其大小取决于个体周围接受干预的人的比例。以身体溢出效应为例,当你的办公室里到处都是感冒患者时,你患感冒并被迫请病假的可能性取决于与你一同患感冒的同事的数量。信息方面也存在类似的溢出效应:当你所在圈子中知道某个秘密的人比例越高时,你就越有可能听到这个秘密。这些"被干预"的人的比例,本书中称为干预密度。本章最后一个模块将介绍如何改变干预密度,但现在我们只关注选择随机化层面时需要注意什么。

干预组中未被干预的个体。上面讨论的HIV教育案例中仅有小学最后一年级(8年级肯尼亚的教育制度为小学8年,中学4年,大学4年。——编者注)的孩子接受了干预,但他们可能将学到的知识分享给更低年级(6年级和7年级)的孩子。对比干预组学校6、7年级的女孩和对照组相应年级的女孩的结果可以测量出溢出效应的大小:虽然两组女孩均没有接受干预,但第一组女孩可以通过溢出效应接触到项目。

距离干预个体较近的未接受干预的个体。在通常情况下,未接受干预的个体与接受干预的个体距离越近,就越有可能受到溢出效应的影响。在对学校驱虫项目进行评估时我们充分考虑到了这一点。该项目的随机化是在学校层面进行的,但是有足够多的、不同学校之间孩子们的课外交往,使一个学校中的驱虫项目有可能影响到邻近学校的孩子。分阶段随机化设计产生了干预分组的随机性,这使一些尚未接受干预措施的学校可能距离已经接受干预措施的学校较近,

---

[1]该案例来自埃丝特·迪弗洛、帕斯卡琳·杜帕斯和迈克尔·克雷默的一项研究,研究内容被呈现在附录的评估案例4中。

而另一些则可能距离较远。

在两个层面上进行随机化以测量溢出效应。若评估的主要目标之一是测量溢出效应，那么在个体和群组两个层面上进行随机化可能会有好处。以HIV教育项目为例，另一种设计方案是对提供HIV教育干预的学校进行随机选择。然后可以从这些干预组的学校中随机挑选一部分青少年，安排他们参加一个介绍HIV相对风险的培训会。此时溢出组指干预组学校内未参加培训会的青少年，而无溢出组则指未接受HIV教育项目的对照组青少年。

样本流失和随机化单位

样本流失指在研究中，由于个体退出、拒绝回答问题或无法追踪而导致结果数据缺失的情况。调整随机化层面可以有效降低样本流失率。

在某一群体中进行随机化，如果人们未被分配到他们偏好的组别内，他们可能会不愿意再继续参与项目。无论随机化过程本身多么公平，总是难以避免有人怀疑它是不公平的，而这可能引发对项目的不满情绪。例如，当对照组成员看到其他参与者从中获益而自己没有获益时，他们可能不太愿意配合进行数据收集。更高层面的随机化或许能减少对项目的不满情绪，因为同处一起的个体受到相似待遇，有助于减少人员流失。然而，在实践中，大部分样本流失是样本搬迁、问卷过长、问题太难回答而无法完成调研等原因造成的。

依从性和随机化单位

应尽量避免执行过程中偏离了原定的研究计划。我们希望项目工作人员能按计划执行实验项目，也希望参与者能严格按照随机分配的结果参与项目，但这并不容易实现。选择适当的随机化层面可以提高项目工作人员和参与者的依从性。

增加项目工作人员遵守项目计划的可能性

若项目工作人员认为评估设计不公平或感到评估方案过于复杂，都可能带来执行中的问题。若一名工作人员需要同时帮助两个孩子，但只能向其中一个提供项目时，他可能会在孩子之间共享资源，从而破坏实验的有效性。同样地，信贷员若必须向某些客户提供某种贷款而向其他客户提供另一种贷款，则信贷员很容易搞混而给自己的客户发放了错误类型的贷款。解决这些问题可以通过调整随机化层面，以确保项目工作人员不会面临这些困境和混乱情况。例如，在项目工作人员层面进行随机化可以让每位信贷员只负责一种类型的贷款。

增加参与者的依从性

参与者本人有时也可能不遵守随机化的结果。好的设计可以将这种不依从的风险降到最低。例如,工作和贫血状况评估项目研究了补铁的影响。[1]为选择参与者,项目组将所有经过筛选的受试者放入样本框,并随机抽取个体样本。一旦某个体被选中,其整个家庭都将被纳入研究样本。决定在家庭层面上进行干预和比较主要基于两方面的考虑。首先,在家庭成员之间可能存在共享补铁药丸等资源的情况。其次,在实际操作层面上,许多年龄较大、文化水平有限的受访者无法回答问卷问题。因此,如果不要求所有家庭成员服用药物,则很难追踪使用药物的具体人群。

模块7.1将讨论减少不依从性的其他策略,以及衡量不依从程度的重要性。模块8.2将讨论不依从情况下的结果分析。

统计功效和随机化层次

在相同条件下随机化单位的数量越多,统计功效越高。当选择在群组层面(如学校或村庄)而非个体层面随机化时,可供随机化的单位数量会减少。尽管该项目可能仍服务于相同数量的个体,并且收集到的数据与个体层面随机化时一样多,但统计功效却可能大幅降低了。这是因为同一单位(如同一村庄或学校)中的人们之间的结果并不完全独立。第6章将更详细地讨论此问题,但一个经验法则是,在统计功效方面,随机分配单位的数量比接受采访者的人数更为重要。

可行性与随机化单位

在决定随机化层面时技术问题是重要的考虑因素,但也必须考虑在现实中是否可行。可行性至少需要从4个方面考虑:

　1.伦理:随机化是否符合伦理?

　2.政治:是否被允许? 社区是否同意? 是否被认为是公平的?

　3.后勤:我们能在这个层面上完成项目执行吗?

　4.成本:我们有钱吗? 这是最好的花钱方式吗?

伦理和可行性

在模块2.4中,我们提出了一个被广泛接受的、用于评估给定研究设计伦理问题的框架。我们必须尊重实验参与者的意愿,在评估过程中平衡潜在的风险和好

---

[1]Duncan Thomas et al., "Causal Effect of Health on Labor Market Outcomes: Experimental Evidence", online working paper series, California Center for Population Research, University of California-Los Angeles, 2006.

处，同时确保这些好处至少部分归属于实验参与者。这些原则如何影响对随机化层面的选择呢？

当在个体层面进行随机化时，人们可能会认为获得参与资格的人是被故意选出来的，因而认为是不公平的。这可能会引发紧张关系，并对一些人造成伤害。个体层面的随机化应尽量避免这种情况。如果事先未能对随机化过程进行充分的宣传和解释，某个社区中的几名成员突然获得比其他人更大的利益，此时可能使他们成为批评对象，甚至更糟。

伦理道德的另一个关键方面是确保向参与者提供知情同意（模块2.4详细介绍了获取知情同意的不同方式，这些方法适用于不同风险水平的研究）。在群组层面进行随机化实验时获取知情同意更加困难。在通常情况下，在个体层面进行随机化时，我们会向每名参与者解释研究内容并征求其同意。但在群组层面进行随机化时并不需要访谈所有接受该项目的人。是否需要征求那些参与项目但不参与数据收集的人员的同意，取决于具体情况（IRB也会因此而有所差异）。例如，这可能取决于参与项目的自愿性、评估者在项目设计中扮演的角色及风险水平等因素。在通常情况下，评估者会通过社区会议向整个社区发布通知，并获得"社区层面"的认可。我们强烈建议与相关IRB监管机构讨论在这种情况下获得知情同意的合适方法。

政治和可行性

项目分配是否被认为是公平的？将具有相同需求的个体分配到不同的干预组别可能被认为太过武断。为了避免出现不公平现象，可能需要在更高层面进行随机化，如社区层面。在社区层面进行随机化的好处之一是，干预组和对照组个体之间可能互动不频繁。至少在发展中国家中，一些社区通常能够获得其他社区无法享受的福利（如非政府组织或政府机构提供的水井或学校），这种情况被普遍接受。然而，在发达国家中这种情况可能并不适用，因为发达国家的社区已经习惯了根据国家层面的政策来决定项目分配。

项目被允许实施吗？有时某些随机化方法可能在理论层面有优势，但当地政府可能并不允许这么做。例如，我们可能希望在学校层面进行随机化，但当地政府可能希望让所有学校都能参与项目。此时项目设计可能需要这样做：在每所学校随机选取一个年级参与项目，而不是对学校进行随机分配。

后勤与项目可行性

在较低层面上进行随机化通常是不可行的。如果一个项目是为社区建立新的市场中心，那么不允许该社区部分成员去那里购买农产品显然是不切实际的。即使向个人提供特定服务,有时在群组层面进行随机分配也比在个体层面进行随机分配更加便利。例如,在学校中给一些孩子提供学校餐而不给其他孩子提供学校餐会面临后勤困扰,因为我们必须单独确定哪些孩子符合条件。

成本和可行性

若在村庄层面进行随机化通常需要对村庄中的所有人进行干预。合作组织是否有足够的资金来提供这个级别的干预?我们是否有资金在这一层面进行评估?在村庄层面随机化的运输成本往往比个体层面的要高得多。

现实中的随机化单位

通常情况下,前文提到的常见随机化单位并不像教科书中所描述的那样清晰地存在于现实生活中。政府记录的官方村庄边界可能与人们实际生活和互动的边界并不相符。班级划分可能只是纸面上的概念,在现实中由于缺乏教师或教师长期缺勤,这些班级经常会被合并。例如,在孟加拉国,农村地区人口密度往往非常高,以至于一个"村"与另一个"村"合并在一起时,在地面上看不出真正的区别。在肯尼亚西部省,人们居住在自己的农场而不是聚集成群居住在村庄里,这些农场均匀地分布在各处,因此很难进行随机划分形成"社区"。在这样的情况下,行政区域上的划分无法充分代表行政区划内的社会互动关系是否紧密。因此,我们可能需要对想要进行随机化处理的群组(一组个体)提出自己的定义。我们可以用参与式访谈来了解当地居民如何看待他们所属的社区,或者可以选择与项目无直接关联但可用作随机化单位的其他标准。例如,在肯尼亚西部省一个涉及农业文化的项目将小学集水区作为其随机化单位。

模块4.3　确定对项目的哪些方面随机化

可以依据项目的3个方面进行随机化:参与项目的机会、参与项目的时机和对参与项目的激励。本模块中,我们讨论了5种使项目参与率出现随机变化的研究设计:随机抽签、资格线附近的随机抽签、分阶段设计、轮换设计和激励设计。本模块将讨论每种设计的优点、缺点及伦理考量。

随机抽签

分配。将干预对象(个人、家庭、学校等)随机分配到干预组和对照组。干预组可以参与该项目,对照组则不能。两组在评估期间一直保持这种状态。

参与项目机会的差异。这种差异来自向干预组提供了参与项目的机会,而未向对照组提供。

随机抽签何时最可行?

当项目规模有限或处于试点阶段时,当只能向少数人提供某种资源或项目未经测试、效果不明确时,随机抽签更合理。

当项目被超额认购时,随机抽签在分配稀缺资源时明显更公平。

当评估长期影响效果时随机抽签能够衡量项目的长期效果,因为总有一个从未参与过项目的对照组。

使用随机抽签时要考虑什么?

在一般情况下,很难使用随机抽签方法来评估福利项目的影响,除非特殊情况。允许人们可以合法参与某些福利项目是人们的基本权利,不能随意剥夺。在通常情况下,政府法规不允许以随机方式确定个体是否符合参与福利项目的资格要求。然而,某些国家存在例外规定,从而允许对其福利项目进行评估。例如,在美国,联邦指导委员会制定了联邦支持的权益项目(如医疗保险)的规则,但各个州可以申请豁免执行这些规则。[1]这种豁免申请需要基于对修改后的规则进行严格(通常是随机干预实验)的影响评估。[2]这种情况下同一个州的不同居民可能会享受到不同的福利项目和面对不同的项目要求。

在美国的大多数州公民的福利待遇部分取决于家庭规模。20世纪90年代初,政策制定者担心向大家庭提供更多帮助可能会刺激女性生育更多孩子。因此,有几个州申请了联邦豁免来测试新政策,新政策设定了对那些在领取福利期间生育更多孩子的家庭可以获得的额外福利的上限。从1992年开始,新泽西州成为第一个随机设定家庭福利上限的州,旨在评估其对生育行为的影响。[3]

随机抽签设计中流失率可能更高。有时候参与者退出项目是因为他们未被分配到符合其偏好的干预组别。在随机抽签过程中对照组成员在未来也不会获得参与项目的机会,这可能导致样本流失问题更加突出。

---

[1] Social Security Act. 42 USC 1315 §1115.

[2] 在美国1996年的福利改革之前,各州申请豁免执行联邦的规则并重新设计联邦福利项目主要取决于对新项目的评估结果。1996年的《个人责任与工作机会协调法》规定,这类评估首选的方法是随机干预实验。相关讨论见2012年家庭援助办公室信息备忘录 "Guidance Concerning Waiver and Expenditure Authority under Section 1115", TANF-ACF-IM-2012-03.

[3] US General Accounting Office, "Welfare Reform: More Research Needed on TANF Family Caps and Other Policies for Reducing Out-of-Wedlock Births", GAO-01-924, 2001.

使用随机抽签的伦理考量

与其他随机化方法不同,随机抽签中有些研究参与者将在整个项目周期内都不会获得参与项目的机会。这是否符合伦理要求呢?当没有足够资金覆盖所有可能的受益人时通常会采用随机抽签的方法。例如,某非政府组织项目的目标可能是提供4年中学教育奖学金,但无法向所有符合条件的儿童提供,此时可以通过随机抽签决定谁有资格参与该项目。回顾模块2.4中描述的伦理原则,作为研究人员,我们必须仔细权衡项目评估的好处和风险,并努力将潜在风险最小化。由于项目评估并未改变项目受益人的数量,因此风险-收益概况并未改变。唯一例外的情况是如果参与者看到他人从项目中受益而自己却没有受益,则可能对这些人造成伤害。这种情况下我们可能需要考虑更高层面的随机化设计方式,就像上文关于随机化单位部分所讨论的那样。

然而,如果有足够的资金来覆盖所有符合条件的参与者,那么在这种情况下使用随机抽签是否符合伦理道德呢?因为抽签可能会减少项目的总受益人数,至少在短期内是这样的。伦理原则建议我们必须在减少项目受益人所带来的潜在风险和实施项目评估所带来的潜在收益之间进行权衡。那么我们应该如何实现这一点呢?我们需要考虑项目影响效果的不确定性程度、由于评估而推迟获得参与项目机会的人数,以及获取更多关于项目影响信息所带来的好处。

如果满足以下任何条件,则继续进行评估可能是符合伦理道德要求的:当对该项目是否会产生积极影响尚不明确时;当该项目存在负面影响风险时;或者当了解该项目的影响可能对整个社会和特定群体(如女孩)带来好处时(请记住,符合正义原则的考量意味着承担风险的群体应获得回报。因此,本案例中评估所带来的好处应让孤儿们受益更多,而并非仅是整个社会受益)。

开展这项研究的好处可能包括:通过提供项目有效性证据来筹集更多资金以扩大项目规模,从而使更多的人受益;如果发现项目效果不佳,可以采用更为有效的替代方案以取得相同或更好的效果;若发现项目带来意想不到的负面影响且无法按原计划进行推广,则能够避免潜在的伤害。

随机抽签与医学伦理。医学试验在采用随机抽签设计时必须遵守特定的伦理原则。根据这些原则,只有当我们无法确定现有治疗方案和新的治疗方案哪种更好时,才能进行实验以测试两种可选的治疗方案。然而,一旦明确某个方案比另一个更为有效,就存在道德义务立即终止实验并将有效治疗方案推广至所有参与者。

在实践中,在社会项目的随机干预实验评估中很少出现类似问题。医学领域通常所有病人都接受干预(治疗),因此我们关注的是哪种类型的干预(治疗方案)更为有效。然而,在大多数社会项目中只有部分可能受益的人参与了项目。即使我们知道什么是有效的,也经常面临资金不足以覆盖所有人的困境。此外,我们很少拥有足够的数据来确定一个项目在评估过程中是否具备效力。当项目进行到一半时，我们确实获得了许多数据，如果发现该项目取得成功，我们可能无法获得足够资金将其扩展至每名参与者；但如果发现该项目产生负面影响，则可以考虑提前终止该项目。

在资格线附近的随机抽签

分配。在分配项目时，常规的随机抽签可能不适用于根据一定资格条件选择参与者的项目（如学分项目、上中学、基于需求的项目）。举例来说，银行可能不愿意向任何"随机"的申请者提供贷款，而是希望将贷款提供给所有符合条件的申请者。因此，将申请者分为3组后仍然可以开展随机干预实验：肯定会被提供贷款的人，肯定不会被提供贷款的人，以及随机选取提供贷款的人。人们会被归入哪一类取决于他们有多适合这个项目。

可以根据资格线随机划分的群体包括大学入学奖学金申请者、贷款申请者，以及家庭资产略高于现有福利项目资格要求的家庭。围绕资格线有3种略有不同的抽签方式：

1.在略低于资格线的人中抽签。所有符合项目条件的人已参与了项目，但现在该项目的覆盖范围要进一步扩大，那些略低于资格线的人也会被纳入进来。这为评估扩大项目资格带来的影响创造了条件。例如，扩大上中学的教育机会或扩大对贫困线以上人群的医疗保险补贴等产生的影响。该设计仅在有额外的项目资金支持时才能实现。

2.在略高于资格线和略低于资格线的人中随机抽签。如果没有额外的资源资助参与者，仍然可以在资格线附近使用随机抽签。一些先前刚好高于临界值、符合条件的人与一些先前刚好低于资格线、不符合条件的人被放在一起进行抽签。这种设计通常在项目招募新的参与者时最有效。用抽签的方式让部分现有参与者退出一个项目，同时又让其他人加入该项目，这是非常困难的。该设计可以评估项目对资格线附近人群的影响——既包括小幅扩大项目规模的影响，也包括小幅收缩项目规模的影响。

3.在符合条件的人中随机抽签。该设计中仅有两类潜在的群体：符合条件的群体和不符合条件的群体。抽签是在所有符合条件的人群中进行的，然而仍存在一个不符合条件、完全被拒绝的群体。此时唯一的要求是需要更多满足条件的参与者，要多于项目实际提供服务的数量。该方法的优势是能够评估该项目对普通参与者产生的影响。该设计与前述简单随机抽签方法非常相似。

接触项目机会的不同。这来自在申请者的特定子集中随机分配项目的机会。

在资格线附近随机抽签时要考虑什么？

该设计回答的问题与政策相关性大吗？在资格线附近进行抽签可以评估该项目对某个特定人群——那些接近资格线的个体——的影响。例如，在不符合条件的人群中进行随机抽签，仅能评估将项目扩大到目前不符合条件的个体所产生的影响。当前符合条件的个体没有进入对照组，因为他们已经全部参与了项目。有时候是否存在对照组正是我们试图回答的问题，因为政策上面临着是否将该项目扩大到目前不符合条件的个体这一难题。例如，在俄勒冈州进行的一项评估，探究向那些刚好超过现行医疗补助资格线但依然贫困者提供医疗补助项目会带来何种效果。将医疗保险扩展至那些贫困但仍无法获得医疗保险的人成为当前美国主要政策议题之一。然而，由于目前符合医疗补助资格的人群中没有对照组，因此该评估无法说明医疗补助将产生何种影响。

资格线附近的范围应该有多大？设想一种情况，有200名申请者竞争100个名额。我们将所有申请者按排名从1到200进行排序。在通常情况下，项目会接受排名前100的申请者，并拒绝其余申请者。而对于我们的评估来说，可能有如下几种选择：接受前50名、拒绝后50名，并在中间的100名中随机抽签选取50名；或者接受前80名、拒绝后40名，并在剩下的80人中随机抽签选取20人。如何选择取决于项目需求、对公平的感知和统计功效。项目可能对参与者有一些基本要求，不符合这些要求的人应该被拒绝。

下文将更详细地探讨伦理考量和感知公平（政治考量）。然而，需要注意的是，有时对感知公平和统计功效的考量可能会对项目设计提出完全相反的需求。在某些情况下，如果被项目录取的一些人的评分远低于其他被项目拒绝者，人们可能会将其视为不公平。因此，这可能迫使我们将随机抽签的样本框限定在较小的范围内，例如可以在那些资格标准得分介于50~55分的个体中进行随机抽签。这种差异对大多数人来说或许微不足道，并且应该能够使社区相信是否获得50分或55分是相当随机的，从而证明对参与项目进行随机化是公正的。然而，若限制了用于随机抽签的样本范围则限制了用于估计项目影响的样本量，并进一步限制了衡量影响程度所需的统计功效。如果样本量非常小（请参阅第6章），则评估就变得毫无意义。

为平衡这两种相互竞争的压力可以这样操作：寻找某个资格线，在该值附近的一个较小范围内存在较多样本量，可以将该区间作为随机抽签的区间。然后，可以选择适当的样本量，并在这个相对较小的分数范围内进行随机化。正如前文所述，这种评估设计将仅能评估项目对那些得分落在此范围内人群的影响。

伦理和政治考量

通常，当在资格线附近进行随机抽签时不会改变受益人的数量，但会改变谁可以参与该项目。为了评估，拒绝那些更有资格的人参与项目，而把名额留给那些不太合格的人，这是否合乎伦理道德？

在权衡在资格线附近进行随机抽签时的成本和收益时，需要牢记几点。首先，参与该项目是否有益是未知的，否则就不会进行评估。正如之前讨论过的，不确定性也存在程度差异。当证明项目有益的证据越强时，越需要关注因"拒绝"人们参与项目而可能带来的潜在危害。在资格线附近进行随机抽签时，参与项目的群体会因为该设计而改变。所以，一个关键的问题就是，我们是否了解对于那些更具资格者，该项目可能带来更大好处。

例如，假设我们正在评估向南非人民提供消费贷款的效果。①银行采用一套评分系统来决定申请者的信用风险。该系统假设得分较高者能够按时还款，而得分较低者可能无法偿还贷款，形成坏账的可能性较大。这种计分方法对银行和申请者都有好处。然而，我们是否了解该评分系统判断风险的准确性有多高呢？也许该系统非常优秀，能够检测出风险极低和风险极高的申请者，但在确定资格线附近的申请者时是否仍能做出准确判断呢？评分系统可能会歧视那些本应是信用较好却因某些特征（如居住在贫困社区）得分较低的个体。

如果评分系统的质量存在不确定性，那么在资格线附近进行随机抽签可以帮助我们了解该系统的好坏，以及资格线的设定是否正确。如果发现略低于资格线的人和略高于资格线的人做得一样好，就可以鼓励银行把贷款发放给更多的人，那么略低于资格线的人就会受益，银行也会受益。但也有一种风险是最初的资格线设定是正确的，此时如果鼓励向略低于资格线的人发放贷款则可能使他们获得无法偿还的贷款而陷入债务危机。设计这项研究时我们必须考虑这种风险。可以通过只对资格线以上的申请者进行随机化来缓解这种风险（在符合条件的人中进行随机抽签），但这也会产生其他问题：我们不知道资格线是否设置得太高，而且相对于其他评估方案，这种设计减少了合格的申请者的数量。

一般来说，如果有越多证据表明资格线的设定是合理的且符合项目的定位，就需要越谨慎地使用资格线附近的随机抽签方法。例如，研究人员认为没有必要对营养不良儿童的喂养计划项目进行评估，因为该项目选择参与者的标准（身高体重比和臂围）设计得相对较好。相比之下，信用评分资格线经常给予信用差的客户一个较好的信用评级，但很少有研究关注这一问题。这种信用评分的不确定性使改变信用评分资格线产生收益的可能性更大，产生危害的可能性更小。

为了在政治上使项目更容易被接受，在资格线附近进行随机抽签可以通过这样的方式来实现，即根据个人的分数来确定参与项目的概率，高于资格线的人相比低于资格线的人有更高（尽管仍然是随机的）的概率参与项目。这种被分配到干预方案中的概率称为"分配分数"。该案例中我们基于个人分数来调整"分配分数"。图4.4提

---

①该案例是以下研究的一个简化版本：Dean Karlan and Jona-than Zinman，"Expanding Credit Access: Using Randomized Supply Decisions to Esti-mate the Impacts"，*Review of Financial Studies*,23 (2010): 433-464.

供了图示说明。以信用评分资格线随机决定是否发放信贷为例,所有信用评分超过60分的人的贷款申请都会被通过,而所有信用评分低于30分的人的贷款申请都会被拒绝。对于信用评分为45~59分的申请者,他们获得信贷资格的概率为85%;而对于信用评分为30~45的申请者,他们获得信贷资格的概率为60%。该设计引入了随机化元素,但每个人获得信贷资格的概率与其所获得的信用评分密切相关。

分阶段设计

分配。当每个人都必须参与项目时,可以分阶段分批进行,并随机选择谁先参与项目,谁后参与项目。

参与项目机会的差异。尚未分阶段进入的小组形成了对照组。当他们分阶段进入时,他们就变成了干预组。

分阶段设计何时最可行?

当每个人最终都必须参与项目时。当每个人都必须在评估期间接受项目服务时,分阶段设计允许我们仍然可以创建出一个临时对照组。

当不是所有人都能同时参与项目时。当因后勤或资金限制,项目覆盖范围必须缓慢扩大时,随机选择谁先参与该项目可能是最公平的方式。前期培训内容较多的项目往往属于这一类。如果由于资金限制而使用分阶段设计,必须确保未来有资金和其他资源来兑现我们承诺提供的项目。

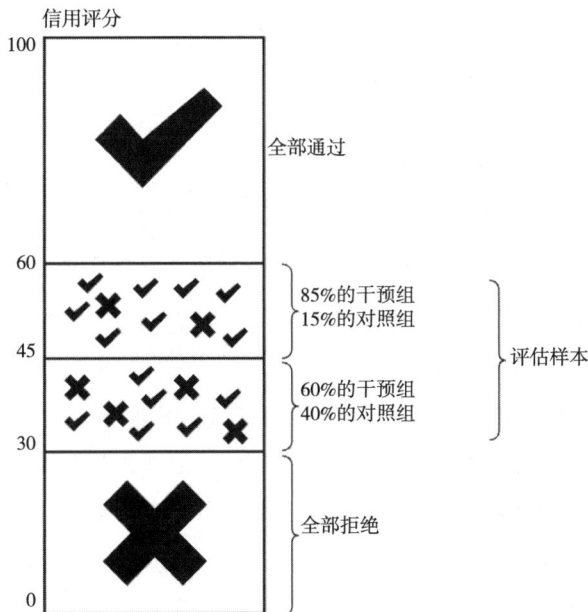

图4.4　在资格线附近基于不同的分配比例进行随机抽签

注:对号代表通过,叉号代表拒绝。

当对项目的预期不太可能改变对照组的行为时。被分配到项目后期阶段的人可以根据对项目的预期进行行为决策。设想为某个分阶段的项目提供100美元的资金补助。参与者了解到他们将在明年获得100美元赠款，就可能将其作为抵押借款以获取当年的资金，从而破坏了我们的反事实假设。如果该项目提供的商品或服务价值较高且可转让，则这种情况更可能发生。然而，若项目提供的是不可转让、需立即使用的驱虫药品，则不太可能产生这种预期效应。

当对不同年份的平均项目影响感兴趣时。通常当使用分阶段设计时，我们最终会将多年的实验数据汇集在一起进行分析。然而，如果有足够的样本也可以分别评估每一年的影响效果，分析"当A组是干预组，B组和C组是对照组时，该项目在第1年的影响是什么？"然后再分析"当B组参加了1年的项目，C组作为对照组时，该项目1年的影响是什么？"最后可以分析"当A组与C组（对照组）进行了两年的项目时，该项目的两年影响是什么？"

在通常情况下，我们缺乏足够的统计功效来回答这3个独立的问题。相反地，我们使用所有数据检验一个假设。我们通常假设项目在第1年对A的影响与第2年评估的、项目对B干预在第1年的影响是相同的。或者我们也可以接受不同年份可能会有不同的影响效果，但是我们只对计算两年的平均影响效果感兴趣。需要注意，在分阶段设计中，由于C组可以作为对照组，在考虑到不同年份普遍环境变化时（如干旱导致农民在第2年表现较差），我们能够排除常见的年份变化带来的影响。此外，通过比较A组和B组在第2个评估年份之间是否存在差异（尽管可能没有足够的统计功效以发现小的影响效果），可以了解该项目是否在第2年产生了更显著的效果。

使用分阶段设计时要考虑什么？

样本流失的发生。因为分阶段设计承诺未来所有人都有机会参与项目，从而能够获得商品或服务，所以可能会增加对照组继续配合后续调查和评估的概率。这会降低样本流失的可能性。

对照组行为的非预期改变。如上所述，被分配到未来参与项目的个体可能会因为预期到未来有机会参与项目而改变当前行为，从而导致评估的影响效果产生偏差。这种预期效应可能朝不同方向发展：若（对照组）个体预期未来能够获得免费蚊帐，从而减少了当前购买蚊帐的行为，则项目评估将高估该项目的影响效果。相反地，如果（对照组）个体预期明天将得到补助金，从而增加今天的投资，则项目评估将低估其影响效果。预期效应是分阶段设计最大的缺点之一，这表明分阶段设计通常只适用于那些不太可能存在预期效应的项目。某些情况下，项目实施者可能不会提前向个人或社区告知他们在未来可能有机会参与该项目，因为他们担心各种原因可能导致项目难以继续推进。虽然这样做可以抑制潜在的预期效应，但同时也消解了分阶段设计的另一个优势，即社区因为知道稍后会有机会参与该项目而在当前阶段有更高的参与率。

产生效果的时间（结果的变化）必须短于最后一组参与项目的时间。随着每一组逐步进入参与项目，干预组的规模扩大，对照组的规模缩小。如果项目周期太短，可能没有足够的时间让该项目产生可衡量的效果。设想有 3 个组，每 6 个月分阶段加入新的参与者。所有的小组都将在第 1 年结束时分阶段参与项目。若该项目需要两年时间才能出现效果，评估将发现没有任何影响效果。我们可以通过如下方法对实现影响所需的时间进行估计：一个条理清晰的变革理论和逻辑框架、初步的数据收集、历史数据和现有文献。

若项目采用分阶段设计则可能无法评估其长期影响效果。若要评估其长期影响效果，除非该项目只针对特定年龄或群体进行干预，此时某些人可能永远不会接受干预措施。一旦每个人都分阶段接受干预就不再有对照组可供比较，因此也就无法估计出其长期影响效果了。一种例外情况是，某些人可能出于年龄原因，在等到自己参与项目的批次之前就已失去了参与项目的资格，它们可以作为长期影响效果的对照组。例如，某项目只对某个年级的学生进行干预（假设是最后一个年级），而每届毕业生都会逐渐升上更高一级而离开学校。如果某名学生被随机分配到第 3 年才开始参与项目，那么就会有两届毕业生在等到参与项目机会之前已经毕业离开学校。这些学生将永远没有机会参与该项目，从而成为理想的长期对照组。

分阶段设计的伦理考虑。由于分阶段设计中每个人最终都有机会参与项目，因此该设计方法引发的伦理问题主要集中在干预时机上。即使项目实施组织拥有足够的资金，但通常执行项目的能力也有限，因而即使不开展项目评估，也只能逐步地、缓慢地推广项目。例如，项目实施方可能有足够的资金为某地区所有儿童提供驱虫服务，但没有足够的项目工作人员来培训项目学校的教师以提供驱虫药物。若未开展项目评估，则项目执行者在推广项目时可能更多地考虑执行的方便性。例如，在总部附近居住的人可能会优先获准参与项目。分阶段设计所要做的是将项目严格划分为几个阶段，并随机确定哪些参与者从哪个阶段开始参与项目。在项目实施初始阶段，项目参与者可能更加分散，从而产生额外的成本，这些成本可能在其他阶段不存在。因此，需要权衡这些成本与评估所带来的收益之间的关系。

即使有充足的资金和后勤资源可以立即开始对所有人实施干预，但如果理清项目的影响效果有很多好处，分阶段设计仍然是合乎伦理道德的。模块 2.4 中描述的伦理原则在任何情况下都适用：必须仔细权衡项目评估的好处和伤害的风险，并努力将潜在风险最小化。

轮换设计

分配。当资源有限，无法为每个人同时提供项目时，可以采用轮换方式来分配项目。把即将参与项目的人随机分成两组，并让这两组轮流参与项目。其中一组为干预组，在该时间段内参与项目，而另一组则作为对照组。当轮到对照组参与项目时，它们变为新的干预组，之前的干预组则转变为对照组。各个小组交替参与项目的顺序可以随机选择。

参与项目机会的差异。来自在任何特定时间向一组提供项目，而不向另一组提供。

何时轮换设计最可行？

当资源有限且预期不会再增加时。当资源在评估期间仍然有限并且每个人都必须接受干预时，参与者将不得不轮流参与项目。同样的道理也适用于必须公平分担负担的情况。

当关注的主要问题是人们参与项目期间发生的事情时。例如，人们在任职期间（并拥有官方权力）或获得保险时的表现如何？一旦这些人不再参与该项目，该项目对行为的潜在影响可能就会消失。

当干预结束后干预效果不存在时。由于原干预组一旦退出即转变为对照组，因此我们必须确保干预仅具有短期效果。若干预存在持久影响则原干预组将无法成为有效的对照组，因为其结果中包含了项目的滞后效应。这些滞后效应可能扭曲对项目的影响效果的估计。

当想要测量或记录现有的、诱发的"周期性"影响时。采用轮换设计会使项目产生周期性，包括可以参与项目的时期和不能参与项目的时期两个阶段。一些项目本身也可能有自己的周期。例如，学校的开学和放假是一种周期。农业项目或抗疟疾干预会受到雨季影响。这种周期性如何影响项目的结果呢？一个具有周期性的项目何时执行最好？应如何执行？项目原来的周期性和轮换设计带来的"周期性"之间是如何相互影响的？因为轮换设计使个体参与项目的时机是随机的，所以可以用它来评估何时是开展项目的最佳时间。

设想有一个补习项目，该项目在放学后和假期为学生提供补习服务。学生们轮流参与项目，每3个月轮换一次。有的学生参与的是课后补习，而有的学生参与的是假期的补习。那么，在哪个时间段的补习会对他们提高成绩更有用呢？是学期内的课后补习，这段时间里的补习可以与他们在课堂上的学习有互补作用；还是假期中的补习，这段时间里由于没有其他功课需要完成，学生们之前所掌握的知识可能正好处于快速遗忘的阶段？

使用轮换设计前要考虑什么？

轮换设计在日常生活中很常见，也很容易理解。下面是一些案例：

• 轮流度假。度假时人们轮流使用共有的度假屋。

• 轮流停水、停电或限水、限电。若一个城市的水电供给不足，需要定额配给时，可能会在高峰时段对各小区轮流供水、供电。

• 下午学校和夜校。当学生太多、教室不够时，学生们可能需要轮流使用教室来上课。

• 储蓄和信贷的协会成员。协会成员轮流使用集体储蓄池的资金。

从长远来看，在轮换设计中通常没有纯粹的对照组。所有个体在某个时候都会接受干预，因此长期中没有对照组，无法评估项目的长期影响效果，除非对项目进行重新随机化。

重新随机化可以让我们评估参与项目的不同时间长度带来的影响。轮换设计通常是不同组的参与者交替参与项目。例如，假设有 A、B 两组，这种交替参与可能是以下具体的形式之一：A、B、A、B 或者 B、A、B、A。但是我们也可以在每个新的周期开始前重新进行随机分配，如在每个周期开始前通过抛硬币重新决定谁是干预组、谁是对照组。有时同一个组别可能会再次接受干预，例如连续抛硬币可能会产生如下轮换顺序：A、B、B、A。如果将连续接受了两次干预的 B 组的结果与 B 组在其他时期的结果进行比较，也许能够理清参与项目时间的长度对评估效果的影响。举例来说，印度某些邦会在每次选举前重新随机分配给女性的政治席位配额，从而使选民接触女性政治领导的时间长度会出现随机变化。

对未来是否参与项目的预期会改变当前行为。与分阶段设计的情况一样，当前的对照组会预期未来自己也有机会接受干预，从而会改变自己的行为；而当前的干预组也会预期未来不再接受干预，同样也会改变自己的行为。这些都可能破坏对照组的有效性。

改变结果所需的时间需要比干预期短。干预时间与检测到效果的时间之间的滞后期应短于干预期。如果项目在此之前轮换，评估出的影响效果可能有偏误。

项目必须只影响目前正在接受干预的样本。项目应没有滞后效应，否则就不可能有"纯粹"的对照组。唯一的例外是如果在每个周期后重新随机分组，碰巧有一个从未接受过干预的组。但是这也与使用轮换设计的主要理由相悖：每个人都可以参与该项目。

伦理方面的考量。轮换设计所涉及的伦理考量与分阶段设计相似，但存在一个关键区别。在轮换设计中项目参与者会暂时退出项目。相对于从未参与的项目，我们必须考虑这种暂时退出项目是否带来了额外的风险。例如，轮换设计通常使干预周期相对较短，但为解决长期存在的问题而仅在短期内提供补贴可能具有潜在的危害性。患者整个患病期间可能都需要抗生素，但因为轮换设计，仅在患病的部分时间提供抗生素，这可能是有害的。同样，人们可能在某个时期内都需要贷款，但这种轮换设计只能在部分时间段提供贷款，这显然是不明智的，因为这可能鼓励他们承担无法持续偿还的债务。

激励设计

分配。某个项目可能所有人都可以参与，因而不能对参与项目的机会直接进行随机分配。然而，如果项目使用率较低，仍可以用随机干预实验进行项目评估。可以通过随机向个人或团体提供参与项目的激励来创建干预组。这种激励可以采取提醒项目的明信片、电话、信件或奖励等形式。这种激励主要是为了增加样本参与项目的可能性。此时对照组仍然可以参与该项目，只是没有得到特别的激励去参与项目。[①]

参与项目机会的差异。任何人都可以接受干预，不管他们是否得到了激励。但当干预组比对照组中接受干预的人比例更高时，就会产生小组水平上的参与项目机会的差异。

何时激励设计最可行？

当项目对所有人开放，并且认购不足时。当有足够的资源为每个人提供干预，但干预的使用率很低时，激励设计的效果最好。这种低使用率使得有机会在干预组中创造更高的使用率。

当项目对所有人开放，但申请过程需要时间和精力时。当申请过程烦琐时，可以随机选择一部分申请者提供申请方面的帮助，其他人则不提供帮助。

当发现一种激励方式既能增加项目参与率，又不会直接影响结果时。只有当激励本身不会直接影响项目评估所针对与衡量的行为和结果时，激励设计策略才能有效发挥作用。然而，如果要在不直接影响结果的情况下，通过激励使干预组和对照组在项目参与率方面产生显著差异，这并不容易。在这里激励是预测项目参与率的工具，即模块2.2中讨论过的工具变量策略的变异形式。假设激励仅通过其对参与率的影响来影响最终结果，这一假设与工具变量有效性的假设是完全相同的，即排他性约束假设。此处工具变量的好处是我们知道它就是随机形成的。[②]

设想我们对一个辣椒种植者培训项目的效果感兴趣。该培训项目在当地的集

---

①激励设计的一个早期案例：Marvin Zelen, "A New Design for Randomized Clinical Trials", *New England Journal of Medicine* 300 (1979): 1242-1245.

②欲更详细地了解排他性约束假设，可以阅读：Joshua Angrist, Guido Imbens, and Donald B. Rubin, "Identification of Causal Effects Using Instrumental Variables (with Discussion)", *Journal of the American Statistical Association* 91 (1996): 444-472.

镇上进行,目的是提高农民种植辣椒的品质。我们发现当地很多种植辣椒的农民不参加培训,原因之一是负担不起去集镇参加培训的公交车费。因此,我们考虑向随机抽取的农民提供免费的公交卡,以鼓励他们参加培训。用来衡量该项目是否成功的指标是农民出售辣椒的价格(背后的理论假设是培训有助于提高辣椒质量,而高质量的辣椒价格将更高)。但是,该方法与排他性约束假设相冲突。问题是,即使种植辣椒的农民从未参加培训或从培训中没有学到任何东西,让他们能够免费地、无限制地前往当地集镇也可能会影响他们出售辣椒的价格。没有交通补贴的农民可能会把辣椒卖给中间商,中间商承担把辣椒运到市场的运输成本;而那些有免费交通补贴的农民可能会把辣椒卖到当地集镇,省去了中间商,从而得到更高的价格。我们的激励(交通补贴)可能提高了培训的参与度,但它也通过另一种机制(销售地)影响了要测量的结果(辣椒的销售价格),而不只是通过项目的效果(更多人参加了提高辣椒质量的培训)影响测量的结果。通常,激励设计涉及对参与项目的某种形式的补贴,如与参与项目挂钩的小额补贴。但需要注意的是,提供的任何补贴都必须非常少,否则可能带来收入效应,从而对结果产生直接影响。最好的激励设计通常需要瞄准项目的使用率。

补贴额度不大却能对项目参与度有很大影响,而且不直接影响结果,这样的激励方式并不容易找到。但行为经济学越来越多地发现,一个小小的助推也可能对行为产生惊人的巨大影响。例如,帮助人们填写项目申请表可能看起来是一个小小的激励。我们推测如果这项服务是有价值的,人们当然会在没有帮助的情况下填写申请表。但许多研究发现,帮助人们填写申请表常常对提高项目的参与率有很大影响。[①]

使用激励设计前要考虑什么?

在上面讨论激励设计最可行的情况时,我们已经列出了一些使用该设计需要考虑的问题,这里讨论另外两个问题。

会对激励做出反应的群体是政策关注的群体。激励设计评估的是项目对那些会对激励做出回应的人的影响,但并不能评估出该项目对那些已经参加项目的人和不会对激励做出回应的人的影响。使用激励设计前我们应该仔细思考想要回答的问题。我们是想评估该项目对普通项目参与者的影响,还是对边缘人群的影响?若想评估项目对所有参加者的平均影响效果,则需要假设那些对激励做出反应的人与那些已经参加项目的人具有可比性。但是,当我们特别感兴趣的是对那些回

---

① 类似的案例可以阅读:Céline Braconnier, Jean-Yves Dormagen, and Vincent Pons, "Willing to Vote, but Disenfranchised by a Costly Registration Process: Evidence from a Randomized Experiment in France",APSA 2012 Annual Meeting Paper;Florencia Devoto, Esther Duflo, Pascaline Dupas, William Pariente, and Vincent Pons, "Happiness on Tap: Piped Water Adoption in Urban Morocco", NBER Working Paper 16933, National Bureau of Economic Research, Cambridge, MA, 2011.

应激励的人（之前没有参加项目的人）的影响时，激励设计就特别有用。例如，如果想知道是否应该增加投资以鼓励更多人接受美国食品券计划，就需要评估食品券对那些回应激励计划的人的影响。

这种激励不应鼓励一些人而打击另一些人。使用激励设计必须满足单调性假设，即激励对每个人产生影响的方向都是相同的。如果提供一种激励以鼓励人们参加某个项目，那么它必须要么增加一些人参加项目的可能性，要么不产生影响。但如果激励提高了一部分人的项目参与率，同时降低了另一部分人的项目参与率，则对项目的影响评估很可能是有偏的。研究人员常常忽略了这一假设，因为人们似乎自然而然地认为一种激励只会对项目参与率产生积极影响。但在某些情况下比如提供信息，既可能有积极反应，也可能有消极反应，两者都很正常。例如，如果向孩子提供留在学校的好处的信息，如多上学对增加收入的影响，可能会对孩子是否留在学校产生不同的影响。这取决于他们之前是低估还是高估了留在学校的好处。这些信息可能导致一些人在学校待得更久，而另一些人则可能待得更短。

在模块7.1中，我们解释了为什么这些"叛逆者"（对激励做出相反的反应）会破坏实验的有效性。然而，现在要注意的是，我们需要仔细考虑激励可能起作用的渠道，并确保它不会对某些人产生不良影响（劝阻）。

伦理道德的考量

激励设计在一定程度上有助于缓解某些领域进行随机干预实验可能面临的伦理道德和政治问题。所有人都可以参与项目，提供激励仅仅是让一些人比其他人能更容易地参与项目。这种难易的差异仅仅是程度上的。如果激励设计确实让一部分人相对于其他人更容易参与项目，那么它依然可能导致一些人比其他人获得更多的项目好处。因此，在评估项目时应考虑这种设计是否鼓励更多的人参与一个有害的项目。换言之，在激励设计中，我们仍需权衡项目评估中的风险与收益。

多阶段实验中的混合策略

某些研究问题可能需要进行多次随机干预实验来回答。我们可以利用这些多阶段实验来评估干预措施的不同组成部分或不同理论假设的影响。当执行多阶段随机化时可以采用不同的随机化策略来创建混合策略。

分离出溢出效应的混合策略

正如模块4.2所讨论的，我们可能希望在两个阶段进行随机化以测量社会互动或溢出效应。例如，研究人员想要评估大企业提供的退休储蓄计划的社会效应和信息效应。雇主为员工提供有关该项目的信息。公司分为许多部门。我们可以将随机抽签和激励设计相结合,从而使干预密度产生变化。我们可以在每个部门中随机抽取一部分人给予额外的激励,以鼓励他们参加该储蓄计划项目的宣介会。每个部门中提供激励的比例也是随机确定的。

分离出潜在行为机制的混合策略

当研究结论存在多个可能的影响机制,则可以通过多次随机化分别检验这些机制。南非的一项实验采用了两阶段方法,针对为何借钱给穷人如此困难这一问题,检验两种不同的解释机制:道德风险和逆向选择。在第一阶段,南非某贷款机构向其客户随机寄送了提供高息贷款或低息贷款的信函。该阶段使用了激励设计。对低息贷款做出反应的客户将获得低息贷款(我们称之为"低对低"群体,因为他们的还贷压力较低,而且保持在较低水平上),而对高息贷款做出反应的客户则被随机分成两组。通过随机抽签,其中一半人获得低息贷款("高对低"组),另一半人则继续获得原定的高息贷款("高对高"组)。[①]根据道德风险理论,如果还款压力过大,则没有风险的借款人也将面临违约的诱惑。如果存在道德风险,则以较高利息借款的客户更有可能违约,因为他们承担着更大的还款压力。降低部分人员的还款压力可以降低其遭受道德风险的可能性。因此,通过比较"高对高"和"高对低"两组样本可以识别出道德风险情况。逆向选择本质上是指既有利率应该能反映风险程度,那么风险程度较低的客户将不会接受以高利率借入资金。若存在逆向选择,则同意以较高利率借入资金的客户更有可能违约。因此,将"高对低"组与"低对低"组进行对比即可检验是否存在逆向选择。

模块4.3总结:4种基本策略的比较

策略	随机化设计	最有用的时候	优点	缺点
基本的随机抽签	• 对参与项目的机会随机化 • 干预组在整个项目期间不改变 • 将有机会参与项目的样本与没有机会参与项目的样本对比	• 项目被超额订购 • 在整个项目期间资源保持不变 • 允许让部分人不能参与项目	• 比较熟悉,容易理解 • 通常被认为是公平的 • 容易实施 • 可以估计长期影响效果	• 差异化的样本流失率,因为对照组的样本没有理由配合调查

①Dean Karlan and Jonathan Zinman, "Observing Unobservables: Identifying Information Asymmetries with a Consumer Credit Field Experiment", *Econometrica* 77 (2009): 1993-2008.

续表

策略	随机化设计	最有用的时候	优点	缺点
在资格线附近的随机抽签	• 对资格线附近的样本参与项目的机会进行随机化	• 项目使用某种积分系统决定参与资格 • 有非常多的项目申请者	• 在决定让谁参与项目方面具有比较大的灵活性	• 只能评估项目对资格线附近样本的影响
分阶段设计	• 对参与项目的时机随机化 • 干预组和对照组随着时间变化 • 将有机会参与项目的样本与尚未参与项目的样本进行对比	• 所有人最终都需要参与项目 • 随着时间变化项目资源在增加 • 干预组可以重复接受项目	• 比较常见 • 容易理解 • 因为预期未来有机会参与项目，对照组样本更容易配合	• 最终完全没有对照组 • 对未来接受干预的预期会影响对照组的行为 • 评估影响的时间期限比较有限
激励设计	• 对参与项目的激励进行随机化 • 干预组状态从始至终保持不变 • 项目参与率的差异来自因为受到激励更多人参与了项目	• 项目订购不足 • 符合条件样本不能拒绝其参与项目	• 可以对不能限制任何人参与的项目进行评估 • 即使项目在群组层面执行，也可以在个体层面进行随机化	• 仅能评估对激励有反应的人的影响 • 激励如果不能改变项目参与率，则不会对结果产生影响

模块4.4　简单随机化的机制

本模块概述了随机分配的机制，讨论了随机分配所需要的基本要素、涉及的步骤，以及使用不同设备进行随机化的优缺点。

随机分配的要素

进行随机分配时需要的5个要素：

1.符合条件的样本名单（如个体、社区、学校）

2.随机化组别的数量

3.分配比例

4.随机化的设备

5.符合条件的样本的初始信息（用于分层或平衡性检查）

符合条件的样本名单

符合条件的样本名单可以是个人或团体名单,如家庭、村庄、地区、学校或公司名单。图4.5中我们将字母表中的26个字母作为抽样框中合格样本的清单。现实生活中我们需要通过某种方法来获得或确立样本名单,这里提供了一些获取该名单常用的方法和可能的信息来源。

来自政府和其他机构的现有数据

地方政府。地方政府通常会编制指定地区所有学校或医疗中心的名单,这些名单在开展学校或医疗中心级别的项目选取样本时具有重要的参考价值。

学校的注册信息。在肯尼亚开展的一项针对长效、经杀虫剂处理的蚊帐的补贴实验,利用学校登记信息创建了一个有孩子的家庭的名单。这样做有两个原因。首先,肯尼亚的小学教育是免费的,几乎所有孩子都入学了。其次,儿童更容易感染疟疾,因此补贴项目主要针对有孩子的家庭,从学校的登记簿中构建的名单与人口普查一样,可以识别出这些有孩子的家庭。[1]但如果入学率和出勤率都很低,那么这样得到的最终名单就可能漏掉有失学儿童的弱势家庭。

资源评估。许多项目旨在为有需求的人提供资源,因此我们需要根据项目定义来评估"有需求"的对象,并制订符合条件的参与者名单。目前已经开发了多种方法来评估哪些人对参与项目有需求。项目工作人员可以利用这些方法创建一个符合条件的项目参与者名单,并从中随机选取一部分人让其参与项目。评估者也可以使用这些方法来预测干预组和对照组中哪些人更愿意接受干预。当评估者仅对干预组样本开展了需求评估时,除干预组外,他们还想知道对照组中的潜在参与者数量,适合使用这种预测方法。

包括基本需求评估的人口普查。如果项目的目标人群是无法获得特定资源的家庭,如没有厕所或银行账户的家庭,则可以通过人口普查来测量这些特定资源的获得情况。在人口普查中普查员会逐户收集每个家庭的资产信息。如果该项目根据资产指数(即家庭拥有一系列资产的程度)来定义需求,那么人口普查会很有用。

社区参与性的资源评估。外部人员基于人口普查数据形成的有资格参与项目的人员名单,可能与当地社区人员认为的最应该参与项目的人员名单并不一致。利用参与式访谈可以了解当地社区人员对每个家庭参与项目的需求的看法。例如,可以让社区提名10个最贫困的家庭,或者让学校委员会或教师根据项目需求对学生进行排名。

使需求显现出来。我们可以推迟项目,等项目参与者的需求显露出来后再启动项目。假设某一项目的目标是为那些本来无法上中学的学生提供奖学金,而每

---

[1]该研究由杰西卡·科恩和帕斯卡琳·杜帕斯完成,研究内容被呈现在附录的评估案例6中。

个学年是从一月份开始的。与其在新的学年开始前启动该项目并发放奖学金，不如放在学年开始后，因为此时所有不需要额外帮助就能上学的学生都已入学，从而更容易识别出哪些学生确实因交不起学费而辍学。

混合方法。可以将多种方法相结合。例如，可以利用资产调查数据来验证社区参与性评估的结果，或者可以根据暴露的需求来检查教师的排名。

通过随机抽样创建一个对潜在参与者有代表性的名单。我们可以从总体中随机抽取样本来创建用于随机分配参与项目权限的一组样本（随机抽样和随机分配的区别在模块2.3中讨论）。这样做有两方面原因。首先，可能存在政治上的限制。我们可能需要将项目在各种政治集团之间进行平衡。如果每个政治集团（行政区域、民族分组）都需要有公平地参与项目的份额，那么在全国范围内随机抽取样本开展研究可以实现这一目标。其次，这样做可以使评估对象具有更广泛的代表性，从而增强研究结果的外部有效性（见模块9.2）。

印度的一个教育项目就是按这样的方法实施的。研究人员对安得拉邦的教师绩效工资项目进行了评估，该邦包含3个文化迥异的区域和23个市。每个市由5个县组成，每个县下辖10~15个乡镇，而每个乡镇则管理着约25个村庄和40~60所公立小学。该项目在学校层面进行随机化，并按照以下方式创建学校样本框：首先，在每个不同文化的区域中选择5个具有代表性的市作为样本；其次，在每个选定的市中随机抽取一个县；再次，在每个选定的县中随机抽取10个乡镇；最后，在50个被选出来的乡镇中，对每所学校用其学生总人数进行加权后随机选择10所小学，从而得到了500所对安得拉邦典型的农村学校具有代表性的学校名单。[1]

随机化组别的数量

在一个简单的评估项目影响的随机干预实验中，我们通常将样本分为两个组：干预组和对照组。但在更复杂的随机干预实验中，我们可能需要将样本分到两个以上的组中。干预组别的数量主要取决于有多少种待检验的干预策略以及随机化的方法。

若要检验更复杂的问题，如某干预策略是否比另一种更好，或者项目需要开展多长时间才能呈现出我们想要的效果，我们必须要有多个干预组别。在模块4.6中，我们提供了一些案例来说明如何通过设定多个干预组别来回答复杂的问题。

研究设计也会影响干预组别的数量。在分阶段设计中，分阶段的时间段数量将决定组别的数量。例如，如果干预分3个阶段进行，我们将需要3个组别，每个阶段一个。

---

[1] 当我们从更广泛的人群中随机抽取样本进行研究时，整个人群中未被分配到干预组的样本其实都可以作为对照组，虽然我们只是对抽取的部分人进行了调研、收集数据。如果以后想更精确地评估项目的影响，可以再回去收集这些未被随机抽样抽到的人的数据，或者查找当地的官方统计数据。该研究的作者为卡蒂克·穆拉利达兰（Karthik Muralid-haran）和文卡特什·桑达拉曼（Venkatesh Sundararaman），研究内容被呈现在附录的评估案例14中。

分配比例

分配比例是分配给每个组的符合条件的样本的比例。最简单的分配比例是50%,即将50%分配给干预组,另外50%分配给对照组。在大多数情况下,将样本平均分配给干预组和对照组可以最大限度地提高统计功效(见模块6.4)。

随机化的设备

我们需要一个设备来实现随机化,它可以是机械设备(硬币、骰子或球机)、公开的随机数表,或者带有随机数生成器的计算机程序。

机械设备。 我们可以使用机械设备进行简单随机分配,例如抛硬币、洗牌、掷骰子、使用轮盘赌、挑最短的稻草、从帽子里挑名字等。参与者可以被要求去挑选一根吸管,或者从一个透明的碗里挑选一个球。在选取机械设备时有4个方面需要考虑:它们应随处可见且被广泛接受;适用于公开场合的随机化、透明度高;仅限于小样本的情况;它们可能会失灵。

随处可见且被广泛接受。机械设备的优点是它通常被认为是公平的,可以公开使用。人们很熟悉这些设备,常用于抽奖、彩票和其他有随机概率的游戏。例如,美国1969年越南战争的军事抽签就是使用的这种类型的设备。

适用于公开场合的随机化、透明度高。机械设备透明度高,适合在公开场合进行随机化,如可以在公共仪式上进行随机化,并且可以让参与者和项目实施方参与随机化。

仅限于小样本的情况。尽管机械设备有很多优点,但使用起来可能很慢,而且操作烦琐,很难在较大的样本中使用。想象一下从有10000名参与者的容器中挑选名字!

卡片可能因机械故障而失灵。例如,卡片会在一个容器里粘在一起,或者人们会抓两张卡片。先放进去的名字可能永远不会出现在顶部,因此也永远不会被抽到,导致被抽到的概率并不相等。这些问题都是真实存在的。不解决这些问题可能会抵消机械装置在随机化中的优势,尤其是其结果不再被认为是公平的。例如,在1969年越南战争的军事抽签中容器没有被很好地摇动,所以最后放入的出生日期在10月、11月和12月被先抽了出来。[①]

不要把大量的物品放在一个大麻袋里,因为它们可能不会晃动和混合。不要使用可能粘在一起的卡片,用球代替。确保你使用的任何东西都是光滑的,并且当有人把手伸进容器时,他不能通过触摸就知道自己正在挑选的是什么数字。尝试通过多个步骤来进行选择。例如,不要使用1000个标有000到999的球,而是使用

[①]T. D. Cook and D. T. Campbell, *Quasi-Experimentation: Design and Analysis for Field Settings* (Chicago: Rand Mc-Nally, 1979).

3个容器,每个容器有10个标有0到9的球,然后让参与者从每个容器中挑选一个球来选择数字,因为这是通过多个相互独立的随机步骤做出的选择,更容易让人相信这是公平的,不会觉得自己被骗了。一些机械设备也可能因为长期与赌博联系在一起而引起一些人的反感。但最重要的是随机化过程要尽可能简单。一个复杂而难以理解的随机化过程通常会有更大的暗箱操作空间,透明度更低。

　　公开的随机数表。随机数表是一份包含随机排列数字的列表。随机数表最早是在1927年出版的。例如,兰德(RAND)公司通过在计算机上安装轮盘来生成一个庞大的数据集。该公司发布的《一百万个随机数字与十万个正态偏差》一书中包含了他们生成的用于实验设计的随机数表。使用随机数表时最好不要从书或表格的开头开始使用,而应随机选择起点。当然,如今计算机上的随机数生成器已广泛使用,传统随机数表已使用得越来越少。

　　带有随机数生成器的计算机程序。随机数生成器可通过联网的工具、电子表格软件或统计软件包获得。例如,Microsoft Excel 和 Google Docs 的电子表格都有一个随机化函数:=rand()。

符合条件的样本的信息

　　在进行随机化时我们并不需要了解项目参考者的所有情况,因为当样本规模足够大时随机化可以确保干预组和对照组之间是平衡的。然而,在样本较小的情况下,我们可能需要在随机化之前对参与者进行分层或匹配,以实现关键变量上的平衡。这种做法不仅有助于提高统计功效和精度,还能通过收集符合条件样本的关键特征数据来验证我们的随机分配是否真正实现了平衡。这些数据可以来源于官方统计数据或我们自己进行的基线调查。

简单随机分配的步骤

　　进行简单随机分配的过程非常简单:将符合条件的参与者(样本)名单作为一个大样本框,然后将它们随机分配到不同的组别中。如果有两个组别(一个干预组和一个对照组),可以通过逐个为每个样本抛硬币来完成随机分配,正面则将其分配给干预组,反面则分配给对照组(反之亦然)。显然,样本多的情况下这种方法将非常耗时,并且无法证明其公平性。现在大多数评估都采用基于计算机进行的随机化。下面我们将介绍如何在Excel或谷歌文档中使用电子表格来完成随机化。如果使用的是统计软件包(如Stata),则步骤是相同的。随机分配最基本的3个步骤如下:

　　1.对符合条件的样本名单进行随机排序。

　　2.根据随机化样本的数量,将随机排序名单中的样本分配到不同的组别。

3.随机决定哪一组是干预组A、干预组B,以此类推,哪一组是对照组。[1]

这种三步法的一个优点是,样本被分配到干预组还是对照组是直到最后一步才被确定的。但是这种三步法只有在所有干预组别样本量都相同的情况下才有效。当不同干预的概率不同时(例如,30%分配给干预组A,30%分配给干预组B,40%分配给对照组),需要对上述步骤进行微调。下面两种方法都是可行的。

1.确定将样本分配给不同干预组和对照组的规则(例如,前30%分配给干预A,中间30%分配给干预B,后40%分配给对照组)。

2.将符合条件的样本名单随机排序,按照预先制订的规则将样本分配给各个组。

无论采用哪种方法,重要的是项目各方意见要达成一致,并对制订的规则做好记录。

对符合条件的样本名单随机排序

为了对符合条件的样本名单进行随机排序,首先需要为名单上的每个样本分配一个唯一的随机数,然后按升序或降序对名单进行排序。图4.5以对26个字母的随机排序为例具体说明了如何操作。我们将所有样本(A—Z)输入Excel或谷歌文档电子表格的B列中。随后,在A列(未在表中显示)中,我们使用=rand()函数生成了26行不同的随机数。现在每个字母旁边都有其对应的唯一的随机数值。我们复制所有A列,并在C列选择"仅粘贴特殊值"。之所以需要复制和粘贴值是因为每当在工作表上执行其他操作时,Excel和谷歌文档会重新分配新的随机数。然后选择B列和C列,并根据C列进行升序或降序排序,从而得到一个经过随机排序处理过的名单。

从随机排序的名单中将样本分配到不同的组别

名单被随机排序后,可以依据该排序将样本分配到不同的干预组。假设我们需要两个组,一个干预组和一个对照组,分配比例是50∶50。我们可以分块分配,将前13个样本放入A组,将后13个样本放入B组;或者我们可以间隔分配,将所有偶数行的样本放入A组,所有奇数行的样本放入B组。

随机决定哪一组是干预组,哪一组是对照组

A组还是B组是干预组,这个放在最后来随机确定,可以通过抛硬币或使用随机数生成器来完成。在开始该过程之前确定随机化的程序是很重要的。

---

[1]直到最后一步才确定哪一组是干预组,哪一组是对照组,这种做法越来越普遍。

使用统计软件包

大多数评估者在进行随机化时使用的是统计软件包。所涉及的步骤与上面描述的相同。使用统计软件包主要有两个优点。首先，当使用复杂的分层（我们将在下面讨论分层是什么及为什么要分层）时使用统计包要容易得多。更重要的是，它更容易记录和复制随机化过程。统计软件包允许我们设置一个随机种子，即随机选择一个数字，然后记住这个数字。一旦设置好这个数程序就可以重复运行，并生成完全相同的随机分配结果。这样评估者就可以向别人证明她的分配结果确实是随机产生的，以及什么样的分层导致了这样的随机分配结果。在本书关联的网站上可以找到在 Stata 中进行随机化的命令示例。图 4-5 是在 Excel 数据表中随机化的情况。

对 B 列分配一个随机数（C 列）

B	C
A	0.257540799
B	0.141977853
C	0.377927502
D	0.990857584
E	0.948417439
F	0.303441684
G	0.911827709
H	0.447802267
I	0.287941699
J	0.280958121
K	0.166217843
L	0.871365641
M	0.551764078
N	0.728706001
O	0.221630819
P	0.127155063
Q	0.257405314
R	0.564626023
S	0.754678177
T	0.907811761
U	0.421965911
V	0.87089069
W	0.095374469
X	0.987811391
Y	0.299960876
Z	0.953142552

将随机数（C 列）按升序排列以得到一个顺序随机的名单

B	C	
W	0.095374469	
P	0.127155063	
B	0.141977853	
K	0.166217843	
O	0.221630819	
Q	0.257405314	
A	0.257540799	A 组
J	0.280958121	
I	0.287941699	
Y	0.299960876	
F	0.303441684	
C	0.377927502	
U	0.421965911	
H	0.447802267	
M	0.551764078	
R	0.564626023	
N	0.728706001	
S	0.754678177	
V	0.87089069	
L	0.871365641	
T	0.90781 1761	B 组
G	0.911827709	
E	0.948417439	
Z	0.953142552	
X	0.987811391	
D	0.990857584	

图 4.5　在 Excel 数据表中随机化

在选择之前对名单进行随机排序

为何需要对名单随机排序呢？是否可以直接按字母顺序或给定顺序对名单进行排序，并将其中的一些样本分配给 A 组，将剩下的分配给 B 组呢？进行随机排序是因为我们无法完全确定这些样本名单无论看似多么随意，但实际上可能存在某种潜在的排列模式。

例如，我们可能想根据样本的身份识别号（如社会保险号）是奇数还是偶数来将他们分配给干预组或对照组。毕竟，社会保险号是奇数还是偶数都是随机的。但是这样做可能会有一种担心，是否还有另一个项目同样依据社会保险号的奇偶性随机化来开展项目评估。如果是这样，社会保险号是奇数和是偶数的两类人之间的差异并非只有我们的项目。即使这种情况比较少，如果有办法避免这种风险，为什么要把这种风险引入实验中呢？

使用数据检验创建的分组是否平衡

可以使用基线数据（如果有的话）或利用现有的项目管理数据，来检验一些可观测的关键特征在随机化后是否在不同组间平衡。这已经成为标准做法。这类检验报告了干预组和对照组在不同变量上的均值，以及在两组之间是否存在显著差异（t 检验）。

表4.3显示了对"青少年对HIV风险信息有反应吗？"研究进行的平衡性检验。该项目于2004—2005年在肯尼亚实施。[1]

为什么随机干预实验的结果报告中通常会包括这种平衡性检验呢？毕竟，如果我们进行了适当的随机化，那么这个过程的结果（平衡或不平衡）一定是随机的。也就是说对干预组或对照组的分配完全独立于潜在结果。那么为什么还要报告平衡性检验结果呢？

正是基于这样的理由，一些经济学家和统计学家也认为没有必要进行平衡性检验。但多数情况下评估者确实会在结果中报告平衡性检验结果，主要原因是，可能有读者并不相信项目是被随机分配的，而平衡性检验有助于向这些持怀疑态度的读者证明，该项目确实是随机分配的。事实上当研究人员无法完全控制随机化过程时，平衡性检验可以提醒我们注意可能存在的问题。例如，如果随机化是通过从碗中抽出名字来完成的，并且所有被选中的名字都以W、X、Y或Z开头，我们可能会担心在抽签之前我们没有摇匀这个碗。再例如，我们要求农业推广人员随机选择一个地块作为农业示范区，随机化是在现场进行的。如果结果显示干预组的地块比对照组的地块更接近村庄中心，我们可能会怀疑农业推广人员没有严格遵循随机化方案，选择了最方便的地块进行研究。在这种情况下，需要重新开始项目。针对这个问题一个更好的解决方案是要采用更可靠的随机化策略，正如在下一个模块中描述的那样。

即使在正确执行随机化的情况下分配结果也可能偶尔出现不平衡。随机化只

[1]Pascaline Dupas，"Do Teenagers Respond to HIV Risk Information? Evidence from a Field Experiment in Kenya"，*American Economic Journal: Applied Economics* 3 (2011): 1 - 34. 该研究被呈现在附录的评估案例4中。

能使不同的组别平均来看是平衡的。随着样本量的增加，在特定的指标上实现平衡的可能性也会增大。然而，在通常情况下，我们的样本量很有限，尤其是在群组层面（如村庄、学校或地区）进行随机化时。因此，随机化后得到的分组有可能并不平衡。事实上如果观察大量不同变量，则很可能发现至少一个变量存在显著差异。总体来说，在跨组比较的10个变量中约有一个在90%的置信度下呈现不平衡状态，而在20个变量中约有一个在95%置信度下呈现不平衡状态。如果我们观察到这种程度的不平衡，无须过于担心。回到前面的案例，我们分别将两个干预组与对照组在4个变量上进行了对比，其中只有一组对比中的一个变量是有显著差异的。但这并不是一个很大的问题，因为它接近完全随机产生的结果，并且该变量——班级规模——并非研究所关注的主要因素。

表4.3 HIV相对风险信息和教师培训随机干预实验项目平衡性检验

基线时学校特征	相对风险信息			对教师进行HIV/AIDS课程培训		
	对照组（C）	干预组（T）	差值（T-C）	对照组（C）	干预组（T）	差值（T-C）
	（1）	（2）	（3）	（4）	（5）	（6）
班级规模	38.2	34.4	−3.8	37.4	37.3	−0.06
	(15.9)	(17.4)	(1.540)**	(16.9)	(15.7)	(1.281)
学生性别比（女/男）	1.07	1.12.	0.049	1.06	1.10	0.040
	(0.489)	(0.668)	(0.072)	(0.476)	(0.586)	(0.059)
师生比	0.026	0.026	0.000	0.025	0.027	0.003
	(0.026)	(0.022)	(0.003)	(0.021)	(0.028)	(0.003)
教师性别比（女/男）	1.033	0.921	−0.112	1.003	1.014	0.011
	(0.914)	(0.777)	(0.119)	(0.92)	(0.852)	(0.099)
测试结果（2003）	251.0	249.4	−1.6	252.2	249.0	−3.2
	(29.0)	(27.4)	(3.9)	(28.6)	(28.5)	(3.2)

来源: Pascaline Dupas, "Do Teenagers Respond to HIV Risk Information? Evidence from a Field Experiment in Kenya", *American Economic Journal: Applied Economics* 3 (2011): 1-34, table on 16.

该表的引用得到了作者和美国经济学会的同意。

注:原文表格包含多个模块。本表只呈现了模块A的前5行。括号中为标准误，** 代表在5%的水平上显著。

如果不平衡，是否需要重新随机化？

如果我们偶然发现干预组和对照组差异非常大，应如何处理？在评估商业培训项目时若发现干预组在基线时的业绩远超对照组，该如何应对？这可能会削弱我们从结果中得出明确结论的能力。当观察到干预组企业增长速度比对照组更快时，是否可以确定这种差异是干预项目造成的，而不是大型企业相较小型企业本身增长就更快的趋势造成的？我们可以检验对照组内大型企业是否比小型企业增长更快，或者通过控制业务规模来进行分析（见模块8.2），但这种基线差异将会使我们对研究结果的解释变得复杂。避免这种情况的最好方法是采用分层随机抽样，详见下一模块。

如果未进行分层，并且随机化结果显示不同组别在多个维度上存在不平衡，常见的修正方法是重新随机化并再次进行平衡性检验。反复多次进行随机分配，在这些能够实现平衡的随机分配方案中选择一个进行实验。然而目前学界并不太认可这种做法，主要的问题是，当使用这种方法时并非所有的随机分配组合都具有均等性。

例如，如果样本中碰巧有一个非常富有的人（比尔·盖茨），那么任何实现平衡的分组方案都必须将他与样本中大量很穷的人分在同一组，而将样本中的中等收入人群分到另外一组。无论比尔·盖茨和穷人被分到干预组还是对照组，这都是随机化的，但为了实现平衡，某些人总是必须被分在同一组。

统计学中判断一个结果是否显著，是假设任何干预组和对照组的组合都是均等的。但当重新随机化时该假设就不再成立，因为我们将某些组合视为不平衡而拒绝。如果偏离了这个等概率规则（就像我们对分层所做的那样），做分析时通常应该考虑到这一点而对结果进行调整。如果对样本进行了分层，我们就可以确切地知道样本是如何进行配对的：我们知道构建层时使用了哪些变量，因此在分析中很容易控制这些变量。当然，我们也可以通过重新随机化来控制用于检查平衡性的变量以对结果进行调整。但是，在这种方法中我们并不清楚为了实现平衡我们对样本配对施加了哪些约束。在上述案例中，我们实际上是强迫要求比尔·盖茨和样本中所有的穷人必须在同一组，但我们很可能并没有意识到这一潜在问题，因而也不能在数据分析中将对数据施加的约束全部考虑在内。需要强调的是，重新随机化的实际意义可能并不大。我们建议尽量不要使用这种方法，至少在学术文献对其优缺点达成更多共识之前不要使用。

最后的选择是放弃项目评估。这是非常昂贵的，因为当我们到随机分配这一步时，通常已经与项目实施者建立了密切的伙伴关系，收集好了基线数据，并为项目评估筹集到了资金。然而，继续进行一项结果难以解释的评估也是非常昂贵的（在时间和金钱上）。

分层和重新随机化的计量经济学解释很复杂，但我们的建议很简单。一个比较好的方法是根据几个关键变量进行分层随机分配，这样就可以避免干预组和对照组在重要变量上存在很大差异，从而避免需要重新随机化。如果干预组和对照组之间在非主要结果变量上存在一些差异，这是正常的，不用太过担心。但如果发现干预组和对照组在主要结果变量的基线值上存在较大差异，这就没有简单的解决办法，所以应该通过分层避免出现这样的情况。

模块4.5 分层和配对随机化

分层随机分配提供了一种确保干预组和对照组在关键变量上平衡的方法。本模块详细解释了分层随机化何时最有效，并介绍了如何确定应在哪些变量上进行分层。此外，本模块还包括配对随机化，这是分层随机化的一种特殊形式。

分层随机分配的步骤

在分层随机分配中，首先将符合条件的样本划分为不同的层，然后在每个层内按照简单随机方法进行分配。进行分层随机分配的步骤如下：

1. 根据选择的特征将符合条件的样本划分为子名单（层）。
2. 对每个子名单（层）进行简单随机赋值：
   a）对子名单进行随机排序；
   b）从随机排序的子名单中随机分配样本给不同的干预组。
3. 最后，随机确定哪个组是干预组，哪个组是对照组。

假设有200个农民，其中80个男人和120个女人，一半来自降雨较多的地区，一半来自降雨较少的地区。我们可以先按地区划分，再按性别划分，最后得到4个类别（图4.6）。然后，将每组中一半的人随机分配到A组，另一半的人分配到B组。最后，我们随机决定A组还是B组是干预组。

因此，干预组和对照组根据降雨量和性别进行平衡，每个样本包含20%高降雨量地区的男性、20%低降雨量地区的男性、30%高降雨量地区的女性和30%低降雨量地区的女性。我们可以将这种分层方法视为实现偶然性的一个助手，因为它确保了随机产生的干预组和对照组在分层变量上是完全可比的。

何时分层？

分层是为了实现平衡，提高统计功效，并便于按子样本进行分析。除技术性原因外，分层还可能是为了便于项目实施或遵从政治约束。

当想要实现平衡时。样本量越小，简单随机化得到不平衡分组的概率就越高，因此分层的必要性就越大。

当想要提高统计功效时。如模块6.4中讨论的，将对结果具有强预测效果的变量进行分层可以提高统计功效。

当想要分析子样本的影响时。当想要了解干预如何影响子样本时，如少数民族或性别，我们也应该进行分层。假设我们的目标样本属于两个种族，K和R，其中

80%的人是K种族。通常不同种族的结果会有所不同。如果仅是进行简单随机化,在极端情况下最终干预组中可能没有R种族(或很少)。按种族分层可以确保两个种族在两个组中都有很好的代表,因而有利于分组进行分析。

当需要平衡政治或后勤可行性时。有时出于政治或后勤原因,项目实施者希望对干预组进行特定分配。例如一半的干预组需要一半在国家的北部,一半在南部,或者必须确保干预组中男女人数完全相等。分层(按地区、性别或种族划分)是确保满足这些限制条件的一种方式。

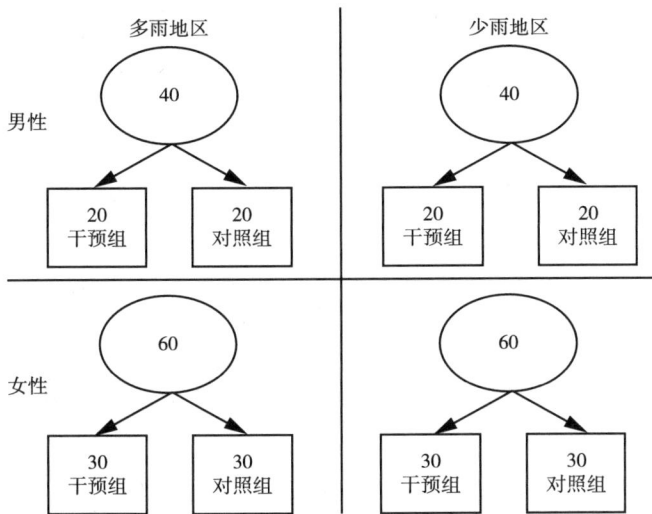

图4.6 对200个农民进行分层随机化

应该使用哪些分层变量

离散变量。分层需要将样本放入不同的层中,然后在这些层中进行随机化。因此,不可能对连续变量进行分层,如收入或考试成绩,因为一个层里可能只有一个人。例如,可能只有一个孩子的考试成绩是67分,也可能没有一个孩子的考试成绩是68分。那么我们就不能在这些层里进行随机分配。然而,如果连续变量的值相似,我们就可以把这样的样本放在同一层里,如把孩子按高分或低分分层。还可以通过将孩子按考试成绩分成更多的组来创建更精确的考试成绩分层,如按考试成绩排名前10%的孩子,第二个10%的孩子,以此类推。当我们说根据考试成绩进行分层时,也就是根据考试成绩的范围进行分层。

与感兴趣的结果高度相关的变量。我们想要实现平衡,因为它有助于简化对研究结果的解释,提高统计功效,并减少混杂变量在干预组和对照组之间存在差异的可能性。混杂变量与最终结果和参与项目的概率密切相关。如果有感兴趣的结果变量的基线值,那么该值将是最重要的分层变量。例如,若感兴趣的结果是学生考试分数,则学生的初始基线分数与项目结束时的分数将是相关的,因此根据基线考试分数进行分层非常有好处。

正如我们下面将要讨论的那样,用于分层的变量的数量通常是有限的。选择分层变量时,应该优先考虑那些与感兴趣的结果(可能包括感兴趣的结果的基线值)最相关的变量。

拟进行分组分析的变量。例如,如果要按性别分析子样本,就需要在性别上保持平衡。我们应该按性别分层以最大限度地提高统计功效。

需要多少分层变量?

用于分层的变量需要对解释结果变量的变化有重要作用。然而,可能存在多个与考试成绩相关的不同变量,如年龄、母亲和父亲的受教育程度以及基线考试成绩。我们是否需要对所有这些因素进行分层? 如果需要,应该选择哪一个? 选择分层变量时需要考虑3个关键因素:层的大小、可行性和统计功效。

层的大小:在每个子层中应该至少有与干预组别一样多的样本量。如果在太多变量上分层,我们可能会发现每个子层中只有一个样本,那么就不能将该子层的样本随机分成干预组和对照组。

在理想情况下,每个子层的样本数量应是干预组别数量的倍数。例如,在两个干预组和一个对照组的情况下,每个层有9个样本比每个层有10个样本更容易进行分层随机化。有时不可能避免出现不是干预组别倍数的分层。此时最好的方法是将"剩下的"样本随机分配到其中一个干预组。使用这种方法有时会让不同组别的样本量不完全相同,这可能或多或少地降低统计功效(见第6章)。[1]

可行性:在不同变量的平衡之间进行权衡。随着分层变量数量的增加,实现完全平衡可能变得更加困难。特别是当存在连续变量时,就需要权衡是要在一个变量上实现更高程度的平衡,还是要在多个变量上实现中等程度的平衡。这种情况尤其适用于像考试成绩这样的连续变量。假设我们正在评估一个教育补习项目,并选择根据基线考试成绩和种族进行分层。样本中共有200名学生。如果仅根据考试成绩进行分层则可以创建50个子层,每个子层包含4名成绩相近的学生,其中两名被分配到干预组,另外两名被分配到对照组。然而,如果我们还希望按种族进行分层,则在最高考试成绩子层中将无法确保每个种族至少有两名学生。为了在其他变量上实现分层,必须对考试成绩放宽要求。简单来说,就是首先按照种族进行分层,然后再将每个种族划分为高、低考试成绩两部分。这样做可以在种族方面

---

[1]另一个处理方法是将所有的"剩余"样本放到同一个子层中,这样可以确保在每个干预组别都有相同的样本数。但这种处理方法在研究人员中存在争议。

获得更好的平衡效果,但会降低对考试成绩方面的平衡性。因此,我们需要决定哪个因素对我们来说更重要。如果过去的考试成绩是未来学业表现的最佳预测指标,则我们可能决定只根据考试成绩进行分层。

统计功效:在更多子层的低方差和增加更多限制的自由度损失之间进行权衡。另一个潜在问题是在最终分析中控制很多层会导致自由度减少。文献中有一些关于是否应该将层的虚拟变量纳入分析的讨论(见模块8.2)。目前的共识是,加入层的虚拟变量并不一定是必须的,但通常这样做会有好处。但如果层很多,在分析时控制这么多层可能存在理论上的风险,即加入过多的层的虚拟变量可能会降低功效(关于控制变量和影响效果估计的精确性的更详细讨论,请参见模块8.2)。然而,在通常情况下,这不是一个问题,因为我们需要确保每个层中至少有与随机化组别数量一样多的样本,这大大限制了可以用于分层处理的变量数量。

在公共抽签中使用分层随机分配的可能性

假设我们正在对公共项目进行随机分配,仍然可以使用分层方法。例如,如果希望项目分配按性别分层,则男性和女性可以从两个单独的容器中分别抽取号码,每个容器中包含一半标记为干预组的球和一半标记为对照组的球。如果希望按照性别和贫困状况对项目进行分层,则需要4个容器:一个用于贫困女性,一个用于非贫困女性,一个用于贫困男性,一个用于非贫困男性。

配对随机分配

在配对随机分配中,两个样本在重要特征列表上进行匹配,然后将其中一个随机分配给干预组,另一个随机分配给对照组。如果有3个随机化的组(两个干预组和一个对照组),则将样本每3个分为一个小组,再将这3个样本随机分配到3个不同的干预组别。配对随机分配也是需要每个层越小越好。可以依据一个连续变量进行配对:在上面的教育补习案例中,我们可以创建100个子层,每个子层中有两个孩子,从考试成绩最高的两个孩子开始,然后向下进行分层。或者使用多个不同的变量(如性别,年龄,高考试成绩或低考试成绩,北方或南方)创建子层来实现配对,直到每个层中的样本数量与随机化干预组别的数量一样多。

进行配对的动机和分层的动机相同:实现平衡,提高统计功效。当感兴趣的结果变量变异很大、样本量较小时,是否使用配对方法对统计功效的影响很大。例如,如果在少量群组(如只有10个地区)中进行随机化,配对尤为重要。

对要匹配的变量数量的权衡

与分层随机化相似,配对随机化也需要在配对变量的数量和类型上进行权衡。然而,在配对随机化中这种权衡更为重要。因为配对是分层设计的一种极端形式,所以其自由度的损失更为明显。

样本流失

和其他策略一样,配对时样本流失也是一种威胁。例如,在配对匹配中如果我们失去了配对中的一个样本(例如,因为参与者离开了该区域),并且分析中包含该层的一个虚拟变量,这将导致我们不得不从分析中放弃配对中的另一个样本,因为剩下的样本没有可对比的样本。一些评估者错误地将这视为配对的优势:他们认为,如果有一个样本退出了研究,可以放弃与其配对的样本,从而不用再担心样本流失问题。但事实上,如果我们放弃了这对样本,则可能带来更多的"样本流失偏误"。我们是根据样本的行动和行为来决定是否放弃样本的,因此这并不是一个应对样本流失问题的好方法(并且可能会引入偏误)。正如模块8.2中将更详细讨论的那样,需要坚持最初的随机化,在这之后根据样本行为做出的任何调整都会削弱最初的随机化效果。[1]

我们的建议是,如果有样本流失的风险(例如,如果随机化和配对是在个体层面进行的),可以使用至少有4个样本的分层,而不是配对随机化(有两个样本的分层)。如果在群组层面进行随机化,并且在群组层面没有样本流失的风险,那么配对随机化会是合理的策略。例如,如果在村庄层面进行随机化,并且我们有信心即使在一个村庄里找不到某个特定的人,也能找到其他替代的人进行调研,则在进行随机化的层面上就不会有样本流失。

随机化典型案例

伯伦(Bruhn)和麦肯齐(McKenzie)回顾了研究人员在实践中是如何进行随机化的,并进行了一些模拟,比较了不同的随机化策略在虚拟实验中的表现。[2]基于他们自己的分析,他们提出了关于随机化项目的一些建议,包括以下几点:

1.改进对所使用的随机分配方法的报告形式。评估者至少应报告所使用的随机分配方法、实现平衡所使用的变量、使用了多少层(如果有的话),以及如果重新随机化,平衡标准是什么。

---

[1]如果我们使用配对随机化,并且有样本流失,可以不把层的虚拟变量作为控制变量放入回归中,从而不必因为一个样本的流失而将整个子层放弃。但不加入层的虚拟变量可能会引起争议(虽然不是必须要加的),也会降低统计功效。也许可以提前建立一个复杂的规则来说明当有样本流失时,哪些变量需要纳入分析中。然而,我们建议尽量使研究设计简洁明了,避免产生争议。

[2]Miriam Bruhn and David McKenzie, "In the Pursuit of Balance: Randomization in Practice in Development Field Experiments", *American Economic Journal: Applied Economics* 1 (2009): 200-232.

2.改进对实践中随机化操作流程的报告方法。在实践中,随机化是如何实际实施的,由谁执行,使用了什么设备,这些设备是公共的还是私人的? CONSORT指南可以在相关网页上找到,它提供了一种结构化的方式来报告随机化是如何进行的。

3.尽量不使用重新随机化方法来实现平衡。我们在本模块前面讨论了与重新随机化相关的问题。

4.对基线结果、地理位置和子样本组分析变量进行分层。对于与感兴趣的结果密切相关的变量,分层的收益最大。在通常情况下,我们想要实现平衡的许多变量都与地理指标(如地区)以及主要结果变量的基线值相关。对这些变量进行分层通常意味着在许多其他变量上也能实现合理的平衡。

5.分层时应考虑统计功效。分层越多,在评估分析时的自由度就越低。对与结果并非高度相关的变量进行分层可能会损害统计功效(见模块6.2)。

我们再增加两个建议:

6.在可能的情况下,确保随机化过程可被复制。可以使用计算机上的一个可保存的随机生成的种子进行随机化,这样就可以完整地记录随机化过程,这非常有用,因为它能精确地复现随机化的实施过程及其执行方式。

7.分层时潜在的样本流失风险。如果在随机化的层次上存在样本流失风险,那么一个好的做法是让每个子层中包含的样本数量至少是随机化干预组别数量的两倍。换句话说,若有两个干预组别(干预组和对照组),应确保所有子层中至少有4个样本。

模块4.6　随机化设计案例汇编

本模块将讨论该领域的多个随机化案例。这些案例汇集了前面4个模块的注意事项。每个案例都给出了研究的背景和随机化的细节:随机化的机会是如何产生的,对哪些方面进行随机化,在什么层面上随机化,以及使用什么策略(简单的,分层的,还是配对的)来执行随机分配。

对符合条件的样本进行随机抽签:肯尼亚的额外教师计划

背景

2003年肯尼亚取消了小学学费。2002年至2005年,小学入学人数从590万人增加到760万人,增长了30%。随着这些孩子的入学,小学一年级的班级规模呈爆炸式增长。例如在肯尼亚西部省，2005 年一年级的平均班级人数为 83 人，28% 的班级学生超过 100 人。教育改革使许多非常贫困的孩子有机会上学，其结果不仅使班级规模扩大，而且使教师需要做更多的教学准备工作以应对孩子之间的差异性。

干预

减小班级规模。为缓解过度拥挤的情况，非洲国际儿童援助组织实施了"额外教师计划"（ETP）项目，为学校雇用额外的教师提供资金。这些额外的教师都是师范学院的应届毕业生。他们获得了由学校委员会管理的为期一年的可续签合同，学校委员会对合同有完全的控制权，包括聘用、薪酬和终止合同。

根据学生之前的成绩进行分组。为了应对学生原来的基础差异较大的困境，项目中设计了一项分组项目。研究人员根据学生在年初的考试成绩将学生分为两个组。成绩相对较好的学生被分到一组，而成绩相对较差的学生被分到另一组。目前尚不清楚根据成绩分组是否对学生有好处。如果学生能够向同伴学习，那么将成绩较好的学生集中在一组可能会使成绩较差的学生受损，而成绩较好的学生则能从中受益。但是，如果减少一个班级教师的备课范围有助于教师根据学生的学习水平量身定制教学内容，那么根据成绩分组将使所有学生受益。

培训学校委员会成员，使他们的角色正规化。为了让学校委员会为管理合同制教师的新角色做好准备，委员会成员接受了关于监督教师表现和出勤以及征求家长意见的短期集中培训，同时也建立了委员会成员和地区教育工作人员之间的定期会议。这个组成部分被称为校本管理倡议（SBM）。

开展随机干预实验的机会

该项目被超额认购。非洲国际儿童援助组织的资金仅能支持雇用 120 名教师两年，但研究区域包括西部省 7 个行政区的 210 所农村小学。

随机化层面

该项目不能在学生层面随机化，因为干预引入的新教师会同时影响很多学生。也不能在年级层面随机化，因为过度拥挤主要影响一年级，而非洲国际儿童援助组织希望重点关注一年级。因此该资金是在学校层面进行随机分配的。

问题及干预组别的数量

额外教师项目对学生学习的影响至少有 3 个渠道：班级规模的缩小，合同制教师通过"校本管理倡议"面临的强大绩效激励，以及根据成绩对学生进行分组。为了弄清这些影响各自的作用，该项目的 3 个组成部分（额外教师、校本管理倡议和根据成绩分组）被随机分配到 3 个组中的一组。通过不同的干预组与对照组进行对比可以回答不同的问题，具体如图 4.7 所示。

流程步骤

- 第1步：额外教师
- 第2步：按成绩分班
- 第3步：校本管理倡议
- 第4步：分配合同制教师和公立教师

流程图

- 干预1：因增加了合同制教师而降低了班级规模
  - 干预1的对照组：维持现状
- 干预2：根据初始成绩分班
  - 干预2的对照组：无分班
- 干预3：校本管理倡议（SBM）
  - 干预3的对照组：无SBM
  - 干预3：校本管理培训（SBM）
  - 干预3的对照组：无SBM

随机化	校本管理倡议（SBM）		无SBM		校本管理培训（SBM）		无SBM	
	合同制教师	公立教师	合同制教师	公立教师	合同制教师	公立教师	合同制教师	公立教师
合同制	✓	✓	✓	✓	✓	✓	✓	✗
小班级	✓	✓	✓	✓	✗	✗	✗	✗
按成绩分班	✓	✗	✗	✗	✓	✗	✗	✗
校本管理倡议	✓	✗	✓	✗	✓	✓	✗	✗

研究问题

研究问题								
减少班级规模的影响是什么	干预组	对照组	干预组	对照组	干预组	对照组	干预组	对照组
合同制教师与公立教师对比怎么样？	干预组	对照组	干预组	对照组	对照组	干预组	对照组	对照组
根据初始成绩对学生分班有什么影响？	干预组	对照组	干预组	对照组	对照组	干预组	对照组	对照组
样本管理倡议的好处是什么？	干预组	对照组	对照组	干预组	干预组	对照组	对照组	对照组

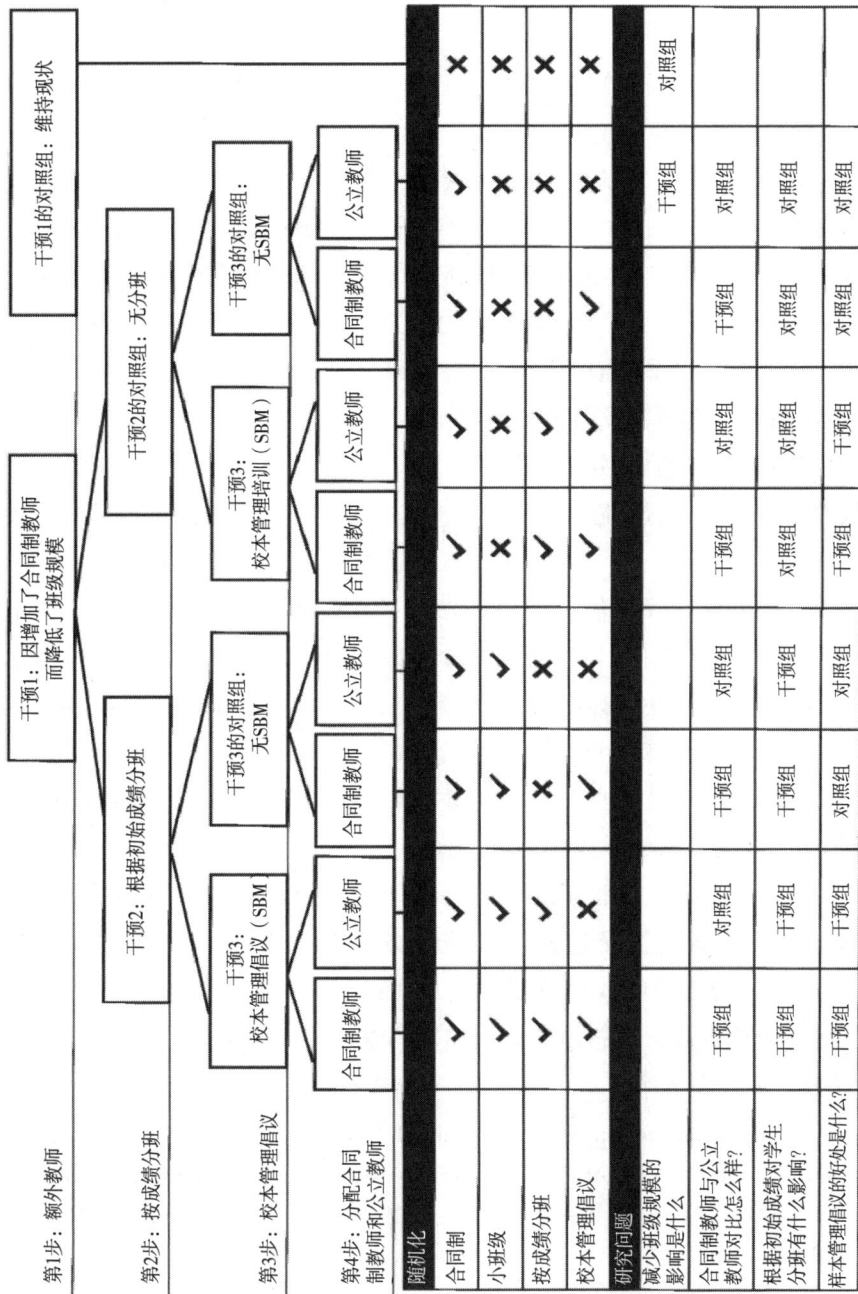

图 4.7 肯尼亚额外教师项目的随机组别及研究问题

随机化

分层。2004年，在项目开始之前项目组收集了入学率、生师比和一年级班级数量的基线数据。这些学校按照行政区域和一年级班级的数量进行分层，共分为14层。

分配。这些学校通过计算机的多阶段抽签被随机分配到不同组中。

阶段1：对额外教师进行随机化。14个子层共有210所学校。额外教师的分配比例是三分之二的干预组（获得雇用额外教师的资金）和三分之一的对照组。支持在每个子层中，学校是随机排序的；排名前三分之二的学校被分配到干预组，接受资金，排名后三分之一的学校被分配到对照组。总共有140所学校获得了雇用一名额外教师的资金。分配给干预组的学校比分配给对照组的学校多，因为干预组随后将被细分为几个不同的随机化组别，每个组中都需要有足够的样本，以便能够将不同的干预组相互之间以及与对照组进行比较，这一点很重要。

阶段2：将按成绩对学生分组项目随机化。在那些被分配到额外教师项目的学校中，按照上述相同的分层随机化程序，将其中一半的学校分配到根据学生成绩分组的干预组中。

阶段3：随机化校本管理倡议项目。参与校本管理倡议的学校（要么在干预组，要么在对照组）有两类：70所来自根据学生成绩分组的学校和70所未根据学生成绩分组的学校。根据学生成绩分组的学校中，其中的一半被随机分配到校本管理倡议项目中。类似地，未根据学生成绩分组的学校中也有一半的学校被随机分配到校本管理倡议项目中。也就是说，在对校本管理倡议项目进行随机分配时，是将是否根据学生成绩分组的学校作为分层变量。

阶段4：在学校内部将新雇用的合同制教师随机分配到各部门。在学校内部额外补充的合同制教师所教授的学生也是随机分配的。学校内学生可能被分为不同的组。额外补充的合同制教师被随机分配到其中一个组，另外的组由其他正规教师任教，从而避免正规教师总是教成绩较好的学生。

进一步阅读：

Duflo, Esther, Pascaline Dupas, and Michael Kremer. 2012. "School Governance, Teacher Incentives, and Pupil-Teacher Ratios: Experimental Evidence from Kenyan Primary Schools". NBER Working Paper 17939. National Bureau of Economic Research, Cambridge, MA.

该研究被呈现在附录的评估案例3中。

在略低于资格线的人群中随机抽签：菲律宾信贷

背景

第一宏观银行是菲律宾的一家农村银行，向贫困农户提供商业和消费贷款。该银行基于以下特征计算客户的信用评分：商业能力、个人财务资源、对外部资金的追索权、个人和业务稳定性以及人口统计特征。评分范围为0~100分。得分低于31分的申请者会被认为信用度不够好，其贷款申请将被自动拒绝。信用良好的申请者分为两类：非常有信用的，即得分在59分以上的，其贷款申请将被自动通过；信用相对较差的，即得分在31~59分的。

开展随机干预实验的机会

该银行试行了一项新项目，拟将其服务扩展到一个新的客户群体：信用不佳的人。该项目将信贷范围扩大到原本可能无法获得信贷的贫困客户。银行还收集了这些客户的数据，用于改进其信用评分模型、风险管理和盈利能力。

创建抽样框

最初的筛选。信贷员会筛选贷款申请者的资格。要获得贷款资格申请者必须（1）年龄在18岁至60岁之间；（2）经营至少1年；（3）如果自己有房，则应在现居住地至少居住1年，如果是租房者，则至少居住3年；（4）每天的收入至少为750比索。约有2158名贷款申请者通过了最初的筛选。

信用评分。这2158名申请者的商业和家庭信息被录入了信用评分软件。其中166名申请者的得分在0到30分之间，贷款申请被自动拒绝；391名申请者的得分在60分到100分之间，贷款申请被自动通过；1601名申请者的得分在31分到59分之间。这1601人是抽样框且被随机分配（见图4.4）。

随机化

按信用评分分层，对不同的层设置不同的分配比例。随机分配仍然考虑了信用评分。得分处于31分到45分之间的256名申请者获得贷款的概率设定为60%，而得分在46分到59分之间的1345名申请者获得贷款的概率设定为85%。

分配。总的来说，在这个范围内的1601名申请者中，1272人的贷款申请被通过，329人的贷款申请被拒绝。为了减少客户或信贷员更改贷款申请以提高申请者获得贷款的机会，两组都没有被告知该算法或其随机过程。

申请者信息的验证和最终决定。基于信用评分的贷款发放决定在被最终确定之前还需要对申请者的信息进行核实，包括拜访每个申请者的家庭和公司，拜访当地官员，并检查推荐信。

进一步阅读：

Karlan, Dean, and Jonathan Zinman. 2011. "Microcredit in Theory and Practice: Using Randomized Credit Scoring for Impact Evaluation", *Science* 332 (6035): 1278-1284.

该研究被总结呈现在评估案例13中。

分阶段随机化:肯尼亚小学驱虫项目

背景

世界上有20多亿人受体内寄生虫困扰,它会导致患者出现无精打采、腹泻、腹痛和贫血等症状。全世界有4亿学龄儿童面临寄生虫感染的风险。世界卫生组织建议在寄生虫流行率高的地区以学校为基础进行先发制人的大规模干预。用驱虫药干预可以杀死体内的寄生虫。虽然这减少了传播风险,但并不能防止再次感染。钩虫、鞭虫和蛔虫流行率超过50%的学校应每半年进行一次集体干预,血吸虫病流行率超过30%的学校应每年进行一次集体干预。非洲国际儿童援助组织实施了一项以学校为基础的大规模驱虫项目,对肯尼亚西部省75所小学的3万名学生进行了干预。

开展随机干预实验的机会

这是一个试点项目,其关键目标是观察驱虫对教育的影响及其方式。该项目面临后勤和财政方面的限制,尤其是后勤工作非常复杂。项目组必须获得药物,并通过让家长在学校账簿上签名以获得他们对子女参与干预的知情同意。还需要测试该地区寄生虫流行情况,以确定是否有资格进行大规模干预,并对从卫生部借调的非洲国际儿童援助组织公共卫生官员和护士进行培训。为避免两个雨季道路不通畅,必须与学校商议好干预日期。由于高感染率,大多数儿童每年需接受两次干预。无法实施干预的儿童可以分为两类:父母未同意的儿童和所有处于育龄期的女孩(当时人们认为此方法可能导致出生缺陷风险,但现已证明不存在这种风险,因此建议对所有儿童实施干预)。由于无法同时扩展到所有学校,并且一些学校不能推迟干预,因此采取分阶段设计最可行。

随机化层面

该地区大多数学校符合世界卫生组织的大规模干预指南。学校是以学校为基础的大规模干预项目的自然干预单位。由于寄生虫很容易在儿童之间传播,因此溢出效应是一个主要考虑因素。如果没有厕所,孩子们就会在学校周围和家周围的灌木丛中小便,从而有可能在学校和家庭之间产生溢出效应。在学校层面进行随机化可以在影响评估中捕捉到学校内部的溢出效应。这些学校之间的距离足够远,至少有一些学校不会受到溢出效应的影响。随机化没有使用很严格的分层,从而使不同地理区域的干预密度会存在差异,因而能够测量溢出效应(模块8.2详细讨论了如何测量溢出效应)。

分阶段设计的注意事项

后勤方面的限制意味着非洲国际援助组织必须分阶段实施该项目,建议采用分阶段随机化设计。但目前还不清楚不同阶段之间的差距应该是多少,这需要考虑两个方面:该项目能以多快的速度分阶段实施,以及产生影响所需要的时间要多长?

后勤限制和资源可获得性。到第4年开始时将有足够的资金支持在所有学校开展项目。因此可以将学校分为3个组,分3个阶段实施项目,每个组有25所学校,这使非洲国际儿童援助组织在对项目教师进行培训时既能发挥一定的规模效应,又不至于超出其能力范围。

产生影响的可能时间。体内的寄生虫可以被立即杀死,但项目其他方面的好处需要随着时间推移才会逐渐显现出来(例如,儿童可能因为接受干预而学得更多或成长得更快)。如果两个阶段之间的时间间隔太短可能很难检测到这些好处。

随机化

分层。这些学校首先按行政区域进行分层,然后根据是否参与其他非政府组织的援助项目进行分层。

分配。按字母顺序列出学校,每3所学校被分配到一个小组。这样将75所学校分成3组,每组25所。正如模块4.1中所讨论的,这种策略不如纯随机化理想,但在这种情况下,它可以说是接近随机化的。[1]接下来3组学校被分阶段纳入该项目。第1年,第1组学校接受干预,第2组和第3组学校作为对照组。第2年,第2组分阶段开始接受干预。第1、2组为干预组,第3组为对照组。第4年,第3组也接受了干预,由于不再有对照组,因此评估期结束。

进一步阅读:

Baird, Sarah, Joan Hamory Hicks, Michael Kremer, and Edward Miguel. 2011."Worms at Work: Long-run Impacts of Child Health Gains".Working paper, Harvard University, Cambridge, MA.

J-PAL Policy Bulletin. 2012. "Deworming: A Best Buy for Development". Abdul Latif Jameel Poverty Action Lab, Cambridge, MA.

---

[1]这里存在的主要问题是,也可能有其他组织同样使用学校的字母顺序作为项目分配的依据。但在该案例中,没有发现存在这样的情况。

该研究被总结呈现在附录的评估案例1中。

轮换设计:印度的教育补习项目

背景

1994年印度的教育组织布拉罕基金会发起了一项教育补习项目。该组织招募并培训了专业教师,将他们派往学校。这些教师的任务是辅导那些已经读到三年级和四年级但尚未掌握一、二年级基本阅读和数学能力的学生。项目将这些落后的学生识别出来,并从常规的班级中单独挑选出来,每20名学生一个组,接受半天时间的补习辅导。

开展随机干预实验的机会

2000年布拉罕基金会将他们的项目扩展到印度西部瓦多达拉市的小学。该项目正在扩展到一个新的地区,覆盖到新的人群。由于资源有限,布拉罕基金会无法同时覆盖所有学校,但市政当局要求所有符合条件的学校都要接受项目援助。

随机化层面

市政府和布拉罕基金会同意,新的项目区域内所有需要补习教师的学校都应该有机会参与该项目。这意味着该项目不能在学校层面随机分配。该项目也不能在学生层面随机分配,因为该项目要求参与项目的学生离开原来的班级接受一段时间的额外辅导。在学生层面随机化意味着老师要识别出这些落后的学生,然后随机抽取其中的一半参与项目。这两个后勤方面的考虑排除了这种可能性。取而代之的是补习教师被随机分配到一组特定的学生,三年级或四年级。此时每所学校仍然有一名补习教师,但补习教师只针对两个年级中的一个开展工作。

随机化

分层。学校根据教学语言、预试成绩和性别进行分层。

分配。学校被随机分为两组。第1年,A组在三年级聘请补习教师,B组在四年级聘请补习教师(图4.8)。第2年,两组将互换:A组将为四年级安排补习教师,B组将为三年级安排补习教师。项目第1年结束后,研究人员可以评估聘请补习教师对第1年的影响。A组学校有补习教师的三年级与B组学校的三年级进行比较。四年级的情况正好相反。

1年后,学校互换,A组学校的补习教师转到四年级,B组学校的补习教师转到三年级(图4.9)。因为孩子们从一个年级升入下一个年级,这意味着A组从三年级升入四年级的孩子连续两年都有补习教师,而B组升入四年级的孩子连续两年都没有补习教师,从而从未参与项目。通过这种方式,研究人员就可以评估连续两年参与补习项目的影响。

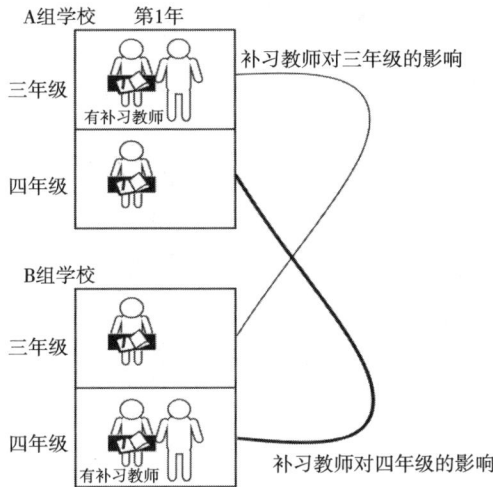

图4.8　轮换设计:评估有一年补习教师的影响

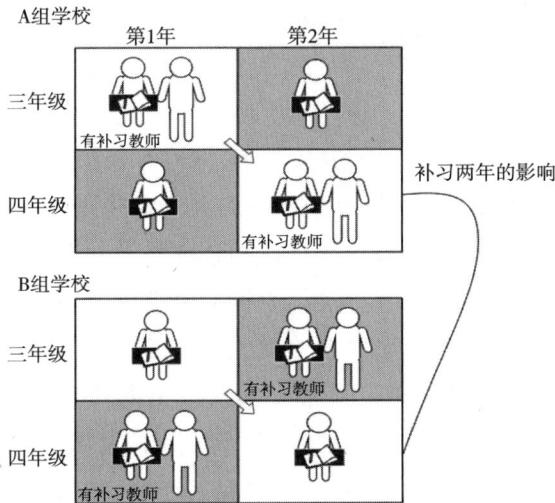

图4.9　轮换设计:评估补习两年的影响

进一步阅读:

Banerjee, Abhijit, Shawn Cole, Esther Duflo, and Leigh Linden. 2007. "Remedying Education: Evidence from Two Randomized Experiments in India", *Quarterly Journal of Economics* 122 (3): 1235-1264.

J-PAL Policy Briefcase. 2006. "Making Schools Work for Marginalized Children: Evidence from an Inexpensive and Eff ective Program in India". Abdul Latif Jameel Poverty Action Lab, Cambridge, MA. http://www.poverty actionlab.org/publication/makingschools-work-marginalized-children.

该研究被总结呈现在附录的评估案例2中。

激励设计:美国某大学的退休储蓄项目

背景

为了增加退休储蓄,美国许多雇主提供与雇员的退休缴款相匹配的服务。这些账户中的储蓄也比其他储蓄账户的税率更低。尽管有这些激励措施,仍然有许多教职工没有注册雇主匹配的退休账户。在美国的一所大型大学仅有34%的符合条件的教职工注册了退休账户。教职工没有注册的原因之一可能是他们未意识到这种退休储蓄的好处,因此大学每年都会举办一个集会活动以宣讲其好处。

开展随机干预实验的机会

尽管所有大学教职工均有资格参加储蓄计划宣介会,然而参会率却很低。这表明通过向参与的教职工提供20美元的奖励来提高参会的积极性的潜力很大。此外,该额外奖励可以采取随机方式分发。

随机化层面

项目宣介会的目标人群是每一位教职工,他们有权决定是否参加退休储蓄计划及缴纳的金额。然而,教职工是否选择参加宣介会并注册该账户可能受到与同事之间社会互动的影响。这种溢出效应既可以是信息性的,也可以是行为性的。教职工之间可以相互提醒参加宣介会。宣介会通常在离学校较远的两家酒店举行,并按学校的院系进行分组。如果某个院系有人参加了,那么可能会有更多人选择参加。已经参加宣介会的人还可以将信息分享给未参会的人。此外,人们还可能模仿同事的投资决策行为,而这些投资决策行为本身可能受社会规范或对社会规范信念上的认同度等影响。人们往往会遵循其所属部门形成的储蓄方面的行为习惯。

在院系层面的随机化可以捕捉到院系内部潜在的溢出效应,而储蓄行为则可以在个体层面进行测量。由于评估者对储蓄的社会性动机感兴趣,因此他们在院系和个体两个层面进行了随机化。共有330个院系和9700名教职工参与实验,其中6200人没有参加退休储蓄账户。宣介会开始前一周公司会随机挑选一部分教职工,向他们发送一封邮件,提醒他们参加宣介会,并告知他们如果参加宣介会,他们将会收到一张20美元的支票。

使用激励设计的注意事项

为什么要用金钱作为激励？金钱更具有吸引力。金钱是不受限制的，从而可以对最广泛的人群具有吸引力。相比之下，提供免费的足球或T恤只会吸引某些特定类型的人。之所以选择20美元是因为其数额较小，从而不足以影响学校的储蓄水平（每年的最低捐款为450美元），但又足够具有吸引力，从而可以鼓励人们参加宣介会。可能有人担心20美元的奖励更有可能吸引工资较低的教职工。但这类教职工更可能尚未注册与雇主匹配的储蓄账户，因而他们正是该项目需要关注的目标人群。

问题和干预组别数量

项目目标是分离出同伴对储蓄行为的影响和宣介会对储蓄的影响。这表明至少要在两个阶段进行随机化，从而将院系内的社会互动效应及个人效应区分出来。

随机化

配对随机化。330个院系根据教职工的参与率进行排名，分为10组，每组33个院系。然后，在每一组中将33个院系按规模进行排名。排名完成后将院系分为11个小组，每个小组包含规模连续的3个院系。

将院系随机化，以估计社会互动效应。在每3个院系组成的小组中，随机分配两个院系进行干预。干预组共包括220个院系。

将院系内的个体随机化以分离出个体效应。有6200名未注册储蓄账户的教职工分散在这些院系。其中，4168名教职工被分配到干预组。在每个干预组内随机分配一半的教职工接受激励。这意味着有两种干预：一种是直接干预（被激励参加宣介会），另一种是间接干预（与被激励参加宣介会的人在同一个院系）。最终，2039名教职工在宣介会前一周收到了一封激励邮件，2039名教职工中有一位同事得到了激励，2043名教职工分布在110个对照组院系。

进一步阅读：

Duflo, Esther, and Emmanuel Saez. 2003. "The Role of Information and Social Interactions in Retirement Plan Decisions: Evidence from a Randomized Experiment". Quarterly Journal of Economics 118 (3): 815-842.

该研究被总结呈现在附录的评估案例11中。

用随机分配作为工具变量：孟加拉国晚婚激励

背景

孟加拉国是世界上青少年和儿童结婚率最高的国家之一。虽然妇女的法定结婚年龄是18岁，但据估计，近50%的女孩在15岁之前结婚，而农村女孩中这一比例更是高达75%。早婚妇女的教育、收入和母婴健康状况都较差。但是，是早婚导致了这些负面结果，还是它是其他潜在问题（如贫困）的症状？为了评估早婚的影响，必须使结婚年龄出现随机变化。

我们不能随机分配结婚年龄，就像不能随机分配许多其他政策感兴趣的变量一样。但我们可以对其他可能影响结婚年龄的变量进行随机化，只要这些变量本身不影响感兴趣的结果。这些变量被称为工具变量，它们非常类似于上面讨论的激励设计。在这里，评估者与救助儿童会（Save the Children）合作，通过向未婚女孩的家庭提供经济激励以模仿晚婚现象。如果激励措施有效，那么随机分配的激励措施将产生准确估计早婚影响所需的结婚年龄的随机变化。

干预

孟加拉国的一项研究表明，一个家庭每推迟一名少女结婚一年，他们必须支付的嫁妆就会增加大约15美元。这就为早婚创造了经济激励。在孟加拉国农村的一个随机抽样中，救助儿童会每月向有15~17岁未婚女孩的家庭提供食用油，全年的价值接近15美元。这项奖励只给予15~17岁未婚女孩的家庭，因为项目的激励资金非常有限，而这一年龄组的结婚率最高。更大的激励可能会对结婚年龄产生更显著的影响，这在评估改变结婚年龄的影响时是有用的。但是太大的激励可能会通过显著改变家庭收入而产生直接影响，这将使人们无法将结婚年龄变化的影响与收入变化的影响区分开来。此外，项目组也没有足够的资金来增加激励。

晚婚激励是一项规模更大的赋权试点项目的一部分。该项目有两个版本。基本方案包括由社区建立可以供女孩们见面的安全空间，如家里的阳台或学校的房间。在这个安全空间里，女孩们接受健康教育、家庭作业支持和一般赋权培训。该项目的另一个版本是在培训课程中增加财务准备的相关内容。

开展随机干预实验的机会

这一试点激励项目可以搭载在现有的一项为孕妇和哺乳期母亲提供粮食安全与营养支持的项目上。然而，由于资源不足，不能在粮食安全项目实施的所有地方实施晚婚激励项目，这就为随机化创造了机会。

随机化层面

在选择随机化层面时需要考虑很多因素。晚婚激励项目并不适合在个体层面进行随机化，因为这有可能造成困惑和怨恨。对于安全空间项目，个体层面随机化也不可行，因为社区会决定合适的安全空间的位置。这意味着该项目必须在社区层面进行，接触并确定潜在的参与者。

然而,什么是"社区"有一定的灵活性。我们倾向于认为社区是一个简单而明确定义的地理单位。但在实践中人们往往以多种方式聚集在一个社区中。决定在社区层面进行随机化只是第一步。在人口密集的地区,比如孟加拉国的农村或城市贫民窟,一个社区与另一个社区融合在一起,这是一个特别值得关注的问题。相邻的邻居可能住在不同的行政单位,或者一个村庄的下一个农场可能位于另一个地区。

一个可以清晰辨识的地理单位是围绕一个共同庭院的房屋群所形成的"巴里"(bari)。因为在一个巴里中有大量的社会互动,所以可以认为它是一个社区。但一个巴里中没有足够的未婚少女来实施安全空间项目。

另一种选择是利用食品安全和营养支持项目所使用的社区单位来实施干预(即确定哪些家庭应该去哪个食品分发中心)。然而,如果使用营养支持项目的社区概念,由于本项目的资源有限,所以只能覆盖少数社区。这样就缺乏足够多的不同的地理单位,难以进行有效的项目评估。

决定随机化层面的另一个因素是潜在的一般均衡效应。如果某一地区的所有女孩突然都结婚晚了,可能会对婚姻市场产生影响,特别是如果男性更愿意与当地女孩结婚。随着结婚年龄的突然变化可能会在短期内出现女孩数量不足的现象。如果推迟结婚的情况持续下去,女孩不足的问题可能会逐渐缓解。研究设计时要尽量避免产生这种效应,因而建议随机化的单位应该比婚姻市场小。一些其他的一般均衡问题则表明需要在婚姻市场层面上进行随机化。例如,如果女孩在结婚时受教育程度更高,这可能意味着她们的家庭会寻找受教育程度更高的女婿。如果随机化层面小于婚姻市场,那么接受干预的女孩就更可能嫁给受教育程度更高的男性。而如果项目扩大规模,这种效应可能并不存在(该项目不太可能增加高学历男性的数量)。然而,在婚姻市场层面进行随机化成本太高。相反地,为应对一般均衡问题我们更需要做的是,详细记录丈夫的相关特征,以跟踪该项目是否导致了丈夫选择的变化。

最后,评估决定以"自然村"作为随机化的单位。这是一种足够小的地理单位,可以确保有足够多这样的单位用于评估。自然村也是一个比较具有代表性的组织,生活在同一个自然村的人能够自然地组织起来,并自我管理。虽然这些自然村大多不是政府系统内独立的行政单位,但在地理上人们承认自然村的存在。随机化是以这些自然村为基础的。然而,这种方法存在一定的风险,即自然村之间的界限在人们的脑海中不够清晰,一些来自对照组村的女孩最终会参加安全空间项目。这种风险最终确实出现了。

随机化

总的来说,社区被分为6个实验组,每个实验组有77名女孩,前两组都是对照组。设置这么多实验组是因为研究人员认为，识别项目各个组成部分的精确影响非常重要。因此，这6组被指定为：(1,2)对照组；(3)安全空间和教育支持；(4)安全空间、教育和财政准备；(5)安全空间、教育、财务准备、晚婚激励；(6)晚婚激励。随机化是使用Stata进行的，并按村落联合体（一个大约由10个村庄组成的地理集群）分层。在每个子层中村庄按大小排序。在1到6之间随机选择一个数字：如果选择了6这个数字，子层内的第一个村庄被分配给晚婚激励，接下来两个村庄被分配给对照组，再后面一个村庄被分配给有教育的安全空间，以此类推。

进一步阅读：

该研究由艾丽卡·菲尔德和瑞秋·格伦纳斯特完成，被呈现在附录的评估案例7中。

创造变化来测量溢出效应：法国的就业咨询项目

为了测量溢出效应，我们需要将溢出效应的变化呈现出来，这可以通过干预密度的变化来实现。干预密度是指在一个地理区域内接受干预的样本（个人、学校或社区）的比例。干预密度越高，对未接受干预的一般人产生溢出效应的可能性就越高。我们需要确保有一个不受任何溢出效应影响的"纯粹"对照组。在之前关于分阶段随机化进行的驱虫项目评估的讨论中，我们描述了评估者如何使用干预密度的变化机会来测量溢出效应。在这里我们讨论了一个评估者故意创造干预密度的随机变化的例子。另一个例子是上文讨论的美国大学储蓄研究，其中不同的部门被随机分配接受不同强度的激励。

对干预密度随机化

干预密度可以直接改变。法国的一项研究希望评估工作咨询的负面溢出效应。这里的担忧是提供咨询将帮助接受咨询的人获得就业，但这种就业增加是以牺牲那些没有接受咨询的人的利益为代价的——也就是说会产生负面溢出效应。由于该政策的目标是降低失业率，因此评估这种潜在的负面溢出效应很重要。

该项目是通过公共职业介绍所实施的。在10个行政区域共有235个这样的机构。随机化是在职业介绍所层面进行的。每个职业介绍所都被认为是一个小而自主的劳动力市场。这些职业介绍所根据规模和人口特征被分成5类，从而形成47组，每组包括5个不同类别的职介机构。在每一组中，5家机构被随机分配到5种干预密度中的一种：分别有0%、25%、50%、75%或100%的失业申请者被分配到干预组。失业人员能否获得职业咨询服务是随机的。在干预密度为0%的机构中，不提供职业咨询服务；在干预密度为25%的机构中，有四分之一的人接受了干预，以此类推。该研究考察了在一个75%的失业者接受了干预（职业咨询服务）的机构中，一个未经干预（未接受职业咨询服务）的失业者获得就业的机会，是否比在一个只有25%的失业者接受干预的机构中同样未经干预的失业者获得就业的机会更低。换句话说,在那些不得不与更高比例的接受职业咨询服务的人竞争的地区,那些未接受职业咨询服务的人的情况是否更糟? 如果是的话,就表明产生了负面的溢出效应。

进一步阅读:

Crépon Bruno, Esther Duflo, Marc Gurgand, Roland Rathelot, and Philippe Zamora. 2012. "Do Labor Market Policies Have Displacement Effects? Evidence from a Clustered Randomized Experiment". NBER Working Paper 18597. National Bureau of Economic Research, Cambridge, MA.

——2011. "L'Accompagnement des Jeunes Diplômés Demandeurs d'Emploi par des Opérateurs Privés de Placement". *Dares Analyses* 94: 1-14.

该研究被总结呈现在附录的评估案例8中。

结果和工具 5

本章主要包括数据收集的规划,具体包括选择收集什么数据,如何选取好的测量指标和测量工具,以及如何确定数据收集的时间、地点和频率。本章包括以下几个模块:

模块5.1　确定结果变量及测量指标
模块5.2　确定数据来源
模块5.3　评估和测试测量工具
模块5.4　非调查性工具清单

模块5.1　确定结果变量及测量指标

待评估的项目目标通常是改善参与者的结果,但为了使项目发挥最大效用,跟踪产出、中间结果及最终结果是有用的。本模块描述了如何使用变革理论绘制项目的影响路径,并为过程的每个步骤设定特定背景下的测量指标。本模块还将说明,采用常见的标准测量指标有很多好处,包括可以将我们的研究发现与已往的研究发现进行比较。

使用变革理论来确定结果变量和测量指标

要确定测量的结果变量和测量指标,需要精确理解项目设计的细节、项目实施的目标,以及项目或政策可能影响生活的潜在途径(既包括正向影响,也包括负向影响)。一些常用术语的定义见表5.1中的定义和示例。变革理论框架是一种有用的工具,可以用于系统地思考项目产生影响的潜在途径。该框架的构建需要项目实施者和评估者的密切合作。这种变革理论可以引导我们根据特定的环境设定测量指标。

变革理论是一种用于设计和评估社会项目的结构化方法。它描绘了项目投入如何通过活动和产出实现结果变化的逻辑链。我们可以进一步明确地设定从一个步骤到另一个步骤所需的假设及可能的风险。变革理论的每一步都指定了我们要衡量的结果和指标，以帮助我们了解该项目是否有效及它是如何有效的。如果项目不成功，通过对中间结果进行监测和观察可以帮助我们了解项目在链条的哪一步失败了。

表5.1　数据收集术语

术语	定义	示例
结果	我们要评估的项目带来的改变或影响	在妇女赋权、孩子健康、腐败等方面的增加或减少
指标	测量结果的一个可观察的标志	在大会上发言的妇女人数；孩子的臂围
工具	测量指标的工具	一份调查问卷、考试试卷、直接观察的记录
变量	指标的数值	显而易见
受访者	我们访问、测试或观察的个人或团队	个人；他们的老师、同事或家庭

测量指标是改变的可观察信号

结果变量是我们的项目旨在实现的改变。这些改变通常是概念性的、相对抽象的，比如"赋予妇女经济权力"或"提高学习能力"。测量指标是这些改变的可观察的信号，如"村里妇女的月收入"或"阅读简单段落的能力"。测量指标衡量的是项目设计所带来的改变是否真的发生了。例如，考试成绩可以作为学业表现这一更为抽象的概念的指标。一个好的指标需要有坚实的逻辑链条，将其与我们最终试图衡量的相关结果联系起来。

测量指标的逻辑有效性取决于项目背景

测量指标不仅需要在逻辑上与结果变量的概念相一致，而且选取怎样的测量指标也与项目背景息息相关。

假设我们感兴趣的项目结果是教师的努力程度，我们需要选择指标来测量项目是如何影响教师的努力程度的。农村地区的一些学校比较偏远，此时教师去学校上班就会产生高昂的交通费。在教师缺勤率高的背景下，教师是否到校可能是衡量教师努力程度的一个很好的测量指标。然而在城市地区，教师出勤并不是一个测量其努力程度的一个好指标，因为城市教师的交通成本并不高。他们逃避工作的形式可能是在办公室与同事闲聊，而不去上课。此时测量城市教师努力程度的指标可能包括"放学后与学生相处的时间""用于教学上而不是在办公室闲聊的时间"，或者"布置作业的频率"。

模块5.3更详细地讨论了如何在给定的项目背景中评估测量指标的有效性。

从文献中确定结果变量

一项评估要产生更广泛的政策影响，那么将其结果与该领域其他已有研究的结果进行比较非常重要。为便于比较，应借鉴已有的文献将已有的类似项目使用过的结果变量和测量指标纳入进来。

以增加学生数量为目标的项目为例。一些研究只关注学生入学率，但越来越多的研究也通过计算在未提前通知的访问期间有多少孩子在学校来检查出勤率。通过收集出勤率数据，评估者可以计算出一个项目所产生的学校教育的总增长（以周或年为单位衡量的额外增加的教育时长）。为对比多种潜在方案中哪种方案对增加教育时长最有效，可以进行成本效益分析，但这要求不同的项目使用的结果变量指标是相同的（模块9.3讨论了计算和使用成本效益分析的方法）。

对于好的结果变量和测量指标的标准，研究人员有了越来越多的认识。这需要查阅最新的文献，查询其他相近的评估项目使用了哪些变量和指标，这在具有交叉学科性质的社会经济评估中尤为重要。例如，旨在赋予妇女权力的小额信贷项目将纳入经济学、社会学和心理学文献的框架；一个健康项目将受到医学和公共卫生文献的影响；一个教育项目将受到教育和认知科学文献的影响；而政治赋权项目则可以纳入政治学和心理学等方面的文献。这些文献是一些基础的结果和指标的重要来源，许多学科都有自己的领域常用的结果测量指标。例如，在认知发展中有一系列标准化测试；在学习方面有国际标准化的成绩测试；在营养方面，有测量臂围的方法、测量年龄的方法、测量身高的方法等。

具体结果变量和测量指标的案例研究

在项目评估期间，选择结果变量和测量指标有两个步骤：（1）绘制变革理论；（2）确定测量指标，这些测量指标是变革理论中每一步的逻辑结果，在可能的情况下应借鉴现有文献。我们使用以下案例对这两个步骤进行说明，并说明使用变革理论时所需要的具体假设。

案例：肯尼亚的HIV教育项目

肯尼亚的某一项目为教师提供在职培训，以改善他们在小学提供的HIV预防教育。培训的重点内容是如何在教授其他科目的同时教授预防HIV/AIDS的最佳做法,以及如何管理专门从事HIV/AIDS教育的课后学生健康俱乐部。[①]

该项目的一个简单的变革理论是:(1)教师培训;(2)增加HIV教育;(3)增加学生的HIV预防知识;(4)减少不安全的性行为;(5)从而降低HIV感染率。变革理论将5个步骤联系起来:教师培训、HIV教育、预防知识、性行为和HIV感染发生率。虽然我们感兴趣的政策变量是HIV状况,但该项目的直接目标只是两个中间结果:无保护的性行为和预防知识。

因果链中的每一个概念都需要在现实世界中找到一个可以观察和测量的具体指标(表5.2)。

表5.2　HIV教育项目的逻辑框架

投入、产出和结果	目标体系	指标	假设或威胁
输入（活动）	培训教师提供HIV教育	培训的时长	教师积极参与了培训并且学到了新知识
产出	教师增加和改善HIV教育	提供的HIV教育的时长;教师使用的教育方式	教师愿意改变他们对HIV的教育方式;没有外在的压力阻止他们采用新课程
结果（项目目标）	学生学习最佳的预防方法	HIV知识测试分数	学生积极参与新课程,并且理解和掌握了新知识
影响（最终目标）	学生减少无保护性行为;艾滋病感染率降低	有保护性行为;女孩生育的人数;艾滋病感染情况	学生学到知识后改变了他们对艾滋病认知和行为;学生可以根据自己的偏好做出性行为的决定和行动

HIV状况是最终的结果。如果能测量干预组和对照组的HIV状况,就能知道项目是否改变了HIV感染率。虽然检测HIV状况在文献中很常见,但在本项目的背景下它可能过于昂贵,而且在伦理、政治或后勤上都不可行。因此,我们可以使用其他指标作为HIV感染率的替代指标。已有文献通常使用范围更广的性传播感染(STI)作为无保护性行为的信号。这种情况下可观察的指标将包括在这种情况下常见的一系列性传播感染的生物标志物,如疱疹、梅毒、淋病、衣原体、肝炎和人乳头瘤病毒。这些性传播感染的检测结果在文献中通常被用作危险性行为的指标。生育也是性传播感染和HIV感染的一个很好的代理指标,因为导致生育的同样不安全的性行为也可能导致性传播感染和HIV感染。

①该研究的作者为埃丝特·迪弗洛、帕斯卡琳·杜帕斯和迈克尔·克雷默,研究内容被呈现在附录的评估案例4中。

我们也可能对更相近的结果感兴趣，比如知识的变化，这是HIV状况无法捕捉到的。事实上HIV状况并不是预防知识水平的有效测量指标，因为有些人可能知道如何有效地预防HIV，但并不会去做。测量这些中间产出和结果有助于了解项目投入转化为影响的潜在机制。例如，如果项目未能达到预期影响，失败的原因是什么？是因为它没有改变知识，还是因为改变知识但未改变行为？

案例：在地方政治中为妇女保留席位

印度于1992年修改了联邦宪法，将规划和实施发展项目的权力从邦下放到农村村委会。村委会现在可以选择开展哪些发展项目及决定相应的预算投入。各邦还被要求为妇女保留三分之一的理事会席位和理事会主席（pradhan）职位。大多数邦采用了随机抽签，在给定的选举周期中随机选取三分之一的村庄为女性保留委员会主席的职位。[①]这种抽签方法为评估保留妇女的政治席位政策对政治和政府的影响创造了机会：当政府中有更多妇女时公共政策会有所不同吗？当权女性选择的政策是否更反映了女性的政策偏好？

该评估的基本变革理论是：（1）为女性席位配额立法；（2）更多的妇女担任村委会主席；（3）投资决策更好地反映了女性的偏好；（4）女性偏好的公共物品质量提高。但在这方面文献中可供研究人员使用的标准测量指标相对较少，而且大多数指标都与项目背景息息相关。

为女性席位配额立法。即使最高法院强制规定了这一女性配额，各个邦也需要通过相应的立法。该投入可以通过查询立法记录获得。

更多的妇女担任村委会主席。一旦立法通过，它仍然需要在村一级实施。该政策的执行情况可以通过检验官方记录中在职村委会主席的性别来获得。

村内的妇女在村委会中的参与增加。为确保村委会的投资反映村里的优先事项，修正案包括两项要求，允许村民阐明其优先事项。首先，村委会必须每6个月或每年举行一次大会，报告前一时期的活动，并将拟议的预算提交村委会批准。其次，村委会主席必须设立固定的办公时间，让人们提交请求和投诉。

女性村委会领导人更可能会鼓励妇女在大会上表达她们的政策偏好。如果妇女们知道她们的意见最终会被一位女性负责人受理，这可能使她们更愿意表达自己的观点。如果妇女获得权力，她们将能够更积极地利用现有的政治渠道。我们能观察到的这种行为的指标是妇女出席大会并在大会上发言的人数，以及她们提出的要求和投诉的次数。

[①]关于这个政策的两项研究，一项由拉加本德拉·查托帕德耶和埃丝特·迪弗洛完成，另一项由洛瑞·比曼、拉加本德拉·查托帕德耶、埃丝特·迪弗洛、罗希尼·潘德和佩蒂亚·托帕洛娃完成，它们被总结呈现在附录的案例评估12中。

投资决策能更好地反映女性的偏好。理事会决定实施哪些发展项目及在这些项目上投资多少。他们必须从一系列发展领域中选择项目，包括福利服务（为寡妇提供服务、照顾老人、产妇保健、产前保健、儿童保健）和公共工程（提供饮用水、道路、住房、社区建筑、电力、灌溉和教育）。

可以根据官方记录来估计公共物品和服务的支出，但我们也想核实官方记录中的公共物品和服务是否确实实际提供了。为此，可以对社区中不同类型的公共物品进行核查，询问它们是什么时候建成的，最后一次维修的时间等。

我们还需要确定女性更偏好哪些公共物品。在村民大会上发言或提交服务请求或投诉不仅耗时，而且需要勇气。但表达出自己对公共物品的意见或诉求有时确实可以产生作用，例如影响公共资金投向哪些部门或项目。这表明人们可能只会对利害攸关的问题表达意见或发表诉求。因此，人们的真实偏好的一个可观察指标是测量他们公开表达出来的诉求、投诉和在大会上的发言中所涉及的公共物品。对这些涉及的问题按性别分类，可以帮助我们确定男性和女性的政策偏好。需要注意的是，如果一种公共物品既受到女性高度重视，也受到男性高度重视，那么开展保留女性政治席位的干预应该不会对其投资带来影响。对于这种产品，有女性政治席位配额的村和没有女性政治席位配额的村都会投资，所以引入女性政治席位配额不会改变其投资模式。

女性偏好的公共物品质量提高。如果女性政治席位配额只导致对女性偏好的公共物品总投资的增加，而女性偏好的公共物品的数量或质量均没有增加，这种改变并不会使女性真正受益。我们可以测量公共物品的质量。以水质为例，可以检测水中是否存在微生物。

假设、条件和威胁

变革理论建立在一系列假设和条件的基础上，这些假设和条件必须得到满足才能使变革理论中的一系列事件成立。在评估提高妇女参与村委会项目的逻辑框架中（表5.3），我们绘制了如下假设：

- 为妇女预留政治席位的政策得到执行。修正案要求各邦：(1)建立农村委员会；(2)将所有规划和实施农村发展计划的权力下放给委员会；(3)确保委员会每5年举行一次选举；(4)确保三分之一的委员会席位和委员会主席职位为妇女保留。
- 观察到有女性领导人会鼓励其他妇女更积极地参与公共事务。配额立法通过时，人们可能担心女性领导人只会有名无实。若真如此，其他妇女可能不会更积极地参与村委会事务，或积极发表意见或提出诉求。
- 女性的偏好与男性的不同。即如果按性别对公共物品的偏好进行排序会看到差异。为此,我们需要编制公共物品目录(水、道路、农业等),并检查男性和女性是否有不同的偏好,以及在哪些领域有不同的偏好。

- 存在一定程度的民主。应该每5年举行一次选举,由民选议员代表每个选区。应当从市议员中选举出一名市议会主席。议会主席不应有否决权,对公共事务的表决应以多数票为通过标准。存在民主即意味着投资能反映出选民的偏好。

- 民主并不完美。如果存在完美的民主,民选议员会完美地传达所有选民的意愿,而领导人的性别和偏好则变得不重要。但主席是唯一的一个全职任职的委员,因此拥有有效的权力。民主是不完美的,这意味着投资能反映主席个人的偏好。

- 增加的投资可以转化为数量更多、质量更好的公共物品。女性作为领导人带来的政治权力可以让她们更好地投资女性偏好的公共物品。但如果投资资金安排得不合理,这种增加的投资并不一定会转化为数量更多、质量更好的公共物品。有人担心女性领导人可能缺乏政治经验,因而这些多增加的投资并不一定有实际的收益。衡量这种投资的指标既包括增加新的公共物品,也包括修缮原有的公共物品,因为修缮原有的公共物品也反映了公共物品的数量或质量的改善。

表5.3　增加妇女参与村委会的政策结果变量的潜在指标

投入、产出/结果	指标	假设和威胁
投入		
为女性预留政治席位的法律被通过了	各邦法律中的相应章节	最高法院的授权转化为各邦有效的法律文件
产出		
有更多的女性领导人	妇女担任村委会主席的数量	预留政治席位制度在村里得到执行
政治参与增加	妇女表达意见（投诉）的次数	观察到女性领导人鼓励女性发表意见
	妇女在一般会议上发言的次数	观察到女性领导人鼓励女性在会议上发言
影响		
公共物品投入更符合女性偏好	女性诉求中提到的公共物品与男性诉求中提到的公共物品	女性对公共物品的偏好与男性不同

续表

投入、产出/结果	指标	假设和威胁
	不同类型公共物品的数量	该制度比较民主,对于女性的诉求能够给出合适的回应;但还不够完全的民主,因而如果没有女性领导人这些诉求可能就不会被考虑
	修缮不同类型的公共物品	对女性政治压力的回应,既可以是提供新的公共物品,也可以是修缮原有的公共物品
	最近提供的不同类别的公共物品	新的投资比以前的投资更符合女性的需求
女性偏好的公共物品的质量	饮用水中微生物的数量减少	对女性偏好的公共物品投资更多可以转化为更高质量的服务

模块5.2 确定数据来源

一旦确定了感兴趣的结果、选择了相应的测量指标,我们就需要确定如何收集这些数据。本模块讨论如何选择收集数据的方法(是使用现有数据还是通过调查或非调查工具收集数据),何时收集数据,谁负责收集数据,收集谁的数据,以及在哪里收集数据。

使用现有数据还是收集新数据

是使用现有的行政数据还是通过调查或非调查工具收集我们自己的数据,我们必须做出选择。

使用现有的行政数据

如何获取我们感兴趣的结果变量的数据?在某些情况下现有的行政数据可能是一个很好数据来源。行政数据是政府或民间社会组织收集的记录,这些数据通常与特定的项目背景有关。

首先,需要评估这些行政数据是否适合回答我们的研究问题。应该考虑以下几个问题:

• 数据是否真的存在?

- 数据是否持续被收集？
- 数据集是否覆盖了我们感兴趣的人群？
- 数据是否包含了我们感兴趣的结果变量？
- 数据是否可靠，不太可能被操纵？

局限性。行政数据通常有两种：收集每个人的基本数据(例如，学业结业考试成绩)；随机抽取一部分样本收集更详细的数据(大多数政府统计数据是基于对有代表性样本的调查)。通常，收集到的所有个人的行政数据都不是很详细，可能不足以回答所有的问题，但也有例外。例如，医疗记录涵盖所有患者的治疗情况和结果的详细信息，监狱记录可能包含相当多的囚犯的信息。

大规模的全国性调查通常会收集非常详细的数据，但其样本通常只能覆盖全部人口中的一小部分。例如，人口与健康调查对抽取的具有全国代表性的个人进行了详细的调查，数据内容丰富。但多数情况下我们关注的干预组和对照组的样本可能只有很少一部分被抽中参与了这些普查，因此对我们的分析来说样本量是不足的。

案例：政治家的选举结果。在巴西，一项政策随机分配了对市政当局进行腐败审计的时间。然后，研究人员能够使用现有的选举结果行政数据来评估公开腐败信息对现任市长选举结果的影响。

进一步阅读：

Ferraz, Claudio, and Frederico Finan. 2008. "Exposing Corrupt Politicians: The Effects of Brazil's Publicly Released Audits on Electoral Outcomes". *Quarterly Journal of Economics* 123 (2): 703-745.

J-PAL Policy Briefcase. 2011. "Exposing Corrupt Politicians". Abdul Latif Jameel Poverty Action Lab, Cambridge, MA.

案例：英国征收的逾期税。内阁的行为监察小组对鼓励纳税人偿还欠政府债务的多种方法进行了测试。大约70%的欠税者在收到政府当局的信件后付清了欠税，但政府希望探讨是否能够进一步提高偿还比例，因为对欠税者进行诉讼的费用是非常高的。他们借鉴了行为研究的经验教训，开发了对应方法来起草要求付款的信件。然后，他们给不同的债务人随机邮寄不同类型的信件，其结果可以通过税务管理记录来评估。

进一步阅读：

Cabinet Office Behavioral Insight Team. 2012. "Applying Behavioral Insights to Reduce Fraud, Error, and Debt". Accessed May 28, 2013.

案例：高中毕业生的考试成绩。有一项政策向随机选择的家庭发放私立学校的代金券，研究人员评估该政策的影响。后来研究人员查看了政府大学入学考试的登记情况和考试成绩的官方记录。是否有考试成绩也是是否高中毕业的一个很好的代理指标,因为90%的高中毕业生都参加了考试。

进一步阅读:

Angrist, Joshua, Eric Bettinger, and Michael Kremer. 2006. "Long-Term Educational Consequences of Secondary School Vouchers: Evidence from Administrative Records in Colombia". *American Economic Review* 96 (3): 847-862.

该研究被总结呈现在附录的评估案例10中。

收集我们自己的数据

在很多情况下我们不能仅仅依靠别人收集的数据来评估结果,因为这些数据要么不存在,要么不可靠,要么样本量不足。收集我们自己的数据能够根据我们特定的研究需求来收集特定的变量。然而,收集数据的费用是很高的,我们需要仔细权衡收集什么数据以及何时收集数据。

调查问卷。收集数据进行影响评估最常用的方法是使用调查问卷。在研究中,调查问卷有利于从个人那里收集许多不同问题的数据。它们相对较快,而且(与一些非调查工具相比)相对便宜。然而,对于某些结果我们可能担心受访者在调查中报告的信息不可靠,因为他们可能忘记了过去发生的事情,或者可能错误地报告了潜在的敏感信息。

非调查性工具。虽然调查问卷是收集数据最常见的方式,但也有许多非调查性工具可以量化难以测量的结果。这些工具既包括调查员呈现给受访者的简单图案(通常作为调查的一部分,本章稍后将详细讨论),也包括复杂生物标志物数据的收集。这些工具能够很好地测量参与者难以在调查中报告的活动或结果(如腐败或歧视),他们可能不知道的活动或结果(如他们是否感染了HIV或存在潜在的种族或性别偏见),或者需要更细致的测量的活动或结果(例如,贫血水平等健康结果的微小变化)。

非调查性工具也有很大的局限性,不同工具的局限性不同。模块5.4详细讨论了一些非调查性工具,并指出了每种工具的优点和局限性。每次问卷调查可以收集多个方面的结果数据,而许多非调查性工具所测量的结果较为有限,因此成本较高。

确定受试者和受访者

谁将是我们的受试者和受访者? 这个问题暗含了更多其他问题:谁是有代表性的观测对象? 谁了解我们想要调查的观测对象的信息? 谁能提供最可靠的信息? 谁是能让我们一次收集到最多信息的高效受访者?

我们的受试者和受访者是谁?

干预的受试者是谁？我们要衡量的结果取决于想要回答的问题。例如，如果想了解一个商业培训项目是否增加了商业实践的知识，就应该对培训参与者进行测试。但选择并不总是那么简单。

对于一个净水项目，我们希望研究它对健康的影响，则可以考察一个家庭中每个人的健康状况，因为如果他们喝了不干净的水都有可能患上腹泻。但更合理的选择是只关注5岁以下儿童的腹泻，这有两方面原因：(1)5岁以下的儿童死于水媒疾病的可能性要大得多，因此应更关心该年龄段的腹泻问题；(2)该年龄段的水媒疾病发病率更高，因此更容易观察到项目实施的效果。

相比之下，对于小额信贷项目我们可能不仅要关注获得贷款的人(如果小额信贷机构只贷款给女性，则是家庭的女户主)，还要关注她的配偶。如果只看女性户主的支出可能不会看到任何影响，但如果看家庭总消费或男性户主拥有的企业规模则可能会观察到项目带来的改变。

当处理像家庭这样的集合概念时，收集数据时以谁为受访者就不是那么明确了。这个集合概念都包括谁呢？例如，在处理非核心家庭或多配偶家庭时如何定义一个家庭？

谁有代表性？很多情况下我们并没有测量干预组和对照组中的每一个人，而是抽取了部分受访者。例如，我们正在一些社区开展补铁项目。我们认为采集干预组和对照组社区所有人的血液样本成本太高。那么，此时就要考虑应该选择哪些人来采集血液，才能使子样本具有代表性。

一种常见的抽样方法是走到社区的中心，然后顺着某个方向每隔一户(或第三户)采访一家。另一种方法是走到社区的中心选择路过的人进行采访。但白天在社区中心遇到的人并不是随机的。许多国家的富人往往住在社区中心附近，很多人会在中午出去工作，所以在中午遇到的可能是一群非常特殊的人。要确保选择一个真正具有代表性的人群来进行数据收集，唯一的方法就是得到一个居住在一个地区的所有人的名单，然后随机选择要采访的人或家庭。

谁了解我们想要的信息?我们想要采访那些了解我们需要的信息的受访者。例如，收集有关儿童健康的信息时——比如过去一周腹泻病例的数量——可以去找初级护理人员。要确保我们得到的答案具有可比性。换言之，如果因为母亲是主要的照顾者而决定采访母亲，应该确保样本中全部的家庭中都选择采访母亲，而不是为了方便在有些家庭以采访阿姨或其他姐妹来代替。但若完全不允许替代代价也可能很高。如果调查员来到一个家庭，母亲不在，就不得不改天再来采访她。

相比之下，如果想要了解一个村庄过去一年的公共工程项目数量，可以做一个参与式的评估。在这个过程中我们同时采访一组人，比如20个村民，以获得这些项目的总体情况。这样获得的信息将比只采访一个人获得的信息更准确,无论后者选择的这个人多么好。

谁不太可能操纵这些信息?哪个受访者最没有操纵信息的动机?有些问题是敏感的,受访者可能不愿直接回答。此时我们需要仔细考虑不同潜在受访者的动机。

以教师出勤率为例。学生和教师都可以提供这些信息。但教师有更强的动机谎报出勤率,因为她可能害怕受到主管的制裁,或者可能只是因为她不想被发现自己缺勤。如果不能直接观察出勤情况,只能依靠报告的信息,那么学生报告的出勤情况可能比教师报告的更接近真实情况。

向谁收集信息更有效率?效率是指我们一次能从一个人那里得到多少信息量。例如,如果想要获得儿童健康和教育方面的信息,而前者的指标是成绩单上的考试分数,那么父母可能是比教师更有效的信息来源。从教师那里我们只能得到考试分数,但从家长那里我们不仅可以得到考试分数,还能得到健康信息。

谁来测量?

仔细考虑选择谁作为收集数据的调查员是非常重要的。

采访干预组和对照组的调查员必须是相同的。让已经在干预组工作的项目工作人员来开展调查,并聘请其他人来调查对照组,这似乎只是权宜之计。重要的是,要使用相同的方法、由同一个调研团队对干预组和对照组进行调查。否则,数据的差异可能是调查员的访谈风格、调研流程或调查中互动情况带来的,而不是项目本身带来的差异。

调查员不应是项目工作人员或参与者从项目中认识的任何人。为了节省成本和人力资源,使用项目工作人员同时对干预组和对照组进行调查,这种做法很诱人。然而,如果调查员是受访者在提供服务的项目中认识的人,干预组可能不太愿意诚实地回答问题。此外,调查员应训练有素,能熟练地进行调查,并知道如何避免提出诱导性问题。不能简单地把一份调查问卷(即使是一份设计得很好的调查问卷)交给一般的工作人员,并希望他们能把调查做好。

调查员的特征很重要。需要仔细思考调查员和受访者之间的社会互动。例如,在某些情况下,调查员与受访者的性别最好是相同的。尽量减少语言障碍也非常重要:在理想情况下,调查员应能流利地使用调研地区的当地方言。当调查员以小团队工作时,至少应有一名调查员能流利地使用所有相关语言。

要有检查作弊的制度,并提前公布。需要仔细设计预防调查员作弊或粗心大意的制度。调查员有很多种办法逃避责任。调查员可以在不与受访者面谈的情况下填写调查问卷,从而节省时间。调查员作弊的形式也可能是没有尽力追踪正确的受访者,而只是用碰巧在场的另一个人来代替原来样本中的人。或者她也可以利用调查问卷中的跳过模式来节省时间。例如，在调查问卷中经常有一些问题，相对于回答"否"，回答"是"要多回答更多额外的问题。在关于家庭成员的调查中，调查员填写了较少的人数，那么接下来她要采访的人就会变少。在回答诸如种植的作物数量、一个人是否曾经贷款，或者这个家庭是否经历过疾病等问题时，也可能出现上述类似问题。这种作弊和粗心大意会导致整个评估无效。

不同的调查员有不同的检查作弊的方法，但最常见的形式是进行随机回查，并在数据中寻找是否存在某种固定模式。在随机回查中，一个独立的调查小组在样本中随机选择一些人，然后拜访这些人，并对他们进行简短的调查。该调查询问最近是否有人拜访过他们，询问一些问题，并重复调查中一些客观的问题，这些问题的答案不太可能随着时间的推移而改变。应事先告诉调查员会以回查的方式来检查他们的工作，这样的回查应在数据开始收集的前几天就进行，此时这样的威胁是可信的，回查也是最有效的。

一条经验法则是向大约10%的受访者发放回查问卷。对于较大的调查可以略少于10%，但对于小型调查大约需要15%。在决定做多少回查时，重要的指导原则是确保每个调查团队和每名调查员都要尽快回查到。可以考虑的一种选择是在调查开始的前几周可以对更大比例的样本进行回查，然后在剩余的时间将回查比例减少至10%。

我们还需要检查数据中是否存在暗示作弊的模式。例如，数据收集过程的管理团队可以实时检查大量的"否"答案，这些问题可以让调查员在调查问卷中跳过后面的问题。为调查员提供明确的定义也会有所帮助。例如，调查员有故意少填家庭成员的动机，以使后面访问的人更少，因此必须清楚地定义我们所说的家庭。家庭的定义通常取决于文化，但一个常用的定义是一起吃饭的人。

最后，使用诸如GPS设备之类的计算机辅助测试可以更容易监控某些作弊行为。要求调查员填写家庭或采访地点的GPS位置，可以检查调查员是否真的去过这些地方，而不是全部在一个地方进行调查。如果以电子方式收集数据并可以实时下载到主服务器上，那么就能更容易在数据收集过程中尽早发现数据中的可疑模式。

确定时间和频率

我们需要确定收集数据的时间和频率。是否应该在项目实施之前进行基线调查？是否应该在项目实施的整个过程中收集数据？要等多久才能做一个终线调查？应该多久调查一次，调查的时间应该是多长？

是否应该进行基线调查？

基线调查在以下情况可能是值得的：(1)样本量是有限的；(2)结果是特定于个

体的;(3)我们希望表明干预组和对照组在评估开始时是平衡的,或者(最好)通过分层随机化来确保它们是平衡的;(4)希望对子样本进行数据分析或在最终分析中包含控制变量。

有限的样本量。收集基线数据有助于提高统计功效,当样本量很小时尤为重要。换句话说,对于给定的样本量,有基线数据可以探测到比没有基线数据时更小的项目影响效果。在分析中可以使用基线数据来减少感兴趣的结果中无法解释的变异。例如,孩子们的考试成绩差异很大。如果有项目开始前和结束后的孩子们的考试成绩,可以在统计分析中使用这些基线数据作为控制变量,从而提高对影响效果估计的精确性。然而,收集基线数据可能费用很高,所以需要在基线调查的成本与增加样本量的成本之间进行权衡(详细信息请参见第6章的统计功效)。

个体特异性结果。当结果是个体特异性时收集基线数据会很有用。例如,随着时间推移,认知能力、考试成绩和信念往往与特定个体高度相关。如果收集同一个体在这些变量方面的基线数据和评估数据,将能够解释个体之间的许多差异。对于其他变量,如农业产量,同一个样本跨时间的相关性较低。此时收集基线数据对提高统计功效的作用比较小。

平衡性。有时随机分配并不能保证干预组和对照组是平衡的。例如,随机分配的干预组学校可能有更高比例的受教育程度较高的教师。因此,如果发现干预组学校的孩子比对照组学校的孩子考试成绩更好,这可能是由于项目实施带来的,也可能仅仅是由于教师学历水平的不平衡带来的。当样本较小时不平衡更可能出现,这使解释结果变得更加困难。

如果可以用基线数据证实随机化使干预组和对照组实现了平衡,则可以增强项目评估的可信度。这种平衡性还有助于确认随机化是否实际开展了(例如,如果是需要委托其他人进行随机化)。基线数据也可能发现不同组是不平衡的,此时我们几乎无能为力。更好的策略(如第4章所述)是进行分层随机化。基线数据可以用于生成分层随机化的数据。这种方法确实需要在随机化和项目实施之前收集、录入和清理基线数据。如果采取该方法,重要的是要向实施该项目的人解释清楚,在收集基线数据之后、项目实施前需要有一段等待时间,以对基线数据进行初步分析。

分组分析和控制基线时的特征。使用基线数据可以进行分组分析。例如,如果有收入数据,可以按基线时的收入等级对样本进行分组,然后检查项目的效果如何随收入而变化。或者如果有基线时的分数,可以查看该项目是让所有学生受益,还是只让那些基线分数本就很高的学生受益。如果只有项目实施后的结果数据,这是不可能做到的,因为我们不知道在项目开始前谁是贫穷的或表现不好的。按子样本组分析影响效果往往有助于回答重要的政策问题。

同样,若有基线数据,则可以在最终分析中加入收入等基线数据作为控制变量,这可以提高统计功效(见模块6.4和8.2)。

项目实施后,什么时候开始数据收集?

项目实施后多长时间应该开始后续的数据收集? 这取决于是否存在因项目的新鲜感而产生的新奇效应,以及从项目启动到产生影响之间的滞后时间。

当一个新项目的某些方面让参与者感到兴奋,并在短期内人为地提高了结果时,就会产生新奇效应。例如,如果用摄像机监控教师出勤,摄像机本身可能会引起兴奋,暂时增加学生和教师的出勤率。为了更好地评估监控的中期影响,在这种新鲜感消失后再测量影响效果可能会更好。

项目的影响很少是立即出现的,应该在项目出现影响效果之后再进行评估。例如,即使一个项目能立即减少教师缺勤,但定期教学的效果可能需要更长时间才能在学习和考试成绩上体现出来。

如何确定数据收集频率?

收集数据频率越高,就越有可能在结果中捕捉到中间结果和最终结果中的模式。

增加数据收集频率的好处之一是可以丰富对项目影响效果的解释。肯尼亚的一项研究评估了一个项目,该项目根据教师出勤情况支付其工资。学校校长负责记录教师出勤情况,并定期颁发出勤奖金。[1]研究人员每月进行3次随机抽查,独立测量出勤率。他们能够用随机抽查的数据与校长记录的出勤数据进行交叉验证,也可以看到整个项目过程中的出勤模式。他们发现项目开始时出勤率很高,但6个月后又降至正常水平。与之相伴的是,这段时间将缺勤标记为出勤的现象也在随之增加。之所以要进行这些分析,是因为研究人员经常收集中间结果。如果只在评估期结束时测量出勤率,虽然能够分析项目的影响效果,但不会发现出勤率在最初是增长的,但后来由于校长的随意记录而最终下降的故事。

频繁收集数据的一个缺点是成本过高,不仅包括评估的成本,也包括受访者的成本。他们不得不让调查员到他们的家里或教室里填写调查问卷。在决定数据收集频率时我们面临着数据精细程度和成本之间的权衡。

有时过于频繁的评估本身就会成为一种干预,会改变结果。在肯尼亚进行的另一项评估估计了分发用于家庭净水的氯对儿童健康和腹泻的影响。在干预组和对照组中研究人员均会到家中进行问卷调查,询问他们的饮用水是否经常使用氯,

---

[1]Michael Kremer and Daniel Chen, "An Interim Report on a Teacher Attendance Incentive Program in Kenya", Harvard University, Cambridge, MA, 2001, mimeo.

但不同家庭的访问频率是不同的。他们发现,频繁拜访这些家庭会让他们使用氯的频率提高。从某种意义上说,数据收集起到了提醒人们关于水加氯的作用。频繁收集数据的对照组不再能代表没有提供项目时的真实情况。[1]

何时应结束数据收集?

应该什么时候做最后的评估调查?项目什么时候结束?项目结束之后呢?如果想知道长期效果,应该在项目结束后等多久?为了让研究结果及时为决策提供参考,通常需要在等待长期结果和快速使用短期结果之间进行权衡。样本流失也是长期随访的一个重要因素。等待做最后评估调查的时间越长,流失率就可能越高,因为随着时间的推移人会流动,甚至死亡。

随机化设计如何影响数据收集时间?数据收集的时间可能因随机化设计而变化,特别是对照组。

在激励设计中,那些被激励的人可能需要一段时间才能参与该项目。然而,如果收集数据的时间等待太长,即使是那些没有受到激励的人也可能会参与这个项目。我们需要在激励组的使用率很高,而未激励组的使用率还不高的时候进行最后的项目评估调查。

在分阶段设计中,需要在最后一组参与项目之前进行最终的评估调查。然而,在分阶段设计的某些情况下仍然可以测量长期结果。长期结果的比较是在长时间参与项目和短时间参与项目的人之间进行的。例如,可以参阅对肯尼亚以学校为基础的驱虫项目的评估。[2]

在轮换设计中,每当干预在两组之间轮换时我们都必须收集数据。

确定调查地点:在哪里收集数据更高效?

想象一下,我们正在经营一个课后读书俱乐部,看看它是否有助于提高孩子的阅读理解能力。随机选择一些学校来加入这个俱乐部。我们可以在学校或家里测试孩子们的阅读理解能力。在学校测试效率更高,因为在某一时间多数孩子可能都在学校。学校(甚至是对照组学校)可能会很乐意合作,因为他们会收到关于学生的反馈。我们可能仍然需要在家里做一些测试来跟踪那些在我们做测试时辍学或请假的学生,但这仍然比在家里做所有的测试要便宜。

[1]Alix Peterson Zwane et al., "Being Surveyed Can Change Later Behavior and Related Parameter Estimates", *Proceedings of the National Academy of Sciences USA* 108 (2011): 1821-1826.
[2]Sarah Baird, Joan Hamory Hicks, Michael Kremer, and Edward Miguel, "Worms at Work: Long-Run Impacts of Child Health Gains", Working paper, Harvard Uni-versity, Cambridge, MA, October 2011.该研究内容被呈现在附录的评估案例1中。

模块5.3　评估和测试测量工具

现在有了一系列指标,那么如何决定哪些指标最适合我们的评估?本模块讨论了一个指标需要具备的基本特点:它必须是逻辑有效的、可测量的(可观察的、可行的、可检测的)、精确的(详尽的、排他性的)和可靠的。

潜在指标的桌面评估标准

在回顾文献并建立相应的变革理论框架之后,将得到一长串潜在结果变量和测量指标。这个清单可能太长,要测量所有可能的变量的代价太大,更不用说会让人困惑。最终,我们需要通过实地试点来测试测量指标。在此之前,我们可以对潜在测量指标进行"桌面评估",可以根据一个好指标的4个特征对它们进行比较,从潜在测量指标列表中筛选出最有可能的指标。

逻辑有效的

在具体的项目背景中,我们在概念层面感兴趣的结果必须与我们观察和测量的指标有逻辑联系。

案例1:HIV状况是不安全性行为的逻辑指标。HIV状况是不安全性行为的有效指标。逻辑联系如下:不安全性行为会导致HIV感染,感染会导致身体在一段时间后产生HIV抗体,HIV检测可确定这些抗体是否存在于血液中。

案例2:HIV状况不是安全性行为知识的合理指标。HIV状况不是安全性行为知识的有效指标。有些人可能知道最好的预防方法,但不去实践。

案例3:生育率是不安全性行为的一个合乎逻辑的指标。无保护的性行为可能导致怀孕,从而导致孩子出生。因此,生育率是衡量不安全性行为的有效指标。

我们还必须考虑该项目是否有可能改变测量指标与我们试图测量的结果之间的逻辑关系。一个指标可能与我们感兴趣的结果相关,但如果干预改变了这种相关关系,它就不再是一个好的指标。例如,在发展中国家的很多社区拥有金属板屋顶是财富的一个很好的代理指标,因此我们经常询问房屋的屋顶材料以了解其财富水平。但是,如果干预涉及支持房屋翻新,同时在干预组中看到的波纹铁皮屋顶比对照组的要多,此时就不能必然地认为由于这个项目总体财富增加了。

可测量的

可测量的指标是可观察的、可行的和可检测的。

可观察的。指标必须是在现实世界中可以被观察到的行为或状态。因此,快乐不是一个指标,但笑或自我报告的快乐可能是一个指标。学习不是一个指标,但能够阅读和做算术,这两者有重要的区别。直到确定一些可观察的指标才算是完成了对结果变量的定义。

可行的。指标必须在政治上、道德上和财务上都是可行的。可行性取决于具体情况。因此,从理论上讲,HIV状况是可以观察到的。但如果无法对儿童进行HIV检测,那么它可能不是一个以学校为基础的HIV教育项目的良好指标。如果某些问题过于敏感而不能进行询问,那么从这些问题中得出的指标就不可行。

可检测的。指标必须能够用我们实验中的仪器检测到,且现有的统计功效可以检测到。因此,婴儿死亡率(每1000个活产婴儿中12个月内或更小的婴儿死亡人数)可能不是一个很好的母婴健康项目指标。如果婴儿死亡发生的频率相对较低,即使该项目有效果,也因婴儿死亡比例太低而难以检验到效果。若评估一项改善水质项目的影响,可以测量腹泻发作的次数及严重程度,这是更容易检测到的指标。

在我们的HIV教育案例中,项目目标人群是小学最后一个年级的学生,平均年龄为15岁。政府没有授权对小学生进行HIV检测,我们也没有检测HIV的基本设备,因而测量HIV状况是不可行的。这也意味着我们不知道HIV的初始发病率,也无法衡量是否可以检测到HIV感染率的变化。当然,我们可以在做统计功效时猜测一个可能的初始发病率,但考虑到购买检验HIV生物标志物所需的基础设备的成本很高,我们希望在确定使用该指标之前知道样本中的真实发病率。我们可以在下一轮评估时再使用HIV状况作为评估指标。如果根据现有的指标证明该项目是有效的,那么值得在后续的研究中对HIV生物标志进行检验,以确定该项目对HIV感染率的影响,这是复制和扩大规模的重要考虑因素。表5.4展示了本研究的一系列可能的指标,评估了它们是否可观察、是否可行和是否可检测。

表5.4　潜在的测量指标及可测量性

结果	指标	可测量的		
		可观察的	可行的	可检测的
艾滋病教育的数量	教师在艾滋病教育上的小时数	是	是	是
艾滋病教育的方式	使用讲座时间教授艾滋病知识	是	是	是
	使用娱乐时间教授艾滋病知识	是	是	是
安全性行为的知识	答对题目的数量	是	是	是
非安全性行为	非安全性行为的次数	否	否	否
	生育的次数	是	是	是

续表

结果	指标	可测量的		
		可观察的	可行的	可检测的
安全性行为	安全套的使用	否	否	否
	自报告的安全套的使用	是	是	是
艾滋病感染情况	艾滋病状况	是	否	未知

精确性

指标越详尽、排他性越强，就越精确。

详尽的指标。结果可以通过多个指标来衡量，所有这些指标都是结果的逻辑分支。越详尽的指标能够反映需要衡量的结果越多的信息，从而提高评估影响效果的准确性。设想一个小额信贷项目增加了储蓄，并带来了100个储户。指标越全面就可能发现越多的储蓄行为。我们需要把"储蓄"这个概念在项目背景下的所有可能表现形式都考虑清楚。人们可能更愿意通过投资耐用资产来储蓄，而不是把钱存在银行账户里。他们可能会买山羊、买珠宝，把钱藏在罐子里，或者把钱存到银行里。如果只衡量银行里的存款，就会忽略所有其他储蓄的例子。"银行存款"这一指标并不能详尽地反映我们的"储蓄"结果。

在HIV教育案例中，生育指标是不安全性行为的详尽指标吗？如图5.1所示，除了生育，"不安全性行为"这个概念在现实世界中还有许多其他影响。在使用生育作为不安全性行为的指标时，只是在遵循从不安全性行为到阴道性行为再到怀孕再到分娩的路径（标记为黑色部分）。只有无保护的阴道性行为才会导致怀孕，而且这种情况只在某些时候发生。指标的详尽性指生育过程在多大程度上反映了不安全性行为的发生率。要问的问题是"如果人口中有100例不安全性行为，有多少导致了分娩？"

与生育指标相反，HIV状况是对HIV感染的详尽测量。如果有100例HIV感染，在适当的时间对所有100人进行检测，可能会有近100例HIV阳性检测。HIV状况涵盖所有HIV感染病例。

排他性指标。排他性指标是指仅受感兴趣的结果影响而不受其他因素影响的指标。眼泪就是非排他性指标的一个例子。人们快乐、悲伤、痛苦、切洋葱或他们的眼睛变得烦躁时都可能会有眼泪。有些人（演员和政治家）可以在需要哭泣时随时流泪。就其本身而言，眼泪是一个人情感状态的一种模棱两可的信号。如果我们感兴趣的结果是悲伤，眼泪就不是一个精确的指标。

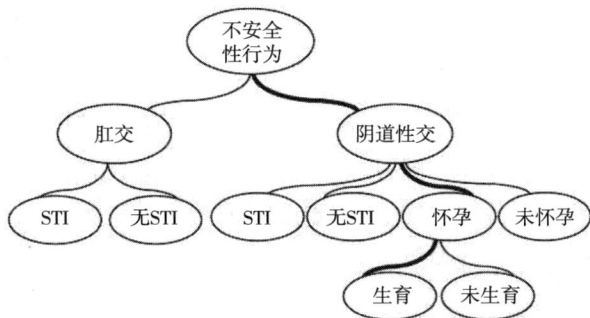

图 5.1 "不安全性行为"的逻辑链

注:STI=性传播感染。

虽然生育并不是不安全性行为的详尽指标,但它(在肯尼亚的背景下)是排他性的。如果我们看到生育,知道肯定存在无保护的性行为。HIV 状况是不安全性行为的唯一指标吗?这取决于具体情况(图 5.2)。即使没有不安全的性行为,也有可能是 HIV 阳性。HIV 感染也可以通过母婴传播或接触受污染的血液(通过输血、静脉注射药物和医疗事故)引起,尽管肯尼亚 15 岁的青少年很少因这些替代传播途径而呈 HIV 阳性。[1]

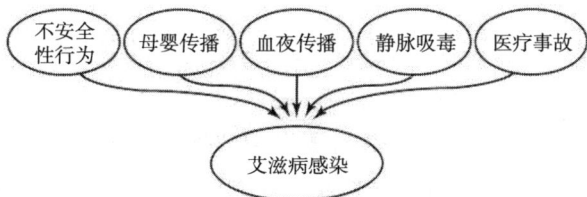

图 5.2 艾滋病感染的可能来源

可靠性和社会期望偏差

当一个指标不易被遗忘、伪造或误报时,它就是可靠的。例如,假设我们对性传播感染的发病率感兴趣,可以询问人们是否有性传播感染,或者可以检测他们是否有性传播感染。人们可能不愿说出他们性传播感染状况的真相,也许是因为他们声称自己是禁欲的。然而检测结果是很难伪造的,评估中应尽量选择较难伪造的指标。

当想评估一个提倡禁欲和使用安全套的 HIV 预防项目时,这两种情况都无法直接观察到,我们只能依靠受访者的自我报告。此时有两种可能的威胁:遗忘和故意误报。

人们可能会忘记他们是否使用了安全套。为了提高变量的可靠性可以缩小问题范围,使其更具体。例如可以问:"在你最近的 10 次性接触中,你有几次使用了

---

①该案例来自埃丝特·迪弗洛、帕斯卡琳·杜帕斯和迈克尔·克雷默的一项研究,研究内容被呈现在附录的评估案例 4 中。

安全套？"但更可靠的问法是："回忆你最后一次性行为，你使用安全套了吗？"

人们也可能故意误报。受访者撒谎可能是因为他们怀疑"正确"的答案应该是什么。例如，当社会对未婚人士的性行为有偏见时，一些受访者可能故意谎称自己是处女。肯尼亚的一项研究发现，12%的自称处女的妇女HIV呈阳性，其中大多数人患有其他性传播感染疾病，因此她们不太可能是非性行为感染HIV的。[①] 还有一种可能是人们会故意忘记那些让自己尴尬或不开心的记忆。换句话说，他们甚至可能都不知道自己是在误报。当项目鼓励某些行为时，参与者可能会特别强烈地想要报告他们正在做这些"正确"的事情，所以他们会报告他们正在禁欲、正在使用安全套、储蓄、不歧视他们的女儿，以及其他社会鼓励和期望的行为。当人们误报是因为他们想要表明自己的行为与他们所认为的社会期望一致时，由此产生的扭曲被称为社会期望偏差。

向项目参与者说明什么是社会期待的行为也可能导致过度报告和少报。例如，如果小额信贷客户被告知应将他们借来的钱投资于商业，这些客户可能会说他们就是这么做的，但事实上许多人用这些贷款来偿还其他贷款。

代理指标。规避自我报告偏差的一个好方法是使用可以直接测量的代理指标。如果结果发生变化，可以预测的代理指标和不可观测的结果测量指标都会发生变化。

例如，生育是上面讨论的HIV教育案例中的无保护性行为的一个代理指标，该代理指标可以帮助我们避免社会期望偏差。这一点很重要，因为要评估的HIV教育项目提倡婚前禁欲和婚姻忠诚。因此，干预组的青少年比对照组的青少年更有可能谎报无保护性行为。生育是一个很好的代理指标，因为它很难伪造。

应该对准确报告结果进行激励。我们必须小心，避免使用在干预组（而不是对照组）有激励作用的东西作为结果变量，也要尽量避免使用一组比另一组面临更高激励的东西作为结果变量。例如，假设我们正在评估一项使用学校出勤记录来激励教师的项目。在班级登记记录中出勤率最高的班级的教师将获得奖金。这种情况下班级登记并不是一个可靠的数据源，班级登记的出勤记录也不适合作为结果变量。如果两组都有激励，但其中一组面临的激励高于另一组，那么也存在同样的问题（例如，如果干预组教师每天出勤可以得到100卢比，而对照组教师每天出勤仅可以得到20卢比）。

一旦某个变量被用作激励的判断标准，就需要特别注意对数据操纵的可能性。如果这种操纵主要发现在干预群体中则问题就更严重。此时那些有动机（或有更

---

① J. R. Glynn, M. Caraël, B. Auvert, M. Kahindo, J. Chege, R. Musonda, F. Kaona, and A. Buvé, "Why Do Young Women Have a Much Higher Prevalence of HIV than Young Men? A Study in Kisumu, Kenya and Ndola, Zambia", *AIDS* 15 (2001): S51-60.

高动机)的人更有可能操纵数据。相反,我们需要使用一个独立的出勤信息来源(比如抽查)作为测量指标。如果独立来源显示激励所依据的数据没有被操纵,那么可以使用这些数据作为我们独立数据的补充,但这种情况下无论如何都需要有独立的数据。

确保干预组和对照组收集数据的方式是相同的。前面讨论了一个好的测量指标的所有特征,无论做哪种类型的研究这些特征都很重要。但随机干预实验还需要考虑一个额外因素。数据收集的所有细节(谁来做,怎么做,频率是多少,用什么工具等)在干预组和对照组之间必须是相同的。通常,我们可能有干预组的数据(因为实际开展了项目)而没有对照组的数据。例如,印度 的某个项目通过使用带有日期和时间戳的相机拍摄照片,以促进教师出勤率的提升。因此,研究人员掌握了干预组非常详细的出勤信息。但在对照组他们不能使用同样的相机方法来收集出勤数据,因为这种机制是干预的一部分。为解决这一问题,研究人员使用随机抽查的方法来测量教师的出勤率,这种随机抽查在干预组和对照组学校是以相同的方式进行的。[①]

现场测试

在办公室制订一份好的数据收集计划时,我们目前能想到的仅限于以上内容。任何计划,无论考虑多周全都必须接受现场测试。仅做一个桌面评估是不够的,因为即使是有意义的指标,在其他地方已经成功地使用过,但在这个评估中、在这个背景下、在这个人群中仍然可能失败。接下来将讨论进行现场测试和检验指标的假设是否正确时需要考虑的一些因素。

是否选择了正确的受访者?

现场测试可能会发现选择的受访者并不知道我们所询问的信息。例如,在某个农业项目中,我们可能预期户主应该了解其种植的作物种类。但如果在项目中男性和女性负责不同的作物,那么男性户主可能只知道他们自己种植的作物。

或者,我们可能会发现有一些关键的受访者了解许多个人或整个社区的结果,因此不必调查所有人,而是可以从一个集中的来源获取信息。到最近诊所的距离就是这种指标的一个很好的例子。

测量工具能检测到变化吗?

数据收集工具必须能够敏感地捕捉到评估人群所发生的变化。如果测量考试

①Esther Duflo, Rema Hanna, and Stephen Ryan, "Incentives Work: Getting Teachers to Come to School", *American Economic Review* 102 (2012): 1241-1278.

分数,则试题不应该太简单以至于大多数参与者都得100分,也不应该太难以至于多数人得0分。对测量工具进行现场测试将有助于确保测量工具的有效性。

研究计划适合项目当地的文化和政治环境吗?

例如,如果我们的项目旨在促进集体行动,那么我们可能就需要了解在这个特定的项目背景中应该关注哪些特定类型的集体行动。该地区有凝聚力的社区会集体参与哪些类型的活动?这些活动是否改善了当地的学校?集体照料社区农场的活动?策划社区庆祝活动?我们可以通过对专家访谈和阅读文献获得灵感,但最好的方式是把时间花在社区,做定性访谈,然后开发和测试好的测量工具。①

问题表述是否让人容易理解?一些问题可能对我们来说比较容易理解,但参与者不一定能理解。衡量社会资本的一个常用方法是考察一个人所属团体的数量。在塞拉利昂的一个评估的早期现场测试中,有一个问题是关于受访者属于多少个社会团体。但我们很快发现受访者并没有很好地理解该问题。有一人声称自己不属于任何社会团体。经过一番讨论,人们发现他是当地清真寺的活跃成员。除了参加那里的一个祈祷小组,他还和清真寺里其他一些年长的成员一起购买种子,在公共土地上耕种。显然,如果想要知道一个人参与了多少团队的准确答案,应该一一确认他是否是某些常见团队的成员。

是否收集了行政数据?它们可靠吗?我们也可以使用行政数据,比如学校持有的儿童入学数据或警方记录。通常法律要求保存这些类型的记录,但这并不表明它们一定存在,当然也不能保证它们是准确的。我们可以通过实地考察来了解这些记录是否保存完好。

回忆周期是否合适?现场测试也可以帮助确定合适的回忆周期。询问过去一周的结果好还是问过去一年的结果好?

调查时间是否太长?借助现场测试可以确定平均完成问卷所需的时间。如果问卷过长受访者会感到疲劳,那么数据质量就会降低。但请记住,通过培训和计时,调查员可以更好地实施访问,从而缩短每个受访者完成问卷的时间。

访问的最佳时间和地点分别是什么?受访者在某些时候可能能够更快地对问题做出反应。通过现场测试,我们可以回答以下问题来优化我们的调查时间表:上班之前我们能接触到多少人?中午能调查多少人?一周中有没有哪几天人们更容易待在家里?对于调查过的人要回访多少次?

---

① 关于具体针对当地情况的集体行动的详细问题,请参阅凯瑟琳·凯西(Katherine Casey)、瑞秋·格伦纳斯特和爱德华·米格尔的研究,研究内容被呈现在附录的案例评估15中。本次评估的所有调查工具可通过J-PAL网站获取。

模块5.4　非调查性工具清单

本模块给出了用来量化难以测量的结果(如腐败、赋权和歧视)的非调查性工具的案例。每种工具都需要在数据的丰富性、成本和避免报告偏差之间进行权衡。

直接观察

很多情况下我们可以选择对感兴趣的行为直接进行实地观察。我们可以使用随机抽查、神秘客户、匿名调查员,或者可以观察群体行为等方法。

这里讨论的所有直接观察工具都有一个共同的优点,那就是减少因记忆力差和故意失实而导致的误报。它们还可以提供丰富、详细的数据。然而,所有的直接观察工具都有一个缺点,就是只能捕获一个非常具体的时间点上的信息。

随机抽查

在随机抽查中,调查员在研究地点直接观察并记录感兴趣的指标。走访的时间是随机选择的,目的是观察事物的正常状态。虽然单次随机访问可能会观察到被观察的个体的非正常状态下的行为,但通过足够数量的抽查,观察到的平均值应该能很好地反映现实状况。例如,单次随机抽查并不是评估个别教师是否定期出勤的好方法。为此,可以在不同的时间、不同的日子去拜访教师。如果对样本中的所有教师访问一次,在一周的不同日子的不同时间访问不同的教师,并且有足够大的教师样本,那么总体而言抽查结果将能准确反映样本中的缺勤情况。但是,访问越频繁,受访者越可能预测下次抽查的时间,因而也越可能修饰自己的行为以应付抽查,这样抽查观察的总体将越脱离正常情况下的结果。

它们何时有用?　当衡量受腐败影响的结果时,或者当参与者有隐瞒失败或缺席的动机时,随机抽查是有用的。一次抽查也可以通过一次短暂的访问收集丰富的数据,因为我们不仅能够确认受访者是否在场,还能观察其具体活动。

局限性。　为了确保抽查能准确反映现实情况,必须进行大量抽查。这些抽查费用高昂,并且需要由训练有素、受到良好监督的调查员执行。抽查也只能测量那些受访者在看到调查员、做出反应之前能被迅速观察到的东西。

案例:抽查教师的出勤和努力情况。抽查常被用来检查项目提供者和受益者的出勤情况及项目参与情况。例如,印度学校的一个教育项目使用抽查来衡量教师和学生的出勤率和教师的努力程度。[①]考虑到该评估需要派遣一名调查员前往学校检查教师是否在场，调查员也可以在一次不事先通知的访问中快速记录下教师努力的3个指标：学生在教室里吗？黑板上写了什么？教师在授课吗？至于学生，每次访问时都需要点名以确认出勤情况。这些抽查的数据可能比教师登记簿上记录的出勤数据更可靠，因为教师可能存在谎报学生出勤的动机。

抽查在评估教师出勤率和教学行为方面非常有效，因为这些学校只有一间教室和一名教师。调查员可以直接观察到教师的具体行为。在规模较大的学校里，抽查也许可以衡量教师是否在场，但在调查员从一个教室走到另一个教室的过程中，消息可能会传播开来，教师们可能会很快开始教学，即使调查员刚到达时他们正在办公室和同事闲聊。

进一步阅读：

Duflo, Esther, Rema Hanna, and Stephen P. Ryan. "Incentives Work: Getting Teachers to Come to School". *American Economic Review* 102 (4): 1241-1278.

案例：对环境污染的随机抽查。印度古吉拉特邦进行的一项评估，测试了改变第三方环境审计员的激励机制是否会使他们的报告更准确。这些审计员每年对工厂检查3次，测量污染情况并向环境监管机构报告结果。该评估随机选择了一些检查，并委托独立机构在刚刚被审计员检查的同一家工厂进行抽样检查，获取相同的污染数据。在公司关闭机器或采取其他措施减少其排放的污染之前，进行回访检查的人员将进入工厂并立即前往污染源(如锅炉烟囱或烟囱)进行查看。这些回查使研究人员能够评估审计员的报告的真实性，并形成了第三方审计员误报的有效指标。

进一步阅读：

Duflo, Esther, Michael Greenstone, Rohini Pande, and Nicholas Ryan. 2012. "Truth-Telling by Third-Party Auditors: Evidence from a Randomized Field Experiment in India". Working paper, Massachusetts Institute of Technology, Cambridge, MA.

神秘客户

数据收集过程本身可以通过神秘客户的方式进行隐身处理。调查员对感兴趣的机构进行访问，并假装成一个典型的普通客户或公民。然后，调查员可以观察并记录其所接受的服务质量和任何其他感兴趣的指标。在某些情况下，"神秘客户"可以采取向组织发送书面申请的形式，而不是由真人访问。

如果调查员访问和观察的对象并不知晓自己参与了研究，那么调查员通常必

[①] 该项目的研究者为阿比吉特·班纳吉、肖恩·科尔、埃丝特·迪弗洛、利伦德，该研究被呈现在附录的评估案例2中。

须向其所在机构的伦理道德委员会申请豁免。在收集个人数据之前未获得其知情同意,或实施欺瞒行为(如以需要服务为由,实则用于数据收集),均需要获得伦理道德委员会的批准。让神秘客户在访问完成后再表达其目的,并且不收集标识个体的信息(即姓名、位置或职位),有助于确保神秘客户的方法符合伦理道德原则。在模块2.4和4.2中可以找到关于伦理道德委员会的规则和判断的更多讨论。

该方法何时有用? 神秘客户在衡量反社会或非法活动(如歧视或腐败)方面尤为有效,因为这些个人或机构不会承认其参与这些活动。使用神秘客户的方法使我们能够仔细地控制访问过程。例如,我们可以安排不同种族或性别的神秘客户,或者让他们穿不同的衣服,以衡量这些特征如何影响互动。

局限性。如果神秘客户调查员需要在访问结束时披露他们的目的,受访者可能因知晓自己被观察而改变未来的行为,并可能告诉研究中的其他参与者该地区有神秘客户。

案例:使用神秘客户方法测量印度的警察服务质量。在印度拉贾斯坦邦进行的一项评估测试了不同警务改革对警察反应能力和服务的影响。为评估警察对公民犯罪报告的反应是否有所改善,研究人员派遣调查员对警察局进行不事先通知的访问。他们在那里登记报案、假装自己是多种犯罪的受害者。调查员不会透露自己的真实身份,除非警方似乎真的会登记案件(为了避免登记虚假案件,因为这是非法的),或者要求调查员需要表明自己身份的情况出现时——例如,如果警察威胁起诉他报假案。然后,调查员记录下他报案的过程是成功还是失败、警察的态度和行动,以及其他细节,例如所花费的总时间和与其交涉的警察的名字。

这种神秘客户方法为评估警察的反应提供了丰富的测量指标。然而,当派出所的警察知道他们被这样观察时就可能改变自己的行为。事实上,在该案例中神秘客户的访问原本只是收集结果数据的一种手段,但其对未来报案的可能性产生的影响可能比想要评估的干预项目的影响还要大。

进一步阅读:

Banerjee, Abhijit, Raghabendra Chattopadhyay, Esther Duflo, Daniel Keniston, and Nina Singh. 2012. "Can Institutions Be Reformed from Within? Evidence from a Randomized Experiment with the Rajasthan Police". NBER Working Paper 17912. National Bureau of Economic Research, Cambridge, MA.

案例:测量美国招聘过程中的种族歧视。种族、性别和民族歧视在美国很难测量,因为它们是非法的。一项随机干预实验向公司发送了假的简历,以了解雇主在选取候选人进行面试时是否存在种族歧视。研究人员将相同内容的简历邮寄给不同的雇主,但随机选择一些雇主收到的简历使用的是典型的白人名字(例如,艾米丽或格雷格),而随机选择另一些雇主收到的简历是典型的非洲裔美国人名字(例如,拉基莎或贾马尔)。然后,他们计算了雇主给这些听起来像白人的名字和听起来像非洲裔美国人的名字的回复次数。虽然歧视不能直接测量,但这些邮件回复是可以测量的,它们是测量歧视的一个很好的代理指标。

进一步阅读:

Bertrand, Marianne, and Sendhil Mullainathan. 2004. "Are Emily and Greg More Employable than Lakisha and Jamal? A Field Experiment on Labor Market Discrimination". *American Economic Review* 94 (4): 991-1013.

匿名调查员(观摩)

匿名调查员可以自己体验我们希望测量的过程,并记录过程中感兴趣的结果测量指标。调查员可以直接观察要评估的项目或服务过程,并简单地计算过程中出现相应指标的次数。与神秘客户方法不同的是,调查员不会以客户的身份出现,不会提出问题,也不会积极参与其正在观察的过程中。

该方法何时有用?当我们想要看到整个项目或服务的过程时,仅对单一时间点进行观察是不够的,这时该方法便显得尤为重要。现场观摩可以帮助我们测量参与者体验到的服务质量,如服务需要多长时间,或者流程中有多少个步骤。该方法也常被用于对腐败进行精确的估计。

局限性。只有当观察者在场且不会影响项目或服务的过程时才能使用该方法。该方法成本很高,因为调查员需要接受大量的训练和监控,而且观察的过程需要花费相当多的时间。我们还必须设计一种客观的方法来比较不同案例和不同调查员的观察结果。例如,可以将调查员调查的地点随机分配,以确保调查员解释的话术或记录事件的差异性不会影响数据。

案例:与卡车司机一起乘车以记录在路障处支付的贿赂。一项关于印度尼西亚交通警察腐败的研究使用了该方法。这些匿名调查员只是随同卡车司机一起乘车,在每个路障处统计索取贿赂的次数及行贿的数量和金额。

进一步阅读:

Olken, Benjamin, and Patrick Barron. 2009. "The Simple Economics of Extortion: Evidence from Trucking in Aceh". *Journal of Political Economy* 117 (3): 417-452.

观察群体互动与结构化社区活动

调查员可以观察预定的活动进行，以观察群体互动。然而，在多数情况下，这样的活动互动如果未预先安排，可能不会在干预组社区和对照组社区中出现。在这种情况下，我们需要推动这种互动活动的出现。这种方法被称为结构化社区活动（SCAs）。

该方法何时有用？有时候，在人际互动中，我们能够更容易观察到我们感兴趣的结果。例如，对于权力变动或授权的研究，通过观察人们的言谈和彼此之间的关系能够获取无法从调查问卷中获得的信息，这些信息甚至可能无法通过个体观察来收集。

局限性。这种方法要求调查员的存在不会影响我们正在测量的结果。此外，我们想要观察的互动行为可能发生频率较低，所以如果只是等待其出现，可能需要等待很长时间才能观察到我们想要观察的互动行为，除非这样的互动行为有固定的时间表，例如一场会议。因此，我们应当采取措施主动促使这些互动行为发生。

案例：推动召开一个社区会议，从而可以观察和测量授权行为。如果预期观察的事件没有事先计划，研究人员可以促使该事件发生，从而可以利用该机会观察群体互动。例如，塞拉利昂的研究人员进行了结构化社区活动，以评估社区驱动的发展项目在提高妇女和青年参与社区决策方面的成功程度。这些活动并未事先正式安排会议。每当需要就讨论诸如如何修复桥梁或为当地公共工程项目贡献多少等问题时，村长就会召开会议。

因此，研究人员创造了一个需要社区召开会议、做出决定的机会。在调查开始的前一晚调查员宣布，他们想对整个社区发表讲话，并请村长第二天早上召集社区成员。在那次会议上调查员说，为了感谢社区参与住户调查，他们想给社区一个礼物：电池或者小包装的碘盐。然后，他们退后一步，让社区成员决定选择哪一份礼物。研究人员默默观察有多少妇女和青年参加了会议，有多少人在会上发言。同时，他们还注意到是否有部分老年人离开会议并私下秘密商议他们希望社区选择哪一份礼物。

进一步阅读：

该研究被呈现在附录的评估案例15中。

其他非调查性工具

当无法直接观察到想要测量的行为时，有多种非调查性工具可以用来记录感兴趣的结果。

物理测试

该方法何时有用？物理测试不会受到故意误报或报告中的心理偏见的影响。各种各样的物理测试可以用来衡量一系列不同的行为和结果。

局限性。物理测试测量的是一些特定的结果。有些测试有很高的错误率，并且可能产生混乱（尽管无偏）的测量结果。有些物理测试很难在现场进行，可能需要专门的技术知识，而且成本也很高。

案例：对公共基础设施项目资料的审计。印度尼西亚的一个项目调查了道路建设工程中的腐败情况。建设工程中的腐败包括：转移资金或偷工减料以降低成本，并将其余资金抽走供私人使用；挪用材料，使用更少的材料，将剩下的部分出售给私人使用。这里的审计采取的形式是在道路上随机选择一些地点进行挖掘，测量材料的使用量。然后用这些数据来估算材料的总使用量，并与官方的材料和人工支出记录进行比较。两者之间的差距形成了腐败的量化指标。

进一步阅读：

J-PAL Policy Briefcase. 2012. "Routes to Reduced Corruption". Abdul Latif Jameel Poverty Action Lab, Cambridge MA.

Olken, Benjamin A. 2007. "Monitoring Corruption: Evidence from a Field Experiment in Indonesia". *Journal of Political Economy* 115 (2): 200-249.

案例：抽查家庭饮用水中使用氯的情况。肯尼亚的一项研究评估了向家庭提供小瓶氯用于净水的影响。为了检查家庭是否在使用氯，调查员对家庭的饮用水进行了检测，以确定是否存在氯残留。

进一步阅读：

Kremer, Michael, Edward Miguel, Sendhil Mullainathan, Clair Null, and Alix Peterson Zwane. 2011. "Social Engineering: Evidence from a Suite of Take-up Experiments in Kenya". Working paper, Harvard University, Cambridge, MA.

生物标志物

使用生物标志物是一种非常客观的测试项目效果的方法，因为生物标志物不能被受试者或受访者操纵。所使用的生物标志物可能与项目直接相关（驱虫项目检查寄生虫载量），也可能是不直接以健康为主要项目目标的社会项目的结果（教育项目测试儿童健康的变化）。生物标志物的一些测试包括以下内容：

- 性传播感染和艾滋病毒检测。
- 疟疾或结核病等疾病的诊断测试。
- 测量体重、身高、身体质量指数（BMI）、臂围。
- 检测脚趾甲中是否含有砷等物质。

- 怀孕测试。

- 尿检。

- 唾液拭子测试皮质醇(一种压力激素)。

这些方法何时有用?与自报告的信息相比,生物标志物的偏误要小得多。

局限性。生物标志物数据可能非常昂贵,而且流程复杂。如果收集生物标志物是侵入性的或痛苦的,则受访者拒绝的可能性会更大。在进行生物标志物检测时,在检测中如果发现有个体患有严重疾病,我们也有道德义务干预。特别是考虑到费用很高,应提前评估我们选择的生物标志物是否能够比较准确地检测出干预组和对照组之间的差异(见第6章统计功效)。

案例:贫血和分散管理的铁强化项目。印度的一项研究评估了一项旨在解决贫血问题的项目的影响,该项目试图向当地磨坊主提供一种强化预混料,以便他们在为当地农民磨面粉时添加使用。项目团队采集了受访者的血液样本以检测贫血情况。然而,许多受访者拒绝采集血样,对照组社区的拒绝率高于干预组社区(干预组社区成员对该项目心存感激,更愿意配合调查)。高流失率且不同组间存在显著差异,这增加了结果解释的复杂性。

进一步阅读:

Banerjee, Abhijit, Esther Duflo, and Rachel Glennerster. 2011. "Is Decentralized Iron Fortification a Feasible Option to Fight Anemia among the Poorest?" In Explorations in the Economics of Aging, ed. David A. Wise, 317-344. Chicago: University of Chicago Press.

案例:用BMI测量家庭对女孩的投资。研究人员评估了派遣招聘人员到德里附近的村庄为商业外包行业的职位进行广告宣传的影响。当家长们了解到这些高薪工作适合受过良好教育的年轻女性时,他们改变了对女儿的投资方式。除了受教育程度的提升外,女孩的BMI也有所提高。这是一个很好的指标,表明家庭在女孩的营养和/或健康方面投入了更多资源和关注。

进一步阅读:

Jensen, Robert. 2012. "Do Labor Market Opportunities Affect Young Women's Work and Family Decisions? Experimental Evidence from India." *Quarterly Journal of Economics* 127 (2): 753-792.

机械跟踪设备

机械跟踪设备,如摄像头或指纹识别设备,可用于跟踪教师、学生、医生、护士或其他服务提供者的出勤情况,或记录相关事件或活动。随着机械设备价格越来越便宜,其在数据收集方面有了更大的用处。

这些方法何时有用？机械设备可以克服距离和时间的问题：GPS单元可以连续跟踪某人的位置，而无须持续观察。例如，教师和校长可以很容易地串通起来，在对教师的考勤中作弊，但一个依靠指纹为教师上下班打卡的自动系统可以预防这种腐败。

局限性。将跟踪设备放在人身上可能改变他的行为，因此我们需要在干预组和对照组中同样使用跟踪设备。此外，我们需要明白对照组的成员与一般人群不一样，因为他们知道自己被跟踪了。跟踪设备可能会坏掉。如果它们是被故意破坏的，损坏程度可能因干预组和对照组而有差异。

案例：利用车载摄像机测量公路质量。在塞拉利昂，研究人员评估了一个道路建设项目的影响。为了获得道路质量的客观指标并测量道路使用情况，他们在汽车上安装了带有GPS装置的摄像机。他们用摄像机来测量汽车的速度、道路的宽度，以及道路上的车流量。[1]

空间统计学

GPS读数、卫星图像和其他来自空间地理学的人工制品在数据收集中都是非常有用的。例如，GPS设备可以用来精确测量两地之间的距离（例如，房子和最近的学校之间的距离）或测量农场的大小。

该方法何时有用？空间数据使我们能够在分析中更多地利用距离。例如，可以利用距离来预测项目接受率，还可以使用空间数据来衡量溢出效应。例如，可以将干预组村固定半径内的村庄定义为溢出村，将远离干预组村的村庄定义为纯干预组村。相对于使用调查问卷收集数据，使用卫星图像能够在更大的区域中收集数据。

局限性。当在分析中使用距离时，我们通常也对两点之间的旅行时间感兴趣。GPS测量的距离并不总是与旅行时间相匹配——例如，如果道路、河流或复杂的地形将两个地点连接或分开。GPS信息并不总是100%准确，可能由于数据收集期间的天气恶劣、调查员对GPS输出的读数不准，或设备质量问题等导致的偏差。建议使用以数字方式记录读数的GPS设备（而不是让调查员写下来）。但如果这不可行，则必须对调查员进行系统培训以便正确使用GPS设备。卫星图像在世界不同地区的质量参差不齐，在一些国家（主要是富裕国家）是详细的，在许多贫穷国家则非常有限。随着时间推移，卫星图像的可用性和质量都在不断提升。

案例：通过卫星图像测量森林砍伐量。在印度尼西亚的一项研究使用卫星图像的数据监测森林砍伐的动态变化。研究人员构建了一个数据集将卫星图像与地

---

[1] Lorenzo Casaburi, Rachel Glennerster, and Tavneet Suri, "Rural Roads and Intermediated Trade: Regression Discontinuity Evidence from Sierra Leone", 2012.

理信息系统数据相结合,包括地区边界和土地利用分类。通过这种方式构建的数据集能够有效地捕捉到各地的森林砍伐情况。

进一步阅读:

Burgess, Robin, Matthew Hansen, Benjamin Olken, Peter Potapov, and Stefanie Sieber. 2011. "The Political Economy of Deforestation in the Tropics". NBER Working Paper 17417. National Bureau of Economic Research, Cambridge, MA.

案例:使用GPS评估距离对项目实施的影响。在马拉维进行的一项研究评估了人们对了解自己HIV状况的激励措施的反应,以及距离对了解自己HIV状况的影响。研究人员利用GPS数据对项目参与者的位置进行分组,然后将HIV临时检测中心放在这个组中被随机选择的一个位置上。这使研究人员可以观察与检测中心的距离如何降低人们参与检测的概率。

进一步阅读:

J-PAL Policy Briefcase. 2011. "Know Your Status?" Abdul Latif Jameel Poverty Action Lab, Cambridge, MA.

Thornton, Rebecca L. 2008. "The Demand for, and Impact of, Learning HIV Status". *American Economic Review* 98 (5): 1829-1863.

参与式资源评估

这类评估使用了很多动态方法,从而能够在数据收集过程中纳入当地人的知识和意见的数据。例如,我们可以用该方法来查明一个村庄可用资源的数量,或估计一个特定家庭的财富,或决定谁有资格成为项目受益人。

这些方法何时有用? 当人们之间的互动比单独向人们提问能提供更多信息时,参与式方法会更有用。每个人可能只知道部分情况,但当他们交流时会互相提示,一个人的陈述会提醒另一个人更多的细节。当想要了解很长一段时间的信息时(例如,过去5年,村子在公共物品上的投资)这种方法很有用,同时询问一群人要比单独询问一个人得到的数据更准确。

局限性。参与式评估的一个值得关注的问题是,人们可能不愿意在别人面前发表某些评论。特别是如果社区精英成员出现在小组中,其他成员可能很难公开对其提出批评。参与者可能不愿意反驳邻居或承认他们不知道问题的答案。选择合适的、知识渊博的参与者群体,并提出恰当的问题,对于顺利开展参与式评估非常重要。

案例:记录井的建造时间和地点以及维护方式。研究人员想要评估女性在地方政治中的配额是否会影响公共物品的供应方式。他们想要了解将村长职位保留给女性的村庄里是否有更多的水井,或者现有的水井维护得更好还是更差。在每个村子里没有一个人知道该地区所有水井的历史。调查员可以从村里召集一群知情人士，让他们就水井进行讨论。参与者绘制了村庄的地图，分享了水井的建造和修复时间及地点，并将这些补充信息标注在地图上。有人可能会说学校附近的水井是5年前挖的，这就促使另一个人提到实际上是6年前挖的，因为这口水井是在她的孩子离开学校之前挖的。这提醒了第三个人提到这口水井是在前一个春天修的。在谈话结束时调查员可以选择一些村民一起进行巡视，以检查地图上对水井的回忆的准确性，并注意水井的状况。关键是当地人之间的互动，因为他们互相提示和纠正有助于呈现一个更准确和全面的画面。

进一步阅读：

Chattopadhyay, Raghabendra, and Esther Duflo. 2004. "Women as Policy Makers: Evidence from a Randomized Policy Experiment in India". *Econometrica* 72 (5): 1409-1443.

J-PAL Policy Briefcase. 2006. "Women as Policymakers".Abdul Latif Jameel Poverty Action Lab, Cambridge, MA.

该研究被呈现在附录的评估案例12中。

案例：收集项目参与者的追踪信息。肯尼亚的一个HIV教育项目针对的是小学高年级的青少年。项目的主要结果是不安全性行为的生物学指标：女孩怀孕和生育的发生率。这些数据是在干预后的3年内对这些学校进行的6次访问中收集的。

为了减少这一长期随访中的样本流失，研究人员对每名参与者以前就读的学校的学生进行了参与性小组调查，收集了项目参与者的追踪信息。每次访问时基线样本中最初的所有参与者的名单都被大声朗读给高年级的学生听。对于每名参与者，研究人员会问一系列问题来引发关于该学生的讨论：她还在上学吗？如果是，去哪所（中学）学校，读几年级？她还住在这个地区吗？她结婚了吗？她怀孕了吗？她有孩子吗？如果有，她有几个孩子？有人可能会记得这个女孩搬到了不同的地方。这提醒了另一个人，当其最后一次见到她时，她怀孕了，不再上学了。

参与式的过程将与不同的人"活"在一起的点点滴滴的信息连接起来。在这种情况下，参与式小组调查可以产生非常准确的数据。在282名十几岁女孩的子样本中，我们在她们的家中对她们进行了跟踪和采访，88%的报告说已经开始生育的人确实开始了生育，92%的报告说没有开始生育的人确实没有开始生育。各个干预组的准确率是相似的。

进一步阅读：

Duflo, Esther, Pascaline Dupas, and Michael Kremer. 2012. "Education, HIV and Early Fertility: Experimental Evidence from Kenya". Working paper, Massachusetts Institute of Technology, Cambridge, MA.

　　Dupas, Pascaline. 2011. "Do Teenagers Respond to HIV Risk Information? Evidence from a Field Experiment in Kenya". *American Economic Journal: Applied Economics* 3: 1-34.

　　J - PAL Policy Briefcase. 2007. "Cheap and Effective Ways to Change Adolescents' Sexual Behavior". Abdul Latif Jameel Poverty Action Lab, Cambridge, MA.

　　该研究被总结呈现在附录的评估案例4中。

使用购买决策来揭示偏好

　　一些难以直接观察的行为或偏好可以从个人的消费选择来推断。尽管有些人可能会为取悦调查员而在调查中提供不准确的答案,但当人们意识到自己的资源处于危险之中时,他们的购买决策会更好地反映出真实偏好。人们仍然可能会象征性地购买一些东西来取悦调查员,但总的来说,当人们花自己的钱时,其真实购买行为会比调查中自我报告的行为更能反映其真实偏好。

　　该方法何时有用?当人们对一件商品的价值或购买频率的调查问题的回答中存在强烈的社会期望偏差时,使用购买决策是有用的。例如,如果在一项调查中问一个家庭的孩子多久会因为不干净的水而生病,然后问人们他们有多重视干净的水,他们很可能高估了自己对洁净水的真实评价。同样,受访者也可能不愿意承认自己不使用安全套。观察购买决策行为能够以市场上可能不存在的价格测试受访者的需求。如果询问受访者现有的购买情况,我们只会发现需求和当前价格之间的关系。然而,我们可以操纵价格,观察受访者在不同的价格下的购买选择。

　　局限性。虽然使用真钱降低了社会期望偏差的风险,但并不能消除这种偏见。人们很可能会象征性地购买一定数量的东西来取悦调查员。为避免这种情况,可以设定更高的价格以区分象征性购买和实质性购买。

　　案例:通过观察安全套购买行为推断性行为。马拉维的一个项目在挨家挨户的宣传活动中提供免费的HIV检测,并向人们提供小额现金奖励,鼓励他们到社区的流动护理和检测中心领取检测结果。随后,调查员走访了参与者的家庭,并为他们提供了购买补贴安全套的机会。人们是否选择购买补贴安全套揭示了他们对自身HIV状况的了解程度及对性行为的影响。

　　进一步阅读:

　　J - PAL Policy Briefcase. 2011. "Know Your Status?" Abdul Latif Jameel Poverty Action Lab, Cambridge, MA.

　　Thornton, Rebecca L. 2008. "The Demand for, and Impact of, Learning HIV Status". *American Economic Review* 98 (5): 1829-1863.

　　案例:了解免费分发蚊帐如何影响未来的购买决策。肯尼亚的一项研究评估了过去获得免费蚊帐的人是否会产生"有权"无限期地获得免费蚊帐的认知，从而减少未来购买蚊帐的可能性。在一项调查中，调查员本来可以直接询问人们将来是否会购买蚊帐，但研究人员并没有这么做，而是通过向干预组（接受免费蚊帐的人）和对照组（不得不付费购买蚊帐的人）出售蚊帐，从而获得了可靠得多的数据。

进一步阅读：

Cohen, Jessica, and Pascaline Dupas. 2010. "Free Distribution or Cost-Sharing? Evidence from a Randomized Evaluation Experiment". *Quarterly Journal of Economics* 125 (1): 1-45.

Dupas, Pascaline. 2009. "What Matters (and What Does Not) in Households' Decision to Invest in Malaria Prevention?" *American Economic Review* 99 (2): 224-230.

———. 2012. "Short-Run Subsidies and Long-Run Adoption of New Health Products: Evidence from a Field Experiment". NBER Working Paper 16298. National Bureau of Economic Research, Cambridge, MA.

J-PAL Policy Bulletin. 2011. "The Price is Wrong". Abdul Latif Jameel Poverty Action Lab, Cambridge, MA.

该研究被总结呈现在附录的评估案例6中。

案例：通过为社区筹款提供配额资金来研究集体行动。在塞拉利昂的一个项目评估中项目组给社区发放了一种代金券。如果社区也筹集了自己的资金，就可以在当地的建筑用品商店兑换代金券。每筹集大约2美元，社区就可以使用代金券额外获得1美元。因为兑换代金券对于社区来说总是值得的，所以在商店兑换代金券的数量可以用来衡量社区为当地项目筹集资金的协调能力。

进一步阅读：

本研究被总结呈现在附录的评估案例15中。

游戏

有时让受试者玩一个"游戏"可以衡量其社会品质，比如利他主义、信任和公平等。这通常是在一个受控的实验室实验中完成的，研究中关注的结果是参与者在游戏中的行为。典型的游戏案例包括衡量利他主义的独裁者游戏、衡量公平或互惠的信任游戏和最后通牒游戏。[1]

这些方法何时有用？游戏可以用于测试人们对不同动机和场景的反应。游戏

---

[1] 关于信任游戏的描述和如何在随机干预实验中使用信任游戏，可以查阅：Dean Karlan. "Using Experimental Economics to Measure Social Capital and Predict Financial Decisions", *American Economic Review* 95 (December 2005): 1688-1699. 关于最后通牒游戏和独裁者游戏的描述，可以查阅：Robert Forsythe, Joel Horowitz, N. E. Savin, and Martin Sefton. "Fairness in Simple Bargaining Experiments", *Games and Economic Behavior* 6 (1994): 347-369.

里可以在一天内设置许多不同场景,因而更方便、成本更低。而如果想要把这些场景在现实生活中实现可能需要很多年和数十万美元。游戏可以区分出不同类型的人。例如,游戏可以区分厌恶风险者和热爱风险者。

局限性。与随机干预实验不同,游戏不是在"真实世界"中进行的,因此从中得出的结论可能不容易推广到其他背景中。游戏的参与者有时会知道自己正在被观察,因而可能会在游戏中特意表现出某种行为。例如,他们可能会表现出实质性的利他主义,希望借此获得奖励或获得参与项目的资格。

案例:使用游戏测试对风险和冲动的态度。在乌干达的一项随机干预实验评估了小额赠款项目对处于危险中的妇女的生计和赋权的影响。评估中使用游戏来识别参与者的特定态度和特征,以查看该项目是否根据这些特征对人们产生了不同的影响。研究人员想要评估对风险、冲动、利他主义、信任和公众意识的态度在群体和贫困动态中所起的作用。研究人员在干预开始前和项目结束时使用行为游戏来衡量参与者对风险的态度、时间偏好、群体内信任、诚实、群体内利他主义、群体协调以及群体内公共物品的贡献。这些游戏有3个目标:(1)将游戏行为与个体特征联系起来(例如,更富有的人是否更厌恶风险?);(2)将游戏行为与长期结果联系起来(例如,更有耐心的人是否从商业技能中获益最多?);(3)作为对结果的一种测量(例如,团队构建是否增加了信任和合作水平?)。

进一步阅读:

Annan, Jeannie, Chris Blattman, Eric Green, and Julian Jamison. "Uganda: Enterprises for ultra-poor women after war". Accessed January 2, 2012.

案例:用公共物品游戏测试集体行动。研究人员进行了一项随机干预实验,以测试在利比里亚北部引入地方民主治理机构的影响。干预措施旨在提高社区解决集体行动问题的能力。干预完成5个月后研究人员使用全社区公共物品游戏作为集体行动能力的衡量指标。他们发现接受干预的社区在公共物品游戏中的贡献明显高于对照组社区。随后,研究人员对游戏参与者进行调查,试图了解项目影响社区在公共物品中贡献的机制。

进一步阅读:

Fearon, James, Macartan Humphreys, and Jeremy M. Weinstein. 2009. "Development Assistance, Institution Building, and Social Cohesion after Civil War: Evidence from a Field Experiment in Liberia". CGD Working Paper 194. Center for Global Development, Washington, DC.

———. 2011. "Democratic Institutions and Collective Action Capacity: Results from a Field Experiment in Post-Conflict Liberia". Working paper, Stanford University, Stanford, CA.

标准化测试

衡量项目参与者到底在项目中学到了什么，最简单的办法是对其进行标准化测试。最常见的例子是对小学生进行学科考试。考试不一定要笔试。笔试也可能会反映出我们关注的技能之外的其他能力（例如，我们可能对解决问题的能力感兴趣，但最终却只测试了读写能力）。应用图片、可操作的谜题和其他设备可以使测试不受语言和读写能力的限制。

这些方法何时有用？当需要对很多人快速测试同一类型的知识时该方法很有用。

局限性。考试成绩只是一个中间结果，而我们真正想知道的是一个项目带来的知识增长是否真正改善了孩子们日后的生活。需要特别注意，这个项目是否会使考试成绩与孩子们以后生活结果之间的关系变得不那么可靠。例如，如果项目使教师更倾向于采取应试教育，那么考试成绩就会是一个不太可靠的结果测量指标，因为考试成绩在干预组和对照组所具有的含义存在系统差异。此时需要评估影响效果是否持续存在，或者进行一些不受项目诱导的其他测试，以获取更可靠的结果。

案例：在印度对基础的数学和阅读能力的测试。在印度，非政府组织布拉罕基金会实施了一项标准化测试，以评估儿童基本的读写能力和算术能力。在评估布拉罕基金会教育补习项目的影响时，使用了对儿童实际学习水平进行的简单测试，以评估该项目是否改善了儿童的学习效果。这套测试的目的是衡量儿童不同程度的基本技能，从识读字母到阅读单词再到阅读句子。如果评估中使用的是儿童入学考试水平测试（即针对三年级儿童的三年级测试），那么可能多数孩子都会不及格。从评估角度看，这样的测试不能反映儿童学习水平的变化，因为所使用的测试不应该太难（或太容易），以至于大多数儿童的分数都差不多（要么全部及格，要么全部不及格）。

进一步阅读：

Banerjee, Abhijit V., Shawn Cole, Esther Duflo, and Leigh Linden. 2007. "Remedying Education: Evidence from Two Randomized Experiments in India". *Quarterly Journal of Economics* 122 (3): 1235-1264.

J-PAL Policy Briefcase. 2006. "Making Schools Work for Marginalized Children: Evidence from an Inexpensive and Effective Program in India". Abdul Latif Jameel Poverty Action Lab, Cambridge, MA.

该研究被总结呈现在附录的评估案例2中。

用情景测试来测试知识

情景测试是通过向受访者提供假设的场景,以评估他们的技能。

该方法何时有用?情景测试是观察受访者如何处理假设的"现实生活"场景。相对于标准化测试,我们可以从情景测试中获得更多信息。

局限性。情景测试并不能完全反映出在实际生活中人们是如何应对这些场景的。因为提供的是虚拟情景,受访者知道自己被观察,所以可能表现出与平时不一致的行为。

案例:评估医生诊断常见病的能力。在印度有研究项目用临床情景来测量医生的知识和能力。医生们可以观察到患者的症状并可以询问患者的病史。案例中使用的病例包括患有腹泻的婴儿、患有先兆子痫的孕妇、患有结核病的男子、患有糖尿病的人和患有抑郁症的女孩。然后,调查员会询问医生,假设他们面对这些临床情景时他们会进行哪些检查,会如何治疗。根据医生提出的问题和给出的治疗方案可以构建一个衡量医生能力的指标。虽然该方法测量的是医生的知识水平,但研究人员发现许多医生在临床情景中比面对真正的患者时表现得更好。临床情景方法能够有效揭示医生的知识和真实行为之间的差异。

进一步阅读:

Das, Jishnu, and Jeffrey Hammer. 2007. "Location, Location, Location: Residence, Wealth, and the Quality of Medical Care in Delhi, India". *Health Affairs* 26 (3): w338 - 351.

——. 2007. "Money for Nothing: The Dire Straits of Medical Practice in India". *Journal of Development Economics* 83 (1): 1-36.

使用情景测试和假设场景来测量未表达出来的偏见

我们可以创建多个假设情景,这些情景除了涉及的人物在性别或种族方面有所不同,其他方面均相同。然后,可以随机选择向受访者展示的假设情景类型。如果平均而言受访者会根据场景中人物的种族或性别对情景进行不同的评分,这就能测量出受访者的偏见。

该方法何时有用?情景测试可以用于测量未表露出的或社会不希望的偏见和歧视。研究人员可以准确地控制受访者所接触到的情景,从而能够发现他们希望观察到的某种差异。

局限性。该类型的情景可能用来衡量对一个非常具体的属性(如性别)的不同反应,但这种测量方法成本特别高。因此,只有当某一结果是研究的主要结果变量,而传统的测量方法并不可靠时使用该方法才最有用。

案例:对印度男性和女性领导人的演讲录音。印度的一项评估测量了妇女在地方政治中的配额效果。研究人员想要评估的是，村民们对女性领导人发表的演讲的评价是否低于对男性领导人发表相同演讲的评价。每个受访者都听了一段简短的演讲录音，其内容是一位领导人对村民抱怨要求他们捐钱出力这一问题的回应。项目组随机挑选了一些受访者让他们听到的录音的演讲者是男性领导人，而另一些受访者听到的录音的演讲者则是女性领导人。然后，受访者需要对领导者的表现和效率给出评价。

进一步阅读：

Beaman, Lori, Raghabendra Chattopadhyay, Esther Duflo, Rohini Pande, and Petia Topalova. 2009. "Powerful Women: Does Exposure Reduce Bias?" *Quarterly Journal of Economics* 124 (4): 1497-1539.

Chattopadhyay, Raghabendra, and Esther Duflo. 2004. "Women as Policy Makers: Evidence from a Randomized Policy Experiment in India". *Econometrica* 72 (5): 1409-1443.

J-PAL Policy Briefcase. 2006. "Women as Policymakers." Abdul Latif Jameel Poverty Action Lab, Cambridge, MA.

——. 2012. "Raising Female Leaders." Abdul Latif Jameel Poverty Action Lab, Cambridge, MA.

该研究被总结呈现在附录的评估案例12中。

案例：对印度种姓歧视的测试。印度的一项研究评估了教师在考试评分时是否存在性别或种姓歧视。研究人员举办了一场竞赛考试，该竞赛有巨额奖金，并招募教师为考试打分。然后，卷面上孩子的"特征"（年龄、性别和种姓）是研究人员随机填写的，以确保教师观察到的特征与考试质量之间没有系统关系。他们发现，教师给低种姓学生的打分要比给高种姓学生的打分低0.03～0.09个标准差。

进一步阅读：

Hanna, Rema, and Leigh Linden. 2009. "Measuring Discrimination in Education". NBER Working Paper 15057. National Bureau of Economic Research, Cambridge, MA.

内隐关联测试（IATs）

内隐关联测试是一种实验方法，它基于这样一种观点：在快速分类任务中，如果受访者认为两个概念联系更强，则可能更快地将这两个概念配对。

这些方法何时有用？内隐关联测试可以测量参与者可能不想明说的偏见，或者甚至参与者自己都没有意识到的偏见。

局限性。尽管内隐关联测试可以测量出偏见,但仍然只能提供近似值。该方法基于这样一个假设,即只有当人们认为两个概念有强烈关联时,他们才会将这两个概念归为一类,而这种强烈关联可能源于偏见或刻板印象。但是人们可能意识到社会强化了某种刻板印象,当他们面对现实生活中的情况时可能故意对抗自己的刻板印象,从而使测量结果不准确。

案例:使用内隐关联测试评估印度对女性的偏见。印度的一项研究评估了通过为女性预留政治席位制度从而有妇女当选村领导人的村里,其村民对女性领导人的偏见是增加了还是减少了。在内隐关联测试中,电脑屏幕的左边和右边分别有两张图片。这些照片被分为两组(每组包含左边的一张和右边的一张)。在刻板印象组中,左边屏幕展示的是一位处于领导环境中的男性图片(例如,站在议会大楼旁),而右边屏幕展示的是处于家庭环境中的女性图片。而在非刻板印象组中,女性被放在领导环境中,而男性被放在家庭环境中。然后,在屏幕中间播放代表不同概念或活动的录音或图片,内容可能包括烹饪、洗涤、机械、政治、孩子和金钱等。然后,每名受访者可以通过一个按钮自己决定中间的录音或图片属于屏幕右侧还是左侧。如果受访者更倾向于将领导能力与男性关联起来、将家务活动与女性关联起来,那么受访者会迅速地将领导活动分类到有一张男性图片的一边,将家务活动分类到有一张女性图片的一边。然后,研究人员计算了刻板印象组和非刻板印象组之间的平均反应时间差异,从而定量地测量出性别偏见:分类时间差异越大,内隐的刻板印象越强。

进一步阅读:

Beaman, Lori, Raghabendra Chattopadhyay, Esther Duflo, Rohini Pande, and Petia Topalova. 2009. "Powerful Women: Does Exposure Reduce Bias?" *Quarterly Journal of Economics* 124 (4): 1497-1539.

Chattopadhyay, Raghabendra, and Esther Duflo. 2004. "Women as Policy Makers: Evidence from a Randomized Policy Experiment in India". *Econometrica* 72 (5): 1409–1443.

J-PAL Policy Briefcase. 2006. "Women as Policymakers".Abdul Latif Jameel Poverty Action Lab, Cambridge, MA.

——. 2012. "Raising Female Leaders". Abdul Latif Jameel Poverty Action Lab, Cambridge, MA.

该研究被总结呈现在附录的评估案例12中。

利用随机化的活动清单来测量隐藏的不良行为

随机化的活动清单可以在不向研究人员暴露具体是谁参与了敏感行为的情况

下，测量出参与这些敏感行为的比例。从受访者中随机选择一半，向他们发放一份简短的活动清单。这些受访者要报告清单上的活动有多少是他们参与过的，但不用具体说明参与的是哪些活动。另一半的受访者将收到同样的活动清单，但增加了研究人员感兴趣的关键的敏感活动。这些受访者同样需要报告他们参与过的清单上的活动数量。然后，研究人员可以计算出两组受访者参与活动数量的平均值。两组平均活动数量的差值即研究人员关注的样本群体参与敏感活动的比例。

该方法何时有用？随机化的活动清单可以估计一个敏感的、被禁止的或社会不可接受的活动的参与比例。当项目受益人可能担心说出真相会使他们在未来失去获得项目福利的资格时，这一点尤其有用。

局限性。该方法仅能估算出某一活动的总体参与比例，无法确定具体哪些个体参与了这些敏感活动。

案例：估计有多少小额信贷客户将商业贷款用于个人消费。研究人员在菲律宾和秘鲁采用随机化的活动清单方法来估计有多少小额信贷客户将原本用于商业投资的贷款用来偿还其他贷款或购买个人家居用品。例如，随机选择一组客户向其提供一笔贷款的不同用途的清单（如为企业购买商品或设备），随机选择的第二组客户收到的是同样的清单，但附加了一份声明，如"我将至少四分之一的贷款用于家庭用品，如食品、电视、收音机等"。通过计算两组人报告的平均参与活动数量的差值即可估算出将贷款用于家庭用品的客户比例，该方法得出的结果远远高于自己承认有这种行为的客户的比例。

进一步阅读：

Karlan, Dean, and Jonathan Zinman. 2010. "Expanding Microenterprise Credit Access: Using Randomized Supply Decisions to Estimate the Impacts in Manila". CGD Working Paper, Center for Global Development, Washington, DC.

——. 2011. "List Randomization for Sensitive Behavior: An Application for Measuring Use of Loan Proceeds".Working paper, Yale University, New Haven, CT.

该研究被总结呈现在附录的评估案例13中。

利用数据模式检查作弊行为

当调查员提交的数据可能面临激励或惩罚时他们就可能作弊，伪造数据。研究人员可以检查数据中是否存在某种表明作弊行为的模式。例如，考试结束时学生可能仍有很多题未作答。某教师为提高学生考试成绩可能会将学生未来得及作答的空白试题自己填上正确答案。此时，检查数据可能会发现这样一种数据模式，即学生做对的试题总是在试卷的最后部分。

该方法何时有用？该方法可用于检查项目参与者或负责数据收集的调查员是

否作弊。

局限性。有时模式可能看起来像作弊,但其实不是。例如,如果某个班级在考试中表现很差,但有一道题所有学生都做对了,这可能是因为作弊,但也可能是因为该班最近刚教过这道题,学生们都记得。通常干预组不会比对照组出现更多这种巧合(反之亦然),但还是需要注意这种可能性。

案例:墨西哥在汽车排放检测中的腐败现象。在墨西哥进行的一项研究中,为分析汽车排放检测中是否存在腐败现象,研究人员查看了排放检测统计数据中是否存在某种特定模式。汽车排放检测作弊的常用方法是贿赂检测人员,让其使用排放达标的汽车(通常称为"捐赠车")的检测读数来冒充客户原来排放不达标的汽车的检测读数。之所以需要这种排放达标的车,是因为排放数据无法手动输入计算机系统,而汽车的基本信息可以手动输入计算机系统。这样检测人员就可以输入客户原本排放不达标的汽车的信息,并将其与一辆排放达标的汽车的排放检测数据进行匹配。但如果有多个不达标的汽车冒用了同一台达标汽车的排放检测数据,数据就会呈现出某种特定模式。尽管这些汽车被标记为属于不同年份、不同品牌和不同型号,但它们的排放检测数据非常接近。这可以通过序列相关性的统计测试进行检测。

进一步阅读:

Oliva, Paulina. 2012. "Environmental Regulations and Corruption: Automobile Emissions in Mexico City". Working paper, University of California, Santa Barbara.

测量社会互动和网络效应

在研究诸如同伴效应、溢出效应和知识的社会扩散等问题时,可以使用在社会网络上收集的丰富数据。我们通常可以通过调查或参与式评估来收集这类数据,收集时需要确保数据尽可能全面。

该方法何时有用? 随机干预实验越来越关注技术和信息如何在社区内和社区间传播的问题。能否对社区的一小部分人开展一项新技术或新保健方法的培训,由他们将这些知识传播给其他人? 如何确定应该对社区内的哪些人进行培训? 回答这些问题需要掌握社区人员的社会关系的相关信息,并利用这些信息来绘制社区内的社会网络图。根据每名社区成员与哪些人认识,会与哪些人交流一些基本信息(如关于农业的),可以描绘出该社区中的社会网络。一个社区是由不同的子群体组成的,这些子群体在各自的群体内共享信息,但在子群体之间不共享吗? 还是社会联系更加流动,有许多跨子群体的联系? 如果存在不同的子群体,谁是这些子群体的纽带性人物,即在社区中可以将信息从一个子群体传递到另一个子群体的人。如果一个农民最先引进了一项新技术,但现在也有其他农民在使用该技术。那么后来引入该技术的人与最开始引入该技术的人距离有多远？最先引进该技术的农民在头两年里是否主要将该技术传播给了自己认识的一两个农民？

局限性。虽然很容易理清一个人有多少朋友，但对社区内的社会网络进行分析仍十分困难。若想要理清一项技术在给定时间内在多少人之间进行传播，就必须完全理清整个社区的所有人际网络。换言之，就是必须理清社区中每个人的社会网络，他认识谁，他与谁聊过天。我们还必须能够将一个人自己报告的社会网络信息与其他反馈的该人的社会网络信息进行匹配。当一个人有多个名字（例如，一个正式的名字和一个昵称），或者调查员记录错了名字，或同一社区有许多人同名（这种情况在许多国家很常见），这种匹配就可能变得非常困难且不准确。

另一个局限是，即使是数据收集中的一个小错误也可能会严重破坏社会网络描述的质量。收集数据时小的错误可能经常发生：人们记不清自己生病多久了，或者记不清种了多少水稻。录入数据时也会出现错误。但这些错误通常会相互抵消，因为有些人高估了，有些人低估了，结果是这类错误对平均值的影响可能不大。但是由于社会网络分析中所有因素都相互关联，因此一个小的数据错误（如将 Mohammed Kanu 与 Mommed Kanu 混淆）可能会从根本上改变社会网络图。

设想某个在社会网络层面上处于非常分裂状态的村庄——宗教、种姓、收入，或者仅仅是地理位置造成的分裂。图 5.3A 描绘的是真实的社会网络，每个农民用一个点和一个小写字母表示，线条代表他们交流农业信息的对象。信息要从 a 传递到 c，必须经过两个连接，从 a 到 b，然后从 b 到 c。现在假设我们在收集数据时犯了一个错误。农民 a 告诉我们，他和 b、e、f 交流过农业信息，但我们错误地记录成他和 b、e、g 交流过农业信息，从而形成了如图 5.3B 所示的错误的社会网络。尽管真实的信息传递必须经过多个社会网络节点，但我们绘制的社会网络图极大地缩短了两个群体之间的信息联系。农民 b 突然成了信息必须通过的重要节点人物，而实际上他并没有扮演这个角色。

A 真实的社会网络

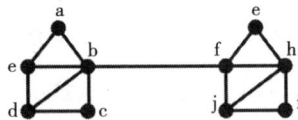

B 记录的社会网络

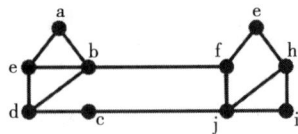

图 5.3　社会网络

注：旁边标记有小写字母的每个点代表一个农民。线代表他们的社会互动。

案例:印度卡纳塔克邦的社会网络。研究人员收集了印度卡纳塔克邦75个村庄的社会网络数据。研究人员对家庭进行了人口普查,并询问了部分家庭成员在村里的详细的社会网络关系。研究人员可以使用这些信息绘制村内的社会网络图,从而可以用来研究小额信贷在整个村庄的扩散情况。[①]关于这个过程的更多信息,包括原始数据和一组引起我们关注的社会网络数据相关的研究论文,可以在麻省理工学院经济系的网站上找到。

[①]Abhijit Banerjee, Arun G. Chandrasekhar, Esther Duflo, and Matthew O. Jackson, "The Diffusion of Microfinance". NBER Research Paper w17743, National Bureau of Economic Research, Cambridge, MA, 2012.

统计功效 6

本章将解释什么是统计功效、如何确定统计功效，以及如何使用统计功效分析来确定需要的样本量、随机化的层次、设置的干预组数量及许多其他设计问题。本章包含以下几个模块：

模块6.1　统计功效的统计学基础

本模块将介绍在讨论统计功效时使用的基本统计概念，包括样本变异、标准误、置信区间和假设检验。

印度有一个项目旨在提高贫困社区学生的考试成绩。我们已经完成了对该项目的评估。研究发现，在进行的测试中干预组平均及格率为44%，对照组平均及格率为38%。我们能否确定这6个百分点的差异是由项目引起的，还是偶然因素造成的？我们对观察到的差异是否可能是偶然造成的进行了统计检验。我们发现干预组和对照组之间的差异在统计上不显著，即有合理的可能性认为这种差异是偶然造成的。这个项目成本不高。因此，如果能够确定差异是由该项目引起的，那么将测试成绩提高6个百分点也是一个巨大的成功，值得复制和推广。但我们不能排除这种差异是偶然造成的,因为评估结果并不十分精确。从结果看,影响效果的变动区间很大:我们只能知道项目的影响效果在−2到+14个百分点之间。但我们的评估方案设计得不够完善,未能提供足够的统计功效,因此无法使结果更精确。

统计功效是对实验灵敏度的测量(本模块的最后提供了一个正式定义)。理解功效并进行功效分析非常有用,它有助于决定是在个体还是群组层面进行随机化,需要多少样本(如学校、社区或诊所)进行随机化,需要调查多少人,需要对每个样本调查几次,可能设置几个干预组别,以及使用哪些指标来衡量结果。它可以帮助设计灵敏度更高的评估方案。

在正式定义统计功效并讨论其决定因素前,需要复习一下分析统计功效所需的基本统计概念,特别是抽样变异、标准误、临界值和假设检验。[①]

抽样变异

当测量一个群体的特征时,通常不会收集群体中所有人的数据,使用随机样本的数据能够相当准确地了解总体的情况。例如,如果想了解孟买三年级学生的平均考试成绩,不必测试该城市的所有孩子。可以随机抽取一部分学生样本并假设他们代表孟买三年级学生的总体。

但应该测试多少学生呢?我们对学习水平的估计有多准确?设想从孟买各地随机抽取200名学生进行测试,这里面可能包括一些成绩很好的学生和极少数的成绩很差的学生。这种情况我们就会高估学生的真实水平。还有一种可能是挑选出的都是表现特别差的学生,这就会低估了他们的真实学习水平。因为是随机选择样本,所以低估的概率应该和高估的概率是一样的,但这并不意味着如果随机选取200名学生的样本就一定能得到准确的真实学习水平。我们可以通过样本学生成绩的均值(样本均值)来估计孟买所有学生的真实平均学习水平(总体均值)。如果我们多次进行抽样,则每次会得到一个略有不同的估计结果,因而可以绘制出得到不同估计的次数的频率,其分布如图6.1所示。

抽样变异是抽样得到的不同估计值之间的方差,因为我们只测试了总体的一小部分,因此总体的估计结果会有所波动。多种原因造成了对总体均值的估计值和真实均值之间存在差异。例如,对学生成绩的测试监考不严,因而不能很好地反映他们的真实水平。但本章的统计功效分析只关心抽样带来的变化。

[①] 威廉・格林(William Greene)在《计量经济分析》(New Jersey: Prentice-Hall, 2011)一书中对这里讨论的统计概念作了更彻底但仍然容易理解的介绍。

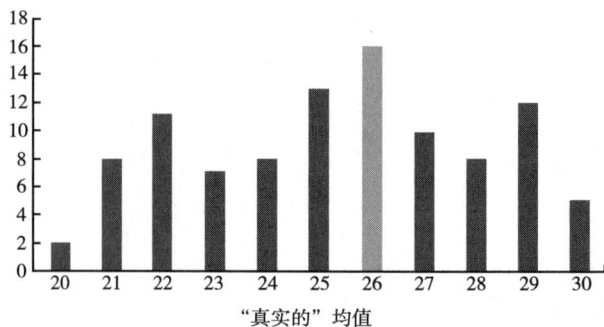

图6.1 孟买学生平均学习水平的100次估计频率

估计值的变化取决于我们每次抽样抽到了哪些样本。因此,我们对估计值接近真实均值的信心有多大,取决于样本总体中考试成绩的变化程度及抽样的人数。抽取的人越多,估计的(样本)平均值就越有可能接近真实的(总体)平均值。在极端情况下,如果对总体中的所有人进行抽样,那么样本均值将等于总体均值,并且不会有抽样变异。下面的案例中我们通常假设样本量总是远小于总体量。

总体中孩子的分数分布越分散,抽样时就越可能抽到一个与平均成绩相差很大的孩子。因此,样本分布越集中,需要抽取的样本量就越少,估计值就越接近真实均值。在极端情况下,如果样本中的所有人都是相同的(总体中的方差为零),则只抽取一个人就可以知道总体的真实均值。

标准差

标准差(*standard deviation, sd*)是衡量潜在总体离散程度的一个重要指标。为了计算考试成绩的标准差,我们选取孟买的三年级学生,计算整个样本的平均考试成绩,计算所有学生的考试成绩与样本平均值之间的差值,并对这个差值进行平方,然后把所有差值的平方加起来除以孟买学生的数量,最后取平方根。标准差的公式为:

$$sd = \sqrt{\frac{\sum_{i=1}^{n}\left(x_i - \bar{x}\right)^2}{n}}$$

标准误

如果每次抽取200名学生,并进行多次抽样,将得到均值估计值的分布。前面提到,真实均值估计值的离散程度取决于两个因素——我们抽样的学生样本量和在潜在总体中考试分数中的离散程度。我们可以用正式的数学表达加以说明。标准误(*standard error, se*)衡量的是估计值的标准差。但是,我们通常不会做很多次估计,所以不能像计算学生考试成绩的标准差那样计算估计值的标准误。但如果知道学生的考试成绩的离散程度,我们就可以用这个来计算估计值的可能离散程度。具体来说,估计值的标准误等于总体的标准差除以抽取样本量的平方根。[1][2][3]

$$se = sd/\sqrt{n}$$

中心极限定理

中心极限定理的成立需要一些假设(本书中的多数情况这些假设都成立)。[4]该定理指出,只要估计是基于足够大的样本,估计的均值分布就接近正态分布。正态分布是一个钟形曲线,具有特定形状,其中大约68%的估计值将在均值的1个标准差范围内。即使样本的总体分布不是正态分布,该结论也是正确的。这一点很重要,因为许多变量都不是正态分布的。例如,因为考试分数通常不能低于零,所以分数的分布通常由一些正的分数和零分组成,且可能不是围绕平均值对称的。样本均值的估计值是正态分布的,这一结论非常有用,因为如果知道该正态分布的标准差就可以计算估计值偏离均值任何距离的次数的百分比。例如,在正态分布中大约68%的估计值将在真实值的1个标准差范围内,大约95%的估计值将在真实值的2个标准差范围内。均值估计值分布的标准差就是标准误,这表明总体均值的估计值会有95%的概率处于总体均值的2个标准差范围内。[5]

置信区间

当计算一个估计的均值时我们得到一个单一数字,这被称为点估计。但是我们知道这个估计值存在不确定性。置信区间是围绕点估计的一系列估计。选举前公布民调结果时会报告误差幅度,反映出了这种不确定性。例如,我们可能会听到某候选人的支持率为45%±3%,即置信区间为42%~48%。

置信水平

置信水平通常与置信区间和点估计一起报告。95%的置信水平意味着,如果构造100个置信区间预计其中95个置信区间包含我们估计出的参数。

---

[1] 从技术上看,当仅抽取总体的一小部分时,该说法是正确的。但请注意,如果抽取的是全部的总体样本就不会有任何抽样误差,因而标准误也为零。

[2] 估计值的标准误的详细数学推导,可以查阅:John A. Rice, *Mathematical Statistics and Data Analysis* (Belmont, CA: Wadsworth and Brooks, 1988), 182-184.

[3] 通常我们并不知道总体的标准差,所以用样本标准差进行估计。

[4] 中心极限定理成立的一个关键假设是总体有均值和方差。如果总体是有限的,该假设就成立。中心极限定理的正式说明及其实际应用的讨论,可以查阅:Rice, *Mathematical Statistics and Data Analysis*, 161-163.

[5] 不幸的是,我们并不知道真实的标准差(除非我们测量整个群体)。因此,我们通常使用样本的标准差作为总体标准差的估计值。然而,这给我们的估计增加了额外的不确定性。使用t分布可以解释这种额外的不确定性。t分布与正态分布相似,不同之处在于,t分布的尾部比正态分布更厚(也就是说,t分布的极值数量更多),而且随样本大小的不同,t分布也不同。大样本量时t分布近似于正态分布。

假设检验

测量平均值的差异

到目前为止，我们一直只从总体中抽取一次样本，并计算我们的估计值（样本的平均值）是否接近总体的真实平均值。但是，随机干预实验是抽取两个样本并将它们相互比较。我们感兴趣的不是估计总体的均值，而是估计一个经过干预的假想的总体与一个未经过干预的假想的总体之间的差异。[①]可以通过比较随机选择的接受干预的样本和未接受干预的样本来进行估计。

判断项目是否影响考试成绩，需要比较干预组样本的均值与对照组样本的均值是否存在差异。换言之，现在感兴趣的估计值是两个样本之间的差值。幸运的是，正如随机变量的均值分布接近正态分布一样，两个平均值之间的差值也是如此。我们估计的分布将渐近地接近正态分布——即当实验数千次时它将接近正态分布。因而，仍然可以用同样的方式计算估计值的标准误，标准误可以提供点估计周围的置信区间。

原假设和研究假设

当评估孟买的教育项目的影响时，我们提出了一个研究假设，即该项目能够提高考试成绩，因而参与该项目的群体平均考试成绩将高于未参与该项目的群体：

假设：教育补习将提高考试成绩

通常每个研究都会提出两个假设，原假设和研究（或备择）假设。原假设认为干预效果为零，即参与和未参与该项目的人的考试成绩是相同的。原假设通常表示为 H_0：

H_0：干预效果=0。

从总体中抽取一个子样本让其参与项目，而另一个子样本不参与项目。考虑这些样本是从相同的总体中随机抽取的，若未实施该项目，这两组的平均考试成绩将大致相同。原假设表明，我们预期干预组和对照组之间不会有任何差异。当然，即使原假设成立我们也可能会发现，在一个特定的样本中平均考试成绩是44%，而在另一个样本中是38%。原假设与观察到的两个样本之间的（比如说）6个百分点的差异并不矛盾，因为这种差异可能是偶然产生的（随机抽样导致的）。但如果原假设成立，则扩大该项目规模不会影响孟买学生的平均考试成绩。

研究假设则指出，干预效果不为零。它也被称为备择假设，记为 H_1：

[①]这里说"假想的"，是因为统计检验假设我们正在对从两个大的总体中分别抽取的两个小的随机样本进行检验，其中一个接受了干预，另一个则没有。有时确实是这样。例如，当在群组层面随机化时，我们通常只调研一小部分参与该项目的人。然而，当在个体层面随机化时，我们经常调研所有参与项目的人。在这种情况下，可以认为干预组是一个更大总体的样本，这个更大总体是指我们想要了解其影响效果的干预所针对的潜在人群。

H_1：干预效果≠0。

这说明两个样本所在的总体的均值并不相等。这是研究假设最常见的表述形式，但也可以更详细，可以说明潜在差异的方向——一个均值比另一个均值更小或更大。

H_1：干预效果＞0，否则H_1：干预效果＜0。

无论采取何种形式的研究假设都是原假设的逻辑对立面（请注意，如果研究假设是假设项目具有积极作用，那么原假设作为其逻辑上的对立面，即是指差异为零或小于零。我们通常将零效应定义为原假设，而将正效应或负效应定义为研究假设，因为我们也希望能够检验项目是否会造成伤害）。

假设检验并不是直接检验主要假设，而是检验它的逻辑对立面。因为这两个假设在逻辑上是对立的，所以它们涵盖了统计检验中可以得出的所有可能性。因此，我们需要对原假设进行检验。与这类检验相关的一个关键概念是"p值"，即在原假设成立的情况下获得实验产生的结果的概率。p值低于0.05是指在原假设成立的情况下得到该结果的概率只有5%或更小。这表明应该拒绝原假设。如果我们"拒绝"零效应的原假设，就可以得出结论，那么该项目有效果。此时，我们说结果"与零显著不同"。如果"未能拒绝"原假设，就需要思考："项目是真的没有影响效果，还是仅仅因为实验没有足够的统计功效来探测到真正的影响效果？"

统计推断和统计功效

假设该项目能够改变结果变量（考试分数）。事实上只存在两种可能，该项目要么能改变孟买孩子的考试成绩，要么不能。但我们并不知道真正的真相，而是只能观察样本中的数据。我们检验干预组和对照组样本的均值是否存在统计上的差异（第8章将详细介绍如何检验这种差异）。但必须记住，统计检验并不完全可靠。由于抽样的变化，它们得出的结论只在某种概率上是可靠的。

4种可能的情况

统计检验和潜在现实都具有非此即彼的性质。对于统计检验，要么差异显著（拒绝原假设），要么差异不显著（未能拒绝原假设）。对于潜在现实，要么有干预效果，要么没有干预效果。这就产生了4种可能的情况（图6.2）。

1.假阳性（False positive）。该项目实际上没有干预效果，但我们却发现在统计上效果显著。因而我们错误地认为该项目有效果（拒绝了原假设，而实际上原假设是正确的）。

如果项目没有效果，则产生假阳性错误（也称为Ⅰ型或alpha错误）的概率称为显著性水平，记为α。它通常不应大于5%，即如果干预效果为零——如果原假设成立——观察到的差异仅仅是由偶然性造成的概率为5%或更小。换句话说，有

5%的假阳性率。

2.真阴性(True zero)。真阴性是指项目本身确实没有影响效果,而且我们发现在统计上效果也不显著。我们正确地没有拒绝原假设,并推断该项目不起作用。

如果干预效果为零,且没有发现统计上显著的效果的概率称为置信水平。它是显著性水平的反面,即等于$(1-\alpha)$。那么,在5%的显著性水平上进行检验给出了95%的置信水平,也就是说,如果真实效应为零,则有95%的概率无法拒绝原假设。

3.假阴性(False zero)。假阴性(也称为Ⅱ型错误)是指项目确实存在影响效果,但我们的统计数据没有发现差异是显著的(未能拒绝原假设)。我们错误地认为该项目不会影响考试成绩。

产生假阴性的概率在这里用κ表示。有些人根据经验认为研究的κ值应该设计为20%或更低。κ只能根据给定的干预效果来定义。换句话说,20%的κ值是指如果真实的干预效果是给定的水平,则有20%的机会未能发现显著的效果。我们希望设计的研究能够区分干预效果与零效应,其区分程度是另一个话题,将在下一个模块中详细讨论。

统计功效是指不会犯Ⅱ型错误的概率,即它是(如果真实效应是给定大小的)发现一个在统计上不同于零的效应的概率。因此,统计功效表示为$(1-\kappa)$。如果我们的目标是20%的κ,即目标是80%的统计功效。

4.真阳性(True positive)。真阳性是指项目确实存在影响效果,且在统计数据中也确实发现了显著的效果(拒绝原假设)。我们正确地推断该项目是有效的。

当确实存在给定大小的效应时,这种真实影响效果的概率为$(1-\kappa)$。这个概率就是统计功效。如果检测到显著影响效果(当项目确实有显著影响效果时)的概率是80%,就说有80%的统计功效。

统计检验: 观察到的差异在统计上效果显著吗?	潜在现实:有干预效果吗?	
	有干预效果 (H_0为假)	无干预效果 (H_0为真)
显著（拒绝H_0）	真阳性概率为$1-\kappa$	假阳性概率为α, Ⅰ型错误
不显著（未能拒绝H_0）	假阴性概率为κ,Ⅱ型错误	真阴性概率为 $(1-\alpha)$

要么有干预有效果,要么没有效果。这两个实际上只有一个是正确的。但是,当我们将这两种潜在现实的可能性与统计检验的两种可能结果结合起来时,在给定的概率下,可能面临4种可能的情况:(1)假阳性概率为α;(2)真阴性概率为$(1-\alpha)$;(3)假阴性概率为κ;(4)真阳性概率为$(1-\kappa)$。统计功效是指获得真阳性的概率。它是实际有干预效果时检测到干预效果的概率。

图6.2　4种可能的情况,只有一种是真的

需要多大程度的确定性?

显著性水平——发现假阳性的概率——通常被设定为5%。[1]在这个低概率下,若实际不存在干预效果,我们就极不可能得出有干预效果的结论。

通常假阴性(当实际上项目产生了给定规模的影响,但未能拒绝原假设时)的概率被设定为20%(有时是10%)。通常我们更担心的是假阳性而不是假阴性。如果将假阴性的概率(对于给定的影响效果)设定为20%,则是指我们想要80%的统计功效,即想要80%的概率(对于给定的影响效果)发现一个统计上显著的影响效果。

模块6.1小结

统计功效的统计学背景

- 抽样变异是指估计中的变异,因为我们没有对总体中的所有人进行抽样:抽样变异是进行统计功效计算的原因。
- 标准差是对总体离散度的度量。
- 标准误是估计值的标准差,与样本大小和潜在总体的标准差有关。
- 置信区间给出了给定估计值周围的一系列值。
- 统计显著性是基于标准误来判断我们是否可以确信真实估计值与给定值是不同的。例如,是否可以确信估计值不为0。

假设检验

- 原假设与研究假设相反:如果研究假设期望干预组的结果与对照组存在差异,那么原假设表示两组之间没有显著差异。
- 通常检验的是原假设,而不是研究假设。
- Ⅰ型错误是指我们拒绝了原假设,而实际上它是正确的(假阳性)。
- 显著性水平(通常是5%)是愿意接受Ⅰ型错误发生的概率。
- Ⅱ型错误是指干预组和对照组实际存在差异,但我们未能拒绝原假设(假阴性)。
- 统计功效是衡量避免Ⅱ型错误的概率,通常实验设计的统计功效为80%或90%。

---

[1]可以参考案例: Howard S. Bloom, *Learning More from Social Experiments* (New York: Russell Sage Foundation, 2005), 129, 以及更多的讨论: Alan Agresti and Barbara Finlay, *Statistical Methods for the Social Sciences* (New York: Prentice-Hall, 1997), 173-180.

模块6.2 统计功效的决定因素及图形化解释

该模块解释哪些因素决定了实验的统计功效,以及随机干预实验设计的不同特征如何影响统计功效。本模块用图形直观地展示统计功效与主要影响因素之间的关系,下一个模块将给出更正式的数学公式表达形式。

在模块6.1的最后我们将统计功效定义为(如果项目的真实效果具有给定大小)发现统计显著的影响效果的概率。为理解哪些因素影响了统计功效,需要回到抽样变异的问题(模块6.1中讨论过),特别是如何判断干预组和对照组之间的差异是否由偶然因素引起的问题。换句话说,当干预组与对照组之间存在差异时,是否有可能是两组样本的抽取存在偶然性差异所导致的?

图6.3是印度的一个教育项目评估结果频率图。同一张图上显示了干预组和对照组中获得不同测试成绩的儿童人数,还显示了干预组和对照组的估计平均值。

我们可以看到干预组均值略高于对照组均值。但这种差异具有统计学意义吗?为此,我们必须检验对差异估计的精度,即估计的差异与真实的差异接近的概率有多大。

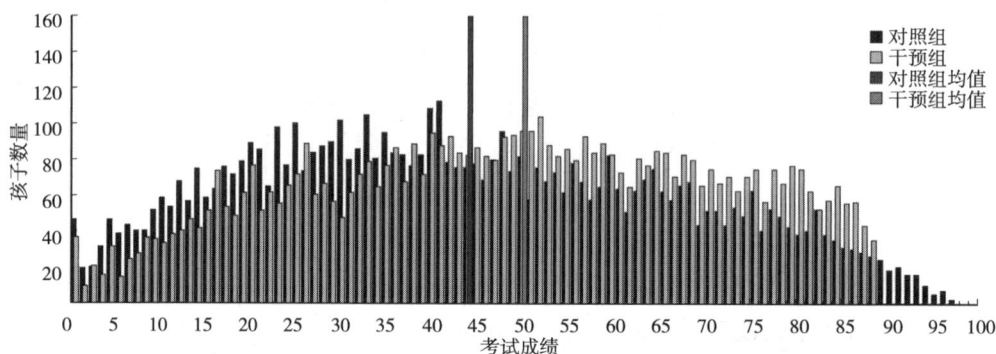

图6.3 某教育项目中干预组和对照组的测试分数

如果将一个设计完美的实验执行无数次后就能发现真正的差异。每次进行实验都会得到对干预组和对照组之间差异的略微不同的估计,这反映了项目的影响效果。在一次评估中我们可能会偶然地在干预组中抽取了较多的真正积极的孩子,因此高估了项目的影响,因为这些孩子即使未参与项目,他们的考试成绩也会提高很多。在另一次评估中我们从对照组中抽取了更多积极的孩子,此时就会低估项目的真正影响。随机干预实验没有选择性偏误。如果多次进行评估,估计的所有项目影响的平均值将与真实影响一致。但这不能保证每一次单独的评估都会得到与真实影响完全一致的影响。有时我们会偶然地得到一个比真实差异高得多或低得多的估计结果。

如果真实差异(真实影响效果大小)为0,那么大量的实验将产生以0为中心的呈现为钟形曲线(H_0)的影响效果。换句话说,在开展的许多次实验中出现频次最高的结果是差异接近于0。钟形曲线的尾部显示了估计效果远离0的频率。

这里需要引入一些数学符号。我们用β表示真实的项目影响效果。假设真实效应为零,即$\beta=0$。如果真实效应大小是$\beta*$,即如果$\beta=\beta*$呢?那么开展非常多次的实验将会得到一条以$\beta*$为中心的影响效果的钟形曲线(图6.4)。

在该案例中,$\beta=0$和$\beta=\beta*$的曲线之间有相当大的重叠。这表明很难区分这两个假设。设想我们开展一项影响评估,得到一个估计的影响效果大小为$\hat{\beta}$。该影响效果值既与真实影响效果值为$\beta*$的分布相一致,也与真实影响效果值为0的分布相一致。点A和点A'的高度分别显示了如果真实影响效果值大小为$\beta*$或0,将得到估计影响效果值大小为$\hat{\beta}$的频率。A高于A',因此$\beta*>0$的可能性更大,但真实影响效果为零的概率仍然存在。曲线重叠越多表明估计出的影响效果两种假设都符合的可能性越大,因此就越不可能判断出是否存在真实影响效果。如果有很多估计出的影响效果,既有合理的概率由原假设产生,也有合理的概率由$\beta=\beta*$假设产生,那么这样的评估设计统计功效就比较低。

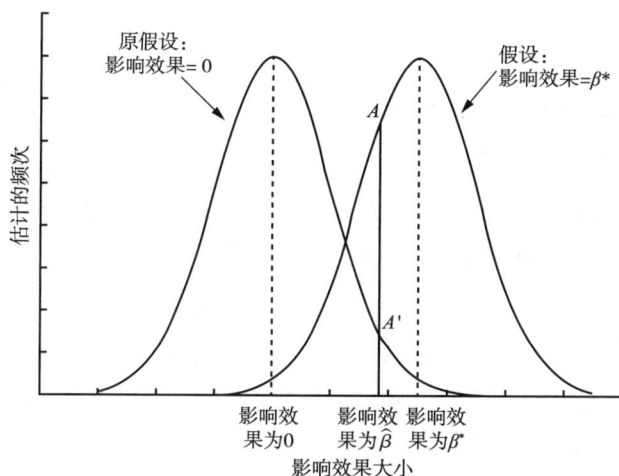

图6.4 在$\beta=0$和$\beta=\beta*$的假设下多次运行项目得到的影响效果估计值的频率

两条钟形曲线之间总会有一些重叠,因为估计的差异总有可能与真实的差异相距甚远,虽然这种情况出现的概率很小。我们愿意接受多少重叠呢?如模块6.1中所讨论的,通常如果原假设为真的可能性只有5%,那么我们会拒绝它。如果估计的干预效果落在原假设的影响效果分布的细尾部位,高于(或低于)95%显著性水平,就会出现这种情况。与95%显著性水平完全对应的估计干预效果的值被称为临界值。高于此值的任何值在统计上都与0显著不同,而低于此值的任何值则不显著。这个95%

的临界值如图6.5所示。从图中可以看出，案例中的研究假设曲线的大部分分布（右侧）高于原假设曲线的95%临界值。这表明如果项目真有预期的效果，我们很可能会发现一个显著的结果。如果真实影响效果是$\beta*$，能够拒绝原假设的确切概率是多少？这可以通过计算研究假设曲线中高于原假设临界值的百分比得到，在图6.5中指研究假设曲线下阴影区域占总面积的百分比。该百分比就是实验统计功效的定义。该图中曲线下70.5%的面积被阴影遮住，表示有70.5%的统计功效。

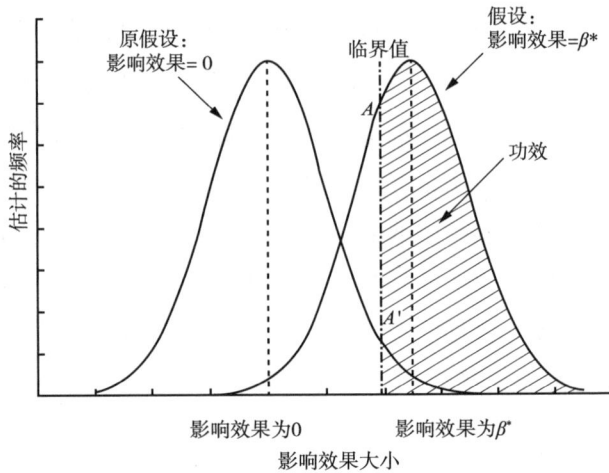

图6.5　影响效果估计值及其临界值的分布

图6.5显示的是单侧检验，即测试的是项目是否有积极的正向效果，这是因为我们假设项目不可能产生负面影响。通常我们不想强加这个假设，因而可以用没有影响的原假设来检验有正向或负向影响的研究假设。虽然没有特别充分的理由表明正的最小可检测效果（MDE）大小应该与负的MDE大小相同，但检验通常是对称的。换句话说，正态分布的对称性表明如果想要能够发现一个正的影响效果β（统计功效为80%），应该使用双侧检验，因此也会有80%的统计功效发现一个负的影响效果$-\beta$。然而，请注意，MDE仅仅是可能的影响效果连续体上的一个点。双侧检验表明，我们有能力发现一个比$-\beta$更负面的影响效果，或者我们将有超过80%的统计功效来发现$-\beta$，如图6.6所示。然而，在本节其余部分我们将只在图中展示正向研究假设，以便使图表更加易于理解。

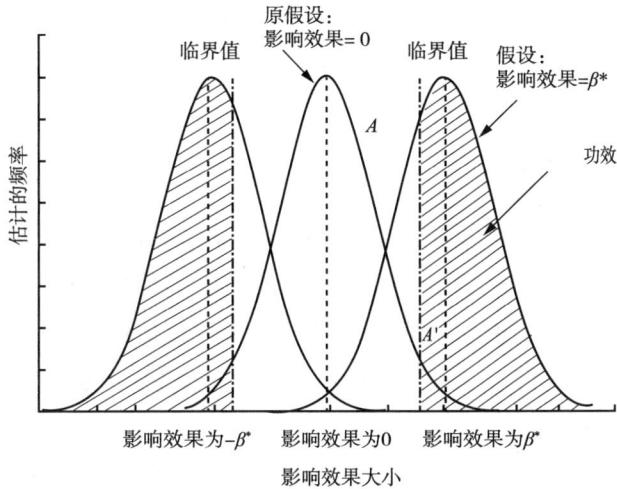

图6.6 影响效果估计值及其双侧检验临界值的分布

最小可检测效果大小和统计功效

如图6.7所示,两条曲线彼此距离越远(即真实效果越大),统计功效越高,曲线之间的重叠越小。此处的案例显示真实影响效果是图6.4中的两倍,统计功效为99.9%。

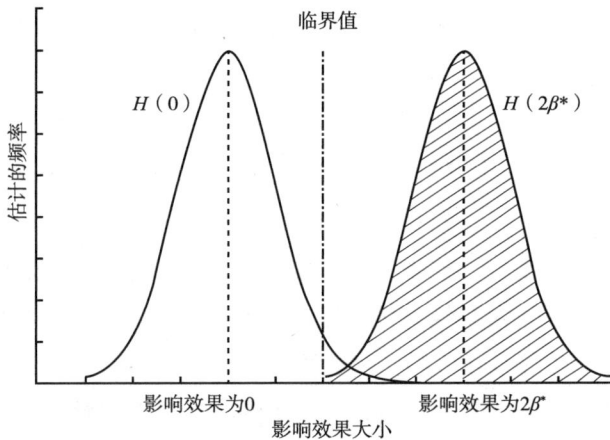

图6.7 影响效果估计值扩大两倍后的分布

统计功效与真实影响效果有关,但因为我们永远不能确切知道真实影响效果是多少,所以才开展随机干预实验评估它。既然这样,要怎么计算统计功效呢?答案是提出假设。我们说,"如果真实影响效果是β^*或$2\beta^*$,那么统计功效是多少?"统计功效分析能回答的问题是"若真实影响效果大小是β^*,我们有多大的可能性发现统计上显著的影响效果?"或者"给定某样本量,使用95%的显著性临界值,我们有能力拒绝原假设的最小的真实影响效果是多少?"该假设的β就是

MDE（见模块6.1）。选择正确的MDE是统计功效分析的关键步骤，下一个模块将详细讨论如何选择MDE。

残余方差和统计功效

假设的影响效果大小决定了两条钟形曲线之间的距离。但是，估计的影响效果大小的钟形曲线的形状是由什么决定的呢？钟形曲线的开口宽度反映了估计的影响效果的方差。正如模块6.1中讨论的，估计值的方差来自抽样变异。也就是说，这种差异来自我们只从总体中抽取一个样本，且可能偶然地选择了在结果变量上存在差异的干预组和对照组。潜在总体的方差越大，抽样变异就越大（对于给定的样本量）。在极端情况下，如果总体中的所有孩子成绩都相同，每次抽取样本都会得到总体考试成绩的真实值，并且会知道干预组和对照组之间的任何差异都是由项目而不是抽样变化引起的。样本量越大，估计值的方差就越小（即钟形曲线越窄）。

孩子之间考试成绩的差异与其年龄、父母的受教育程度等可观察因素存在关联。如果在最终的分析中将其年龄和父母的受教育程度作为"控制变量"，那么如果碰巧对照组中父母受过高等教育的孩子比干预组中更多，加入控制变量就会大大降低错误估计真实影响效果的可能性。要纳入的最重要的控制变量通常是最终的结果变量的基线值。对影响效果的估计越精确，钟形曲线就越窄，统计功效越高。因此，统计功效取决于控制了其他可用变量后的残余方差。残余方差取决于总体的潜在方差，以及这种方差在多大程度上可以用有数据的可观察因素进行解释。这些因素在最终分析中可以作为控制变量。下面方程（模块6.3）中的残余方差表示为σ^2。

本章最后的案例展示了控制变量对统计功效的重要性。例如，在旨在提高考试成绩的教育项目中加入基线考试成绩作为控制变量可以将残余方差减少50%，从而使用更少的样本量即可达到特定的统计功效。

对于在群组层面进行随机化的随机干预实验，其影响效果估计值的方差将取决于其他因素，我们将在讨论随机化层面与统计功效时详述该问题。

样本量和统计功效

实验样本量也会影响钟形曲线的宽度。样本量越大，估计的差异就越精确，因而钟形曲线就越窄。图6.8显示了在前述教育补习案例中，估计的影响效果的钟形曲线的形状如何随着样本量的增加而变化。样本量越大，估计越精确，具体表现为更窄的钟形曲线和更高的统计功效。我们用N表示样本量。

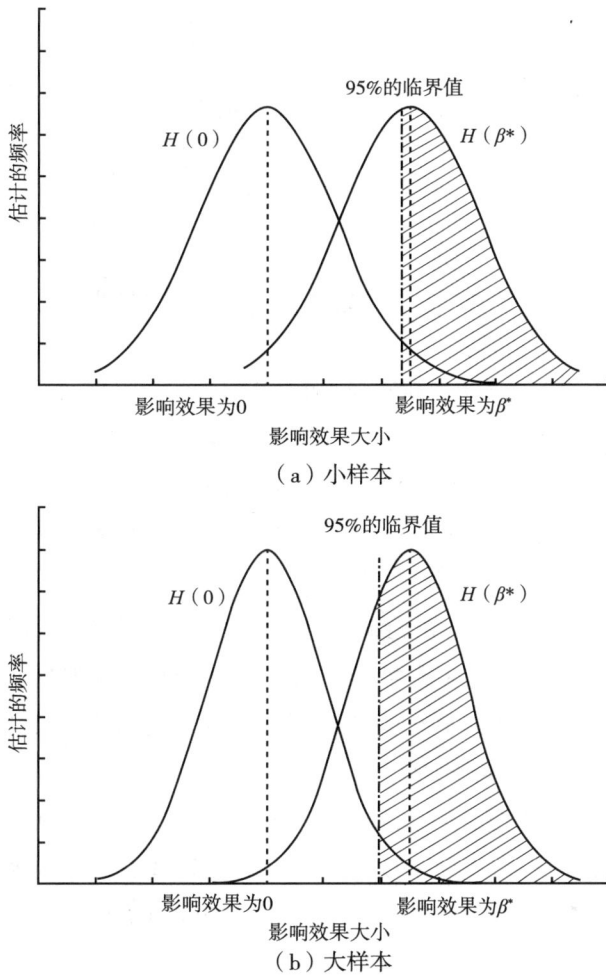

图6.8 小样本和大样本影响效果估计值的分布

显著性水平和统计功效

统计功效还取决于选择什么样的临界值。例如,我们通常使用5%的临界值来表示统计显著性。5%的显著性水平意味着只有当结果由偶然性导致的概率小于等于5%时才会拒绝原假设。5%并没有什么特别之处,一些学术论文会选择10%作为显著性水平(表明结果是由偶然性造成的概率为10%)。放宽显著性水平会使临界值向左移动(图6.9)。这增加了临界值右侧的阴影区域,增加了拒绝原假设的机会(即如果存在真实的差异,我们会发现统计上的影响效果是显著的),并提高了统计功效。但需要注意的是,如果放宽显著性水平来增加统计功效(从而减少Ⅱ型错误的可能性),其代价是增加假阳性的机会。在统计功效方程中临界值记为 α,曲线在临界值左边的比例由 t_α 给出。图6.9显示了临界值随 α 的变化情况。

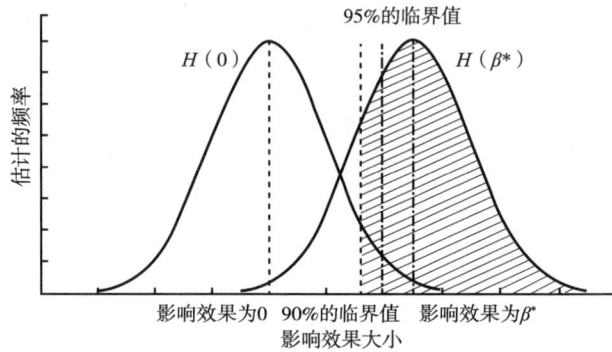

图6.9　有两个临界值的影响效果估计值分布

将显著性水平从5%改为10%会提高统计功效，这似乎违反直觉，所以我们来打个比方。假设我们正在判决一个谋杀案，需要根据现有的证据判断X是否毒杀了Y。控方目前提交了20条证据。因为投毒事件发生时陪审团成员均未在场，所以总有可能做出错误判决，要么X确实毒死了Y却判他无罪，或者X确实无辜却被判有罪。为避免这种情况需要为判决设定一个标准。只有当我们判错的概率小于等于5%时，我们才会判定X有罪；如果高于该标准，就认定X无罪。也就是说，只有当发现提交的20条证据中至少有19条对证明其有罪有说服力，最多有1条没有说明力时，我们才会投票判他有罪。如果有2条没有说服力，我们就判其无罪。在10%的水平上，则需要至少18条有说服力的证据和允许有2条没有说服力的证据。如果有3条没有说服力，我们将投无罪票。选择忽视的不具说服力的证据越多，我们就越有可能认定他有罪。在5%的水平上，即使有1条证据没有说服力，我们也会认定他有罪。但在10%的水平上，如果有2条证据没有说服力，我们就会认定他有罪；在30%的水平上，如果有6条证据没有说服力，以此类推。

需要注意的是，重要的不是潜在的真相是什么，而是我们设定的定罪标准有多高。如果标准低，当被告真的有罪时，我们更有可能定罪（即项目确实存在影响时，我们会发现影响效果），我们有更高的统计功效。但当他无罪时，这样的定罪标准也会使我们更有可能给他错误定罪（当没有真正的影响时，我们发现了影响）。这表明存在一种权衡，提高显著性的临界值来提升统计功效并不是灵丹妙药。

分配比例和统计功效

统计功效的另一个决定因素是分配给干预组的样本比例。我们通常假设将一半的样本分配给干预组，另一半分配给对照组，但这并不一定是最优的，接下来我们讨论该问题。

为什么分配比例会影响统计功效？如果给干预组分配的样本更多、给对照组分配的样本更少，那么对干预组均值的估计精度将高于对照组。这会降低统计功效,因为增加更多的样本量的回报通常是递减的:将样本量从10人增加到20人时,大大提高了估计的精确性,但将样本量从1 010人增加到1 020人时,并没有太大的区别。额外增加的一个样本对精度的影响越来越小。因此,在其他条件相同的情况下,如果将一半的样本分配给干预组,另一半分配给对照组,干预组和对照组之间差异的估计精度就会最大化。如果有两个随机化的干预组别(一个干预组和一个对照组),P是分配给干预组的样本比例,则$P=0.5$时统计功率最高。但存在一些例外情况,此时分配比例不均等时可能统计功效更高。我们将在本章后面讨论。

聚类的统计功效

到目前为止,我们一直假设是在个体层面进行的随机化。但有时我们会在学校、诊所或社区层面进行随机化,而不是在个体层面。在教育补习案例中,我们并非随机挑选孩子参加项目,而是选择50所学校参加项目,然后每所学校随机选择20个孩子进行面试。这对统计功效分析有何影响?在样本量既定的情况下,在群组层面上的随机化会降低统计功效,因为结果变量在组内往往是相关的。一个群组的样本越相关,在群组层面上的随机化对统计功效的影响越大。

例如,在塞拉利昂,农业家庭跟踪调查(AHTS)的目的之一是估计过去一年农民平均收获了多少大米。[1]随机从全国各地抽取9000个农民就能得到对塞拉利昂农民大米产量的相当精确的估计。出于项目后勤安排方面的原因,研究人员随机选择了3个地区,并从这3个地区分别调查了3000个农民。但有两个原因导致我们的估计不那么准确。一些地区(如科伊纳杜古)的水稻种植面积往往比该国其他地区少,因为那里的土地和气候适合饲养牲畜。在开展农业家庭跟踪调查的那一年,南部的邦特地区遭受了严重的洪水袭击,水稻减产。换句话说,无论是长期条件还是短期冲击都意味着该地区的水稻产量水平是相关的。在样本量一定的情况下,当只从几个地区收集数据时,地区内部的相关性可能会导致对平均收成的估计精度降低。

估计一个项目的影响时也会出现类似问题。本案例是一个促进水稻增产的项目。假设在一种极端情况下,我们只有两个村,随机选择一个村作为干预组,另一个村作为对照组,此时我们将永远无法区分两个村之间的水稻产量差异是由村庄层面的因素(包括天气冲击)造成的,还是实施项目造成的。即使对两个村的100个农民进行调查,也无法将村庄层面的冲击与项目的影响效果区分开。这种情况类似于我们的样本只是2个,而非200个。

所以需要对许多村庄进行随机化,一些是干预组,另一些是对照组。那么,需要多少个村庄?这个数字是如何随着每个村庄调查的农民数量变化的呢?回顾统

① 塞拉利昂农业家庭跟踪调查的结果可以在哈佛大学的数据网站上查询。

计功效计算的钟形曲线，它描述了在多次重复相同实验的情况下，不同影响效果大小出现的概率分布。如果将600个农民按个体随机分成干预组和对照组，每次进行实验都会得到非常相似的结果，因为每次都会从全国各地抽取农民。如果随机将15个村庄分到干预组，15个村庄分到对照组，每个村庄调查40个农民，则很可能每次进行实验都会得到不同的影响效果估计值。有时我们会在种植水稻较多的区域挑选更多的村庄作为对照组，有时则相反。有时恶劣的天气会使干预组村庄的产量比对照组村庄减少得更多，有时则相反。对于给定的样本量，在村庄层面进行随机化时的估计值方差会比在个体层面进行随机化的估计值方差要大，这是因为前者样本的多样化程度降低了，钟形曲线更宽，所以统计功效更低。

统计功效低了多少呢？这取决于样本分布在多少个群组（村庄）。群组越多越好。这还取决于群组中的人彼此之间的相似程度，以及他们与样本总体的相似程度。如果群组中的人彼此非常相似（即群组内的方差非常低），那么当在群组层面随机化时，统计功效就会很低。如果群组中的人与样本总体一样多样化，那么从个体层面的随机化转向群组层面的随机化并不会对统计功效产生太大影响。

一个具体的案例可以将所有这些因素结合在一起。在塞拉利昂有一项研究评估了引进的一种称为"非洲新水稻（NERICA）"的新高产水稻品种对产量的影响。[1]这种新稻种的价格大约是传统稻种的两倍。因此该项目得出结论，只有当新稻种的产量至少比传统稻种高出20%时，才可以认为该新品种是成功的。研究地区的平均水稻产量为每公顷484千克。因此，每公顷增产20%就相当于增产97千克。水稻产量的标准差为295，则标准化MDE为97/295，即0.33个标准差。水稻产量的群组内相关性为0.19。如果该项目在个体层面随机化，检测20%的MDE所需的样本量将是每个干预组有146个个体，总共292个个体（假设80%的统计功效，5%的显著性水平，两组的样本量相同）。然而，考虑村庄内部溢出效应的可能性（例如，农民将新种子介绍给了他们的邻居），项目组决定在村庄层面进行随机化。在塞拉利昂的农村地区去偏远村庄做调查时，因为交通费用约占总调查费用的25%，所以当调查员到一个村庄时应该尽量采访更多的农民。每个小组有5名调查员，预计每天可以调查约10个农民。因此，对一个村庄进行一天的调查可以完成10份调查问卷。假设每个村庄采访10个农民，有两个干预组别（干预组和对照组），样本在两个组平均分配，达到20%的MDE将需要调查80个村庄（40个在干预组，40个在对照组），总共800个农民。

下一个模块将给出统计功效计算的数学公式的表达形式及其解释。

---

[1]该案例灵感来自瑞秋·格伦纳斯特和塔夫尼特·苏瑞（Tavneet Suri）正在进行的一项研究。

模块6.3　统计功效计算的数学公式

统计功效分析使用数学公式来计算发现一个给定影响效果大小所需的样本量。前述模块直观地解释了统计功效的多个影响因素。本模块将借用数学公式解释个体和群组层面随机化的关系。本模块适用于统计学基础较好的同学，统计学基础较弱的同学可以直接进入下一个模块。

个体层面的随机化

正如在模块8.2中讨论的那样，可以通过将结果变量对一个虚拟变量进行回归来分析随机干预实验的结果，该虚拟变量在干预组取值为1，在对照组取值为0。该虚拟变量的系数表明了干预组和对照组在结果变量均值上的差异。我们还可以在回归模型中加入控制变量，以便更好地解释结果变量。更正式地表示：

$$Y_i = c + \beta T + X_i \gamma + \varepsilon_i$$

其中，Y_i是个体i的结果变量，β是干预虚拟变量T的系数，X_i是个体i的一组控制变量，ε_i是误差项。该方程中的常数c是对照组的平均值。

在此框架中，我们对β的估计方差$(\hat{\beta})$可以表示为：

$$Variance(\hat{\beta}) = \frac{1}{P(1-P)} \frac{\sigma^2}{N}$$

其中，N为实验中观测值的个数；σ^2为误差项的方差，假设误差项独立且同分布（IID）。P为干预组中的样本比例。注意，其中包含了控制变量，因此σ^2是残余方差。如上所述，加入控制变量可以减少残余方差并提高统计功效。如果α是显著性水平（通常取5%），则临界值$t_{\alpha/2}$定义为：

$$\Phi\left(t_{\alpha/2}\right) = 1 - \frac{\alpha}{2}$$

对于双侧检验，其中$\Phi(z)$是标准正态累积分布函数（CDF），表示曲线下特定值（在本例中为$t_{\alpha/2}$）左侧的样本比例。然后，如模块6.2中的图形表示所示，如果$\hat{\beta}$（估计的影响效果大小）高于或低于临界值则可以拒绝原假设H_0，也就是：

$$\frac{|\hat{\beta}|}{SE(\hat{\beta})} > t_{\alpha/2}$$

请注意，因为这里使用的是双侧检验，即检验β是大于还是小于H_0。所以有两条假设曲线来与原假设对比（图6.10）。通常，我们有比较充分的理由假设MDE是正的影响效果。但相比之下，我们很少有理由相信待评估的项目的影响效果为负值。但通常我们是对称地进行检验的——换句话说，就好像在检验两个假设，一个假设β^*的影响，另一个假设$-\beta^*$的影响。如果只对项目是否具有正向效果感兴趣的话，可以进行单侧检验，它的统计功效更大，此时需要将$t_{\alpha/2}$替换为t_α。

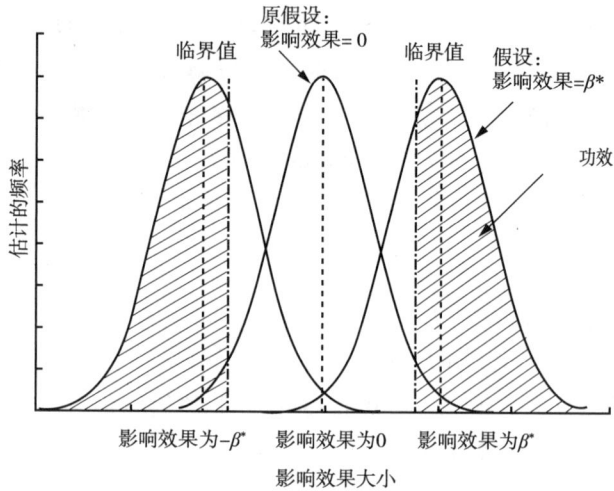

图6.10　原假设和研究假设下影响效果大小的分布

图6.10中右侧的曲线显示了真实影响效果为β^*时的影响效果大小分布，即真实影响效果为β^*时的$\hat{\beta}$的分布。左边的曲线显示了真实影响效果大小为$-\beta^*$时估计影响效果大小的分布（为简单起见，在这里和之前的图形中我们主要关注正影响效果的曲线，但这些数学公式都是双侧检验）。检验的统计功效是$\beta=\beta^*$曲线落在临界值右侧的面积的百分比。对于给定的κ，这个比例可以根据以下公式求得：

$$1 - \Phi(t_\kappa) \equiv \Phi(t_{1-\kappa})$$

MDE是给定统计功效下可以获得的最小β水平，即假设想要80%的统计功效，MDE是$\beta=\beta^*$和原假设之间的最小距离，其中80%的$H(\beta^*)$假设曲线落在临界值$t_{\alpha/2}$的右侧。这由下式给出：

$$\text{MDE} = (t_{1-\kappa} + t_{\alpha/2}) \times \sqrt{\frac{1}{P(1-P)}} \sqrt{\frac{\sigma^2}{N}}$$

对方程进行变换得到：

$$t_{1-\kappa} = \left[\text{MDE} \times \sqrt{P(1-P)} \times \sqrt{\frac{N}{\sigma^2}} \right] - t_{\alpha/2}$$

因此，统计功效由下列方程得出：

$$1 - \kappa = \Phi(t_{1-\kappa}) = \Phi\left(\left[\text{MDE} \times \sqrt{P(1-P)} \times \sqrt{\frac{N}{\sigma^2}} \right] - t_{\alpha/2} \right)$$

由此可以检验前面图形表示的直觉认识是否正确。MDE越大，临界值越高，统计功效也越高（因为CDF是单调递增的）。更大的样本量和/或更小的方差会使统计功效更高，临界值也会更小。可以看出，对于给定的样本量、MDE和临界水平,如果 $P=0.5$,则统计功效最大。

群组层面的随机化

当在群组而不是个体层面进行随机化时,需要考虑两种类型的变异:个体层面的变异和群组层面的变异。现在的分析方程是:

$$Y_{ij} = c + \beta T + X_i \gamma + \nu_j + \omega_{ij}$$

其中,Y_{ij} 是组 j 中个体 i 的结果。假设有 j 个大小相同的群组,每个群组有 n 个样本。[①]此时有两个误差项:一个捕获群组层面的冲击 ν_j,独立同分布且方差为 τ^2,另一个捕获群组内个体层面的冲击 ω_{ij},独立同分布且方差为 σ^2。β 的普通最小二乘估计量仍然是无偏的,其标准误为:

$$\sqrt{\frac{1}{P(1-P)}} \sqrt{\frac{n\tau^2 + \sigma^2}{nJ}}$$

与个体层面随机化一样,P 是干预组中样本的比例。

对比群组层面和个体层面的随机化估计值 β 的标准误,可以发现,现在估计的精度取决于组内方差(τ^2)和组间方差(σ^2)。总方差中可以由组内解释的份额表示为组内相关性 ρ:

$$\rho = \frac{\tau^2}{\tau^2 + \sigma^2}$$

组内相关性是设计效应(D)的关键组成部分,它衡量了当从个体层面的随机化转移到群组或集群层面的随机化时,对于给定的样本量估计精度降低了多少:

$$D = \sqrt{1 + (n-1)\rho}$$

设计效果表明,对于给定的样本量,每组调查的人越多,需要的组就越少,统计功效就越小。这种权衡(每组更多的人,更少的组数)在 ρ 较高时最能削弱统计功效,因为组内的人越相似,从同一组中采访更多人得到的信息就越少。

当在群组层面随机化时估计的精度就会降低,这会影响样本量计算。具体地,布鲁姆(Bloom)的研究表明,J 个大小为 n 的群体的 MDE 由下式给出:

$$\text{MDE} = \frac{M_{J-2}}{\sqrt{P(1-P)J}} \sqrt{\rho + \frac{1-\rho}{n} \sigma^2}$$

其中 $M_{J-2} = t_{\alpha/2} + t_{1-\kappa}$ 是双侧检验。[②]

该公式总结了统计功效、MDE、方差和样本量之间的关系——前一个模块中详

[①]如果群组大小相似但不完全相等,那么假设它们是相同的就会稍微低估统计功效。然而,考虑到统计功效方程中有许多假设,因而并不值得针对群组规模不相等这一情况而设计一个新的统计功效计算方程。分析过程中也会出现规模不等的群组的问题(模块8.2)。

[②]Howard S. Bloom, "Randomizing Groups to Evaluate Place-Based Programs", in *Learning More from Social Experiments* (New York: Russell Sage Foundation, 2005), 115-172.

细讨论了这种关系的图形表现。研究人员通常使用统计软件包来计算统计功效，但重要的是要理解元素之间是如何关联的，因为这有助于设计具有更高统计功效的实验，正如在下一个模块中讨论的那样。

模块6.3小结

统计功效与下述因素的关系：

- 显著性水平：要求的显著性水平越低，越有可能拒绝原假设并找到统计显著的影响效果（例如，更高的统计功效）。然而，我们也更有可能犯假阳性（I型）错误。
- MDE：最小可检测到的影响效果越大，统计功效越高。
- 方差：总体中结果变量的方差越小，估计的影响效果大小的方差越小，统计功效越高。
- 样本量：样本量越大，所估计的影响效果的方差越小（越接近真实影响效果），统计功效越高。
- 分配比例：样本在干预组和对照组之间分布得越均匀，统计功效就越高。
- 随机化层次：在相同的样本量下，个体层面的随机化比群组层面的随机化统计功效更高。
- 组内相关性：在群组层面随机化中，结果变量在组内的相关程度越高，统计功效越低。

模块6.4 统计功效分析

统计功效公式将其与它的决定因素联系起来：(1)显著性水平；(2)MDE大小；(3)结果变量的未解释方差；(4)分配比例；(5)样本量。但是，从哪里能找到这些参数呢？本模块首先讨论如何寻找和计算统计功效所需的参数。然后，我们将提供进行统计功效分析的统计软件的示例。

计算统计功效所需的参数

预期的统计功效

通常使用的统计功效水平是80%和90%。如果统计功效是80%，则当项目确实存在显著影响效果时，在该人群中抽取样本进行的实验中将有80%的实验可以

6 统计功效 / 197

检测到显著的影响效果(即能够拒绝原假设)。

MDE 大小

选择最合适的 MDE 大小可能是功效计算中最难也是最重要的部分。没有适用于所有情况的正确的 MDE 大小设定,这需要根据具体情况进行判断。一个项目的真正影响效果大小是一个简单的概念,即干预组和对照组平均结果的差异。

当展示实验结果时,展示干预组和对照组的均值及其差异是最直观的一种方式,这种均值和差值可以适用任何单位。但对于功效计算需要对影响效果进行标准化处理,即用标准差表示其影响效果大小。标准化的影响效果等于用我们关注的影响效果除以其标准差:

标准化的影响效果=(干预组均值–对照组均值)/结果变量的标准差

计算统计功效需要知道项目实际的影响效果大小(即我们完成实验之后)。统计功效计算所需要的影响效果是指预期项目可以达到的最小影响效果。任何低于该临界值的影响效果都很有可能与0无法区分,因而很可能被解释为项目失败。有些人认为 MDE 大小是对项目影响效果的预测,或者是为项目执行树立的一个目标。但这并非判断 MDE 大小的好方法。为理解其中的原因我们回到教育补习的例子。

布拉罕基金会的教育补习项目的一系列研究中的第一个是在印度城市进行的。它发现影响效果值为0.27个标准差(SD)。[1]随后的评估着眼于同一项目的其他版本,例如测试在农村地区的影响。因此,此时研究人员对影响效果大小有了一个很好的了解。后续评估是否应使用第一次评估的影响效果值作为 MDE 的参考进行统计功效计算?

这种策略是有风险的。考虑到项目运行的成本很低,第一次评估中发现的影响效果值(0.27个SD)其实是很大的。即使该项目的影响为0.2个SD,它仍然具有成本效益。设想随后的评估选择了0.27个SD的MDE,而真实影响效果大小为0.2SD。那么,后续评估很有可能无法将项目影响效果与0区分开来,从而引发对项目是否有效这一问题的担忧。因此,选择太大的MDE可能使评估无法检测到显著的影响效果,即使该项目实际上影响足够大、是具有成本效益的政策选择。

要找到确定 MDE 大小的正确方法,需回答这个问题:"在所有实际的项目目标中,多大的影响效果会被认为太小而等同于0?"有3种方法(并非同等有效)可以确定正确的 MDE 大小:

---

[1] 该项目的研究者为阿比吉特·班纳吉、肖恩·科尔、埃丝特·迪弗洛、利伦德,其研究成果详见附录的评估案例2。

1.使用"标准"的影响效果

2.与具有相似目标的干预措施的MDE进行比较

3.评估什么样的影响效果大小会使项目具有成本效益

下面具体来看。通常需要从这3个方面考虑MDE的设定。

使用"标准"的影响效果。对于什么样的影响效果才被认定为是大的影响效果，研究人员在一些经验法则或文献中有提及。根据大量教育实验的结果，有一种观点认为，对于考试成绩来说，0.2个SD影响效果很小，但值得考虑，而0.4个SD的影响效果则很大。

可否得出这样的结论：可以将这些经验法则转化到其他领域，甚至是教育领域的其他问题上？也许改变出勤率等结果比改变考试成绩要容易得多，而改变新生儿的身高和体重比改变考试成绩要困难得多。也许患有贫血症的儿童数量减少0.2个SD会被认为是影响效果很大的。即使在考试成绩的例子中，由于在一个几乎没有项目有效的地区，一个廉价的项目所产生的0.2个SD的影响效果也应认为是巨大的成功。

尽管关于什么是大的影响效果的经验法则很有吸引力，因为它们可以从书架上得到，在任何环境中使用，但这种不需要根据环境调整的独立性也恰恰是其主要弱点。评估结果是政策制定的重要基础。因此，决定什么是小、中、大的影响效果的最佳方式是考虑政策背景。在特定的政策背景下即使最小的影响效果也可以是有意义的。了解给定领域的经验法则可能是考虑MDE大小的一个有用的起点，但这应该只是一个起点。

与具有相似目标的干预措施的MDE进行比较。因为某一特定项目通常是多个备选政策选项之一，所以确定MDE大小的一个重要来源是针对类似项目的公开评估。我们所说的类似项目是指具有相似目标的项目。例如，旨在增加受教育年数并经过严格评估的项目包括学校投入项目、奖学金项目、信息项目、现金转移项目和健康项目。虽然它们的设计非常不同，在不同的国家进行了评估，但它们的目标是相同的，而且都报告了影响效果的大小及其成本。我们希望项目的影响效果至少能够与其他类似成本的项目相当。在理想情况下，我们可能想要厘清我们的项目需要有怎样的MDE才能与替代方案相比更具有成本效益。

例如，一项旨在提高出勤率的学校膳食项目可以与其他降低教育成本的项目进行比较，如提供校服、有条件现金转移支付或驱虫项目。重要的是可比项目的成本是相同的，它们的目标与我们的项目的目标也是相同的。

然而，如果替代方案的人均成本与我们的项目差异很大，那么只看其他项目的影响效果大小是不够的，还需要考虑什么样的MDE大小才能使我们的项目更具成本效益。

什么样的影响效果大小会使项目具有成本效益——具有特定目标（如增加小学入学儿童的数量）和固定预算的政策制定者可能会优先选择在一定预算下能够使孩子入学天数增加最多的项目。如果这个项目成本较低，并且能够在全国其他地区实施，则可能会接着投资第二划算的项目，以此类推，直到预算用完。

评估者如果想要影响政策，需要能够区分我们的干预方法是否具有成本效益。根据对该项目成本的估计可以计算出该项目具有成本效益所需的影响效果大小。这表明成本较低的项目所需的MDE会更小，因为这样的项目即使影响效果很小，也具有成本效益。但具有讽刺意味的是，廉价项目的评估成本通常很高，因为它们需要大样本量来进行评估，以检测那些小的影响效果。

对于成本效益的比较以及任何替代政策选择的比较，我们不仅关心将影响效果大小与0区分开来，还关心是否有一个精确的估计。设想一个教育补习项目使考试成绩至少提高0.15个SD，那么它将具有成本效益。如果我们选择0.15作为MDE大小和80%的功效，这意味着有80%的机会（如果真实的影响效果是0.15）能够将影响效果与0区分（即估计的影响效果的置信区间内将不包括0）。但很可能估计的影响效果置信区间很大，可能在0.28到0.02之间。在将该项目与其他项目进行比较时置信区间如此之宽，我们可能难以得出明确的结论。若要精确地测量影响效果的大小，必须在设置MDE时考虑到这一点。例如，如果影响效果大小为0.15个SD时将使项目具有成本效益，那么影响效果大小为0.05将意味着该项目不具有成本效益。如果我们希望能够区分两者，则需要将MDE设为0.1。

除了成本效益比较，政策制定者还会受许多其他因素的影响，尤其可能受到绝对变化的影响。如果一个项目成本不高但只产生了很小的绝对改进，而另一个项目成本较低却产生了更明显的改进，则后者通常更容易获得支持。有必要提出这样一个假设性问题："什么程度的变化会被认为太小而不值得做？"和"需要看到多大的变化才值得采取行动？"

选择群组数量

正如在推导统计功效公式时所讨论的，对于给定的样本量，可以使组的数量最大化，而每组只有一个人来使统计功效最大化。但样本量通常受到预算限制，在同一组中多采访一个人比在一个新组中多采访一个人成本更低。例如，去学校或村庄调研通常会涉及交通费用。无论我们在村里采访多少人这些固定费用都必须支付。

设想在村庄里采访第一个人的成本是100美元（90美元固定成本+每人10美元），之后每采访一个人的成本是10美元。如果预算是1000美元，则可以在10个村庄中每个村庄采访1人（总样本量为10），或者在5个村庄中每个村庄采访11人（总样本量为55）。除非组内相关性非常高，否则采访5个村庄的55个人会比采访

10个村庄的10个人的统计功效更大。

但也存在一些实际原因使得在一个群组中采访多个人的统计功效更高。例如，调查可能由1名队长、5名调查员组成的调查小组完成。但如果5个小组成员在不同的村庄，队长就不能有效监督。每个村采访一个人意味着每名调查员需要有一个监督员（这样的成本非常高），或者调查员必须去没有监督员的村庄（这可能导致低质量的数据）。

因此，每个群组内多增加一个受访者的边际统计功效会下降，但多增加一个受访者的边际成本也在下降。为在预算约束下使统计功效最大化，必须权衡这两个因素。在实践中的成本往往是不稳定的。比如，如果每名调查员一天平均可以采访2户，那么5名调查员和1名队长组成的团队每个村采访15户就不太现实。最好是采访10户（每队在一个村待一天）或20户（每队在一个村待两天）。考虑到交通时间和成本，如果尝试采访15户人家，无论如何，调查小组最终可能会在每个村庄花费两天时间。

分配比例

前面提到，通常把样本在所有组之间平均分配时统计功效最大。更准确地说，对于给定的样本量，当有一个干预组和一个对照组时，分配比例为0.5时统计功效最大。然而，我们也注意到，在某些情况下进行不均等的分配也是有意义的。本节将逐一讨论这些例外情况。

当预算同时用于项目运行和项目评估时

如果项目资金同时用于支持项目运行和项目评估，而样本量的唯一限制是资金时，使统计功效最大化的方式是使对照组的样本量大于干预组。这时在干预组多增加一个社区或个人要比在对照组多增加一个社区或个人成本更高。

设想共有24万美元来实施一个培训项目并对其进行评估。实施培训项目的成本是每人1000美元，进行评估的成本是每人100美元。随机化是在个体层面进行的。在干预组中每增加一个样本需要花费1100美元，而每增加一个对照组样本则需要花费100美元。当分配比例为0.5时，我们最多可以负担得起干预组有200人、对照组有200人。当分配比例为0.5时，干预组样本增加1人和对照组样本增加1人能够提高相同的统计功效。此时，如果干预组样本减少1人，对照组样本增加1人，那么统计功效就会降低，但减少的数量会非常少，因为仍然非常接近两组之间的平衡。然而，这个例子中可以在相同的预算范围内在干预组减少1人、在对照组增加11人，从而增加统计功效。

当将更多样本从干预组转移到对照组时，统计功效的提高就会减少。这种转移到达一定程度时,干预组减少1人、对照组增加11人,即使总样本量增加了,统计功效也会降低。如果考虑极端情况这一点就很清楚了。当没有干预组,只剩下一个对照组的时候,我们就没有任何统计功效。

那么,如何计算使统计功效最大化的分配比例呢?可以用下面的公式。该公式表明,当一项预算同时支持项目运行和评估费用时,最优分配比例等于对照组人均成本(c_c)与干预组人均成本(c_t)之比的平方根:

$$\frac{P_T}{P_C} = \sqrt{\frac{c_c}{c_t}}$$

上面的案例中,22%的分配比例可以使统计功效最大。

如果该方法听起来太复杂,另一种方法是计算我们可以负担得起的样本大小和分配比例的不同组合,并将它们代入计算统计功效的程序(例如,在下面讨论的Stata或OD软件中),看看哪一个组合的统计功效最大或MDE最小。

MDE大小随干预组的不同而不同

如果有多个干预组,不同的干预组可能会设定不同的MDE大小。特别是,如果干预组1的成本远低于干预组2,则干预组1即使有一个小的MDE也将比干预组2更具有成本效益。我们希望MDE至少与成本效益临界值一样小,这表明可以为干预组1选择比干预组2更小的MDE。如果只是将每个干预组与对照组进行对比,则可以在干预组1中放入比干预组2中更多的样本。

然而,如果还需要直接对比干预组1和干预组2,决策就更复杂。直接比较这两种干预所需的MDE,甚至可能小于比较干预组1与对照组所需的MDE。如果两种干预是同一种干预的变体,且成本相似,则情况尤其如此。即使是效果上非常小的差异也足以说明一个干预比另一个干预更好。如果真希望能够发现两种干预方法之间的细微差异,就必须在两个干预组中都有很大的样本量。下文将更多地讨论这个难题。但常用的观点仍是对的:对于多种干预都需要设定多个MDE,因此可能需要不均匀的分配比例。

当对照组起着特别重要的作用时

当有不只一种干预时就有多种两两比较的组合可以分析。可以将干预组1与干预组2、干预组1与对照组、干预组2与对照组进行比较。我们有时想将所有干预组与对照组进行比较(例如,如果这两种干预是同一项目的两个变体,彼此之间的差异不是很大)。正如上面提到的,区分两种干预方法的难度是很大的。如果两种干预方法成本相近,一种干预方法即使只比另一种干预方法效果稍微好一点,也会更具有政策价值。为对比不同的干预方法,一种方法是样本量足够大,从而可以发现干预组别之间非常小的差异，但大多数随机干预实验无法负担非常大的样本。另一种方法是承认区分这两种影响效果存在难度，将随机干预实验的核心瞄准，将干预组与对照组进行对比，此时对照组就会发挥特别重要的作用。

考虑这样一个项目评估，我们关注的主要问题是：

①干预组1和对照组比较。

②干预组2和对照组比较。

③干预组1和干预组2合并在一起与对照组比较。

此时，3个两两比较都用到了来自对照组的数据，而干预组1的数据仅被用于3个中的两个。在其中一个两两比较中，干预组1的数据与干预组2的数据合用，合并的干预组的数据量会比对照组多。因此，如果在对照组中增加1人，就有助于提高3个两两比较的有效性。如果在干预组1中增加1人，则只提高了两个比较的统计功效，并且其中的一个比较已经比其他情况具有更高的统计功效。

因此，研究人员通常会分配给对照组更多的样本，给每个干预组分配更少的样本。如果即使各组有相等的分配比例，也没有足够的统计功效直接对比不同的干预组，此时研究人员会更倾向于分配给对照组更多的样本。

没有公式可以表明当对照组作用更大时应向对照组中多放多少样本，这主要取决于我们最关心的两两比较类型。然而，一个有用的方法是写出我们关注的所有两两比较。假设分配比例相等，计算不同比较可以检测到的MDE大小。然后以多种不同的方式重新排列样本，包括在对照组中放置更多的样本。用这些不同的分配比例重新计算不同比较的MDE，可以帮助我们明确应优先关注的重点，并权衡在不同情境中回答不同问题时的精度要求。

当一个群体比另一个群体的方差更大时

一些干预方法可能对结果变量的方差有直接影响，增加了方差或减少了方差。例如，鼓励退休人员将退休储蓄投资于养老保险项目可能会减少退休人员收入的方差。因此，需要在对照组中抽取更多样本，因为该组收入方差更大，抽取更多样本便于更准确地测量。而干预组收入方差更小，因而可以少抽取一些样本。

虽然理论上是这样的，但实际中研究人员却很少使用不均匀的分配比例。这可能因为没有足够的信息来判断方差是否会因为项目而增加或减少，或者因为尽管有较充分的理由认为项目会减少某个指标的方差，但不会减少其他感兴趣的指标的方差。以对天气保险的项目评估为例。如果天气保险是有效的，应该会减少农民收入的差距。然而，研究人员可能还感兴趣的是天气风险的降低是否会改变农民种植的作物种类：天气保险实际上可能会增加种植作物的差异。换言之，天气保险可能会减少某一指标的方差，但同时增加了另一指标的方差。

计算残余方差

残余方差是分析中可能使用的一个概念,指项目或任何控制变量(如性别或年龄)无法解释的人与人(或单位)之间在结果变量上的方差。但通常计算统计功效是在正式分析之前,所以需要使用其他方法来估计残余方差。具体来说,可以使用:(1)来自相同或相似总体的历史数据;(2)来自自己的试点调查或实验数据。通常假设该项目不会增加方差,此时可以利用项目实施前收集的数据来计算残余方差。例如,可以将结果变量对所有潜在的控制变量作回归,多数统计软件可以报告回归的残余方差,从而可以用于计算统计功效。

历史数据包括研究人员在过去的实验中收集的数据或其他来源的数据,例如国家人口统计和家庭调查。世界银行也提供了许多优质的数据库,可用于估算特定人群的差异。J-PAL还在其官网发布了以前实验的数据。研究论文通常会在描述性统计表中显示其样本方差。然而,这些给出的通常是总方差,而不是加入控制变量后得到的残余方差。使用总方差进行统计功效计算可能会低估统计功效或高估我们需要的样本量。

对样本进行重复调查的次数

我们需要决定是否要进行基线调查和终线调查,以及是否要收集这两次调查之间的数据(即中线)。对同一个人收集数据的次数越多就越能减少残余方差,从而提高统计功效。然而,这样做的边际收益是递减的。我们可能发现,在一定的预算内增加样本量要比增加中线调查次数对提高统计功效更有效。对一个人多次收集数据所提高的统计功效取决于个体的结果随着时间推移的相关性。人的身高往往随着时间推移而高度相关,因此进行基线调查和终线调查将大大减少无法解释的方差。相比之下,农业产量等变量随着时间推移往往相关性较低,因为它们很容易受天气影响,而不同年份的天气可能变化更大。OD软件的文档中有一个很有用的工具可以用来估计多次调查对统计功效的影响。[①]但需注意,如果对100个人中的每个人进行5次采访,样本量是100,而不是500。

关于是否进行基线调查的其他影响因素,我们在第5章中已有讨论。

时间相关性(用于重复样本的统计功效计算)

如果计划对同一个人多次收集数据——例如,开展基线调查和终线调查——当基于这些数据进行统计功效计算时,需要加入对时间相关性的估计(即随着时间推移,

---

[①]Jessaca Spybrook, Howard Bloom, Richard Congdon, Carolyn Hill, Andres Martinez, and Stephen Raudenbush, "6.0: Repeated Measures Trials", *Optimal Design Plus Empirical Evidence: Documentation for the "Optimal Design" Software Version 3.0*, accessed January 3, 2013.

个体的相关结果是如何相关的）。但很难找到时间相关性的可靠估计值。即使开展了试点调查,每个人也可能只有一期数据。只有当用基线数据和终线数据进行完整的试点评估时才会有更多的数据,然后可以用它来计算同一个人的两期数据之间的相关性。另一种方法是利用已公开的类似人群的面板数据。相对于其他类型的数据,面板数据（包括同一个人在一段时间内的数据）要少得多（人口统计和住户调查通常不是面板数据,而以前的随机干预实验数据通常是面板数据）。由于很难在相关人群中获得时间相关性的可靠估计,且研究人员通常会比较担心高估了时间相关性而导致实验的统计功效不足,因此在计算统计功效时,即使同时拥有基线数据和终线数据,许多研究人员仍会忽略这一因素。他们认为这是统计功效的一个缓冲器,即他们知道自己的统计功效比计算出来的要大,但不知道大了多少。

组内相关性（用于群组层面的随机化）

请记住,组内相关性是由组内样本中总方差的百分比来解释的。我们可以通过其他类似群体调查的数据或试点数据来估计组内相关性。大多数统计软件能够基于数据计算出组内相关性,这些数据需要包含结果变量和聚类变量（例如,村庄 ID）。统计功效计算对该指标的设定很敏感,因此需要尽量获取尽可能精确的估计值。

统计功效计算工具

有了用于统计功效计算的参数数据之后,具体如何计算呢？大多数统计软件包（如 Stata）都有样本大小函数。免费工具也可以用,如 OD 软件。虽然这些工具能简单方便地计算统计功效,但我们也需要知道其背后的原理。

Stata

Stata 有一个命令,sampsi,用户可以输入所有参数（包括所需的统计功效水平）来计算实现所需统计功效的样本量。如果输入了样本量,sampsi 就会给出能够实现的统计功效水平。Stata 中默认的统计功效值为 90%,显著性水平为 5%,干预组别为 2 个,分配比例为 0.5,干预组和对照组的方差相同,并且使用双侧检验。

Stata 要求的不是 MDE 大小,而是干预组和对照组的平均值（回想一下,MDE 是两者之间的差值）。设想我们正在对一个旨在提高考试成绩的项目进行个体层面的随机化。我们使用现有的测试成绩数据确定了干预前的平均测试成绩为 43%,SD 为 5 个百分点。我们希望能够在 80% 的统计功效值下检测到 2 个百分点的考试成绩变化,所以可以输入：

sampsi 0.43 0.45, power(0.8) sd(0.05)。

Stata 算出干预组的样本大小为 99,对照组为 99,假设 95% 的临界值（报告为 5% 的显著性水平）。

如果要做同样的评估，但是需要在班级层面随机化，每个班级有60名学生，则可以使用sampclus命令——它是Stata的一个扩展包，因此在第一次使用前需要先下载安装。首先运行sampsi命令，然后根据每个群组有多少个观测值或计划使用多少个群组对样本量进行调整。我们还需要输入群组的组内相关性rho（例如，使用Stata中的loneway命令可以计算现有数据的组内相关性）。在这个例子中可以输入：

sampsi 0.43 0.45, power(0.8) sd(0.05)

和

sampclus, obsclus(60) rho(0.2)。

在这种情况下，班级层面进行随机化的结果是，检测考试成绩变化2个百分点所需的样本量增加到干预组1268名学生和对照组1268名学生，即总共43个班级。

Stata中有许多选项，可以实现更复杂的样本大小计算。例如，如果在同一个人或单位多次收集数据（此时必须指定给定单位的结果变量的时间相关程度）。

OD软件

另一个软件包是OD，它是专门设计用来计算统计功效的。该软件的优点是它以图形方式显示了在不同MDE大小或组内相关性水平下，统计功效如何随样本量的增加而提高，这能够比较方便地看到本章中讨论的一些权衡的大小。例如，随着组内相关性的不同水平的变化，每个群组内增加更多个体的回报减少的速度有多快。OD软件的另一个优点是它有详细的操作手册指导用户了解不同类型的评估设计及使用哪些选项。OD软件还可以包含3个级别的数据收集。例如，如果正在评估一项旨在告知选民其议员记录的项目，可能会收集个体层面的数据，而这些个人是投票站的一部分，这些投票站本身又是选区的一部分。

需要注意的是，当OD软件报告给定MDE的必要样本量时默认有两个干预组别（即一个干预组和一个对照组）。如果有两个干预组和一个对照组，则需要将报告的样本量除以2（以获得每个干预组别的样本量），然后乘以3（实验中随机化组别的数量）。

OD软件可以从密歇根大学的网站上免费下载。

最适合你的软件：你习惯使用的

不同软件进行统计功效计算会有所差异。例如，OD软件和Stata的一个不同是，在群组设计中当结果变量为虚拟变量时它们的处理是不同的。此时，虽然Stata会提示rho（组内相关水平），但OD软件会避免使用rho（因为担心rho在二进制分布的尾部不准确）。我们的理解是，OD软件的新版本正在开发中，当结果变量的平均值接近于1或0时，它将为二元结果提供更准确的统计功效估计。

最后一个警告是：在实践中统计功效计算涉及一些假设。减少假设的一种方法是在样本总体中进行试点。这将帮助我们更好地估计总体的平均值和方差，也能更好地估计依从性。更准确的参数会使计算更精确，但即使是粗略的估计也能提供有价值的信息。因此，即使没有获得统计功效计算所需的所有参数，根据对参数的最佳估计进行一些计算仍然是值得的。

在没有进行统计功效计算的情况下开始一项研究有可能会浪费大量时间和金钱。统计功效计算可以告诉我们：（1）我们可以有多少种干预方法；（2）如何在群组和群组内的个体观察之间进行权衡；（3）研究设计是否可行，至少在统计功效的维度上是可行的。

统计功效计算案例

本节将展示对一项随机干预实验的统计功效计算过程，这是在孟买开展的教育补习项目，它是在群组层面进行的随机化。其他统计功效的案例和练习可以在本书配套的网站上找到。

我们想测试一项针对孟买三年级学生的教育补习项目的有效性。该项目正处于早期阶段。我们想知道需要有多少所学校参与研究，以及需要在每所学校收集多少名学生的数据。

统计功效计算需要许多信息，包括孟买考试成绩的均值和方差。我们还希望有机会测试我们的数据收集工具（专门为这次评估设计的考试测试）。因此，我们在6所学校进行了试点数据收集练习，测试了这些学校的所有三年级学生。每所学校平均有100名三年级学生（所有学校的三年级学生都多于80名）。

有了这些试点数据，我们进行了一些基本的描述性统计：

• 平均考试成绩为26%。
• 标准差为20。
• 计算出组内相关性为0.17。

请注意，这里SD的唯一用途是计算标准化的MDE，因为我们正在进行群组层面的随机化。

在考察了其他教育项目的影响效果和成本之后，我们希望该项目对考试成绩至少有10%的影响——换句话说，考试成绩的平均值变化2.6个百分点（在26%这一基础上提高10%）。低于这一影响效果则认为项目是失败的。这将是MDE的大小，但必须将其转换为标准化的MDE，因而要除以SD，即标准化的MDE为2.6/20 = 0.13 SD。

现在来看一些样本量计算的案例。假设 α 为0.05（即95%的显著性水平，这是常用的标准）。首先假设在每所学校测试40名学生。使用OD软件得知样本中需要356所学校（图6.11A），即干预组178所，对照组178所。我们认为与356所独立的学校合作可能很难实现。因为这是一个面向学校的项目，所以在评估的每所学校中增加调查的学生数相对容易，可以调查每所学校的最大学生数，即80名。重新进行统计功效分析可以发现，要获得80%的统计功效需要336所学校（图6.11B）。换句话说，将每所学校调查的学生数量增加一倍，使需要的学校数量从356所减少了20所，达到336所，即减少了6%。随后我们想到，还可以对每名学生进行两次调研以提高统计功效：项目开始前和项目结束后。之前对类似人群的研究发现，基线考试成绩可以解释超过50%的最终考试成绩差异。将这一数据放入OD软件中得到修正后的学校样本数量：180所（图6.11C）。

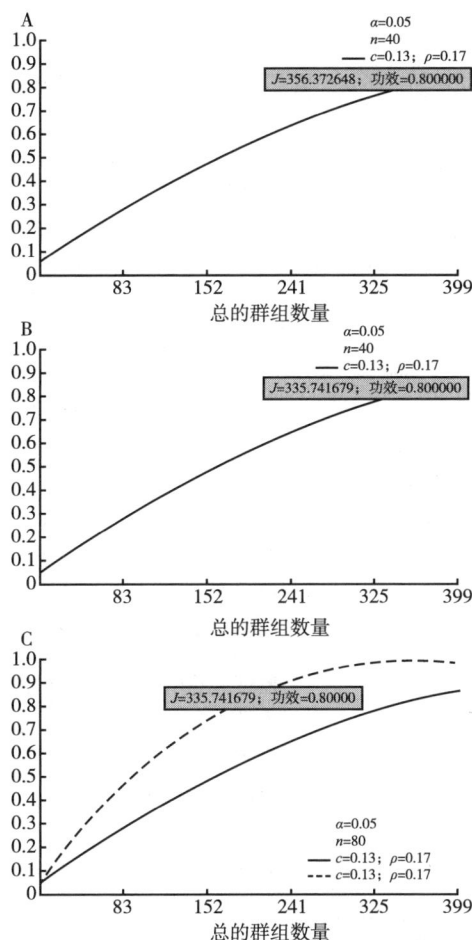

图6.11　不同假设下的群组数量和统计功效

来源：Optimal Design

注：假设如下，图6.11A，每所学校40名学生；图6.11B：每所学校80名学生；图6.11C：根据基线成绩调整和不调整。

最初我们想测试两个不同版本的项目。但统计功效分析表明我们负担不起这样的方案。具体来说，我们想评估的项目的另一个版本是将学生每天的补习时间多增加半小时。如果新版本的干预使考试成绩提高了15%，而基础课程的考试成绩只提高了10%，那么我们就认为新版本的项目是成功的。但是，为同时测试这两种方案需要能够检测平均考试成绩为28.6（干预组1）和29.9（干预组2）之间的差异。换句话说，标准化MDE为0.065。如果只比较干预组和对照组，要探测到这个MDE所需的学校数量（假设每所学校有80名学生接受测试，并且有基线控制特征）将是712所（干预组356所，对照组356所）。但我们现在有两个干预组和一个对照组，所以实际样本量将是356×3＝1068所学校。这远远超出了我们的预算。

因此，我们决定对180所学校和每所学校80名儿童进行评估，总样本量为14400。

模块6.4总结

在哪里可以找到统计功效计算所需的参数？

下表总结了统计功效计算所需的参数以及在哪里可以找到这些参数。

需要的参数	可能的来源
显著性水平	常用的是5%
对照组结果变量的均值	以前在相同或相似的人群中开展的调查
对照组结果变量的残余方差	以前在相同或相似人群中开展的调查（变异性越大，给定统计功效的样本量就越大）
MDE大小	被认为具有价值的最小的影响效果值。例如，使项目具有成本效益的最小的影响效果值。可以从与政策制定者的讨论和成本效益计算中得出
分配比例	根据预算限制和不同问题的优先顺序来决定这一点。当只有一个干预组时，分配比例通常是0.5
组内相关性（当在群组层面进行随机化时）	以前在相同或相似的人群中开展的调查
统计功效水平	通常设定为80%
对单个样本重复调查的次数及时间相关性	计划对同一个人调查的次数(例如，基线调查和终线调查)。其他评估中可能有数据表明，随着时间的推移，个人的结果是如何相关的

模块6.5　设计高统计功效的研究

在设计随机干预实验时,我们需要仔细考虑统计功效,并权衡项目的设计和限制对统计功效的影响。依据统计功效的决定因素,可知在随机干预实验的每个阶段(从设计到分析)如何实现高的统计功效。随机干预实验设计的特点影响着统计功效,其中最重要的是干预组别数量、结果变量测量、随机化设计、控制变量、分层和对研究设计的依从性。本模块将讨论如何设计和实施具有高统计功效的随机干预实验。

设计随机干预实验时

想要厘清的问题数量决定了需要的干预组别数量。当针对某一特定的两两比较进行统计功效计算时,例如干预1与对照组或干预1与干预2的比较,样本量是该两两比较中涉及的样本。因此,如果总样本有180人,并且有4个大小相等的干预组(45人),那么用于比较一种干预与另一种干预的总样本量为90人。在条件相同的情况下,干预组别越少,给定的总样本可以获得的统计功效就越高。

选择合适的样本量

足够多的样本量至关重要。它提高了估计影响效果的准确性,从而提高统计功效。但通过增加样本量来提高统计功效的成本会非常高,因为增加样本量会增加研究的规模。即使没有增加干预组的人数至少也会增加要收集的数据量。

减少干预组别数

减少干预组别数会提高统计功效,但其代价是能回答的问题更少。就像经济学(和生活)中经常出现的情况一样,我们必须在以下两种情况中做出权衡:要么是更精确地回答少量几个问题,但即使干预效果很小,我们也有充分的信心相信能够检测到统计上显著的效果;要么是尝试回答更多问题,但这时估计出的系数可能会有不够精确的风险?

在一个实验中,通常如果能够以相当高的精度回答至少一个问题,那么该项目设计已经相当完善了。例如,如果要对一个项目的两个不同方案的效果进行比较,我们没有足够的统计功效来发现不同方案的差异,但至少可以设计实验精确地测量项目作为一个整体是否有效。因此,可以将两种不同的干预方案合并成一个大的干预组,然后将其与对照组进行比较。这样回答问题时的统计功效就更高,因为此时每个组别的样本量都很大。

在尽可能低的层面上随机化

随机化层面是统计功效最重要的决定因素之一。如上所述，当随机化是在群组层面而不是在个体层面上进行时，对影响效果的估计通常不那么精确。这是因为单一的冲击可能影响整个社区，会同时改变该社区中很多人的结果。统计功效对随机分配的群组数量更敏感，而对每个群组内调查的样本数相对不敏感。通常当随机化 100 人和随机化 100 个社区时，即使后一种情况下的样本量大 10 倍（例如，如果每个社区调查 10 人），得到的统计功效也将在相同的数量级上。

提高项目的依从性

低依从性会降低项目的影响效果，因为这会减少干预组和对照组在项目参与率方面的差异，所以统计功效较低。设想一个教育补习项目对参与其中的孩子的真正影响是 0.3 个标准差。但随机分到干预组的孩子中有一部分人没按时到校，另一所学校的补习老师也辞职了，没有人接替。最终，随机分配的接受项目的孩子中只有一半真正完成了项目。由于依从性低，现在干预组和对照组之间的平均考试成绩的差异只有 0.15 个 SD。由于统计功效方程中样本量和影响效果的关联方式，此时需要增加 4 倍的样本量才能发现原来一半大的影响效果。

当对照组中的一些人参与了项目时也会出现部分依从性问题。在教育补习案例中，假设学校里出现了混乱，一些随机分到对照组的孩子最终参加了教育补习课程。这进一步减小了测量到的影响效果，因为它减少了干预组和对照组之间的差异。如上所述，假设该方案的真实影响效果大小为 0.3 个 SD，并且干预组中只有50% 的人参与了该项目。假设对照组最终有 25% 的人参与了该项目。现在干预组和对照组参与项目概率的差异只有 25 个百分点，即干预组参与项目的可能性只比对照组高 25 个百分点。因而整体影响效果大小仅为 0.3×0.25 或 0.075 个 SD。这是一个非常小的影响效果，很难检测到。此时，项目的 MDE 是完全依从状态时的四分之一，这意味着现在需要的样本量必须是原来的 16 倍。

更准确地说，部分依从的 MDE 大小与完全依从的 MDE 大小的关系如下：

$$\text{MDE}_{\text{部分依从}} = \frac{\text{MDE}_{\text{完全依从}}}{p_t - p_c}$$

式中，p_t 为干预组接受干预的比例，p_c 为对照组接受干预的比例。也可以用样本量来表示，即：

$$N_{\text{部分依从}} = \frac{N_{\text{完全依从}}}{\left(p_t - p_c\right)^2}$$

这表明高依从性至关重要。但有时项目参与率本身就是我们关注的结果测量指标之一，因此不想使用其他额外的方法来鼓励干预组的参与者参与项目。然而，在评估一个项目对接受项目的人的影响时,确保干预组的参与率更高是至关重要的。正如模块8.2中详细讨论的,研究设计时尽量减少叛逆者(即分配到干预组却不参与项目、分配到对照组却参与项目的个体)的存在也很重要。叛逆者的存在主要影响的并非统计功效,而是会使估计的影响效果产生偏差。

激励设计自然要比完全依从时的统计功效低,因为激励设计需要告诉人们有关项目的信息或给予他们适度激励以鼓励其参与项目。因此,激励设计需要更大的样本量。然而,激励设计的一个好处是它们通常在个体层面进行随机化,这有助于提高统计功效。

限制样本流失的设计

当人们退出项目并且无法测量时,有效样本量就会减少,从而降低统计功效。样本流失会带来各种各样的其他问题,正如模块7.2所讨论的那样。出于这些原因,也为了提高统计功效,研究设计时要注意避免样本流失,其方法会在第7章中讨论。

使用分层

正如模块4.4中所讨论的,当采用分层设计时,首先将样本分成具有相似可观察特征(如性别或地区)的人组成的较小的子分层,然后从这些子分层中随机分配到干预组。这确保了各组在分层变量上是相似的。分层确保即使在小样本时干预组和对照组也是平衡的,具有不同特征的人数完全相等。

分层可以增加给定的样本量下估计的精确度,从而提高统计功效。分层确保了干预组和对照组在关键特征上保持平衡,从而减少了以下可能性:例如,所有考试成绩高的学生都恰好在干预组中,因此高估了干预的影响效果。使用分层方法估计的影响效果会更接近真实的影响效果。就统计功效公式而言,平衡意味着残余方差更小,从而对于给定的样本量统计功效更高。通常用于分层的结果变量越多,效果越好。然而,如果对结果变量没有任何影响的变量进行分层,理论上也可能导致过度分层。关于应该选择哪些变量进行分层,以及如何通过分层计算残余方差,相关内容已在第4章中讨论过。

分层在样本量较小时最重要,因为在样本量非常大时大数定律会确保实现平衡。

选择分配比例

对于给定的样本量,如果分配给干预组和对照组的比例相同,则统计功效最大。正如模块6.4中详细讨论的,样本量可能不是固定的,并且可能存在相等分配比例不是最优的情况。

在设计数据收集方案时

选择直接的结果测量指标

正如第5章所讨论的，结果测量指标是否直接取决于其在逻辑链上的位置。在免疫接种的案例中，降低儿童死亡率是最终目标，但它并非直接指标。[1]逻辑链涉及几个步骤：(1)建立营地并提供现金转移，以改善可及性、可靠性和激励方式；(2)母亲带孩子去接种疫苗；(3)给孩子接种疫苗；(4)儿童免疫力提高；(5)儿童接触疾病时不生病；(6)儿童接触疾病时不会死亡。在每一个步骤中项目以外的因素都在起作用：母亲参加营地的原因与方案无关，儿童死亡的原因与接触免疫接种可预防的疾病无关。所有这些其他因素都会成为项目无法解释的结果变异的一部分。而无法解释的方差则会使估计变得不精确，从而降低了统计功效。在该案例中，我们希望关注的结果可能是免疫接种率而非儿童死亡率。

我们可能对一些太过直接的结果测量指标不感兴趣，尽管它们具有很高的统计功效。如果结果测量指标是营地是否运行，这样做统计功效会很高，但不能了解到该项目对人们生活的影响。我们通常需要在两个目标之间进行权衡：对统计功效的渴望，以及尽可能地遵循逻辑链走向最终影响的愿望。

收集控制变量的数据

加入对结果变量有很强解释力的控制变量，可以减少无法解释的方差。通过减少无法解释的方差就可以减少评估给定大小的影响效果所需的样本量。换言之，通过减少方差就降低了样本量的MDE。我们将讨论为什么这很重要，以及使用控制变量时如何计算统计功效。

对同一样本收集多次数据

个体的一些特点并非总能用可观察的特征（比如他们的年龄或收入）来解释。例如，有些人比其他年龄和学历程度相同的人更努力。这些特征往往随着时间推移而持续存在：一旦努力工作，就永远努力工作。如果对同一个人进行多次观察，比如基线调查和终线调查，就可以计算出每个人的固定效应。这些个体特征成为已解释方差的一部分，从而不再是未解释方差的一部分，进而提高了统计功效。基线数据也提供了用于分层的变量，从而可以实现分层。然而，进行额外的调查成本很高。对于一个小样本，是收集多次数据还是扩大样本规模，两种方法哪种对提高

[1]Abhijit Banerjee, Esther Duflo, Rachel Glennerster, and Dhruva Kothari, "Improving Immunisation Coverage in Rural India: Clustered Randomised Controlled Evaluation of Immunisation Campaigns with and without Incentives", *British Medical Journal* 340 (2010).

统计功效更有用,这取决于结果随着时间推移的相关性。如果它们是弱相关的,那么更大的样本可能会比两轮调查的小样本对提高统计功效更有用。

通过数据收集减少样本流失

减少样本流失的数据收集策略包括:收集受访者的手机号码;在基线调查中设置跟踪模块;收集相关联系人的信息,以便即使受访者搬走了,这些人也能联系上他们;如果受访者在整个研究过程中定期报到,则为其提供手机和免费信用。

限制项目变动

项目执行方式和数据收集方式的变动越少,结果数据的可变性就越小。通过简化数据收集程序和对工作人员进行全面培训,可以减少某些形式的测量误差。限制项目变动减少了影响效果估计的变异,从而提高统计功效。

在项目实施时——对可能的威胁制订预案

提高项目依从性

在项目实施过程中提高依从性的策略包括在干预组之间使用更高层面的随机化,为所有受访者提供参与项目的激励,以及仅对在随机化时已属于干预组的样本进行干预(例如,免费校服项目可以仅提供给在项目宣布时已经在干预学校的学生。否则,对照组的孩子可能会转学到干预学校以获取校服)。当然,这些都必须与其他考虑因素平衡。比如,上面说可以通过使用较低层面的随机化来提高统计功效,但现在又说可以通过使用较高层面的随机化来提高统计功效,到底哪种正确?事实上,依从性、随机化层面等不同组合的设定会带来不同的效果。在面对依从性和随机化层面的权衡时,我们可以对不同的组合做出一些假设,并对不同的设计进行统计功效分析,以了解这两个因素在特定环境下是如何平衡的,这会很有用。

限制样本流失

如上所述,限制样本流失有助于提高统计功效。在项目评估的各个阶段,包括在项目实施过程中,都需要特别关注避免样本流失。如果预算允许,在项目开展过程中对项目参与者进行登记是有用的,这可以观察到项目参与者(干预组和对照组)是否发生流动。

在进行影响效果分析时

使用控制变量

加入控制变量减少了无法解释的方差，从而可以提高统计功效。所有要添加的控制变量均不应受到干预的影响，这表明必须使用在干预开始之前收集的变量。收集控制变量数据并将其用于分析可提高分析的统计功效。在教育补习案例中，最终的考试成绩与项目之外的许多因素相关，包括参与者的年龄、性别，最重要的是基线考试成绩。如果在回归分析中将年龄、性别和基线考试成绩作为控制变量，那么无法解释的变异就会减少。如果使用了控制变量，即使最终干预组中年龄大的孩子比对照组占比更多，也不会将年龄差异造成的干预组和对照组之间的差异错误地归因于项目的影响。平均而言，加入控制变量后估计的影响效果将更接近于真实估计值（即更精确），从而提高统计功效。控制变量减少了"背景噪声"，这样更容易检测到真实影响效果，从而提高了实验的统计功效。

选择显著性水平

传统的显著性水平是5%，在进行统计功效分析时使用这一显著性水平是有意义的。使用更高的显著性水平可能会在形式上得到更高的统计功效，但这只是因为我们改变了标准。在报告结果时，我们希望指出哪些项目具有影响效果，即使它们仅在10%的水平上是显著的，但其他人可能对这些结果持怀疑态度。不应该在项目设计之初就计划只能识别出10%的显著性水平的影响效果。

7 威胁

随机化设计和数据收集计划描述了研究将如何进行。但现实中通常难以完全按照计划进行。本章涵盖了影响实验完整性的常见威胁。每个模块包括一个威胁,并解释如何设计随机干预实验来应对这些威胁。本章的模块如下:

模块7.1　部分依从
模块7.2　样本流失
模块7.3　溢出效应
模块7.4　实验效应

模块7.1　部分依从

部分参与者可能无法接受方案中分配给他们的干预。当一些人不依从时,我们称之为部分依从。本模块讨论了部分依从为何构成威胁,以及如何限制其发生。

何为部分依从?

干预组的人没有得到干预

干预组的一些人可能永远得不到干预。例如,一些被分配参与培训项目的学生可能永远不会参加培训。一些孩子被分配接受驱虫药物,但他们的家长可能不同意。或者在雨季无法通行的道路可能会使用于种植的肥料无法及时送到一些农民手中。在整个实施过程中收集的过程数据可以用于测量部分依从的程度,因为这些数据能够反映有多少人参加了培训项目,或者有多少家长不允许孩子使用驱虫药物。

干预组的人没有完成干预

人们有时会在项目结束前停止参与。例如,一些参加培训项目的学生可能会在参与几期后退出。一些参加肥料项目的农民可能会将肥料留到下一个种植季节,而不是按计划在当前季节使用。有些农民可能不使用他们的肥料,而是将其出售。后一种情况我们可能无法确定不依从的程度。完成最后的调查后我们才能询问农民上一季使用了多少肥料。

当对照组的人接受了这种干预

对照组的人也可能会接触到该项目,这可能通过多种途径发生。首先,对照组的一些成员可能已经接受了该项目。例如,如果我们引入驱虫项目,一些在对照组的家长可能已经给孩子购买了驱虫药物,并在家里对孩子进行了干预。其次,对照组的成员可能会转移到干预组里去。例如,如果通过学校开展驱虫项目,家长可能会将他们的孩子从对照组学校转到干预组学校。最后,外部参与者可能会向对照组提供干预。例如,如果我们指定由产前诊所向干预组的孕妇提供经杀虫剂处理的蚊帐,另一个非政府组织可能会介入,并决定通过尚未开展蚊帐分发计划的诊所(即我们对照组的诊所)向孕妇分发类似的蚊帐。

执行人员未遵从原定的分配或干预流程

执行人员可能未遵从原定的项目计划。例如,项目管理人员可以偏离随机分配,根据自己的需求判断或通过个人关系来扩展服务。换句话说,他们可能会给对照组的一些人提供项目,而不给干预组的一些人提供项目。执行人员也可能改变实际的干预方案。

设想一个女性企业家的培训项目。我们雇用的培训师可能希望在常规的商业培训模块中增加一个"赋权"模块。尽管培训师可能有充分的理由增加该模块,但我们正在评估的干预不仅是一个商业培训项目,还是一个业务培训和赋权项目。

最后,项目工作人员可能会向对照组的人提供补偿——如一些礼物或现金,让他们感到自己没有被忽视。有时最低限度的补偿是研究方案的一部分,但这种补偿会同时提供给干预组和对照组的受访者,以鼓励他们留在研究中。但是项目工作人员在没有厘清其对评估的潜在影响的情况下就给予了补偿,这可能会破坏研究的完整性。

当人们(叛逆者)表现出与依从相反的行为时

在一些特殊情况下,提供参与项目的机会或鼓励参与项目可能会产生相反的效果,从而减少参与人数。同样,将人们排除在项目之外可能会让他们认为错过了一些重要的东西,最终反而更积极地参与项目。以这种违反直觉的方式行事的人被称为"叛逆者"。这些人不仅不依从原来的项目安排,从某种意义上说他们是消极的依从者,因为他们的反应方式与项目预测的完全相反。虽然这种情况很少见,但它对实验是一个重大威胁(模块 8.2 将更详细地讨论叛逆者)。

不依从性如何构成威胁?

不依从性会减少干预组和对照组在项目参与率方面的差异

为了能检测到项目的影响效果,干预组的参与率必须明显高于对照组。部分依从性会缩小两组之间实际干预率的差距。在极端情况下,如果两组的干预率相当,我们就无法评估出影响效果。例如,在蚊帐项目中,如果对照组的所有卫生诊所都从另一个非政府组织获得蚊帐,那么干预组和对照组接触蚊帐的概率就没有差异。因为两组的干预概率没有差异,所以我们将无法评估该项目的影响。

不依从性会降低干预组和对照组之间的可比性

在随机干预实验中,所评估的项目应该是干预组和对照组之间唯一的系统差异。项目工作人员的部分依从性会降低两组之间的可比性。例如,我们想评估在产前诊所发放蚊帐的效果。项目工作人员可能会关心对照组诊所妇女的健康,并决定实施一个健康教育项目,指导妇女如何在对照组的诊所预防疟疾。但此时,所评估的项目(分发蚊帐)已不再是干预组和对照组之间唯一的系统差异。因为疟疾教育项目引入了另一种差异,我们不再能确定两组之间的结果差异是否由蚊帐分发项目引起。

叛逆者的存在会导致无法估计一个项目的真正影响

使用激励设计时最可能出现叛逆者的问题,这种激励在某些情况下鼓励人们参与项目,而在其他情况下则使人们不愿意接受该项目。正如模块 4.3 中讨论的,当我们提供一个行为可能带来好处的信息,希望它能激励更多人采取该行为时就可能出现叛逆者。如果一些人之前高估了该行为的好处,当他们收到该行为真正的好处的信息时,这些人可能会因此决定不采取行动。这里我们将解释为什么叛逆者的存在会导致无法估计一个项目的真正影响。

设想我们希望评估留在中学对少女怀孕率的影响。以往的研究表明,向孩子和他们的父母提供关于留在学校的好处的信息可以降低辍学率。我们随机挑选了一些女孩让她们了解留在学校的好处。大体而言，那些收到信息的女孩确实留在学校更久。我们测量了怀孕率，发现那些收到信息的女孩怀孕率也很低。

该设计的问题在于，尽管大多数女孩之前可能低估了留在学校的好处，但有些女孩可能高估了这些好处。这些信息可能会导致后一组人本来会更晚离开学校，现在却提前离开学校。这些因为我们的激励而气馁的女孩就是叛逆者。她们的反应方式与我们期望的完全相反，也与别人的反应方式完全相反。

如果上学对所有女孩怀孕率的影响是一样的，那么单调性假设仍然成立。但我们知道，这些女孩与正常女孩不同，因为她们对提供的信息的反应不同：上学对她们的怀孕率是否也有不同的影响？提供一个数值例子可能有助于解释该问题。对于那些不熟悉如何分析激励设计的人来说，这个数值例子可能很难理解。我们将在模块8.2中讨论该问题。

假设80%的女孩都是悲观主义者，看到很少有女孩完成中学学业后找到好工作，她们低估了留在学校的好处。了解了上学的真实好处后，这些人会在学校多待一年。其余20%的女孩是乐观主义者（可能因为她们看到姐姐得到了高薪工作），高估了留在学校的好处。在了解了上学的真实好处后，这些女孩比原计划提前了两年退学。

上学对两组女孩怀孕率的影响也不同。对于悲观主义者，多上一年学可以减少10个百分点的少女怀孕率。对于乐观主义者，她们的怀孕率本来就较低，因而留在学校上学不是一个重要因素，多上一年学只减少了她们1%的怀孕率。

该实验旨在评估受教育对少女怀孕率的影响。为计算出真正的影响，必须分别计算出该项目对悲观主义者和乐观主义者的影响。对于占总体80%的悲观主义者来说，多上一年学可以减少10个百分点的少女怀孕率。对于占总体20%的乐观主义者来说，多上一年学可以减少1个百分点的少女怀孕率。这两种影响的加权平均值为8.2%。

但是，假设没有叛逆者，激励对整个人群的平均效果的结果会很不一样。这种激励使平均受教育时间延长了0.4年（悲观者平均增加一年，乐观者平均减少两年）。我们看到平均怀孕率下降了7.6%（悲观主义者怀孕率下降8%，乐观主义者怀孕率上升0.4%，两者的加权平均值是7.6%）。如果多上0.4年学将导致7.6%的怀孕率减少，可以推测如果多上整整一年的学将带来19%的怀孕率下降（0.076/0.4）。换言之，估计出的学校教育对怀孕率的影响几乎是真实影响的两倍。

如何减少部分依从性？

我们可以在项目设计阶段就开始避免部分依从性。

使项目易于接受

项目申请程序太复杂会大大降低参与率。如果项目在不便利的地点开展,同样也会降低参与率。要提高项目参与率必须使参与项目变得更容易和更方便。塞拉利昂进行的一项研究,评估了审查议会竞争对手之间的辩论对选民知识和投票行为的影响。[1]随机化是在投票站层面进行的。为确保辩论的高曝光率,项目组决定不仅在主要社区中心放映辩论,还将在偏远的村庄放映辩论。如果该项目在没有评估的情况下实施,这些额外的放映可能不会提供,因为偏远村庄的观众人数较少。然而,对于评估来说确保高曝光率是很重要的。

激励人们参与项目

可以提供适当的激励来鼓励人们参与项目。但激励不能太大,太大可能会影响观察的结果。令人意外的是,很小的激励也可能在提高项目参与率方面发挥重要作用。上文讨论的塞拉利昂议会辩论中,参与研究的受访者获得了参加辩论的非常小的激励(这种激励是一套10个的"美极块"——烹饪时加入菜肴的本地调味品,很像高汤块,每个只需几美分)。该案例中,收到"美极块"不太可能改变人们在选举中的投票方式(特别是因为没有明确的"正确投票方式";也就是说,并没有一种特定的投票方式能让点票员满意)。

将实地工作分解并程序化

减少工作人员必须在现场做出决定的机会有助于降低部分依从性。为此,可以将项目工作人员分组进行培训,每组工作人员仅负责某种特定的干预。例如,孟加拉国的一个女孩赋权项目有两个模块。每个村庄要么获得一个基本模块,要么获得包含两个模块的扩展包。为避免混淆,指定的工作人员要么接受基本课程培训,要么接受扩展课程培训,而且只需要提供其中一个版本的课程。[2]这种工作分解使项目人员能够更清楚自己负责的项目内容,从而增加了对随机化的依从性。他们到达一个村庄时,不必为自己应该提供什么服务及向谁提供服务而烦恼(特别是在小项目中,我们可能会担心负责某个干预模块的工作人员可能比负责另一个干预模块的工作人员素质更高,此时两个项目结果的差异可能既反映了项目的差异,也反映了工作人员素质的差异。因此,评估者需要将工作人员随机分配到不同的干预组以避免这种情况。在有些情况下可能没办法这么做,因为不同的干预模块可能需要不同的技能,此时项目工作人员差异的影响就是项目本身整体影响的一个组成部分)。

---

[1]这项由凯利·比德韦尔(Kelly Bidwell)、凯瑟琳·凯西和瑞秋·格伦纳斯特负责的研究正在进行中。
[2]该研究由艾丽卡·菲尔德和瑞秋·格伦纳斯特完成,研究内容被呈现在附录的评估案例7中。

在更高层面上随机化

为尽量减少对照组接触干预内容，可以在不同的层面随机化。例如，可以在村庄层面而不是在个体层面随机化。当被分配到不同干预方案的人相互作用时，对照组接触到干预方案的风险更大。这可能是因为溢出效应（下文将讨论），也可能是因为接受干预的个体与邻居或家人共享。一种解决方案是在更高层面上随机化。模块4.2中讨论了不同层面随机化的利弊。

对所有人都提供基本的项目，包括对照组的参与者

有时如果对照组接受不到任何服务随机干预实验可能很难实施。例如，项目工作人员可能不愿意实施随机干预实验，除非他们觉得研究中的每个人都至少能够获得一些好处。项目中的所有人都得到了一种基本的干预项目，而干预组除了基本的干预项目外，还额外得到了一个更高级的干预项目，这种设计可以评估更高级干预项目的影响效果。但这种策略也有缺点。特别是，我们将无法知道基本项目是否有影响（因为所有参与者都会参与基本项目，因而不存在对照组）。同时，这种设计也无法评估出高级干预项目相对于完全没有任何干预情况的影响效果，因为缺乏纯粹的对照组。但这种设计可以呈现高级干预项目与基本项目之间的对比。

如何记录依从性并识别叛逆者？

为解释分析中的部分依从性，必须以相同的方式记录干预组和对照组的依从性。这通常需要在终线调查中增加有关项目参与情况的问题。但记录实施过程中的依从性也很有用，这样可以在实施过程中采取行动避免不依从性。

记录谁接受了什么样的干预？

要了解依从性水平，必须记录谁在什么时候接受了什么干预，这些信息可以在常规监测中收集。例如，我们可以在监测数据中查看有多少人参加了该项目，并将其与社区中有多少符合条件的人进行比较。我们还可以监测参加项目的人来自哪里（是否有人来自对照组社区）。但监测数据并不全面，因为人们可能通过其他方式参与项目。例如，没有参加大规模驱虫项目的学校的儿童可能会通过诊所获得驱虫药物。因此，在终线调查时我们需要询问所有项目参与者的项目参与情况，包括干预组和对照组的参与者，从而全面了解项目依从情况。

在确定依从性监测的时间和频率时需要考虑产生需求效应的可能性。询问人们是否正在参与项目可能会提醒或鼓励他们参与项目。模块7.4在讨论对评估效果的处理时，将进一步探讨这种风险对行为改变带来的影响。

通常，在分析阶段不能使用监测数据来说明依从性，因为对照组通常不会收集

监测数据。如果是在一个项目的两个版本之间进行随机化,所有参与者均接受了某个版本的项目,此时也许可以使用监测数据的依从性对分析进行调整。

识别叛逆者

如果有叛逆者(因为受到鼓励而较少参与项目的人)存在的风险,那么识别出叛逆者很重要。只要能识别出叛逆者,就可以单独估算出项目对他们的影响,然后估计出项目的真正影响。在构建项目的变革理论框架(模块5.1中讨论的)时,我们需要思考为什么有些人可能会对提供或激励他们参加一个项目做出反常反应,这有助于设计指标识别这些人。在提供教育好处信息的案例中,我们说过,叛逆者很可能是那些以前高估了教育好处的人。如果在基线调查中加入一个关于工资如何随着受教育年限增长的问题,我们将能够发现那些曾高估教育好处的人,从而确定他们是否为叛逆者。

模块7.2 样本流失

当一些研究参与者的结果无法测量时就会出现样本流失,这就产生了数据缺失问题。本模块将讨论样本流失如何成为一种威胁,以及我们可以做些什么来避免样本流失。

什么是样本流失?

样本流失是由于研究人员无法从样本中的某些人那里收集部分或全部结果测量数据而导致的数据缺失。这可能发生在参与者退出且无法测量其结果的情况下;或者他们虽仍在参与项目但未能被测量时,例如他们拒绝接受采访;或者他们拒绝回答某些问题。样本流失造成了数据缺失问题。

当人们退出研究,无法再被测量时

最明显的例子发生在人们死亡的时候。但人们也可能搬离该地区或不再合作。在上述任何一种情况下我们都无法测量我们计划研究的所有人的结果。

当人们仍在参与项目但无法被测量时

有时仍在参与项目的人却找不到。调查员访问时他们不在家,或者考试当天他们不在学校。他们可能会参加这个项目,但拒绝配合调查。他们可能没有时间坐下来回答调查问题。

当人们拒绝回答某些问题时

有时人们会拒绝回答某些问题。例如，人们可能会拒绝回答有关他们性行为或非法行为的问题，也可能会拒绝回答关于他们如何赚钱或赚了多少钱的问题。有时也可能只是因为调查问卷太长，人们没有耐心回答问题。

为什么样本流失是一种威胁？

样本流失会降低干预组和对照组的可比性

当出现样本流失时，如果干预组和对照组的流失比例有差异，则可能破坏干预组和对照组的可比性。例如，在教育补习项目中被分配到干预组的成绩差的学生更有可能开始表现良好，不会辍学，但被分配到对照组的成绩差的学生可能会完全辍学。在后续查看考试成绩时，如果只观察那些还在上学的学生的考试成绩，两者就没有可比性，就像把一袋苹果和橘子的混合物与仅仅一袋苹果进行比较。在干预组中，样本中既有成绩差的学生，也有成绩好的学生。但在对照组中，我们只有成绩好的学生，因为所有成绩差的学生都退学了。我们得出这样错误的结论：补习项目降低了考试成绩，而实际上它帮助成绩差的学生留在了学校。

设想一个项目将成绩差的学生的平均考试成绩从10分提高到15分（图7.1）。总的来说，该班级的平均分从15分提高到了17.5分。同时，由于干预组中成绩较差的学生得到了支持，他们没有像对照组的许多同龄人那样辍学。然而，如果只测量那些留在学校的学生的考试成绩，我们就会得出结论，该项目使考试成绩变差，从对照组的18.3分降到干预组的17.5分。

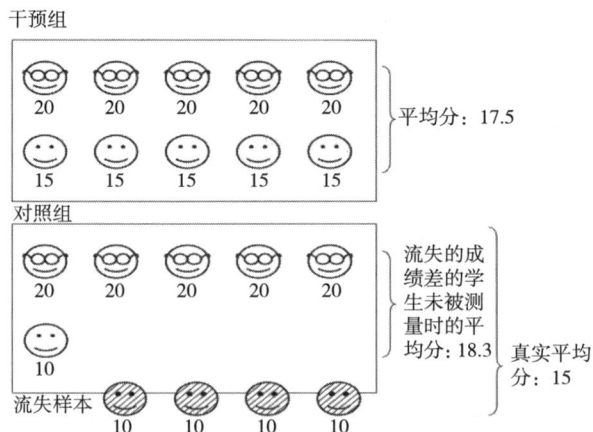

图7.1　差异性流失如何导致估计偏误

注：有眼镜的人脸表示成绩好的学生，没有眼镜的人脸表示成绩差的学生。

即使流失率相同,如果两组中退出的人类型不同仍然可能使评估结果出现偏差。设想同样的补习项目,在实施该项目的学校里高分学生的家长不高兴,因为班级规模比其他学校更大,大量学生获得补习帮助。他们便把孩子转到私立学校。如果在学校对学生进行测试,我们发现有4名学生离开了干预组学校,所以没有他们的分数,而有4名学生离开了对照组学校,同样没有他们的分数(图7.2)。虽然干预组和对照组的流失率(缺失数据量)是相同的,但两组缺失的是不同类型学生的数据,因此估计的影响是有偏差的。在这个例子中,干预组的平均分是15.8分,对照组的平均分是18.3分。如果我们不考虑样本流失,可能会认为这个项目降低了考试成绩,而实际上是提高了考试成绩。

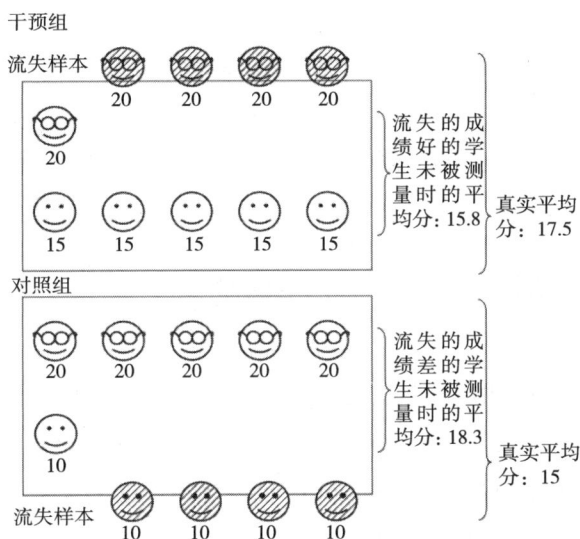

图7.2 干预组和对照组的差异性流失如何导致估计偏误

注:有眼镜的人脸表示成绩好的学生,没有眼镜的人脸表示成绩差的学生。

样本流失会降低统计功效

正如第6章所讨论的,统计功效取决于样本量。样本流失减少了样本量,进而降低了统计功效,这就使实验的灵敏度降低了。此时,项目需要有更大的影响效果才能检测到。如果未能发现统计上显著的影响,我们无法判断是否真的没有影响,还是因为样本流失降低了检测影响效果的统计功效。

如何避免样本流失?

我们可以通过3种方式避免样本流失:(1)使用一个研究设计,允许所有参与者都有机会参与项目;(2)改变随机化层面;(3)改善数据收集的方法(调查设计、管理和追踪)。

使用一个研究设计，允许所有参与者有机会参与项目

如果人们预期未来有可能参与项目，则拒绝参与研究的概率就会降低。我们可以通过研究设计来创造这种期望。我们可以使用分阶段设计，而不是使用随机抽签，从而确保在整个评估期间每个人都有机会参与项目。在早期阶段，被选中参与项目的人首先作为干预组，而尚未参与项目的人作为对照组（见模块4.3）。然而，这种策略也有一些缺点，即预期未来会获得好处可能会导致对照组的行为发生变化（见模块7.4）。例如，如果承诺未来会帮助人们购买肥料，这可能在短期内降低他们自己购买肥料的可能性，从而使影响效果的估计出现偏差。

改变随机化层面

一种可能的情况是，如果人们看到邻居得到干预而自己却没有得到，就会产生不满，而这种不满情绪又会导致样本流失。一种解决方法是在更高的层面上随机化以确保亲密互动的人得到同样的待遇。但是，我们常常未意识到过低的随机化层面可能导致样本流失。

改善数据收集的方法（调查设计、管理和追踪）

改善数据收集的方法有很多。

对数据收集方法和测量工具进行试点。设计不当的数据收集工具和流程可能导致数据丢失。太长、太复杂的调查问卷也容易导致数据丢失，人们可能会拒绝参与后续调查。令人困惑的问卷跳题模式可能会导致数据丢失（例如，如果收件人回答了，那么跳过接下来的三页半问题）。数据收集未执行好，比如让男性调查员询问女受访者有关生殖健康的敏感问题，这可能会让受访者不愿回答问题（甚至会把调查团队赶出这个社区）。这些类型的样本流失可以通过更好的调查设计来避免或减少。对测量工具和调查流程进行预测试，有助于提前发现这些问题（见模块5.3）。

对最初随机分配的所有人进行追踪。可以通过追踪所有参与者来减少样本流失，无论他们去了哪里。例如，在印度的教育补习项目中，通过多次访问学校以对第一次考试当天缺席的孩子进行测试，从而减少样本流失。最后，补习教师在家里追踪缺席的孩子，并让他们在家参加考试。[1]这确保获得了所有孩子的考试成绩，无论这些孩子是否辍学。

追踪调查不要间隔太久。调查间隔时间越长，流失率可能越高。间隔时间越长，家庭搬离、孩子离家，或者个人死亡的可能性就越大。此外，间隔时间越长，邻

---

[1]该项目的研究者为阿比吉特·班纳吉、肖恩·科尔、埃丝特·迪弗洛、利伦德，研究内容被呈现在附录的评估案例2中。

居可能越难得知人们搬迁的去向。在长期研究中,我们面临着研究长期影响和保持低流失率之间的权衡。

定期收集跟踪信息。基线调查应包括追踪模块,诸如搬迁可能性、可能的搬迁目的地、手机号码、亲戚和朋友的联系信息等问题。这些亲戚或朋友不会与研究中的家庭一起搬迁,但在样本搬迁的情况下仍能获得他们的新联系方式。

当最初调查中收集的追踪信息过时时,同伴往往是一个很好的信息来源。使用参与式方法获取联系信息往往比只询问一个人效果更好。例如,肯尼亚的一个HIV预防项目以小学高年级的学生为目标,主要结果变量是学龄女童的生育率。这些数据是在干预后的3年内对这些学校进行的6次访问中收集的。为避免长期随访中的样本流失,研究人员使用了通过参与式调查获取的、在以前学校注册的追踪信息。在每次访问中,原始基线样本中所有参与者的名单都被大声朗读给高年级的学生。对于每名参与者,研究人员都会问一系列问题:"玛丽还在上学吗? 如果在,在哪个学校,哪个年级? 她还住在这个地区吗? 她结婚了吗? 她的丈夫叫什么名字?"这类信息使我们更容易找到玛丽并对她进行调查。[①]

合理规划调查时间可以降低流失率。合理的调查时间(包括一天中的调查时间和全年的调查规划)有助于减少样本流失。当人们工作的地方离家很远时,我们可以在一天的开始或结束时对他们进行调查。一年中的某些时候,人们可能会按照传统去探亲。这可能有利于降低流失率,但也可能提高流失率,具体取决于我们想要追踪调查的对象是谁。例如,如果要调查巴黎的专业人士应避免在8月进行调查,因为许多巴黎人都在8月休年假。同样,如果研究的是中国的工厂工人应避开中国新年,因为很多工人会在新年回到中国农村的家人身边。另一方面,一项针对孟加拉国农村少女的研究想要追踪参与过项目的女孩,她们中的许多人已经搬到达卡的纺织工厂工作。对于那些在达卡的第一轮调查和追踪调查中都没有找到的女孩,在开斋节期间进行了一次特别调查,当时许多女孩会从工厂返回家乡。这种"开斋节追踪"大大减少了样本流失。[②]

减少某一子样本的流失率。有时对原始样本中所有已经搬迁的人追踪频率太高会使成本很高。正如将在分析部分(模块8.2)更详细地讨论的那样,重要的是要知道我们的结果对流失有多敏感,这反过来又取决于退出者与未退出者之间的差异程度。但是,要得出这一结论需要详细了解辍学的学生。因此,一种方法是随机抽取一些已经辍学的学生作为样本,尽力追踪到他们,并假设追踪的辍学者与没有追踪的辍学者具有相同的特征。使用这种策略的关键是要找到我们希望追踪的所

①该案例来自埃丝特·迪弗洛、帕斯卡琳·杜帕斯和迈克尔·克雷默的一项研究,研究内容被呈现在附录的评估案例4中。
②该研究由艾丽卡·菲尔德和瑞秋·格伦纳斯特完成,研究内容被呈现在附录的评估案例7中。

有辍学者的子集。

提供激励。我们也可以利用激励来减少流失率，有时小激励就能发挥大作用。长期追踪研究可能会提供小额补偿来鼓励参与者完成调查。这种奖励可以提供给所有参与者，也可以提供给特别难以接触到的特定子群体。例如，在上面描述的对青春期女孩的调查中，已婚女孩得到了一个小奖励（一个密胺盘子），以补偿她们和家人所付出的时间。在达卡工作的女孩得到100塔卡现金（1.25美元），因为这些女孩在工厂工作很长时间，很难说服她们放弃非常有限的空闲时间来回答一份调查问卷。最后，正如上文所讨论的，当低流失率对项目非常重要时，激励方法可以作为上述追踪一个小样本的流失者方法的有效补充，此时即使大额的激励也是非常值得的。

模块7.3　溢出效应

溢出效应是指一个项目对那些没有得到干预的人产生间接影响。本模块将讨论溢出效应如何成为一种威胁，可以采取哪些措施预防溢出效应，以及如何测量溢出效应。

什么是溢出效应？

项目可以产生溢出效应或外部性（如第4章所述）。溢出效应有多种形式，可以是正向的，也可以是负向的。溢出效应可以通过以下几种渠道发生：

物理性的：通过该项目免疫的儿童减少了疾病在社区中的传播。从该项目中学习养猪技术的农民增加了环境污染。

行为性的：一个农民模仿他接受了干预的邻居，从该项目中学到了施肥技术。

信息性的：人们从通过该项目获得相关知识的其他人那里了解到经杀虫剂处理过的蚊帐的有效性（称为社会学习）。

市场范围（或一般均衡）效应：老年工人失去工作，因为公司从该项目中获得雇用年轻工人的经济激励。

溢出效应是常见的和自然的。人们向同伴学习，模仿他人，传播疾病。如果溢出效应是正向的，项目应该积极尝试利用它们，以确保项目产生最大的影响。例如，如果人们相互了解预防性保健产品的有效性，那么鼓励少数人投资这些产品可能就会引发大规模的使用。如果人们周围都是储蓄者，那么他们自己也更可能为退休进行储蓄。我们希望增加储蓄者的数量，并由此产生溢出效应。而对于负向的溢出效应，项目应该将其最小化。

总体而言,潜在溢出效应的存在对随机干预实验设计有两个重要含义。一是,我们可能想要预测溢出效应,此时可以选择适当的随机化层面。二是,我们想要测量溢出效应,以确定干预的最佳人数(干预密度),从而实现影响最大化。

第4章中已讨论了随机化层面与溢出效应之间的关系。本节侧重于识别潜在的溢出效应,并理解它们为什么会破坏随机干预实验设计。

溢出效应如何构成威胁?

溢出效应降低了反事实的质量

干预组之外的人可以体验到该项目的间接影响。当这些人组成我们的对照组时(这种情况经常发生),对照组的结果就会反映出间接的项目效果。这意味着对照组不再是一个好的反事实,因为其结果反映的是间接的项目效果,而不再是没有项目效果时的结果。

如果在设计和/或分析阶段不考虑溢出效应,溢出效应就会对随机干预实验构成威胁

如果随机干预实验没有捕捉或考虑到从干预组到对照组的积极溢出效应,则项目的影响将被低估。如果它没有捕捉或解释负面溢出效应,则项目的影响将被高估。

设想在一所学校的个人层面随机安排一个驱虫项目。接受干预的儿童体内的寄生虫数量较低,从而减少了寄生虫在人群中的传播。减少疾病传播对对照组中未接受干预的儿童也有利,他们的寄生虫数量也会因此降低,尽管他们没有接受过寄生虫干预。将学校内接受干预的儿童与未接受干预的儿童进行比较,可能会低估该项目的影响效果。

如何控制溢出效应?

识别潜在的溢出效应

控制溢出效应的第一步是预测溢出效应。这意味着要回答以下问题:什么,谁,怎么做? 什么东西溢出来了? 溢出效应从谁那里来,又对谁造成伤害? 溢出效应是如何起作用的,通过什么途径,会产生什么效果(例如,它们是正向的还是负向的?)

我们可以利用常识、以往的研究、现有的理论和逻辑框架来预测潜在的溢出效

应。至关重要的是，我们需要同时考虑潜在的正向和负向溢出效应。考虑潜在的正向溢出效应可能更有吸引力，但预测潜在的负向溢出效应同样至关重要。

减少对照组的溢出效应

正如第4章所讨论的，溢出效应的存在会影响随机化层面的选择。以一个关于女孩行为的HIV信息项目的随机干预实验为例。我们可以在教室内对每个女孩逐个随机分配项目，但她们可能会与其他班级的朋友分享信息；相反，我们可以在学校层面进行随机化。如果金融扫盲项目是在企业层面实施的，但我们预计该项目会在市场上产生溢出效应（因为企业争夺固定的客户群），则应该在市场层面进行随机化。

通过测量接受干预的单位内或附近未接受干预的人的结果来估计溢出效应

许多项目都有明确的目标人群。例如，小额信贷组织通常专门针对妇女。发放蚊帐项目的目标人群是孕妇和幼童的母亲。[1]HIV信息项目通常针对学龄儿童，而往往忽略了失学青少年。这些项目如何影响附近未接受干预的人呢？它们对其他人群有正向或负向的溢出效应吗？回答这些问题会对项目设计产生重要影响。

为了确保评估能够回答这个问题，我们需要系统地收集那些未直接干预但预计会受到间接影响的个体的结果数据。如果预期孕妇的邻居可以通过观察孕妇的健康状况来了解蚊帐的有效性，就应该监测干预组和对照组的邻居的蚊帐使用情况。如果预计小额信贷目标妇女的丈夫可能从妻子那里借钱，就应该衡量获得小额贷款的妇女的配偶和对照组妇女的配偶的商业成就。

模块7.4 实验效应

参与评估或实验本身可能改变人们的生活方式，但这与项目本身的影响是不同的。本模块讨论了为什么实验效应会构成威胁，以及我们如何避免这种威胁。

什么是实验效应？

即使没有干预，仅仅参与评估也可能改变人们的行为。这种由实验或评估本身带来的行为改变至少有6种主要形式[2]：

---

[1] 该研究由杰西卡·科恩和帕斯卡琳·杜帕斯完成，该案例呈现在附录的评估案例6中。
[2] 更多关于实验效应的深入讨论可以查阅：William R. Shadish, Thomas D. Cook, and Donald T. Campbell, *Experimental and Quasi-experimental Designs for Generalized Causal Inference* (Boston: Houghton Mifflin, 2002).

1.霍桑效应：干预组比对照组的工作更努力。

2.约翰·亨利效应：对照组开始与干预组竞争。

3.怨恨和士气低落效应：对照组对错过干预感到不满。

4.需求效应：参与者改变他们的行为，以故意迎合他们所理解的评估者的目标。

5.预期效应：对照组改变了他们的行为，因为他们期望自己稍后将接受干预。

6.调查效应：被（频繁）调查改变了干预组或对照组的后续行为。

霍桑效应：干预组工作更努力

因为并非所有人都有机会参与项目，干预组的人感觉自己是被"选中"的而变得比以前更努力。他们可能觉得自己很幸运，不想浪费这个"难得"的机会。例如，一名学生通过抽签在许多符合条件的学生中赢得奖学金，可能会特别努力，因为他觉得自己得到了一个意想不到的机会。但是，如果把奖学金发放给所有符合条件的学生，这种因"被选中"而付出的额外努力就不会存在了。

感恩也可能使一个群体付出更大的努力。干预组可能会特别努力，因为他们心存感激，不想让项目失败。这种感激之情和由此产生的努力工作是项目的自然组成部分，而不是一种实验效应。但如果项目参与者因为看到项目正在被评估，并且有强烈的愿望希望看到评估出积极的结果以帮助项目扩大规模，从而更加努力地工作以表达自己对项目的感激，此时就是实验效应。

干预组中由实验本身带来的行为改变有时被称为霍桑效应。20世纪20—30年代，在芝加哥郊外的西部电气公司霍桑工厂进行的一系列研究表明，工人们在受到观察的情况下会提高生产率。[1]尽管后来的研究表明事实并非如此，但这一术语依然广泛流行并被沿用至今。

约翰·亨利效应：当对照组与干预组竞争时

被分配到对照组的人可能会开始与干预组竞争。例如，正规教师可能会在评估过程中与引入的合同制教师竞争。在一个评估合同制教师影响的项目中，正规教师在实验过程中可能会比平时更加努力地工作，以期对雇用合同制教师的政策决定产生影响。一旦实验结束，政策决定已经做出，他们不再受到观察，他们可能就会恢复到正常的工作习惯。竞争，包括对照组学校的正规教师和项目学校的合同制教师之间的竞争，使对照组的结果比没有评估的情况下更高。

对照组中由实验本身带来的行为变化有时被称为约翰·亨利效应，以19世纪末美国传奇钢铁司机的名字命名。根据一首美国民歌，约翰·亨利使用长柄锤铺设

---

[1]Elton Mayo, "Hawthorne Effect", in *The Oxford Companion to the Mind* (Oxford, UK: 1929), 303.

铁路轨道。据说，当蒸汽钻机问世时，约翰·亨利面临着被裁员的威胁，于是他向一台蒸汽钻机发起了一场钻探比赛。他对他的经理说："人就是人。在我被蒸汽钻打败之前，我要拿着这把锤子死去。"他最终赢得了比赛，但死于过度劳累，他手中还拿着锤子。将蒸汽钻机的生产力与约翰·亨利在那一天的生产力进行比较，并不是评估蒸汽钻机影响的好方法。

怨恨和士气低落效应：当对照组对没有得到干预感到不满时

被分配到对照组的人可能会变得士气低落或怨恨。这可能会改变他们的行为方式，恶化他们的结果，这意味着对照组将不再是一个很好的反事实，因为它不能反映在没有这个项目的情况下会发生什么。

需求效应：当参与者为迎合评估者的意图而改变行为时

需求效应是实验室实验的一个特殊问题。实验室实验会要求参与者参加许多不同的游戏，这些游戏带有一些不同的参数。参与者可能会开始问自己，"为什么我要面对这些不同的场景？""研究人员想要测试什么？"参与者可能有意无意地试图证实或破坏他们认为评估者试图测试的假设。

在一个项目的评估过程中，参与者很可能会试图改变他们的行为以迎合项目运行者的期望，但这是项目的一个组成部分。这是一种项目效应，而并非实验效应，只有当这种行为的改变在小型试点项目中比在大型试点项目中更强烈时，才会成为问题。

预期效应：对照组认为未来会有机会参与项目从而改变行为

分阶段设计和轮换设计通过将部分人参与项目的时间推迟来创建对照组（见模块4.3）。这可能使实验本身对项目参与者的行为产生影响。例如，如果使用分阶段设计来推出小额信贷项目，对照组可能会因预期未来会获得贷款而改变他们当前的行为。他们可能会申请其他贷款，期望用预期的小额贷款偿还贷款。即使没有分阶段设计，对照组成员仍然可能认为他们会在未来参与该项目，从而改变他们的行为。

调查效应：当调查可以改变参与者的行为时

为评估一个项目的影响，我们会进行调查，但频繁的调查本身可能改变参与者的行为方式。在一个教育项目中频繁的测试可能意味着孩子们非常擅长考试。在肯尼亚的一个水处理项目中，其中一个结果是腹泻的发生率。为了评估调查本身的影响，研究团队每周对随机抽样的参与者进行采访，了解疾病发病率的情况及他们对净水产品的使用情况。然而，调查本身提醒了项目参与者要投资净水产品并改变了他们的行为。[①]

实验效应如何构成威胁?

实验效应会降低统计功效和项目的外推性

实验本身带来的行为改变,会导致如果未开展项目评估就不会出现的结果变化。如果这些变化在干预组和对照组中是相同的(如调查效应),则它们不会影响两组的可比性,因而不会在项目影响的估计中引入偏差。但是,即使调查效应在干预组和对照组之间是相等的,也很可能会降低检测干预效果的能力,并削弱结果的外推性。

以上面的抗腹泻项目为例。设想一个地区40%的人已经在他们的水里添加了氯;另外40%的人有时会这样做,并且愿意听从劝说,从而在水里添加氯;最后20%的人在任何情况下都不太可能在水里加氯。一个非常有效的方案可能会将水的氯化率从40%提高到70%。但频繁的调查显示,在对照组中水的氯化率增加到了60%。目前,该项目运行地区的水氯化处理水平已高于全国平均水平。此时该项目很难有大的影响,因为许多容易被说服的人已经因为频繁的调查改变了行为。因此,判断该项目是否有效变得更加困难。另一方面,调查和项目可能是相辅相成的,频繁的调查不断提醒人们,使人们对项目更有反应。虽然在特定的情境下(调查频繁的情境下)仍然可以获得该项目的准确估计,但结果可能无法推广到其他氯化水平较低、人们未被经常提醒应该参加该项目的情境中。

实验效应可能会破坏可比性

更糟糕的是,如果实验本身导致的行为改变只是针对特定群体的(只影响干预组或只影响对照组),它会破坏两组的可比性。这就威胁到了评估策略的科学性。设想一个针对贫困儿童的中学奖学金项目。奖学金是随机抽签颁发的。被抽到的人可以上中学,而未被抽到的人可能不得不停止学业。那些不得不辍学的人虽然同样合格,但可能会变得士气低落,从而在工作或非正式学习上投入较少的努力。与从未进行过评估的人相比,对照组现在的结果更糟,因而这夸大了干预组和对照组之间的结果差异。

[①] Alix Peterson Zwane, Jonathan Zinman, Eric Van Dusen, William Pariente, Clair Null, Edward Miguel, Michael Kremer, et al., "Being Surveyed Can Change Later Behavior and Related Parameter Estimates", *Proceedings of the National Academy of Sciences USA* 108 (2011): 1821-1826.

实验效应可能会使影响效果的估计产生偏差

霍桑效应和社会预期性效应可以通过人为提高干预组的结果来夸大项目估计出的影响效果，而这并非其真实影响。约翰·亨利效应通过人为提高对照组的结果来降低项目的估计结果。士气低落效应通过人为降低对照组的结果来夸大项目的估计影响。预期效应可能会夸大或降低估计效果，这取决于具体情况。

如何避免实验效应？

确定实验本身是改变行为的潜在来源

这首先需要确认评估者与干预组和对照组之间的互动只存在于评估过程中，若项目未被评估则不存在这种互动。

使用不同层面的随机化

限制对照组中实验效应的一种方法是避免让干预组与对照组的对比产生士气低落、期望和竞争。这可以通过改变随机化层面来实现(见模块4.2)。

不宣布分阶段实施项目

在计划做分阶段设计或轮换设计时，可以选择不提前公布以避免预期效应。不提前宣布分阶段设计，意味着不能依靠干预的预期来减少样本流失。在随机干预实验设计时必须做出权衡，决定什么对项目评估和我们的特定情况最有效。[①]

确保工作人员是公正的

为减少霍桑效应，关键在于确保如果评估没有显示出积极的效果，实施项目的工作人员不会感到他们的工作受到威胁。一般来说，与简单的"有干预还是无干预"的评估相比，包含多个不同干预方案的评估使工作人员感受到的威胁更小一些。

确保干预组和对照组与评估者有同等的互动

为确保调查效应不影响可比性，干预组和对照组与评估者的互动在数量和质量上必须保持一致。如果我们花更多的时间与干预组进行不同的互动，那么很可能会在各组之间产生不同的实验效应。所以无论对干预组采取什么行动，对照组

---

①研究人员应该向他们的伦理道德委员会确认，不宣布研究中的所有社区最终都将参与项目是否合乎道德。然而，项目的执行者往往不愿意宣布未来的项目计划，因为他们担心资金可能会改变，从而无法履行自己的承诺。

也应进行相同的处理。当然,除了让他们参与项目。我们对两组人使用相同的调查问卷、相同的调查流程和相同的调查员。

测量实验效应对评估子样本的影响

如果实验效应是重要的,我们可以测量实验效应。我们必须在随机干预实验中引入随机变化来衡量这种效应。这正是上面讨论的肯尼亚的水处理项目所做的。水氯化的随机研究包括1500个家庭的样本。其中,随机抽取330个家庭作为样本来衡量调查效应。其中170个家庭被随机分配为每两周接受一次调查,这在流行病学研究中很常见,持续18个月以上。其余160个家庭被随机分配为只接受3次调查,即每6个月接受一次调查(这是经济学家更常用的方法)。这项研究及其他类似的研究发现,频繁调查改变了人们的行为,从而改变了项目的影响。这意味着我们应该仔细考虑是否需要调查参与者、如何调查及调查多少人。[1]

---

[1]Zwane et al., "Being Surveyed Can Change Later Behavior and Related Parameter Estimates".

8 分析

本章包括对随机干预实验数据进行分析，以及对项目影响效果进行推断。对最简单的随机干预实验的分析可以相对简单。然而，更复杂的分析可以帮助我们理解是谁和什么在推动结果。此外，如果使用分层或群体层面的随机化，如果面临溢出效应等威胁，或者如果有多个结果，我们就需要对结果进行修正。

模块8.1　基本的意向干预分析

模块8.2　结果调整

模块8.3　预分析计划

模块8.1　基本的意向干预分析

本模块介绍意向干预（Intention-to-Treat，ITT）分析，这应该是任何随机评估分析的第一步。我们讨论了如何添加控制变量，评估了多种干预方案，并讨论了除平均干预效果之外的其他影响效果。

分析前

在开始任何分析前，我们需要准备（或"清理"）数据，并确保对其属性有充分的理解。这通常需要采取以下步骤[1]：

• 纠正数据中的明显错误

---

[1]关于收集数据和准备数据过程存在的一些挑战的讨论，可以查阅：Robert M. Townsend, Sombat Sakunthasathien, and Rob Jordan, *Chronicles from the Field: The Townsend Thai Project* (Cambridge, MA: MIT Press, 2013).

- 检查异常值
- 计算流失率
- 计算依从率
- 绘制和描述数据

纠正数据中的明显错误

查看数据并确保已经纠正了数据中的明显错误(有时称为"清理数据")是一个很好的做法。调查对象对问题的误解、调查员对问卷的填写错误,或者数据录入错误等情况均可能导致数据错误。在第5章中,我们讨论了一些避免数据错误的方法,包括监督员每天在数据收集结束时检查已完成的调查问卷,以寻找不一致的答案。在现场早期发现的错误可以通过回访调查对象并询问一些澄清性问题来纠正。如果用电子问卷收集数据则可以对软件进行编程,使数据收集设备不接受超出规定范围的答案。同样,如果调查中的两个答案不一致,数据收集程序可以提示调查员进一步核对。在第5章中,我们讨论了反向检查(或重做)调查的子样本,以发现不可靠的调查员和存在的问题。我们还讨论了对纸质问卷进行双录入以减少数据输入阶段的错误。因此,数据清理过程会涉及比较两次数据录入的结果。当结果不同时,就需要检查纸质问卷,以确定哪个是正确的。

下一步是检查答案是否有超出可行范围。一个孩子身高2厘米或者一个农场的面积是-2公顷是不可能的。在某些情况下,可行范围将由调查对象对其他问题的回答决定。例如,某人目前在上小学但他已经88岁了,这是不太可能的。

每项调查都有内置的跳题模式——如果调查对象回答"否",接下来的几个问题就会被跳过。现场的监督员应该确保调查员遵守了这些跳题模式。换言之,如果调查对象表示未从事耕种,则不应该继续询问其种植了多少水稻。在分析之前,我们也会检查这些跳题模式。

调查应该内置一些检验一致性的问题。例如,在一项农业调查中,调查对象可能会被问及种植、收获和销售了哪些作物。如果一种作物被报告进行了种植和销售,但没有收获,这可能是一个错误。在理想情况下,这些不一致应在调查现场得到检验和纠正,但也应该在数据清理过程中进行检查。

当在数据中发现错误时,既可以将特定的回答编码为缺失,也可以填充我们认为真实的回答。在填充数据之前,我们应该非常确信自己是正确的,这在某些情况下是有效的。例如,可能很明显,一个农民报告他种了2公顷而不是-2公顷的地(特别是如果农民报告使用的种子数量与2公顷的地一致)。如果有很多关于家庭耕作方法的细节,可能有理由将"这个家庭参与耕作吗?"的答案从"否"改为"是"。

我们必须小心,不要过度清理数据——换句话说,不要强迫数据符合我们认为有意义的东西。我们生活在4口之家，但这并不意味着有人说生活在38口之家就一定是错误的。

检查异常值。在分析之前，我们应该确保知道什么是异常值。例如，我们想知道数据中是否有收入非常高或考试成绩非常高的人。之后，可以看看纳入这些异常值是否显著影响了分析结果，即分析结果是否对其敏感。通常，我们不应先验地将这些异常值从数据中剔除。

检查流失率。接下来要计算流失率和依从率。如果流失率很差(高)，就需要回到现场，收集更多的数据。如果收集更多数据不可能，高流失率表明我们需要进行一些分析，以明确缺失了这些数据对结果的影响有多敏感。检查依从性也将提示我们应该如何进行分析(模块8.2将讨论调整依从性的方法)。

最后，在开始分析前，理解我们的数据始终是一个很好的做法。这可以通过绘制数据分布图或检查每个变量的均值、中位数、方差、最大值和最小值来完成。例如，Stata有一个summarize命令，可以提供一个变量的描述性统计结果，也有许多不同的方法来绘制数据分布图。绘制数据分布图有助于识别异常值，并告诉我们结果是否集中在某些值周围。一个好的图表可能比回归分析能更好地说明项目的影响效果。在本模块后面的部分，我们提供了一个使用图表来演示影响效果的示例。

ITT估计值

在随机干预实验结束时，可以进行的最基本的分析是计算平均干预效果的ITT估计值。它将随机分配到干预组的人的平均结果与随机分配到对照组的人的平均结果进行比较。

假设加纳有一个项目为符合条件的学生提供上中学的奖学金。[①]在入学考试中取得好成绩但没有计划上中学的学生(可能是因为他们负担不起上中学的费用)被随机分到配干预组和对照组。干预组的学生可以获得奖学金，进入自己选择的中学就读。5年和10年后，我们再次调查这些学生，并询问他们的就业和婚姻状况、收入情况和社会态度等一系列问题。我们主要对这个项目的经济影响感兴趣，所以想知道那些获得奖学金的学生的平均收入是否比那些没有获得奖学金的学生的平均收入高，以及高出多少。

ITT效应是什么?

ITT估计值是将所有被分配到干预组(上述案例中指提供了奖学金的学生)的结果变量的平均值，与被分配到对照组(未提供奖学金的学生)的结果变量的平均

---

①该研究由埃丝特·迪弗洛、帕斯卡琳·杜帕斯和迈克尔·克雷默负责，研究内容被总结呈现在附录的评估案例3中。

值进行比较。

假设过去一个月接受干预的学生的平均收入是45美元,而对照组学生的平均收入是30美元。ITT项目的影响是两者之间的差额:每月15美元。对干预组和对照组之间的收入差异可以进行t检验,以检验两者之间的差异是否具有统计学意义。大多数统计软件都可以进行t检验。例如,将数据输入Stata中,并且有一个变量称为收入,这是过去一周的收入,以及另一个变量称为干预,对于提供了奖学金的学生取值为1,对于未提供奖学金的学生取值为0。可以输入以下命令来进行比较:

$$\text{ttest income, by (treatment)}^{①}$$

使用回归分析也可以进行同样的比较:

$$Y_i = c + \beta T_i + \varepsilon_i$$

其中,Y_i是学生i的收入,c是一个常数,该方程中它代表对照组的收入均值,T_i是干预组的虚拟变量(如上所述),ε_i是误差项。干预的虚拟变量(β)的系数表示干预组和对照组之间的均值差异,即该项目的估计影响。在Stata中可以输入以下命令:

$$\text{regress income treatment}$$

回归输出将基于t检验报告系数是否在统计上与0不同,它与上面描述的均值的t检验比较是一样的。

ITT衡量的是什么?

ITT估计了参与该项目的普通人会发生什么。在加纳的案例中,它衡量的是为通过了中学入学考试但尚未入学的学生提供奖学金的影响。这并不意味着实际上中学的影响,因为并不是所有获得奖学金的学生都接受了奖学金。然而,ITT估计值往往与政策有关。在加纳的案例中,ITT估计值将为我们提供一个估算,即对通过小学毕业考试的学生免除中学学费的政策,将在多大程度上增加那些本来可能不会上中学的学生的收入。在实验中可能并非所有有机会获得奖学金的学生都会接受奖学金:也许他们需要为家庭赚钱,或者不想留在学校。但是,这些因素同样也会降低政府对符合条件的学生免收中学学费的政策的影响。取消学费并不意味着每名学生都能继续上学。所以,有一个相关的问题是"提供奖学金对那些有资格留在学校的学生的平均影响是什么?"

另一个案例也很有启发性:对学校驱虫项目的评估。在寄生虫感染率高的地区,政府对小学的儿童实施了大规模干预以驱除寄生虫。在该案例中,ITT估计值揭示了在项目人群中,那些符合接受干预条件的普通儿童所经历的变化。它没有回答"服用

①本模块和其他模块中包含的所有Stata命令都基于Stata 11。因为Stata命令有时会随着Stata版本的更新而改变,我们强烈建议研究人员在进行分析和使用这里建议的任何命令之前参考Stata手册或帮助函数(两者都写得很好)。

驱虫药物的效果是什么?"相反,它估计了现实生活中驱虫项目的影响。在这个项目中,干预组中的一些儿童可能没有收到药片,因为他们在实施驱虫的当天不在学校,而有些孩子即使没有参与这个项目,也会服用驱虫药片。这可能是与政策目标最相关的影响效果估计。即使使用其他方法来评估项目对那些参与项目的人的影响,也始终应该将ITT估计值报告出来。

加入控制变量

控制变量是在实验开始之前定义的变量,如性别或种族,因此它们不受项目干预的影响。实验的开始被定义为随机化发生的时间。通常,我们在项目开始前测量控制变量(协变量)。但当我们没有基线调查时,对于那些没有变化的变量,偶尔也可以使用项目开始后收集的数据,如性别。

在估计回归中加入协变量或控制变量,可以更精确地估计项目的影响效果。当分析简单的个体层面随机干预实验的结果时,不需要添加控制变量,因为干预组和对照组的均值比较是有效的。

正如模块6.2中讨论的,加入能够预测结果变量的控制变量,可以减少无法解释的方差。我们通过减小误差项的值减少了与估计的影响效果相关的不确定性,从而使估计更精确。对此的直观解释已在模块6.2中进行了说明。

加入控制变量的方法

我们可以通过将控制变量添加到回归分析中来控制它们。我们对一个方程进行如下估计:

$$Y_i = c + \beta T_i + \gamma X_i + \varepsilon_i$$

其中,Y_i是结果变量,T_i是干预的虚拟变量,X_i是想要控制的特征集。在加纳的案例中,如果控制性别、父母受教育年限和小学毕业考试的成绩,可以进行如下估计:

$$Y_i = c + \beta T_i + \gamma_1 x_{1i} + \gamma_2 x_{2i} + \gamma_3 x_{3i} + \varepsilon_i$$

其中,x_1是性别的虚拟变量,x_2是父母受教育年限的变量,x_3是小学毕业考试的成绩。Stata中可以使用如下命令:

```
regress income treatment gender yrs_parent-education primary_testscore
```

通常的做法是同时报告加入控制变量和未加入控制变量估计出的项目影响(β),以显示估计的影响是否对控制变量敏感。如果控制变量选择得恰当,估计影响效果的精度(可能还有统计显著性)将随着协变量的加入而提高。然而,在多数情况下,加入控制变量后的估计结果不会有太大的变化。

加入哪些控制变量?

基线调查中可能收集了非常多的变量,但不能把所有变量都作为控制变量加入回归分析。有限的样本只能准确地估计有限数量的系数。而我们最感兴趣的系数是干预虚拟变量的系数,它能够揭示项目的影响效果。在极端情况下,我们加入和数据集中的数据点一样多的控制变量。但在达到这种极端情况之前,添加额外的控制变量会降低而不是提高估计精度。只有当控制变量有助于解释结果测量中相当多的无法解释的方差时,添加控制变量才能提高估计精度。但随着添加的控制变量越来越多,无法解释的方差会越来越少。剩下的变异很可能是特异的,与任何可观察到的特征都没有高度相关性。

通常,控制变量之间是高度相关的(例如,父母的受教育程度、收入和职业可能是高度相关的)。添加许多彼此高度相关的控制变量几乎没有额外好处,反而可能会降低估计精度。相反,应该加入少量但对解释结果变量有较大帮助的控制变量。一般而言,结果变量在基线调查时的值是最有用的控制变量。模块8.3讨论了分析开始前决定包含哪些控制变量的好处。

如果子样本分析是有意义的

项目的效果对人群中不同的子群体可能是不同的,即存在异质性干预效果。例如,提供额外的教科书可能只对那些阅读水平足够高的学生有效,他们可以清楚地理解教科书的内容。教育补习项目可能对那些在项目开始时落后于常规课程的学生特别有帮助。在不同的子样本中评估一个项目的有效性,不仅可以帮助我们了解如何在未来有效地瞄准该项目,还可以帮助我们了解项目运作的机制。例如,相关研究发现,在肯尼亚农村提供的教科书只帮助了更优秀的学生,这是课程安排不适合大部分班级的重要证据。[1]

子样本是指样本中至少具有一个共同特征的任何一组个体,如妇女或5岁以下的儿童。该子样本必须具有一个在项目开始前确定的可观察到的特征。

估计对子样本的影响效果

通过剔除所有不属于该子样本的个体,然后对该子样本运行与对整体样本相同的估计方程来评估其影响效果。例如,如果想要估计加纳奖学金项目对女孩的影响,可以将所有男孩从数据集中删除,并像对整个样本所做的那样估计ITT。只要子样本是使用在项目开始前确定的性别等特征来定义的,就不会产生选择性偏误。

---

[1] Paul Glewwe, Michael Kremer, and Sylvie Moulin, "Many Children Left Behind? Textbooks and Test Scores in Kenya", *American Economic Journal: Applied Economics* 1 (2009): 112-135.

子样本分析中的低统计功效问题

我们估计的是项目在整体样本的一个子样本中的效果，所以没有那么多的数据量，其统计功效会低于对整体样本影响效果的估计。这意味着在子样本中可以从 0 中区分出的最小项目影响效果比在整体样本中更为显著。

当试图比较不同子样本中的相对影响效果大小时，低统计功效的问题可能更为严重，通常需要非常大的样本量才能有效地实现这一目标。当两个子样本的估计影响效果测量均不精确时，我们几乎无法判断它们是否存在显著差异。即使发现一个项目的影响效果在一个子样本中与 0 有显著差异，而在另一个子样本中与 0 没有显著差异，这也不足以说明该项目在一个子样本中比在另一个子样本中更有效。让我们来看一个案例。

设想我们想了解加纳的奖学金项目在提高女孩工资方面是否比对男孩更有效。我们发现女孩的干预组虚拟变量的系数是 15 美元，而男孩的估计值是 10 美元。假设对女孩的估计的置信区间为 ±9 美元，对男孩的估计的置信区间为 ±10 美元。换句话说，标准误表明，对女孩的真实影响有 95% 的可能性落在 6 美元到 24 美元之间，而对男孩的真实影响有 95% 的可能性落在 0 美元到 20 美元之间。尽管对女孩的估计影响与 0 有显著差异，而对男孩的影响则没有，但两个置信区间之间存在大量重叠，难以得出该项目对两个群体的相对影响的明确结论。

如果想要检验一个项目对两个不同的子样本的影响是否相同，形式上可以用 t 检验检测两个干预组的系数是否相等。在 Stata 中，我们可以为女孩创建一个干预虚拟变量（T_girls），为男孩创建一个干预虚拟变量（T_boys）。一般来说，我们还需要为女孩创建一个虚拟变量，然后估计两个干预组的效果，并检验这两个系数是否在统计上有显著差异（这是一种交叉项的估计形式，我们将在下面详细讨论）。在加纳的例子中，

reg income T_girls T_boys girls

和

test T_girls = T_boys.

如果用在个体层面收集的数据分析群组层面的随机化，并且子样本是在个体层面定义的，那么当估计对子样本的影响时，统计功效的降低可能不会像在个体层面随机化的情况下那样显著。这是因为统计功效的主要决定因素通常是组的数量。例如，如果按社区层面随机化，要评估一个项目对女孩的影响（与男孩相比），只要每个社区中均包含一定数量的女孩，在样本分析中的社区数量仍然会和主分析中的社区数量一样多。虽然对子样本分析的统计功效可能低于主分析，但不一定低很多。

交叉项

交叉项提供了另一种方法来检验项目是否对不同类型的参与者有不同的影响。当想要检验的不同类型的人属于明确的类别时,如男性与女性,子样本分析是有效的。但并不是所有的变量都是这种类型的。有些变量是连续的,如收入、考试成绩或年龄。此时可以对连续变量进行分类处理,如富人和穷人、老人和年轻人,有时这是合适的。例如,在教育补习项目中,只有那些考试分数低于一定值的学生才会被送到补习教师那里,因而可以使用连续变量(考试分数)来创建分类变量,此时对不同类型的样本进行评估是有意义的。但在其他情况下,项目效果可能会随着连续变量而逐渐变化。也许储蓄计划的好处会随着年龄的增长而下降,因为年轻人能够从该项目中受益的时间更长。但存在一个临界值,当低于该临界值时,储蓄计划对年轻人会开始变得更有用。

可以在估计方程中加入一个交叉项来检验这样一个假设,如下所示:

$$Y_i = c + \beta_1 T_i + \beta_2 AT_i + \beta_3 A_i + \varepsilon_i$$

其中,A_i是一个变量,等于项目开始时个人i的年龄,Y_i是结果变量(退休时的储蓄),T_i是干预的虚拟变量,AT_i是通过A_i和T_i相乘创建的交叉项,ε_i是误差项。常数c提供了对照组的平均值。请注意,当加入交叉项时必须始终包含交互的组成部分。换句话说,如果要在模型中加入T_i和A_i的交叉项,还需要分别将T_i和A_i纳入模型中。[1]

交叉项的系数(β_2)表明,随着年龄的增长,干预的影响效果是增大、变小,还是保持不变。如果$\beta_2 = 0$,则该项目对不同年龄的人的影响是相同的。如果$\beta_2 > 0$,则表明项目开始后其影响会随着年龄的增长而增大;如果$\beta_2 < 0$,则随着年龄的增长,该项目的影响会变小。

当使用交叉项时,在解释项目的平均影响时必须小心,因为总体影响是分布在β_1和β_2上的。为了计算项目的平均影响,可以将估计方程中的系数代入,然后计算在$T_i = 1$与$T_i = 0$时Y的估计值,两者的差异即项目的影响效果。方程中的许多元素在两种情况下都是相同的,可以忽略不计,此时我们只剩下两项:$\beta_1 T_i$和$\beta_2 AT_i$。因此,如果想要找到项目对平均年龄的人的平均影响,可以计算项目开始时的平均年龄,将其乘以β_2,并将其与β_1相加。

多次调查

我们可以简单地通过比较干预组和对照组在项目结束时的结果来分析随机干

---

[1] 关于回归分析中虚拟变量和交叉项的使用的讨论,可以查阅: Peter Kennedy, *A Guide to Econometrics* (Cambridge, MA: MIT Press, 2008).

预实验的结果。然而，我们通常会收集基线数据和终线数据。因此，在分析中，每个样本都有两个观测值——一个来自项目开始前，一个来自项目开始后。这使我们有更多方法进行数据分析。一种方法是在回归分析中加入结果变量的基线值作为控制变量（如上所述）。另一种方法是通过取终线调查和基线调查时的结果差值来计算结果变量的变化，然后就可以把这个变化变量作为结果变量。这样做会在回归分析中引入一个假设，即假设基线调查和终线调查的结果之间存在一定关系。只有当有充分理由认为这种结构确实成立时，这样做才有意义。

在某些情况下，分析中的每个样本都有许多观察结果，包括在项目开始前的几个观测值和开始后的几个观测值，因而可以检查干预组和对照组在项目实施前是否有相同的变化趋势，并判断影响是持续存在的，还是随着时间的推移而消失的。

一项关于越南战争征兵对收入影响的评估，收集了8年的联邦社会保障税费数据，这些数据是从符合应征资格和不符合应征资格的人中随机抽取的。因为这些税费是根据《联邦保险缴费法》(Federal Insurance Contributions Act，FICA) 强制征收的，所以是一个特别可靠的收入指标，被称为FICA收入。该研究将样本分为白人男性和非白人男性，并检查受FICA影响的收入。样本进一步被分为3个队列，每个队列在不同时间随机分配应征资格。通过绘制每个子样本的收入数据随时间的变化情况，我们可以发现在随机分配应征资格之前，符合应征条件和不符合应征条件的男性的收入处于相似水平，并有相似的变化轨迹。对于白人男性来说，FICA收入在应征资格确定后立即出现分化（图8.1）。该研究还使用了回归分析，但数据图以直观且令人信服的方式展示了影响效果（对白人的收入的影响）。

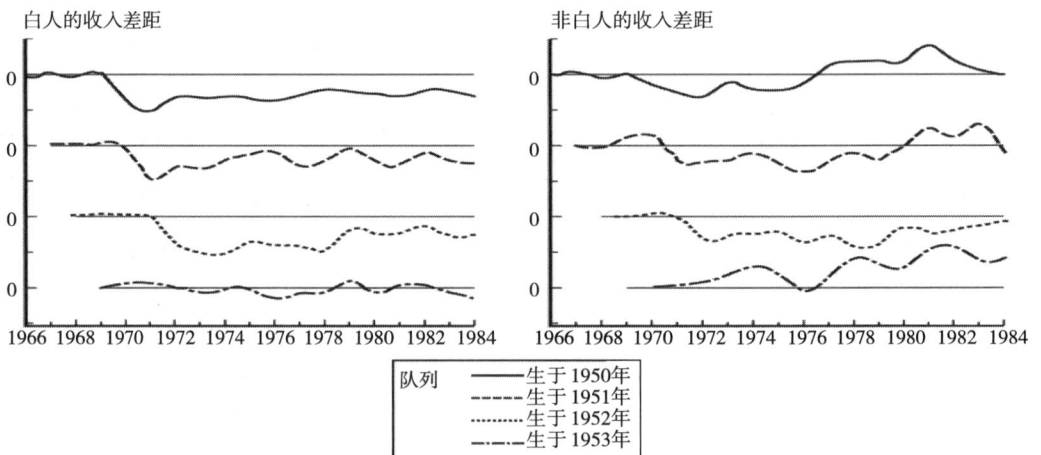

图8.1　越南战争中获得应征资格导致的FICA收入差异

来源：Joshua D. Angrist, "Lifetime Earnings and the Vietnam Era Draft Lottery: Evidence from Social Security Administrative Records", *American Economic Review* 80 (1990): 313-336.

注：上述图形表示出生于1950—1953年的4个队列的人是否存在因被征兵抽中而产生的收入差异（以FICA收入为准）。横轴的数据单位为年。纵轴上每一个点代表500美元（1978年）。

在项目实施后进行多次观测,可以分析该项目的影响如何随时间推移而变化,是持续、衰减还是增强的。同样,我们有多种方法可以进行分析。我们可以对每个不同的时间段分别进行基本的ITT平均干预效果分析,以确定哪些时间段的干预效果在统计上与0不同,可以用t检验来检测不同时间段的干预效果是否存在显著差异。如果只有两个干预后的时间段,这可能是最合适的方法。如果在干预后进行了多次观测,想要测试项目影响效果是否随着时间衰减,此时可以使用面板数据,结果变量以个人(i)和干预实施的年数(a)来标记,同一家庭或个人可以有多个结果变量的观测值(Y_{ia})。[①]例如,假设有家庭3年的收入和医疗保健支出的面板数据,干预是在第1年提供的。数据将以如下方式呈现:

家庭（HH）	年	干预实施的年数	收入（美元）	健康支出（美元）
HH1	2004	0	21510	551
	2005	1	22341	782
	2006	2	22514	321
HH2	2004	0	16221	364
	2005	1	14964	1894
	2006	2	15492	236

干预的虚拟变量(T_i)在所有的观察年份都是一样的。A_{ia}是干预后年份数的变量,AT_{ai}是年份与干预虚拟变量的交叉项。请注意,这与交叉项部分讨论的方法基本相同,但也有一些区别。其区别是,在这种情况下,我们使用的是面板数据,每个人都有多个A值(每年一个),而上面讨论的交叉项只有一个A_i值(项目开始时的年龄)。我们使用下式进行估计:

$$Y_i = c + \beta_1 T_i + \beta_2 AT_{ai} + A_i + \varepsilon_i$$

然后,可以使用t检验来检测β_2的系数是小于0(此时干预效果随着时间的推移而衰减)还是大于0(此时干预效果会随着时间的推移而增强)。

多个干预组别

到目前为止的讨论只限于有一个干预组和一个对照组。但在大多数情况下,我们有多个干预组别。多个干预组别的基本分析与单一干预组别的基本分析相同。

在对孟加拉国女孩赋权随机干预实验项目的评估中有3种主要干预方法:一个课后女孩俱乐部的课程旨在提供健康教育,促使女孩留在学校,并在某些情况下教授金融知识;使用激励(食用油)干预将女孩结婚年龄推迟到18岁;以及将女孩俱乐部和晚婚激励相结合。[②]

[①] 关于面板数据计量分析的更深入讨论,可以查阅:Jeffrey M. Wooldridge, *Econometric Analysis of Cross Section and Panel Data* (Cambridge, MA: MIT Press, 2001).

[②] 事实上,最初的设计包括两种可供选择的女孩俱乐部的干预方案。但由于它们都没有任何影响,因此这两种方案被合并为一种干预方案进行分析。该研究由艾丽卡·菲尔德和瑞秋·格伦纳斯特完成,研究内容被呈现在附录的评估案例7中。

用于分析该项目的基本回归分析与标准ITT分析相似,唯一的不同是该项目有3个干预的虚拟变量,而不是1个。包括控制变量的回归方程如下：

$$Y_i = c + \beta_1 T_{1i} + \beta_2 T_{2i} + \beta_3 T_{3i} + \gamma_1 x_{1i} + \gamma_2 x_{2i} + \gamma_3 x_{3i} + \varepsilon_i$$

该方程估计了与对照组相比,每种干预的影响效果。结果可能如表8.1所示。

我们看到,女孩俱乐部对读到几年级或女孩是否结婚都没有显著影响。激励干预使女孩的平均上学年数从8.1提高到了8.3,而女孩俱乐部加上激励干预将这一结果从8.05提高到了8.37。激励干预使19岁以上女孩在项目中期的结婚率降低了7个百分点。

我们可能因此得出这样的结论：激励加女孩俱乐部的干预比单独的激励干预对女孩的教育有更大影响。但在降低女孩结婚率方面,单独的激励干预比激励加女孩俱乐部干预更有效。然而,在比较不同干预的效果时必须谨慎(就像在比较对子样本的影响时必须小心一样)。虽然激励干预对成功完成学业的系数小于激励加女孩俱乐部干预的系数,但两者在统计上没有显著差异(t检验证实了这一点)。而且,尽管激励干预对结婚率的系数在统计上显著,而激励加女孩俱乐部干预与0没有显著差异,两者之间也同样没有显著差异。

表8.1　孟加拉国女孩赋权项目中多个干预组的系数

结果变量	对照组均值	T_1：女孩俱乐部	T_2：激励	T_3：俱乐部+激励
上到几年级	8.05	0.079	0.27	0.318*
		(0.141)	(0.161)	(0.175)
是否结婚	0.65	−0.006	−0.070**	−0.020
		(0.027)	(0.031)	(0.032)

注：每个估计的系数下面是估计的标准误。星号表示是否统计显著(1个星号表示在10%的水平上显著,而2个星号表示在5%的水平上显著)。T_1、T_2和T_3代表3个干预组。

在比较不同干预的影响效果时,检验不同干预的虚拟变量系数是否存在显著差异至关重要。可以通过t检验来检测各干预组的虚拟变量系数是否彼此显著不同,这与检验系数是否在统计上与0不同的方式相同。因此,基于这些结果,不能认为激励加赋权的组合干预在提高入学率方面比单独的激励干预更有效。

超越平均影响效果

到目前为止,我们只讨论了干预组和对照组的比较方法。然而,我们可能会对其他类型的影响感兴趣。例如,如果引入一种新的水稻品种,我们可能会发现它增加了水稻的平均产量,但也应该评估它是否增加了水稻产量的方差。一个水稻品种平均来看可以提高产量,但也有很大的机会颗粒无收。农民可能不会将这类水稻当作优良品种。同样,为人们提供医疗保险可能会减少平均的自付医疗费用,但这不是该项目的主要目的。我们希望评估的健康保险的一个关键好处是,它是否减少了极高的自付费用的病例数量。

在这里我们不再一一列举除了与对照组对比外的其他随机干预实验分析方法。计量经济学教科书中对这些分析技术有很多介绍。[1]然而,我们会提供一些案例来说明如何在随机干预实验中应用这些分析方法。

哥伦比亚的一项教育券随机干预实验项目,评估了随机领取进入私立学校支付学费的教育券对全国大学入学考试成绩的影响(将本项目的参与者的身份证号与参加考试的人的身份证号相匹配)。[2]问题是,并不是所有项目参与者都参加了考试,而且被分配领取了教育券参加考试的人数比未领取教育券参加考试的人数要多(因为他们被抽中、能够上私立学校、未来的学费会根据他们的成绩支付,这些导致了更高的学业完成率)。正如模块7.2中讨论的那样,这种类型的样本流失偏差(当项目使更多较差的学生能参加考试时)意味着,如果简单地比较干预组和对照组,可能会低估项目的真实影响效果。

相反,作者使用了分位数回归方法。他们比较了被抽中提供教育券的组和未被抽中的组成绩处于第70、75、85和95百分位的人的成绩,发现教育券对成绩百分位数较低(即仍在参加大学入学考试的低端)的男性影响最大。

分位数回归方法的优势在于,它不仅能够评估一个项目对平均结果的影响,还可以分析项目影响效果的整体分布,并评估该项目是改变了最上面、最下面还是整体样本的结果。

模块8.2　结果调整

虽然简单的、个人层面的随机干预实验结果的基本分析并不复杂,但有很多情况需要对结果进行调整。这些情况包括随机化是如何进行的,以及可能对实验的完整性产生的威胁,包括不依从、样本流失、溢出效应和群组层面的随机化。本模块将讨论这些结果调整。

---

[1] 例如, 可以查阅: Joshua D. Angrist and Jörn-Steffen Pischke, *Mostly Harmless Econometrics: An Empiricist's Companion* (Princeton, NJ: Princeton University Press, 2008).

[2] 该研究的作者包括约亚·安格里斯特 (Joshua Angrist)、埃里克·贝廷格 (Eric Bettinger) 和迈克尔·克雷默,研究内容被呈现在附录的评估案例10中。

如果有部分依从

部分依从指干预组的一部分人没有参加项目，或者对照组的一部分人参加了项目。在加纳的案例中，一些获得奖学金的学生可能最终不会上中学。一些没有获得奖学金的学生可能会设法凑足资金，要么在今年，要么在未来几年内支付学费。ITT估计值能说明给学生提供奖学金的影响。但因为存在部分依从的问题，这种分析无法准确评估上中学产生的影响。

在该案例中，在研究开始时，我们可能希望项目能得到完全依从，即所有获得奖学金的学生都能上中学，而对照组没有学生能上中学。但有时我们从一开始就知道会有大量的不依从，并据此进行项目设计的调整，这就是激励设计的情况。我们对参与项目的激励进行随机分配，而并非直接对能否参与项目进行随机分配（见模块4.3）。我们希望干预组的项目参与率高于对照组，但干预组的项目参与率肯定低于100%，而对照组的项目参与率肯定高于0%。从这个意义上说，不依从是激励设计中不可缺少的一部分。

对依从者的平均影响效果分析

虽然我们想要了解项目对一般的目标对象（不论他是否真的参与项目）的效果如何，但可能也会关注项目对那些真正参与项目的人产生了怎样的影响。驱虫药对项目中真正服了药的儿童的影响如何？在加纳上中学对收入有什么影响？这是对依从者的平均影响效果分析，如果对照组中没有人接受该项目，则对依从者的平均影响效果称为干预对接受干预者的影响（Treatment on the Treated，TOT），该术语通常与对依从者的平均影响效果交替使用。但如果对照组也有人参与项目，这两个术语并不完全相同。因此，这里讨论的是对依从者的平均影响效果——对那些因项目实施而实际参与项目的人的影响。

计算瓦尔德估计量

使用瓦尔德估计量是计算对依从者影响效果的最基本方法。计算瓦尔德估计量需要做一个假设，即假设干预组和对照组之间结果的全部差异可以归因于干预组中额外参与该项目的人。如果该假设成立，将ITT估计值除以干预组和对照组项目参与率的差值，就可以将其转化为对依从者影响效果的估计值：

$$对依从者影响效果的估计值 = \frac{ITT估计值}{干预组参与率 - 对照组参与率}$$

或

$$对依从者影响效果的估计值 = \frac{干预组均值 - 对照组均值}{干预组参与率 - 对照组参与率}$$

可以用一个简单案例进行说明。在加纳的案例中,假设500名获得奖学金的学生中有250名学生获得了奖学金并完成了中学学业,而对照组的500名学生中没有一个人筹到钱去上中学。入学率的差异是250/500,50%或二分之一。再假设获得奖学金的学生的平均月收入是45美元,而对照组的学生的平均月收入是30美元。这两组之间的平均收入差距为每人15美元(ITT估计值),或者两组之间的总收入差距为7500美元。

瓦尔德假设认为,干预组中未参与项目的学生,其收入不会因为被分配到干预组但实际未参与项目而增加。换句话说,两组之间收入的全部差异是因为250名学生——占整个干预组的一半——参加了这个项目然后上了中学。如果平均每人15美元的差异是由一半的人带来的,那么该项目一定使250名依从者的月收入增加了30美元。换句话说,干预组的总收入是22500美元,而对照组总收入为15000美元,两组相差7500美元。假设这些差额全部来自接受了奖学金(然后上了中学)的250名学生,可以将7500美元除以250,得到接受了奖学金(然后上了中学)的学生每月30美元的项目影响。

现在使案例稍微复杂一点。如果获得奖学金的学生的入学率为80%,而对照组的学生的入学率为5%(因为对照组的一些学生虽然没有获得奖学金,但在随后的几年里也设法筹集了上中学的钱),那么入学率的差异将是75%,即四分之三。如果干预组和对照组之间的收入差距为每月15美元,将ITT估计值乘以三分之四,再次得到项目对依从者影响效果每月20美元的估计值。

对依从者的影响和子样本分析

如果总体中某些子样本的参与率显著高于其他子样本,可以利用这一点更精确地估计对依从者的影响。例如,如果发现那些父母没有受过教育或者离最近的中学很远的学生参与奖学金项目的比例很低,我们可能会考虑将这些学生从样本中剔除。这样做并没有引入估计偏误,因为这是根据实验开始前的某个特征来选择样本的,使用同样的标准剔除干预组和对照组的学生,类似于在开始实验前就决定不评估对这类学生的影响。一旦确定了估计对依从者影响的子样本组,就可以用常用的方法计算相关的ITT估计值和瓦尔德估计量。

子样本和叛逆者

模块7.1中讨论了叛逆者的问题。叛逆者是指那些不仅不遵守干预状态,而且行为与预期相反的人。他们在干预组中不参与项目,或者在对照组中选择参与项目。只有当他们属于一个可识别的子样本组时,我们才有可能在分析中发现叛逆者。在这种情况下,我们首先可以计算项目对叛逆者的单独影响,然后可以计算项目对依从者和叛逆者之间的平均干预效果。

使用工具变量估计对依从者的影响

估计对依从者影响的另一种方法是工具变量（模块2.2中讨论了该方法），即将随机分配的作为工具变量来预测一个人是否参与了项目。如果随机分配影响结果的唯一方式是通过增加项目参与率，那么随机分配就是有效的工具变量。换言之，只有当"被分配到干预组但未参与项目"对结果没有影响时，它才是有效的（下文将讨论这种假设可能不成立的情况）。这与瓦尔德估计量的假设一致。

为了使用工具变量估计对依从者的影响，可以使用第一阶段回归估计随机分配带来的项目参与率的变化。以加纳案例为例：

$$sec\_ed_i = \alpha_1 + \gamma T_i + \varepsilon_i$$

其中，sec_ed是一个虚拟变量，如果青少年完成了中学学业，则取值为1，否则取值为0。[1]T_i是一个虚拟变量，如果被分配到干预组，则取值为1。然后，我们将结果变量（在加纳案例中是收入）对预测的项目参与率进行回归估计（在这种情况下，预测的是中学教育水平或$\widehat{sec\_ed}_i$，即第一阶段回归估计的中学教育水平）。

$$Y_i = \alpha + \beta \widehat{sec\_ed}_i + \varepsilon_i$$

估计过程的两个阶段可以在Stata中使用以下命令完成：

ivregress 2sls income (sec_ed= T)

使用工具变量估计对依从者的影响的主要优点是可以加入控制变量，这些控制变量有助于预测干预组中谁参与了该项目。例如，获得奖学金但住在离中学很远地方的学生接受奖学金的可能性会比住在中学附近的学生要小。一般来说，住在中学附近可能与上中学有关，但通常我们不能用它来估计上中学对收入的影响。住在中学附近的学生可能在许多方面（除了受教育程度外）与住得更远的学生不同。例如，他们可能住在更大的村，有更多的工作机会。但是，如果知道了距离和教育之间的关系，并将这一信息与随机分配的干预相结合，就可以提高中学教育对收入影响的估计精度。在第一个方程中加入到最近的中学的距离作为控制变量，并加入一个交叉项（对于对照组，其值为0；对于干预组，其值为到最近的中学的距离）。这样，我们就可以比较那些离中学较近的学生获得奖学金和没有获得奖学金的情况。因此，

$$\widehat{sec\_ed}_i = \alpha_1 + \gamma_1 T_i + \gamma_2 (T \times distance)_i + \gamma_3 distance_i + \varepsilon_i$$

和

$$Income_i = \alpha_2 + \beta \widehat{sec\_ed}_i + distance_i + \varepsilon_i$$

其中，$distance_i$是测量人i到最近的中学的距离的变量，$(T \times distance)_i$是干预虚拟变

---

[1]有很多方法可以定义我们的结果变量：例如，上了多少年的中学，是否上过中学或者是否完成中学教育等。为简化说明，这里我们使用一个虚拟变量来表示是否完成中学教育。

量与距离变量的交叉项。需要注意的是,所有非随机的控制变量(在本例中是到最近的中学的距离)必须同时加到两个方程中。只有干预的虚拟变量是随机的,所以只有虚拟变量及其交叉项(虚拟变量和距离)是有效的工具变量。这两个变量仅应出现在第一个方程的右侧,而不应出现在第二个方程中。这种方法可以在Stata中使用ivreg2命令以下面的方式实现:

ivreg2 2sls income (sec_ed =T Tinteractdistance) distance,

其中,Tinteractdistance是我们的交互变量 $T \times$distance 的名称。

何时对依从者的估计是有用的?

如果想知道引入一个项目对总体的影响,可以查看ITT估计值。但当扩大项目规模时不太可能得到100%的项目参与率。不完美的参与率是项目中经常出现的,我们不能无视这种情况。

有时估计项目对依从者的影响是有用的。例如,如果一个项目有适度的ITT影响,这可能是两种非常不同的情况的结果,区分它们是有用的。在第一种情况下,该项目的使用率很低,但对参与项目的人产生了很大影响。在第二种情况下,该项目被广泛接受,但对参与项目的人影响不大。ITT估计值在两种情况下都是一样的,但是项目对依从者影响是不同的,因为这个估计关注的是:项目对那些因为我们提供的干预而参加项目的人的影响是什么?

估计项目对依从者的影响最重要的用途可能是评估激励设计。在这些设计中,我们对激励的影响不太感兴趣,而对激励想要提高参与率的那个项目的影响更感兴趣。例如,如果激励人们注册银行账户,我们可能更感兴趣的是拥有银行账户对储蓄的影响,而不是提供优惠券对注册银行账户的影响。或者为扩展服务提供优惠券,我们的目的是评估这项扩展服务的影响,而并非发放优惠券对这个推广活动的影响。

估计对依从者的影响时要考虑哪些因素?

永远不要把非依从者从研究中剔除。从样本中剔除非依从者会重新引入选择性偏误,致使为实现内部有效性所做的所有细致工作功亏一篑。非依从者与依从者存在系统差异。例如,健康状况较差的儿童更有可能缺课,当学校中的其他人接受干预时,他们也不会得到驱虫药。随机化使干预组和对照组纳入这些儿童的比例是相等的。如果将这些儿童从样本中剔除,最终得到的干预组和对照组就不再具有可比性,因为此时干预组中有更高比例的儿童获得了更好的结果。同样,那些在对照组中自己想办法获得干预的儿童也不能代表对照组,而放弃他们也会重新引入选择性偏误。[①]

绝不应该根据实际干预情况改变任何人随机分配的干预状态。我们可能会忍不住改变不依从者的干预状态，以反映项目实施期间实际发生的情况。为什么不把所有接受干预的人都放到干预组，把所有没有接受干预的人都放到对照组呢？因为这样做会引入选择性偏误。

何时估计依从者的影响是不合适的？

一个项目对依从者的影响的估计是基于这样一个假设：对依从者的干预不会对非依从者的结果产生影响。若该假设不成立，使用这个估计将产生对项目影响的有偏估计量。这种假设可能在两种情况下不成立：（1）当提供项目后，即使没有参与该项目，也会产生正向（或负向）影响；（2）在干预组内，存在正向或负向的溢出效应。这些情况及其原因与不适合采取激励设计的情况相似（见模块4.3）。

"提供了项目但未被接受"也会对结果产生影响。在某些情况下，即使项目没有被接受，简单地提供参与项目的机会也可能产生影响。在这种情况下，估计项目对依从者的影响是无效的，因为并不是项目的所有影响都来自那些使用它的人。如果有正向的影响，提供参与项目的机会，即使没有真正参与项目，使用瓦尔德估计量或工具变量方法也可能会高估项目对实际参与者的影响。

假设有一个为农作物歉收的农民提供以工换粮的项目。只有那些农作物歉收的农民，才会参与这个项目。然而，那些被分配到干预组的人知道，如果农作物歉收，他们将有机会参与这个项目，这很可能会影响他们的行为。他们选择种植的农作物可能平均产量更高，但风险也更大。如果我们假设该项目的所有好处都集中在那些参与以工换粮项目的人身上，那么此时我们就高估了该项目对那些参加项目的人的影响：我们实际上把那些没有参与项目的人体验到的所有好处都拿走了，并把它们全部分配给了参与项目的人。请注意，在这种情况下，ITT估计值仍然是有效的。

当有正向溢出效应时，干预组的人会因为周围的人都参与了项目而受益。根据瓦尔德估计量和工具变量方法，他们所获得的好处也是周围人参与项目所能体验到的好处。这种情况会高估对依从者的真正影响。当我们在群组层面随机化时，最有可能发生的情况是干预组内部有正向溢出效应，而对照组没有正向溢出效应。

小额信贷就是一个例子。在干预组（这里是一个社区）内部有可能出现正向溢

[①]但删除一个子样本组是可以的。子样本组是根据项目开展前的某个特征定义的，但其项目参与率较低。例如，如果那些住在离中学10英里以上的人不太可能获得中学奖学金，可以在分析时剔除干预组和对照组中所有住在离中学10英里以上的样本。这与上述分析中控制到中学的距离非常相似。

出效应。接受小额信贷的妇女可能会创业并雇用邻居来帮助她们,或者她们会将增加的部分收入与邻居分享。因此,即使是不借钱的妇女,也可能从提供小额信贷的社区中受益。

如果干预组内部对未真正参与该项目的人存在潜在的负面溢出效应时,也会引起类似的担忧。此时,如果使用瓦尔德估计量或工具变量方法,可能会低估对依从者的影响。

小额信贷也提供了一个可能产生负向溢出效应的例子。例如,已经拥有自己的企业的妇女的权益可能会因小额信贷项目而受到损害,因为她们将面临来自新贷款人的更多竞争,这些新贷款人开办的企业能迎合当地社区并提供类似的产品。这是一种负向溢出效应,将主要影响干预组社区的人,包括那些未接受小额信贷的人。

如果出现样本流失

样本流失是指数据的缺失,因为研究人员无法测量一些被随机分配到干预组或对照组的参与者的结果。如模块7.2所讨论的,在某些情况下,样本流失与项目无关,但有时它会受到项目的影响。这意味着在终线调查时,干预组和对照组样本流失的比例、流失样本的类型等可能会有差异。随机样本流失降低了统计功效,但若流失的样本在两组间存在差异则可能引入估计偏误,从而破坏实验的有效性。当不同干预组间的样本流失存在差异时,考虑到不同组留在项目中的人和可用的样本数据会有差异,因此干预的分配将不再是随机的。

样本流失可能导致研究无效,因此,应使用第4章和第7章中列出的方法,在项目设计和实施过程中尽量减少样本流失。虽然我们尽了最大努力,但通常仍可能有一些样本流失。此时,我们在分析时可以这样处理:

1.确定总体流失率。整个样本的流失率是多少?

2.检查流失差异。干预组和对照组的样本流失率是否相同?干预组和对照组中流失样本的类型是否相同?样本流失是否与任何可观察到的现象相关?

3.根据样本流失情况,确定估计影响的范围。在观察到样本流失时,该项目可能产生的最大影响和最小影响是什么?

虽然这些方法并不能真正"解决"样本流失问题,但这些方法可以评估如果存在样本流失是否会造成严重后果,影响效果的估计是否仍然有效,我们也可以估计样本流失带来的潜在影响。如果流失率较低,项目结论就更可信,所以首要的是限制流失率,并记录仍然存在的流失率。

确定总体流失率

在加纳的案例中，我们在中线调查中发现对照组的500名学生中有100名已经迁移出去寻找更好的机会，因而无法追踪到。奖学金获得者中有50名学生为了结婚和找工作而移民。总共有150名女生的数据缺失，所以流失率是150/1000，也就是15%。

从长期来看，所有剩下的未被抽中参与项目的女生都还在这个地区，可以被追踪。但现在50名基线考试成绩最高的奖学金获得者已经离开该省去上大学了，没有时间进行调查。在长期调查中，有200（150+50）名学生数据缺失，流失率为200/1000=20%。

检查流失差异

流失差异是指样本流失在干预组和对照组之间或不同子样本之间是不同的。在第二步中我们检查流失样本的类型：干预组和对照组之间的流失率是否不同？是否因分配的干预、子样本或任何可观察到的特征而出现流失的特征有差异？

在中线随访中，两组之间存在差异的样本流失现象。对照组样本流失率高于干预组。我们仔细观察后发现，对照组流失的100名学生中有90名是男生，只有10名是女生。而干预组中搬离的50名学生中：只有10名是男生，他们去找工作了；有40名是女生，她们怀孕后离家成婚了。在这种情况下，无论是在组内还是组间，都存在流失差异。

在长期随访中，各组之间的流失率不存在差异。每一组均有50名参与者的数据缺失。但当研究样本流失的原因时，我们发现干预组和对照组的流失原因并不相同。在干预组中，成绩最好的学生搬去了其他地方（教育为他们提供了新的机会），从而无法测量他们的结果。

根据样本流失情况，确定估计影响的范围

为尝试计算真实的影响，我们可以对缺失数据进行填补，但填补数据永远不可能像参与者的真实数据那样提供丰富的信息。填补缺失数据有两种方法：（1）基于模型进行填补；（2）构造边界。这两种方法都有助于证明结果对不同场景的敏感性——对于那些我们无法获取数据的群体来说，可能发生了什么。样本流失越少，结果可能就越不敏感。

第一种方法的原型是赫克曼的选择模型（Heckman's selection model）。它观察那些流失者的特征，并假设他们的结果将与具有相同特征的人的结果相等。在加纳的案例中，进入最终数据集的概率与基线考试成绩相关，并且这种关系在干预组和对照组之间是不同的。因此，在估计样本流失带来的偏差程度的模型中，需要加

入基线考试成绩。为此,我们在拥有最终收入数据的样本子集内,分别计算了干预组和对照组的基线考试成绩与收入之间的关系。然后,根据他们的基线考试成绩将"估计的收入数据"分配给那些缺失数据的个体。

该方法的问题是,它假设在一个基线特征和干预状况相似的群体中,我们找不到的个体和能找到的个体是一样的。然而,我们找不到这些个体的事实本身就意味着,他们至少在一个方面与能找到的个体不同。我们没有办法检验该假设是否正确,因为我们没有那些流失者的数据。

对流失者的子样本追踪数据进行模型分析。第7章讨论了一种研究样本流失的方法,该方法需要在全部流失样本中随机抽取一个子样本进行跟踪。如果成功地追踪到所有或几乎所有的子样本,则可以更有信心地使用模型对缺失数据进行填补。因为该子样本是随机选择的,所以模型方法背后的假设是成立的,即平均而言,该子样本与在评估调研中的流失者具有相同的特征和结果。因此,我们可以将子样本的结果替换为其他的缺失数据,从而可以对结果更有信心。

例如,假设上述加纳的案例中,在评估调研时,干预组和对照组分别有100名样本无法追踪到。我们从每组中随机选择50%的人进行非常仔细的随访,并尽力追踪到他们。如果成功地找到了随机选择的干预组中的50名流失者,就可以把每个样本都复制两份以填补其他干预样本中缺失的数据。在对照组中也可以进行同样的操作。

该方法的缺点是,只有我们要全力追踪的这个子样本能够被全部或几乎全部找到,该方法才有用。如果只找到其中的一些,我们就不能确信要全力追踪的子样本中找到的个体与没有找到的个体的那些平均结果是否相同。

使用边界。第二种方法是在估计值上构建边界。这里有两种方法:曼斯基-霍洛维茨(Manski-Horowitz)边界和 Lee 边界(或 Lee 修剪法)。构建曼斯基-霍洛维茨的上界,是把最积极的结果分配给干预组的所有流失者,把最消极的结果分配给对照组的所有流失者。其下界是用相反的假设来构建的:把最积极的结果分配给对照组的流失者,把最消极的结果分配给干预组的流失者。曼斯基-霍洛维茨边界的一个限制是,它要求感兴趣的结果的真实值位于某个有界的区间内。如果这个结果没有边界或有很大的边界(例如,如果结果是公司的收入或利润),曼斯基-霍洛维茨边界估计出的结果的边界值将会很大(因此很难有参考价值)。

构建 Lee 边界是从样本流失较小的组中剔除一部分观测值。因为我们的目的是测试结果的稳健性,所以删除的是那些对结果影响最大的观测值。例如,如果干预组有10%的样本流失,对照组有15%的样本流失,当未考虑流失问题时,我们的结果表明该项目有积极影响。为测试该结果的稳健性,将干预组中前5%的观察值删除,并再次进行分析。相反,如果干预组的流失率为15%,对照组的流失率为10%,我们就删除对照组中后5%的观测值。

与曼斯基-霍洛维茨边界相比，Lee边界不要求感兴趣的结果的真实值位于某个有界或小的区间内。然而，它需要一个"单调性"的假设，即研究中被调查的所有个体，如果他或她被分到另外一组（干预组或对照组），也会是未流失样本、能够测量到相应的结果。[①]这两种给结果设置界限的方法都可能产生较宽的区间（尽管在Lee边界的情况下一般不太宽），这使我们很难得出项目影响的任何明确结论，除非样本流失率非常低。

案例：检验估计结果对流失率假设的敏感性。在牙买加，一项促进母亲和孩子在婴儿早期积极互动的项目，其长期影响评估面临着样本流失的挑战。[②]研究中的一些孩子现在已经成为具有劳动力的成年人。他们可能已经移民，因而无法追踪到，导致数据丢失。接受干预的孩子的移民率高于对照组。由于移民主要流向英国和美国，而这两个国家的工资通常高于牙买加，因此选择性流失可能导致低估了该项目对工资的影响。尽管如此，研究人员还是想评估结果对不同流失率假设的敏感性。他们使用了两种方法。首先，他们根据移民的特征及其家庭特征来预测这些移民的收入。然后，他们检验了如果将所有移民（干预组和对照组）从数据中删除，是否会影响估计结果。他们发现，即使经过这些调整，该项目对收入仍有统计上显著的积极影响。

如果存在溢出效应

当项目对参与者产生影响并进而影响未参与项目的人时，即存在溢出效应。上面我们讨论了干预组中的溢出效应。这里我们关注干预组和对照组之间可能产生的溢出效应。模块4.2和模块7.3讨论了如何避免溢出效应。如果使用的是群组层面的随机化，则所有溢出效应都会被限制在干预组和对照组之内。此时，需要对这种群组层面的随机化进行调整，这将在下一节中讨论。其他设计不能将溢出效应限制在各自的组内，但允许我们测量溢出效应的程度。我们将说明如何在这些情况下分析影响效果和测量溢出效应。

溢出效应会产生哪些问题？

如果项目实施影响了对照组的结果，这意味着对照组不再是有效的反事实：它无法准确表征在未实施该项目的情况下会发生什么。如果有正向溢出效应，估计

①关于曼斯基-霍洛维茨边界和Lee边界的一个更清晰的对比，可以查阅：David S. Lee, "Trimming for Bounds on Treatment Effects with Missing Outcomes", NBER Technical Working Paper 277, National Bureau of Economic Research, Cambridge, MA, June 2002.

②Paul Gertler, Arianna Zanolin, Rodrigo Pinto, James Heckman, Susan Walker, Christel Vermeersch, Susan Chang, and Sally Grantham-McGregor, "Labor Market Re-turns to Early Childhood Stimulations: A 20-Year Fol-low-Up to the Jamaica Study", report, University of Chicago.

的影响效果就会被低估。如果存在负向溢出效应,估计的影响效果就会被高估。

如何调整溢出效应?

对溢出效应进行调整需要至少有一些个体或群组不会受到项目的影响。要做到这一点,必须厘清溢出效应产生的机制。溢出效应可能在项目下游、在一定的地理半径内或在干预组的社会网络内产生。现在,实际上有3个组:干预组、受溢出效应影响的对照组(也称为"溢出组",即对照组中可能受到项目影响的那部分)和未受溢出效应影响的对照组(也称为"非溢出组")。此时,我们可以估计干预组或溢出组相对于未受溢出效应影响的对照组的影响。

只有当个体最终是在溢出组还是非溢出组(有时称为"控制组的控制组")是随机确定的时,这种方法才有效。但情况并非总是如此。相对于人口稀疏的地区,生活在人口稠密地区的人更可能在其周围1000米内就有一个干预组成员。如果使用社会网络信息来预测溢出效应,那么社交关系较多的人比社交关系较少的人更有可能认识干预组中的某一成员。因此,必须控制所有可能增加进入溢出组的机会的因素。

回到以学校为基础的驱虫项目的案例。该项目通过在学校层面随机化来处理大部分的溢出效应。然而,该项目的研究人员也评估了学校间的溢出效应。住得很近的学生可能就读于不同的学校,因此,对照组学校的学生可能仍然会从附近学校的驱虫项目中受益。为了检验该假设,他们在每所学校周围画了不同半径的圆圈(例如,3000米),并计算在这些半径内有多少学生上学,这些学生中有多少得到了干预。虽然在3000米半径范围内上学的学生数量不是随机的,但这些学生去干预学校的比例是随机的。因此,可以在回归分析中加入两个变量:在3000米半径内有多少学生,以及在3000米半径内有多少学生接受了干预。在该研究中,研究人员同时研究了多个不同半径的圆。但为了说明问题,这里仅展示了对一个半径为3000米的圆的分析。对更详细的方法感兴趣的人可以参考已发表的论文。[①]

$$Y_i = \alpha + \beta T_i + \gamma_1 N_i + \gamma_2 N_i^T + \varepsilon_i$$

其中,Y_i 是感兴趣的结果变量,T_i 是个体 i 的干预的虚拟变量,N_i 是个体 i 所在学校3000米半径内的学生人数,N_i^T 是个体 i 所在学校3000米半径内接受干预的学生人数。干预效果分布在两个系数(β 和 γ_2)之间。为了计算该项目的影响,需要将系数乘以从干预组和溢出组中受益的学生人数。首先,用 β 乘以干预组学校上学学生的数量。然后,用 γ_2 乘以接受干预的学校3000米半径内接受干预的学生的平均人数。

---

①Edward Miguel and Michael Kremer, "Worms: Identifying Impacts", *Econometrica* 72 (2004): 159-217.

如果在群组层面随机化

有时候随机化是在群组层面而不是个体层面进行的。我们对学校进行随机化，而不是对儿童；对诊所进行随机化，而不是对孕妇；对工人的家庭进行随机化，而不是对工人。

群组层面的分析

当在群组层面随机化时，进行分析最简单、最保守的方法是在群组层面分析数据。如果数据是在群组层面收集的（例如，结果变量是医院空置床位的百分比或村庄的水井数），这是分析数据的唯一方法。如果数据是在个体层面收集的，而我们想要在群组层面进行分析，就需要对数据进行汇总。

对塞拉利昂社区驱动发展项目的评估，收集了公共物品的质量和数量、参与社区决策、社会资本和集体行动等方面的数据。一些结果在社区层面（如在社区会议上发言的妇女人数），而一些结果在个体层面（如是否是储蓄俱乐部的会员），分析时需要将个体层面收集的数据汇总到社区层面。例如，先计算成为储蓄俱乐部的会员的个人的百分比，然后在社区层面进行分析。

当在群组层面随机化而在个体层面进行数据分析时，为什么需要对结果进行修正？

当随机化在群组层面而所有结果数据都在个体层面时，仍然可以将所有数据汇总到群组层面，并在群组层面进行分析。然而，当有很多群组时，更常见的是在个体层面进行分析，但需要对随机化是在群组层面这一事实进行调整。

结果变量往往是组内相关的。住在同一个城镇的两个人往往比从全国各地随机抽取的两个人更相似。这有两个原因：（1）人们倾向于和具有相同特征的人一起居住、工作或参加相同的社团；（2）同一个地方的人可能受到相同的冲击，就像海啸袭击村庄或一位优秀的校长离开学校一样。

除非特别说明，统计检验通常假设我们拥有的每个观测值都是独立的，即假设从一个样本框中随机分配个体到干预组和对照组。但在群组层面随机化时，我们首先随机划分群组，然后从每个群组中随机抽取个体样本收集数据。特定组中的所有人都会被分配到干预组或对照组。这种分组设计会降低统计功效（如模块6.1中所讨论的）和估计影响效果的精度。当组内的结果变量存在高度相关性时，这会成为一个严重的问题。如果不考虑群组层面随机化和组内相关性就会低估标准误：可能会得出估计值与0有显著差异的结论。而事实上，在适当的标准误下，估计值与0的差异并不显著。

以一个向学校提供额外教科书的项目为例。干预是在学校层面进行随机化的。设想一所接受干预的学校恰好启动了一项学校供餐计划，该项目大大提高了学生和教师在学校的出勤率。另一所干预学校恰好有了一位新校长，他采取了额外的措施来鼓励教师和学生更频繁地出勤。如果分析数据时没有意识到该随机干预实验是在学校层面进行随机化的，就会看到项目学校中数百名学生和教师的出勤率大幅提高了。如果更高的出勤率提高了考试成绩，我们甚至可能会看到，与对照组学校相比，干预组学校的考试成绩更高。这似乎是教科书能提高出勤率并且能小幅提高成绩的有力证据。然而，一旦我们知道评估是在学校层面进行随机化的，并且出勤率和考试成绩的提高集中在两所特定的学校，这些信息就不能作为关于整个项目影响的令人信服的证据。我们可以得出结论，只有当看到在许多学校都存在出勤率和考试成绩提高的现象时，才能认为该项目才是成功的。

在个体层面进行分析时，要对群组层面随机化进行调整

调整群组层面随机化的最常见方法是明确考虑群组中的样本具有相关结果的程度，这通常被称为"聚类标准误"。分析个体层面随机化的估计方程为：

$$Y_i = \alpha + \beta T_i + \gamma X_i + \varepsilon_i$$

此处有一个误差项 ε_i，它表示个体的结果不能用对照组的平均值（α）或干预组的干预效果（β）或性别、年龄等其他控制变量来解释的程度（这些控制变量包含在一个矩阵中，这里总结为 X_i）。如模块 6.2 中所讨论的，在群组层面随机化时，估计的是两种不同类型的误差——群组层面的误差和个体层面的误差：

$$Y_{ij} = \alpha + \beta T_i + \gamma X_i + \nu_j + \omega_{ij}$$

群组层面的误差（ν）对每个组 j 有不同的值，并以无法用干预状态解释的方式刻画该组与样本其他部分的不同程度。如在下一节中讨论的那样，在分析中加入控制变量，则误差项是结果中不能用对照组的平均值、干预效果或控制变量（如该组的平均年龄或收入）来解释的部分。个体误差项（ω）反映了与样本其余部分的所有差异，这些差异不能用 i 是 j 组的成员或干预状态或控制变量来解释。

多数统计软件都有相应的命令可以让评估者以这种方式估计群组误差。然而，为了做到这一点，需要一个变量来指定样本中的每个个体属于哪个组。例如，如果在学校层面进行随机化，需要创建一个变量以指示每所学校。如果在村庄层面进行随机化，则需要创建一个变量来指示每个个体属于哪个村庄。Stata 中估计群组层面随机化与估计个体层面随机化的命令非常相似，仅需要在回归分析的最后额外添加一个选项 cluster (group_ID)，其中 group_ID 是指示个体属于哪个组的变量（例如，village_10）。因此，在加纳奖学金的案例中，如果根据孩子就读的小学随机获得奖学金，则可以使用如下命令：

```
regress income treatment, cluster (school_ID),
```

其中，school_ID是与样本中的每所特定学校相关联的变量，并且对在该学校上学的所有孩子都是相同的。

分析时需要在实施随机化的相应层面进行聚类。结果在所有类型的群组中都是相关的。例如，相同年龄的孩子可能有相似的考试成绩，可能面临相同的冲击。但我们不需要针对所有这些可能的群组进行调整。在某种程度上，这个群组的一些成员在干预组，另一些成员在对照组。这些有关联性的冲击会被排除掉。我们不必担心父母受教育程度较低的孩子在中学表现不佳，因为他们的考试成绩是相互关联的。但在干预组和对照组中，来自这个群组的孩子的数量是相等的。我们也不需要在比当前随机化层面更低的层面进行聚类。例如，如果我们在学校层面进行随机化，就不需要同时在班级层面和学校层面进行聚类。学校层面的聚类会包含班级层面的聚类。

当将整个群组分配给干预组或对照组时，就像在群组层面随机化时所做的那样，我们无法控制特定群组或社区所经历的任何冲击。幸运的是（如果样本量计算正确的话），我们有许多干预群组和对照群组。一般而言，我们可以预期干预组的社区级冲击与对照组的社区级冲击相同。但是，尽管可能会在一个社区采访20个人，但只有一个社区级冲击。我们没有20个独立的抽查组，无法从中估计社区级冲击的程度。实际上，我们是对一个点重复抽取了20次。如果不能在随机化层面进行聚类，这相当于假设没有社区层面的冲击，一个社区或一所学校的人彼此之间的相似程度并不比样本中的其他人更高。

对样本非常小的群组层面随机化进行调整

当样本量较大时，可以通过上述讨论的聚类方法对群组层面随机化进行精确的标准误调整。但随着样本量变小，调整的准确性也会随之降低。因此，当样本量非常小时，必须使用另一种方法，尽管即使这样也不能完全解决问题。对于什么算小样本并没有统一的定义，因为没有单一的临界值会使估计的标准误在该点失效。然而，随着样本量变小，估计结果的可靠性会持续下降。

随机推断是样本量较小时的一种可行方法。该方法是直接计算我们发现的干预组和对照组之间的差异，是否处于所有可能的干预组和对照组组合形成的差异分布中最后5%的位置。具体来说，我们收集所有的结果数据，并生成可以将样本分成大小相等的两个组的所有组合。对于每一组合，计算两组之间的均值之差。这些所有可能出现的组合就会产生一个影响效果大小的频率分布曲线。我们可以判断项目估计出的真实影响效果是否在所有潜在可能的差异的前5%。

例如,设想某地的卫生服务管理被外包给一个非政府组织。[1]该地共有4个地区,其中一半将被随机选择进行外包。将这4个地区分为干预组和对照组有6种不同的组合方式。实际的分配结果是,地区1和地区4被随机分配为干预组,地区2和地区3被分配为对照组。假设我们感兴趣的结果是该地区儿童接种疫苗的百分比,每个地区的结果如下:

地区	接种疫苗的百分比
1	50
2	20
3	70
4	100

对于每个组合,我们计算了构建的干预组和对照组之间的平均免疫率的差异。假设地区1和地区2在干预组,地区3和地区4在对照组,则干预组的平均结果为35,对照组的平均结果为85。它们之间的差值(即干预效果)为-50。我们对所有可能的组合计算差值如下:

干预组地区	对照组地区	均值的差异
1,2	3,4	-50
1,3	2,4	0
1,4	2,3	30*
2,3	1,4	-30
2,4	1,3	0
3,4	1,2	50

*实施项目时随机选择的组合。

计算项目实际随机化的结果组合(地区1和地区4是干预组,地区2和地区3是对照组),得出干预组和对照组之间的均值差异是35。这种差异是6个结果中第二高的。换句话说,它不在可能结果的前10%之列(它只在可能结果的前三分之一之列)。这种组合有相当高的概率是偶然出现的,所以我们没有发现该项目在统计上有显著的影响。但这种方法并非灵丹妙药。如果只有4个地区,如上面的例子,我们有6种可能的组合,所以只能做出六分之一级别的推论。若要在5%显著性水平上进行测试,我们至少需要20种组合,也就是6个地区。

如果有分层或配对随机化

通常,标准统计检验基于这样的假设,即每个观测值都是独立得出的,就像在没有分层的简单个体层面随机化中一样。例如,如果加纳奖学金项目中有1 000名学生,其中一半将获得奖学金,那么该假设意味着获得奖学金的500名学生的所有

---

[1]该案例的灵感可以查阅:Erik Bloom, Indu Bhushan, David Clingingsmith, Rathavuth Hong, Elizabeth King, Michael Kremer, Benjamin Loevinsohn, and J. Brad Schwartz, "Contracting for Health: Evidence from Cambodia", Brookings Institution, Washington, DC. 该文章中, 在总共12个区中, 有8个区被外包出去, 该文也使用了随机推断方法进行分析。

组合都是同等可能的。但是，如果我们按性别进行分层以确保获得奖学金的 500 名学生正好都是 500 名女生，那么该假设不再成立。有一些可能被抽中的组合被分层排除掉了。例如，我们排除了 500 名获得奖学金的学生都是男生的可能性。因此，需要根据随机化的约束条件来调整我们的标准误。具体地，一些计量经济学家认为，标准误需要根据随机化的分层方法进行调整。在某种程度上，我们已经对能够很好地预测最终结果的变量进行了分层，这种调整将更精确地估计项目的效果。换句话说，在大多数情况下，我们希望进行调整。①

当我们已经分层时

通常，分层是为了实现平衡——例如，确保获得奖学金的男生和女生的人数相等。每组获得奖学金的机会是一样的。一般而言，分层时，每名学生获得奖学金的机会与没有分层时也是一样的。为了调整这种类型的分层，只需为不同的子层添加 1 个虚拟变量。在加纳的案例中，我们将添加 1 个虚拟变量 male，如果学生是男性，则该变量的值为 1，否则为 0。

如果有两个以上的层，我们需要添加 1 个以上的变量。在加纳的案例中，如果我们按地区（北部和南部）和性别分层，将有 4 种类型：北方男性、北方女性、南方男性和南方女性。此时，需要添加 3 个虚拟变量，它们的值为 0 或 1 取决于是否属于某一特定的类型（例如，北方男性）。但总有一个群体没有与之对应的虚拟变量，该组是其他组对比的基准组（想了解更多内容，可以参见计量经济学教科书中的"共线性"问题）。在这些子层中可能有不同数量的学生——例如，南方可能比北方有更多符合条件的学生。我们需要从每个子层中选择相同比例的学生进行干预（该案例中是一半），同时要做的是在分析时加入子层的虚拟变量。

当进行配对时

配对是一种极端的分层形式，因此可以用与分层时相同的方法来调整。换句话说，我们在分析中包含了代表每组配对的虚拟变量（除了一对）。在加纳的案例中，我们不是按性别分层的，而是根据学生的考试成绩将他们两两配对，然后随机选择一个人提供奖学金，另一个人作为对照组。此时，则需要加入 499 个虚拟变量。第一个虚拟变量的值为考试成绩最高的两名学生取 1，其余学生取 0，以此类推。

当不平衡时

除非进行分层，否则我们很难保证在研究开始时不同随机化组别之间的所有变量都是平衡的。通常，我们不可能对数据的所有变量进行分层，所以经常会发现

①关于分层的更深入的计量经济学讨论，可以查阅：Guido Imbens，"Experimental Design for Unit and Cluster Randomized Trials"，International Initiative for Impact Evaluation (3ie)，Washington, DC.

干预组和对照组至少在1个变量上存在显著差异。我们是否应该在分析中对此进行调整呢?

我们不需要对任何不平衡的变量进行调整。然而,如果变量与结果变量高度相关,那么将该变量作为控制变量加入回归分析中再估计结果,这是一个很好的做法,至少可以作为稳健性检验。事实上,我们很可能希望将该变量作为控制变量加入回归分析中,无论该变量在基线调查中是否平衡。

当分配比例在不同层之间有差异时

在某些情况下,被选择接受干预的概率取决于个人或群体所属的层。例如,捐助者可能希望向女生提供比男生更多的奖学金。或者他们可能想给男生和女生相同数量的奖学金,但符合条件的女生较少,因此,女生获得奖学金的概率高于男生。这意味着被抽中的概率在整个样本中并不是随机的,尽管在性别内部是随机的。如果项目效果在不同子层是不同的,而我们没有对不同的分配比例进行调整,那么可能得到对项目平均效果的有偏估计。

具体来说,假设共有80名男生和240名女生获得奖学金。而符合条件的男性申请者共有600名,符合条件的女性申请者共有400名。男生获得奖学金的概率为13%,而女生获得奖学金的概率为60%。我们收集了这1000名申请者的所有基线调查数据和终线调查数据。

如果不调整不同的分配比例,我们的标准估计将对每个观测值给予相同的权重。男生的观测值比女生的观测值多,所以最终对男生的结果给予的权重会比对女生的结果给予的权重更大,尽管更多的奖学金流向了女生。这无法准确估计该项目对那些获得奖学金的学生的影响(因为获得奖学金的女生比男生多),也不能告诉我们如果将该项目扩大到女生和男生获得相同数量的奖学金的情况下,该项目可能产生的影响。

如何调整?

先计算项目对每个不同子层的影响,然后对不同子层的影响进行加权平均,这样可以调整不同的分配比例。我们可以通过对每个子层单独回归分析来计算在该子层的影响效果,或者在全部样本回归分析中加入子层的一系列虚拟变量进行测算。在上述案例中,我们可以提取所有男生的数据,然后运行如下回归方程:

$$Y_i = c + \beta T_i + \varepsilon_i$$

其中,Y_i是上个月的收入;T_i是一个虚拟变量,如果学生获得奖学金,它的值为1;β是干预的虚拟变量的系数,表示对男孩的干预效果;ε_i是误差项。我们对所有女生的数据做完全相同的处理,可以得到对女生的干预效果。

要评估项目实施的平均效果,可以用每个子层获得奖学金的概率对干预效果进行加权计算。在上述案例中,我们给予女生干预效果的权重是给予男孩干预效果的3倍,因为获得奖学金的女生是男生的3倍(精确计算见表8.2)。但我们可能想了解如果一半的奖学金给男生,一半的奖学金给女生,该项目会产生怎样的影响。在这种情况下,我们分别估计项目的影响效果,并对每个层给予0.5的权重。

我们也可以通过在回归分析中加入子层的虚拟变量及子层与干预的交叉项,来估计每个子层的影响效果。上述案例中有两个子层,即男生和女生。因此,我们为男生创建一个虚拟变量M,为女生创建一个虚拟变量F,通过干预的虚拟变量与性别的虚拟变量的乘积来生成交叉项。我们不是为所有获得奖学金的学生只设置1个干预的虚拟变量,而是引入了两个虚拟变量:MT,所有获得奖学金的男生取值为1,其他学生为0;FT,所有获得奖学金的女生取值为1。然后,我们使用如下方程:

$$Y_i = c + \beta_1 M_i + \beta_2 MT_i + \beta_3 FT_i + \varepsilon_i$$

表8.2　在不同分配情况下的加权平均处理效果

因素	男生	女生	总计
奖学金人数（80人）	240	320	560
申请人数	600	400	1000
抽中机会	13%	60%	32%
干预效果	$15	$25	见下文
占奖学金总额的百分比	25%	75%	100.0%
当75%的奖学金给了女生时的平均影响效果	（$15×0.25）+（$25×0.75）=$22.50		
当50%的奖学金给了女生时的平均影响效果	（$15×0.5）+（$25×0.5）=$20		

其中,Y_i为i人的收入,c为常数(本案例中为未获得奖学金的女生的平均收入),β_1表示男生一个月平均收入相较于女生的差额,β_2为男生的干预效果,β_3为女生的干预效果。[1]基于这些估计可以计算如上所述的加权平均干预效果。例如,如果想要根据女生和男生在项目中的数量比例来衡量他们的权重,我们就可以计算:

$$\text{average\_treatment\_effect} = \hat{\beta}_2 \times 0.25 + \hat{\beta}_3 \times 0.75$$

如果需要知道加权平均干预效果周围的置信区间,可以这样计算:

---

[1]在该案例中,我们并未加入$\beta_0 T_i$这一项,因为我们已经加入了男生和女生的交叉项(这些是互斥的,并且合起来已经组成了全部的样本),所以没有必要再加入干预的主影响效果。

$$\text{Average\_treatment\_effect} \pm 2 \times \text{SE}(\text{treatment\_effect}),$$

式中, $\text{SE}(\text{treatment\_effect}) = \sqrt{var(\hat{\beta}_2) \times 0.25 + var(\hat{\beta}_3) \times 0.75}$ 。

如果有多个结果变量

一个项目可能对不止一个的结果产生影响。例如,驱虫项目可能既影响儿童的健康,也可能影响他们的学习。同样的结果也可能有许多不同的指标。要衡量一个项目是否会给家庭中的女性带来更大的决策权,我们可能会对家庭决策的许多不同方面及女性在每个方面所扮演的角色感兴趣。在分析过程中,我们可以检查所有这些不同指标在干预组和对照组之间的差异:比较两组在孩子是否上学、购买什么食物、进行什么投资等方面的相关决策是否有差异。

多个结果变量可能产生哪些问题?

标准检验假设我们对每个结果都感兴趣。但是如果检验许多结果变量,则至少1个结果变量出现假阳性(错误地拒绝1个原假设)的概率要高于预定的显著性水平。研究人员在5%的概率水平上检验10个独立假设,则根据随机的概率计算也有40%的可能性拒绝其中至少1个原假设。

如果观察一个教育补习项目对5个科目的影响,发现数学成绩有显著差异,但其他科目成绩没有显著差异,那么是否可以得出结论,该项目之所以有效是因为提高了数学考试成绩? 我们不能得出这样的结论,除非根据对5个不同科目的影响进行检验这一事实来调整检验结果。[①]同样地,如果在家庭决策的10个不同维度上评估女性影响力的变化,并发现干预组在女性影响力的某个维度上(在95%的置信水平上)显著高于对照组。如果没有基于这些结果的进一步分析,就不能得出结论认为该项目使女性决策权增强了。

如何针对多重结果进行调整?

针对多重结果进行调整的方法主要有4种:(1)提前选择一个指标作为主要的结果变量;(2)使用指数将多个指标和结果变量的信息合并成一个可检验的假设;(3)使用标准化处理效应将多个指标合并成一个;(4)根据我们正在对多个结果变量进行检验这一事实对置信区间进行调整。有时,我们可能需要综合运用这些方法。但无论使用何种方法,一种有效的做法是制订预分析计划(pre-analysis plan,PAP),在分析开始前就明确说明如何解决问题。这将在下一个模块中讨论。

[①]但在这种例外情况下可以得出这样的结论: 这本身就是一个数学项目,我们一开始的假设就是数学会有进步,而其他科目不会。

指定主要的结果变量。并非所有指标都同等重要或有意义。通过事先指定哪个变量是主要的结果变量，我们可以减少有多个结果变量的问题。这种方法在医学试验中很常用。假设有一个旨在改善数学教育的项目，我们既收集数学成绩的数据，也收集其他科目成绩的数据，看看该项目是否对其他科目的学习有潜在的溢出效应。在分析之前指定数学成绩是我们主要的结果变量。如果我们发现数学成绩提高了，但其他科目成绩没有提高，就不会再认为项目没有效果，因为这一结果可能是偶然出现的。有了这种方法，如果我们检验了多个次要指标，可能仍然需要使用下面讨论的一些其他方法来处理多重结果。

将多个结果合并成一个指标。我们可以将针对某一问题的多个指标合并在一起，并在一个方程中进行联合检验。当有许多指标都试图表征同一概念的不同方面时，这种方法特别合适，例如，用多个指标衡量女性在家庭中的决策权。在调查中没有一个问题能完全反映想要测量的概念，把不同的指标加在一起能更全面地反映该指标的整体状况。我们感兴趣的不是探索对决策权的某一方面的影响，而是利用来自不同指标的所有信息来检验一个具有一般性的假设，即项目是否对女性的决策权产生了影响。我们可以通过几种不同的方法来做到这一点。

第一种也是最简单的方法，是将所有指标与一个更一般的概念相关的指标合并成一个指数。设想我们的调查中有一些问题，它们都有以下结构：

1.在买什么食品方面谁说了算？

2.在教育支出方面，如学费、校服等，谁说了算？

3.在买不买衣服和买什么衣服方面，谁说了算？

如果这位女士说她在某一特定领域做的决定最多，我们可以赋值为1。然后，我们构建一个指标，将女性是主要决策者的领域的数量相加。

构建指标的缺点是，我们不得不对所有不同的指标给出相同的权重。例如，上面的案例中，我们对女士作为食品购买的主要决策者和她作为教育购买的主要决策者赋予了相同权重。然而，无论使用何种方法来合并信息、构建指标都必须使用某种形式的权重。

使用标准化处理效应将多个指标合并成一个。第二种方法是使用标准化处理效应（有时称为"平均效应"）。就像在指标方法中一样，我们用不同的指标来反映家庭的一般情况。为了使指标在一个家庭内彼此具有可比性，我们对它们进行了"去均值"处理，即计算每个指标的平均值，然后用每个样本该变量的观测值减去该平均值，从而生成一个新的"去均值"的变量。此时，所有指标的平均值都为0。我们还需要确保所有指标的正向变化都是指积极的变化。例如，如果要看一个项目是否能促进养成健康的饮食习惯，那么多吃胡萝卜是好的，但多吃巧克力蛋糕是不好的。如果发现吃胡萝卜有正向结果，而吃巧克力蛋糕有负向结果，那么我们不能把这两种效果进行平均,然后说总体上没有效果。事实上相反,我们生成了一个新的指标,"少吃巧克力蛋糕",该指标的正值代表了该项目有积极的影响效果。

最后,用每个指标的所有观测值除以该指标的标准差,从而使所有指标都有相同的测量单位。我们可以在分析时用标准差来解释系数(就像在统计功效分析中对最小可检测影响效果所做的那样)。

我们对一个家庭中的所有指标分别用回归分析进行估计,并对估计的所有影响效果取均值(干预的虚拟变量系数的平均值)。文献中最常用的方法是计算所有系数的未加权的简单平均值。使用该方法的一个经典案例是美国的一项随机干预实验项目,该项目让生活在美国贫困社区的人有机会搬到更富裕的社区。[①]

这种平均效应的标准误较复杂,不能直接计算。但幸运的是,Stata 有一个命令包可以计算这种平均化的影响效果并给出准确的标准误。

这种平均效应方法的一个稍微不同的变体是使用称为似不相关回归估计方法(SURE)估计对家庭的影响效果,并对不同指标的影响效果进行加权。我们对所有人提的问题非常相似,因此结果彼此高度相关。比如,我们可能会有 10 个问题是关于不同食品购买决策的,只有 1 个问题是关于孩子是否应该上学的。如果使用标准化平均影响效果分析,在最终分析中,食品购买决策的权重将是上学决策的权重的10 倍。然而,SURE 将考虑食品购买指标彼此高度相关,并降低它们的权重。如果上学决策与其他指标的相关性较低,则认为其"信息含量"较多,权重较高。虽然这种方法有一些优点,但一般来说,专业人士倾向于认为 SURE 是不透明的,因为仍不清楚不同指标的权重。大多数研究人员更喜欢简单的、相同权重的平均效应方法。

根据我们正在对多个结果变量进行检验这一事实对置信区间进行调整。这种方法是调整系数的置信区间,因为我们正在检验几个不同的假设。这样做的一种方法是用 p 值(测量结果与 0 不同的概率,如模块 6.1 中所讨论的)乘以检验次数。这被称为邦费罗尼调整(Bonferroni adjustment),它的缺点是统计功效低。换句话说,当使用该调整方法时虽然错误地拒绝原假设的概率降低了,但当我们应该拒绝原假设但错误地没有拒绝的概率也同时提高了。另一种方法是对多重比较谬误(family-wise error rate,FWER)进行逐步向下重新抽取。[②]后一种方法的优点之一是它考虑到了结果变量可能彼此相关。

---

①该研究的作者是杰弗里·克林、杰弗里·利布曼和劳伦斯·卡茨,研究内容被总结呈现在附录的评估案例 5 中。

②具体可查阅: P. Westfall and S. Young, *Resampling Based Multiple Testing* (New York: Wiley and Sons, 1993); Michael Anderson, "Multiple Inference and Gender Differences in the Effects of Early Intervention: A Reevaluation of the Abecedarian, Perry Preschool, and Early Training Projects", *Journal of the American Statistical Association* 103 (2008): 1481-1495.

在对多重结果进行调整时应该考虑哪些因素？

如果要做这样的调整需要提前计划。如果未提前计划就可能存在一种风险：我们简单地分析数据，进行大量回归分析，然后在最终的报告或论文中只报告其中一些结果变量。我们甚至可能不会去关注检验了多少个假设。但如果要调整检验的假设数量，需要知道我们检验了多少假设。因此，这种调整方法是对使用预分析计划的补充，下面将进行讨论。

上文提到的塞拉利昂社区驱动发展项目的评估使用了这些方法的组合来调整多重结果。该项目分析了300多个指标，包括经济活动、决策参与、社会资本和集体行动方面的结果变量。在项目开始前，研究人员和项目实施者就潜在影响的假设进行了讨论并形成了共识（见模块8.3），随后将检验每个假设的结果测量指标分解到家庭中。然后，研究人员按照上述方法对每个家庭中所有结果测量指标的平均效果进行检验。此外，研究中对 p 值进行了调整，以检验12个不同的假设（表8.3显示了经过多种方法调整后要检验的12个假设中的前6个）。最后，这些假设被分为两个主要类别——硬件效应（如新的公共物品）和软件效应（制度变革）——进一步减少了多重结果问题。

表8.3 不同研究假设下社区驱动发展项目（GoBifo）的影响效果

对家庭的研究假设	（1） 项目平均影响的指标	（2） 原始 p 值	（3） 对12个研究假设用FWER调整后的 p 值
家庭A：基础设施的改善或硬件效应			
家庭A的平均影响（研究假设1—3；39个结果变量）	0.298**		
	(0.031)	0.000	
$H1$：项目实施（7个结果变量）	0.703**		
	(0.055)	0.000	0.000
$H2$：参与该项目提高了当地公共服务设施的质量（18个结果变量）	0.204**		
	(0.039)	0.000	0.000
$H3$：参与该项目改善了经济福利（15个结果变量）	0.376**		
	(0.047)	0.000	0.000
家庭B：制度变革和社区性的改变或软件效应			
家庭B的平均影响（研究假设4—12；155个结果变量）	0.028		
	(0.020)	0.155	

续表

对家庭的研究假设	（1） 项目平均影响 的指标	（2） 原始 p 值	（3） 对12个研究 假设用FWER 调整后的 p 值
H4：参与该项目增加了集体行动和对当地公共物品的贡献	0.012		
	(0.037)	0.738	0.980
H5：项目使社区在制订计划和实施时更具包容性、有更多人参与，尤其是贫穷的弱势群体；项目的基本理念也扩展至其他社区决策中，使这些决策更具包容性、更透明、更负责（47个结果变量）	0.002		
	(0.032)	0.944	0.980
H6：项目改变了当地的授权体系，包括对当地传统领导和选举出来的领导的角色认知（25个结果变量）	0.056		
	(0.037)	0.134	0.664

来源：Katherine Casey, Rachel Glennerster, and Edward Miguel, "Reshaping Institutions: Evidence on Aid Impacts Using a Preanalysis Plan", *Quarterly Journal of Economics* 127 (2012): 1755-1812, Table Ⅱ, 1786-1787. 表格复制得到了作者允许。

注：GoBifo（塞拉利昂的通用语克里奥语中表示"前进"）是一个对村委会提供经济支持（全村4667美元，或每个家庭约100美元）和社区动员的项目。黑体字表示对一组假设的平均估计。FWER＝表示多重比较谬误。

对检验多个子样本组进行调整

与对多个结果进行检验一样，对不同子样本组的影响效果进行检验也可能会引起同样的关注。如果将样本分成非常多的子样本组，很可能会偶然发现至少有一个子样本组的干预组的表现优于对照组，即使该项目的真实效果为零。与多重结果的情况一样，解决这一问题的最佳方法是限制检验的子样本组数量，并明确解释为什么子样本组可能对项目产生不同的影响。并且，若条件允许，要在检验数据之前制定并列出预定的子样本组清单。下一模块我们将更深入地讨论如何撰写预分析计划。最后，我们可以根据正在检验的子样本组数量对置信区间进行调整，就像在多重结果问题中所讨论的那样。

模块8.3　预分析计划

本模块将讨论撰写与注册预分析计划的基本原因和缺点。预分析计划是项目开始前对如何进行数据分析进行的描述。我们还讨论了预分析计划应包括哪些内容。预分析计划一方面束缚了研究人员的手脚，避免了不规范操作，从而增强了结果的可信度；另一方面也会限制他们对不可预见的事件和结果做出灵活反应。这两方面并不相容，需要进行权衡。

数据挖掘问题：为什么需要预分析计划？

在临床药物试验中，制定提前描述如何分析数据的方案已成为标准做法。这种方法有助于避免数据挖掘的危险。正如在前一个模块中讨论的，如果两组人在许多不同的特征（身高、年龄、体重等）上进行比较，那么两组之间很可能在至少一个特征上会有统计学上的显著差异，但这只是偶然因素造成的。如果研究人员不是客观中立的，而是想要证明某一项目是有效的，不管证据是什么，他们都可能反复检验干预组和对照组之间的差异，从而可能（偶然地）找到一个或多个干预组比对照组更好的结果测量指标。他们还可以检验研究人群中许多不同的子样本组（女孩，男孩；5岁以上儿童，5岁以下儿童；富人，穷人等）的结果，直到找到干预组比对照组结果更好的子样本组。将上述两种方法结合，检验多个子样本组的多个结果变量，就可能有更多的机会找到干预组比对照组表现更好的子样本组的结果。这种方法被称为数据挖掘——在数据中寻找我们想要的结果，直到找到它。

从本质上看，相比于其他大多数评估方法，随机干预实验受数据挖掘的影响更小。如果专门为随机干预实验收集数据，评估者可以使用先确定的结果测量指标来评估项目效果。在评估者知道干预组和对照组哪个表现更好之前，研究样本及每个样本被分配到干预组或对照组的安排已经提前确定了。

尽管如此，随机干预实验也不能完全避免数据挖掘的危险。在随机干预实验中，研究人员也可能被指责使用了数据挖掘，即使他们无意这样做。那么，我们如何做才能保护自己免受这样的指责呢？一个方法是制订预分析计划或分析协议，提前说明在获得数据时打算如何处理。这个计划可以提前在网站上注册，这样就可以客观地记录分析计划撰写的时间和随着时间推移所做的任何更改。[1]

另一种方法是根据正在测试多个假设或结果测量指标的事实来调整标准误，这在上述多重结果部分中讨论过。但要做到这一点需要一个包含所有被测试的假

---

[1]关于 PAP 的详细讨论可以参见伯克利社会科学透明度倡议网站。本模块中的讨论借鉴并扩展了凯瑟琳·凯西、瑞秋·格伦纳斯特和爱德华·米格尔的研究，研究内容被总结呈现在附录的评估案例15 中。

设或结果测量指标的清单(不仅仅是所有被报告出来的)。预分析计划提供了一种有用和可靠的方法,来说明总共运行了多少种不同的回归分析,这奠定了对结果进行调整的基础。

值得注意的是,注册预分析计划和注册随机干预实验(在医学中也很常见)是不同的。虽然预分析计划和随机干预实验通常在同一个地方注册,但它们具有两种不同的功能。对一项随机干预实验进行注册有助于解决潜在的发表偏倚(可能有许多研究关注了同一问题,但可能只有发现了显著结果的那个被发表出来)。而预分析计划的注册解决了给定研究中的数据挖掘问题。注册一项随机干预实验只需要评估者提交基本信息,如实验地点、待检验干预措施的简短描述、主要结果测量指标、样本量等。预分析计划文件则要详细得多,需要列出能够支持的所有可能的回归分析。

在社会科学领域登记注册随机干预实验或预分析计划并不是一种普遍做法。直到最近,通常只有与健康相关的实验会登记注册。然而,这种做法现在正变得越来越普遍。2013年,美国经济学会(American Economic Association)推出了一个社会科学随机干预实验的注册表。撰写本书时,政府与政治类实验正在试点进行注册,而国际影响评估协会(International Initiative for Impact Evaluation)正在设计一个发展中国家影响评估的注册网站,它包括非随机干预实验类的影响评估。对我们正在开展的影响评估进行注册实际上并没有任何坏处,反而对大家有重要的好处,所以强烈推荐这种形式的注册。注册预分析计划也有一些潜在的缺点(特别是在它没有经过深思熟虑的情况下)。因此,下文将讨论何时注册预分析计划特别有用,以及预分析计划应该包括哪些内容。

何时注册预分析计划特别有用?

预分析计划的设计主要是为了避免在分析数据时,只选择使用那些能得到有利结果的方法。因此,当数据分析方法具有很大的灵活性时,注册预分析计划很有用。通常,这种灵活性体现在3个关键维度:主要结果的定义、子样本组的选择和回归方程的设定。

当有多种不同的方法测量结果变量时

在一些研究中感兴趣的结果变量较为明确,可用的测量方法也相对有限且固定。在评估一个旨在降低教师缺勤率的项目时,人们感兴趣的主要结果测量指标是教师到校的天数,次级指标可能包括教师到校是否授课,以及孩子们的学业表现(由教师出勤率提高带来的改变)。而另一个极端案例是对社区驱动发展项目的评估,要探索该项目是否增加了信任或社会资本,是否减少了冲突。正如在结果测量部分所讨论的那样,反映诸如社会资本等的结果变量很可能依赖于对在该领域观察到的一系列具体行动进行测量,研究人员可能会测量一系列相关的具体行动。凯瑟琳·凯西、瑞秋·格伦纳斯特和爱德华·米格尔在对社区驱动发展项目的评估中包含了300多个结果测量指标。[1]潜在可用的结果变量指标越多,我们就越有可能被指责只选择性地报告了我们期望的结果(或者实际上可能只报告了好的结果,尽管这并非出于故意)。

多数影响评估介于这两个极端之间。回到免疫项目评估的案例。从表面上看,结果变量似乎没有其他选择,我们只能通过测量免疫接种率来评估该项目的影响。但是免疫接种率的精确定义是什么呢?是接种疫苗的数量,还是2岁、5岁前完全接种疫苗的儿童数量,抑或是2岁或5岁前至少接种过一针疫苗的儿童数量?文献中不同的研究使用了不同的定义。一项好的研究应提出一系列不同的方法来定义结果,并利用这些差异来深入理解项目如何运作。在本书一直讨论的免疫项目研究中,作者们指出,第一种干预方法(定期举办免疫训练营)增加了至少接种一种疫苗的儿童数量,而第二种干预方法(提供参加免疫训练营的奖励)的额外效果主要是通过增加完成完整免疫计划的儿童数量来实现。[2]然而,即使作者们展示了各种各样的结果,他们也经常特别强调某一种特定的结果。预分析计划允许我们提前指定哪种形式是最重要的。

目前,多数随机干预实验还没有预分析计划,只有像社区驱动发展项目这样的情况,有许多可供选择的结果测量指标或许多可能的子样本组分析,此时才会被强烈要求进行预分析计划注册。但是,业内人士的态度正在发生变化,随着时间推移,进行预分析计划注册的压力越来越大。未注册预分析计划的研究,其论文发表变得越来越困难。

当想要检验一个项目对不同子样本的影响时

我们可能有充分的理论依据认为,一个项目对不同类型的人会产生不同的影响。我们甚至可以预期该项目将对某一类人产生正向影响,而对另一类人产生负向影响,从而使平均影响为零。然而,当我们恰好报告了与理论预期一致的结果时,可能面临数据挖掘的质疑。此时,撰写预分析计划就显得尤为重要。预分析计划能帮我们证明,这些子样本并不是从大量可供选择的子样本中故意挑出来的,而是我们最初就计划进行分析的子样本。

---

[1]该研究由凯瑟琳·凯西、瑞秋·格伦纳斯特和爱德华·米格尔,被总结呈现在附录的评估案例15中。

[2]Abhijit Banerjee, Esther Duflo, Rachel Glennerster, and Dhruva Kothari, "Improving Immunisation Coverage in Rural India: Clustered Randomised Controlled Evaluation of Immunisation Campaigns with and without Incentives", *British Medical Journal* 2010 (2008): 340:c2220, and J-PAL Policy Briefcase, "Incentives for Immunization", Abdul Latif Jameel Poverty Action Lab, Cambridge, MA, 2011.

当估计方程有多种替代形式时

在随机干预实验中,一旦我们决定了如何定义主要结果变量及感兴趣的子样本,就只有有限的、可供选择的方法来对数据进行分析。主要的选择是是否加入控制变量及加入哪些控制变量。一般来说,是否加入控制变量可能不会使结果有太大变化,而且我们通常无法提前知道结果是否对控制变量的加入敏感。然而,在某些情况下,我们可能会提前知道对回归方程的形式做出选择是非常重要的。例如,针对一个小样本可能不得不使用随机化推理来估计标准误。提前承诺使用这种方法可能会非常有帮助。在具体分析方法上,我们也可能有多种选择:是在不同水平上分析,还是使用对数分析,是使用普通最小二乘法,还是使用logit模型等。同样地,提前确定这些分析方法也是非常重要的。

预分析计划的缺点

撰写预分析计划也有缺点,因此也有研究人员强烈反对使用该方法。虽然包含在原始计划中的分析因事先考虑过而更具可信度,但如果有一个结果变量和子样本对分析项目如何运行非常重要,却未被纳入预分析计划中,此时就可能破坏结果的可信度。对这种担忧的一个回应是,要对预分析计划进行仔细思考和讨论,以确保它是一个好的分析计划。然而,在某些情况下,数据分析的结果会呈现一个难以提前预测但是连贯一致的故事。

在一些临床试验中,研究人员承诺使用数量非常有限的结果测量指标和回归方程来分析数据,甚至不使用任何回归方程。多数经济学家会认为这是一种浪费:如果有些结果虽然不在分析计划中,但我们认为很重要,大多数经济学家都同意应该纳入这些结果,并实事求是地说明这些结果并未包含在预分析计划中。[1]

使用预分析计划面临的另一个问题是,使用什么样的分析方法取决于主要发现的具体内容。例如,如果发现该项目具有很强的正向影响,那么接下来应该检验该项目产生影响的机制。如果发现该项目具有负向影响,就应该分析为什么会产生负向影响。当结果是正向的与结果是负向的时,所分析的结果变量及使用的回归方程可能是不同的。一些研究人员反对使用预分析计划的主要原因就是它无法根据分析结果对分析内容和方法做出调整。

使用预分析计划出现问题的另一个例子是,项目评估可能需要先探索是否影响了某一特定的结果,然后才能分析是否影响了次要的结果。例如,在使用工具变量方法进行项目评估时,通常需要通过第一阶段回归分析来验证随机分组的影响。

---

[1]凯瑟琳·凯西、瑞秋·格伦纳斯特和爱德华·米格尔的研究是这样做的, 该研究被总结呈现在附录的评估案例15中。

菲尔德和格伦纳斯特在孟加拉国进行的一项研究，评估了一系列不同的项目是否会导致未达到法定结婚年龄（18岁）的女孩推迟结婚。该研究旨在检验晚婚（以项目随机分配为工具）对一系列其他结果的影响，如母亲和儿童的健康。[①]但是否要进行下一步分析及如何进行分析取决于第一阶段回归分析的发现，即不同的子项目是否成功地影响了结婚年龄。

可以撰写一个带有附属条件的预分析计划：如果发现了结果 X，就这样进行下一阶段的分析；如果发现了结果 Y，则进行另一种分析。然而，这一设想在具体操作中很难实现。我们很可能会忘记一种潜在的结果可能性，从而导致未在预分析计划中定义在这种特定情况下的处理方式。

另一种方法是在预分析计划中明确首先关注一个特定问题，例如，分析整体效果是正向还是负向的，或者是否存在一个工具变量用于第一阶段回归分析。我们可以明确说明在回答了这个重要的问题后，将暂停进一步分析，先完成预分析计划剩余的部分以明确接下来该如何分析。

在评估过程中的哪个时间点撰写预分析计划？

在开始评估之前、在收集基线数据之前及在实施干预之前撰写预分析计划能够最大限度地避免数据挖掘的指责。这种时间安排避免了两个问题。

第一个问题，根据观察到的项目实施情况缩减项目目标，从而不再检验最初设定的目标。

例如，我们可能正在评估一个社区发展驱动项目，该项目最初包含了减少社区冲突发生率这一目标。但在实施过程中发现，很明显，该项目没有很好的设计来解决这个问题，因而很可能在社区冲突发生率这一维度上不会发现显著的影响效果。如果在项目开始时撰写预分析计划可能会包括是否减少社区冲突的分析，但如果在项目实施后撰写预分析计划则很可能不会包括这一目标。从学习者的角度看，记录下项目最初试图减少冲突但并没有成功，这也是有用的。

第二个问题是，如果结果变量的测量指标可以在项目实施后选择，那么在发现干预组和对照组受到大的随机冲击（与项目无关）影响时，可能会据此调整测量指标。

例如，设想一个地区降雨量大导致河流溢出河岸，淹没了评估区域的一个社区，而该社区恰好属于对照组。因此，这个特定社区的农作物歉收率非常高。虽然我们不打算将农作物歉收率作为结果变量，但可以将其添加到结果变量清单中，并发现干预组和对照组之间存在显著差异。预分析计划不能避免这种类型的随机冲击，但过早撰写预分析计划会限制结果变量的选择范围，从而不能关注受此类冲击

①该研究由艾丽卡·菲尔德和瑞秋·格伦纳斯特完成，研究内容被呈现在附录的评估案例7中。

影响更大的结果测量指标。

在随机干预实验的早期撰写预分析计划有一些严重的缺点。具体而言,过早撰写预分析计划意味着必须忽略在整个项目过程中获得的许多可用于改进分析的信息。我们可能会了解到原计划的结果测量指标可能不能准确反映现实情况——例如,基线调查中部分问题的拒答率较高。因此,我们可能需要调整评估调研中的测量问题,或者使用非调查方法来计算主要的结果变量。观察干预措施的实施可能激发更多想要测试的其他假设。例如,我们可能担心项目存在一种之前没有考虑到的负面影响。在实验进行过程中发表的其他研究可能会提出一些重要的新问题,而我们的数据可能非常适合用来检验这些问题。所有这些因素都表明,应该将撰写预分析计划推迟到该过程的后期。

撰写预分析计划的时间通常是在收集完评估数据,但还没有进行分析之前。如果有多轮数据收集,预分析计划则可以在每轮分析之间更新。例如,可以在分析中线数据之前撰写第一个预分析计划;在分析终线数据前,可以根据中线调查发现的结果对该预分析计划进行更新。

另一种可行的方法是在收集完终线数据后撰写预分析计划,但在完成预分析计划之前先简单看下对照组的终线数据。[1]该方法不会被指责为数据挖掘,因为我们只看了对照组的评估数据,所以没有对比干预组和对照组结果的机会。然而,即使仅基于对照组数据,我们也可以看到某些结果测量值的方差非常小,因此该项目改变这类结果的机会很小。如果打算研究一个项目是否提高了小学入学率,在评估数据时发现整个样本的对照组中95%的小学适龄儿童都入学了,这使该项目几乎不可能对这一结果产生影响。我们可能会决定将结果变量更改为小学入学人数或中学入学人数。

规划预分析计划撰写时间的一种混合方法是在随机干预实验开始前撰写一个分析的基本框架,然后随着项目进展补充细节,并在最终分析之前完成对完整的预分析计划的注册登记。[2]在项目开始前就提出该评估想要检验的假设,这避免了上面讨论的第一个问题,即随着项目实施对项目目标进行缩减,而不再检验最初的项目目标。注册这类"假设"文件也有助于建立实施者-评估者的合作关系,因为它有助于澄清该随机干预实验的基本结构,并确保各方之间对评估将检验哪些假设、不检验哪些假设的认识一致。

---

①以下研究使用过该方法:Amy Finkelstein, Sarah Taubman, Bill Wright, Mira Bernstein, Jonathan Gruber, Joseph P. Newhouse, Heidi Allen, Katherine Baicker, and the Oregon Health Study Group, "The Oregon Health Insurance Study: Evidence from the First Year", NBER Working Paper 17190, National Bureau of Economic Research, Cambridge, MA, 2011.

②凯瑟琳·凯西、瑞秋·格伦纳斯特和爱德华·米格尔的研究使用过该方法,研究被总结呈现在附录的评估案例15中。

预分析计划包括哪些内容？

预分析计划中最重要的组成部分是以下内容：

1.定义主要结果测量指标。

2.哪些结果测量指标是主要的，哪些是次要的。

3.用于平均效应分析的一组变量的具体构成。

4.将被分析的子样本组。

5.如果使用单侧检验，预期的影响的方向。

6.用于分析的主要回归方程。

要使预分析计划有用，主要结果测量指标的定义必须精确。例如，与其说结果测量指标是免疫接种率，不如说主要结果测量指标是根据母亲对家庭调查问卷的回答，计算从出生到5岁的儿童在政府推荐的免疫接种项目下接受了所有免疫接种的百分比。然后，我们可能会指定要分析的次要结果测量指标是5岁以下儿童接受免疫接种的平均数量，因为我们不仅对完成免疫接种感兴趣，还希望了解该项目是否增加了免疫接种儿童的数量。如果要使用平均效应方法（模块8.2中讨论的），则必须明确指定将包含哪些结果变量。

若要测试该项目对特定子样本组的异质性影响，需要对子样本组进行精确定义，并阐明对比这些子样本组的背后理论假设（正如模块8.2讨论的，要检验特定子样本组的异质性影响，通常需要明确的理论依据）。当研究多个子样本的异质性影响时，提供为什么我们预期项目对某个子样本比对另一子样本影响更大的理由会提高结果的可信度。

如果统计功效较低，我们可以进行单侧检验。这需要在特定方向上检验影响效果。例如，我们认为项目会提高出勤率，因而只检验干预组的出勤率是否比对照组的出勤率高。正如模块6.2中讨论的，进行单侧检验需要有非常强的假设，即不可能产生相反方向的影响（通常是负向影响）。如果想使用这种方法，需要在预分析计划中提前说明。

分析用到的估计方程应该详细地呈现出来。例如，是否使用控制变量？如果使用，使用哪些控制变量，以及这些控制变量是如何定义的？通常稳健性检验测试结果在不同估计方程间的变化程度也可以在预分析计划中列出。然而，预分析计划应该指出哪些可选的估计方程是主要的估计方程（如是否有控制变量），哪些是稳健性检验。

由于经济学家和其他社会科学家仍然很少使用预分析计划，因此，未来几年他们需要在使用中逐渐学习和了解该方法。随着时间推移，可能会出现一份标准化的预分析计划内容清单。

预分析计划应该包括多少结果变量？

如果一个预分析计划声称将对所有可能的结果测量指标和所有可能的子样本组进行分析，那还不如不写预分析计划。如果需要根据检验的假设数量对置信区间进行调整，这会降低统计功效，从而很难明确地说项目是否产生了影响效果。

但是，对于"多少个结果变量是太多了"这个问题并没有一个标准答案。正如在多重结果部分(模块8.2)中所讨论的，有多种方法可以将多个指标合并成一个。但是，如果想要衡量变革理论的不同步骤(正如第5章中提到的，这是一种好的做法)，那么可能仍然有许多不同的结果需要测量。这为我们提供了另一种避免受到数据挖掘指责的方法。如果能在预分析计划中提出一个清晰的变革理论框架，并表明哪些结果测量指标是用来衡量链条上的中间步骤(即次要结果)的，哪些是用来衡量项目的最终目标(即主要结果)的，这将非常有帮助。

设想正在评估一个旨在动员家长行动以提高印度教育质量的项目的影响。该项目的最终结果是儿童的学习水平，这是主要结果变量。然而，为了解该项目是否会影响这一结果，我们将收集一些中间指标，如家长是否在当地教育系统中变得更加积极、是否鼓励孩子做作业，以及教师缺勤率是否下降。所有这些中间指标都是次要的，并非学生学习的主要结果(尽管一些中间指标可能比其他指标具有更高的优先级)。即使有许多结果测量指标，以这种方式确定结果测量指标的优先级，也有助于对结果进行解释。例如，一种情况是我们发现干预组孩子的学习能力有所提高，但所有其他指标在统计上都不显著，另一种情况是我们发现干预组有更多家长对教育质量质疑，但所有其他指标在统计上都没有差异。因为孩子的学习能力是更为重要的结果测量指标，所以相较于后一种情况，我们更倾向于认为前一种情况是一个积极的结果。

多个干预组别的分析计划

当一项研究包括多个干预组别时，需要检验的假设数量将不可避免地增多。假设我们正在比较几种不同的干预方法，并与对照组进行对比。每个干预与备选干预或干预组与对照组的比较都可以作为一个单独的实验进行，写成一篇单独的论文。如果写成单独的论文，我们期望每篇论文都有一些主要结果和更多的次要结果，以及子样本组。所以，在将所有干预组别放在一篇论文中进行分析时，没有理由认为这可能会减少要检验的总假设的数量。

分析计划的假设设定应以理论为指导。例如，相对于盲目地将一个干预与另一个干预对比或将一个干预组与一个对照组对比(这可能需要进行大量的对比)，我们可能对某个特定干预更感兴趣，或者期望它比其他干预产生更大的影响。对要研究的问题进行提前规划，对要进行的特定检验提前给出理由，对可能出现的特定结果提前给出理论解释,这些都有助于避免数据挖掘的指责——即使分析计划中包含了大量假设和结果测量指标。

回到孟加拉国女孩赋权项目的评估案例。该项目的目标是分别评估教育、家庭资产的决策权和晚婚对妇女儿童健康的影响。该项目还检验了不同干预之间是否有互补性,即如果将提高教育水平与晚婚相结合,提高教育水平是否会产生更大的影响。具体的干预措施以下面的方式被纳入不同的干预组别:

1.基本干预包:包括女孩俱乐部,课程包括生殖健康、基本生活技能和家庭作业。

2.金融知识包:除基本干预包的所有内容外,还通过女孩俱乐部教授金融知识。

3.晚婚激励:每4个月向有未婚少女的家庭提供一次食用油,作为激励女孩晚婚的奖励。

4.整体干预包:将金融知识和晚婚激励相结合。

5.对照组:未提供干预。

如果有5个干预组别就可能有10个不同的潜在对比组合。如果有5个感兴趣的结果测量指标和2个潜在的子样本组(外加对整个样本的分析),则总共可能有10×5×3=150个主要假设。分析计划的目标是将假设数量减少到更容易实施的程度,但它不会是一个很小的数字。

最初的研究目标为我们提供了一个比较不同组别结果的框架。如果想要检验赋权项目是否对样本总体产生影响,则需要将基本干预包和金融知识包结合起来,并与对照组进行比较。但我们不需要把两个干预组别的所有可能组合都结合起来,然后与对照组进行比较,因为多数组合并没有任何特殊的理论意义。同样,如果想要检验项目中金融知识包的边际影响,可以将基本干预包与金融知识包进行比较。如果想知道晚婚激励的边际影响,可以将金融知识包与整体干预包进行比较。但是,没有理由将每一个干预方案的两两组合相互比较。

我们也可以通过理论分析来决定哪些子样本组最值得研究。我们知道激励计划只适用于15—18岁的女孩,所以想要单独研究这个年龄组。要想知道激励计划是否未通过营养效应发挥作用,则需要检验项目是否对那些在基线调查时营养良好和营养不良的人有异质性影响效果。

关于预分析计划的最后几点思考

经济学和相关学科中撰写预分析计划仍处于起步阶段,我们需要了解它何时有用,何时有限制,以及如何写好预分析计划。本模块列出了一些预分析计划何时有用及其常见内容的基本想法。撰写预分析计划前,应仔细考虑风险和收益。主要的风险是匆忙撰写了一个不完整的预分析计划。因此,重要的是要花时间仔细研究被评估项目背后的变革理论及分析中应包含的内容。

吸取政策教训 9

本章将探讨使用随机干预实验的结果为政策决策提供依据时可能面临的挑战。

模块9.1　常见错误检查表

随机干预实验的质量可能存在差异。该模块提供了一个清单，用于评估随机干预实验的质量，以为政策决策提供参考，并为自我审查潜在错误提供指导。

随机干预实验方法的一个好处是，有一些基本的标准来判断一项研究是否有效。这个（并非完全的）清单提供了一些常见错误的总结，读者也可以参考书中对相关问题进行深入讨论的章节。这些错误包括在设计、实施和分析三个阶段所犯的错误。

设计中的错误

忽视溢出效应

通常，为社区的某个成员提供一个项目会对社区的其他成员产生影响。如果向随机选取的农民提供信息，这些农民很可能将信息分享给他们的邻居。如果我们在个体层面进行随机化则很可能低估该项目的影响，因为对照组也可能从该项目中受益。

研究的统计功效不足

如果一项随机干预实验能够探测到的影响效果非常不精确，则很难从中得出政策结论。例如，在一项关于教育项目影响的研究中，其考试成绩的置信区间从–0.2到+0.4 SD，如此大的置信区间可能无法提供太多有用信息。该结果表明该项目可能对考试成绩产生了0.4 SD的正向影响（该影响非常大），但也可能降低了考试成绩。

这种不确定的结果通常发生在研究设计时样本量太小、干预组别太多，或者研究人员在计算统计功效时未能考虑随机化层面（见下一节）。

计算样本量时忘记聚类

研究中统计功效不足的主要原因之一是计算样本量时未考虑随机化层面，这也是文献中最严重（也是最常见）的错误之一。例如，在两个地区调研1000人（每个地区500人），随机选择一个地区接受干预，另一个地区为对照组。虽然样本量明显很大，但这并非一项有效的实验设计。这是因为冲击在一个地区内是相互关联的。换句话说，某件事的发生可能会影响到一个地区的所有500人，而另一个地区的任何人都不受影响。一个地区可能会被洪水袭击或者区政府的负责人发生变化。如果发生这种情况就没有办法将项目的影响与洪水或区政府负责人变动的影响区分开。要详细了解为什么未对群组层面随机化进行调整是一个问题，见模块6.2。

实施中的错误

使用不可靠的结果测量方法

评估者常犯的一个错误是使用不可靠的结果测量指标。当项目能够改变人们怎么说，但不能改变人们的实际行为时，这类问题尤为突出。例如，HIV教育项目可能会改变人们对与HIV相关问题的回答，但并未改变人们的实际行为。因此，仅使用自报告的性行为数据对HIV教育项目进行评估可能无法得到有政策价值的评估结论。关于有效的结果变量的测量的讨论，见第5章。

干预组和对照组使用的数据收集方法不同

使用项目数据或由项目工作人员收集的数据来评估项目是极具诱惑力的。很多时候，项目工作人员在干预组工作，而对照组并没有项目工作人员。干预组的数据收集由项目工作人员完成，而对照组的数据收集则由专业调查员完成，这是不正确的做法。如果干预组和对照组的数据收集方法不同,我们将很难判断观察到的差异是由项目造成的还是数据收集过程造成的。一般来说,我们并不建议让项目工作人员收集数据,因为项目工作人员可能希望看到特定结果,或者参与者可能会犹豫是否向实施该项目的人说实话。

这个特殊问题还可能以其他很多形式出现。评估者通常希望在项目实施前进行基线调查,但有时项目执行者急于继续实施项目。那么,是否可以先在干预组进行基线调查,以便在对照组收集数据时干预组就可以开始实施项目了?这是不可以的,因为人们在不同的月份对问题的回答可能会不同。当干预组和对照组的基线数据收集存在系统性差异时,我们不能确定这是因为调查时间不同造成的,还是因为项目开始前确实存在差异。同样地,如果一个项目的执行者允许教师给自己拍照以证明其出勤情况,此时用照片来确定教师的出勤率并进行项目评估将是无效的,因为对照组中没有此类照片。其他数据收集问题讨论请见第5章的结果变量和测量指标部分。

存在高样本流失率

正如模块7.2中所讨论的,高样本流失率可能会破坏实验的有效性。如果流失率在干预组和对照组之间存在差异,或者干预组和对照组的流失样本类型不同,那么样本流失将是一个特别值得关注的问题。如果对照组学校所有表现优异的学生都流失了,但干预组学校未流失,并且我们只在学校收集数据,那么该项目可能看起来非常有效,而实际上并非如此。评估一项研究的有效性,重要的是检查总流失率、干预组和对照组是否有相似的流失率,以及干预组和对照组中的流失样本类型是否相似。如果有样本流失,研究人员在估计影响效果时可以对其可能的变化边界进行说明。

未能监测依从性和其他威胁

第7章中讨论了实验进行后对其有效性的一些威胁,其中包括部分依从。评估者在项目实施中最常犯的错误之一是没有在实地监测实施过程,没有与项目执行者保持联系以确保他们始终清楚哪些是干预组、哪些是对照组,确保项目设计不会以可能破坏实验有效性的方式发生变化,并观察是否存在溢出效应。我们不应认为评估者只需要负责项目设计、基线调查和终线调查,这样是不可能设计出高质量的随机干预实验的。在通常情况下,在整个项目实施和数据收集过程中,评估团队都需要有人出现在现场。从研究报告中很难判断评估者是否全程都在场。然而,重要的是要检查项目是否遵守了原有的随机化结果、是否有溢出效应问题和不依从性问题。没有佐证这些问题是否存在的文件,研究结果的可信度则会大大降低。

分析中的错误和其他不足

有太多的子样本组或结果测量指标

一项研究对10个不同的子样本组进行了40项结果测量，有效的假设将达到400种。统计理论表明，即使项目没有真实影响效果，仅是出于偶然也至少会有部分假设被证明是显著的。当大量假设中只有少数假设的结果与零显著不同，此时很难判断项目是否能得出有政策价值的结论。好的研究将以一种直观的方式对结果测量指标进行分组（将它们组合成一个指数或把它们分成不同的类）来解决这个问题。如果将研究的总体划分为不同的子样本组，并检查项目对每个子样本组的影响效果，则应该有一个明确的理由说明为什么对不同的子样本组影响效果不同，并尽量减少检验的子样本组数量。有时研究人员可能已经提前确定了要研究哪些子样本组、变量如何组合，以及哪些结果变量是最重要的。模块8.3讨论了这种预分析计划的利弊。

将不依从者删除

如果随机分配到干预组的个人或社区没有接受干预，最常见的错误是将这些个人或社区视为对照组的一部分，或者将其从分析中删除。这样做得到的结论会误导政策（除非能对数据再次进行正确的分析）。当个人或社区没有接受干预时，这并不是随机的，我们不知道对照组中谁如果得到干预也不会接受干预。只有随机选择的两组样本才可能是相同的，所以必须坚持原来的随机分配结果。干预组是那些被随机挑选出来接受项目的人（不管他们是否最终接受了该项目），而对照组是由那些被随机选择出来不接受项目的人组成的（即使他们自己找到了参与项目的方法）。只要在分析中坚持原来的随机分组并测量有多少人不接受干预，且干预组项目参与率高于对照组，实验就是有效的，可以将结果用于政策分析（但是，如果很多人不依从，那么项目统计功效可能很低）。[①]避免部分依从的更多信息，请参见模块7.1；如果出现部分依从情况，请参见模块8.2。

如果配对中的一个成员不依从，则丢弃配对中的另一个

前一个陷阱的一个更复杂的版本是将样本进行配对，并在每对样本中随机分配，其中一个分配给干预组，另一个分配给对照组。然后，如果一对中的一个成员不依从（即尽管被分配到干预组，但没有参加项目），则在分析阶段将这对中的两个成员都删除。这并非处理部分依从的有效方法（见模块8.2）。虽然配对的原始样

---

① 唯一的例外是，存在叛逆者，即那些被分配到干预组但不接受干预的人。我们在模块8.3中讨论了这个问题。

本在可观察的变量上可能是相似的,但一旦配对中的一个成员不依从,这可能暗示了其他信息。如果将对照组样本分配给干预组,我们无法确定哪类对照组样本会不依从。此时唯一无偏的估计方法是收集随机化时的所有样本数据,并根据干预组和对照组的原始分配结果进行分析。

分析中未能对随机化层面进行调整

本节前面提到,一个常见的错误是在计算统计功效时没有根据随机化层面进行调整。在分析过程中未调整随机化层面的研究也很常见:具体来说,如果数据是在个体层面收集的,但随机化是在群组层面进行的,则未在群组层面上聚类标准误将是错误的。另一种更保守的方法是将所有数据在群组层面上汇总为平均值,并在随机化层面上进行分析。模块8.2讨论了当随机化发生在群组层面时如何分析结果。

解释结果时忽略了估计精度

正如在设计误差一节中讨论的,一项对其估计的影响效果有较宽置信区间的研究并不是很有用。但是,因为设计的实验统计功效低,一些评估者在得出结论时可能没有注意到置信区间的问题。例如,他们可能会得出结论,认为一个项目没有影响效果,而实际上只是置信区间太大,不能排除该项目是相当有效的。

另一个类似错误是在对比两个干预的影响时认为一个干预比另一个更有效,但实际上两者并无显著差异。例如,假设对两种提高考试成绩的干预方案进行评估,一种干预的系数为0.3个SD,另一种干预的系数为0.35个SD。两种干预的置信区间均为±0.1 SD。此时两种干预的效果都与零有显著差异,但不能断言一个比另外一个更好,因为它们的系数的差异在统计上并不显著。即使一种干预的影响是显著的而另一种不显著,也不能得出结论认为显著的干预比不显著的干预更好。

模块9.2　外推性

何时应该将随机干预实验的结果推广到新环境中?本模块探讨了如何运用经验证据和理论来辅助我们决策,判断是否以及何时将实践经验从一种环境转化至另一种环境。

内部有效性和外部有效性

随机干预实验是指在特定时间、特定规模下,由特定实施组织在特定地理位置检验特定项目或回答特定问题。正如第2章所讨论的，如果随机干预实验开展得很好，我们可以相信估计的影响效果在这种特定的情境中是无偏的，即实验具有内部有效性。然而，政策关注的问题通常超越了单个项目的具体细节：在一个地区测试并获得良好效果的项目是否能够推广到其他地区？在一个国家成功实施的干预方案是否适用于另一个国家？如果该干预方案只在某一时间点有效，那么它是否会随着条件变化而失效？如果该干预方案仅在小范围内有效，那么它是否适用于大范围推广？外部有效性指我们能否确信从一种情境中发现的结果可以推广到其他情境。

如果无法从一个项目在某种情况下的影响推断出其在另一种情况下可能产生的影响，我们必须对每个项目进行全面检验，以便得出与投资和政策决策相关的结论。了解结果是否可以推广到其他情境，并确定何时可以进行推广，这对根据随机干预实验的结果提供政策建议至关重要。

所有形式的评估中外推性的共同点

外推性（外部有效性）问题并不局限于随机干预实验。如果要从任何数据、任何影响评估或任何理论中得出政策建议，就必须对人们在不同背景下的相似行为程度做出假设。

小型非随机干预实验评估

大多数非随机干预实验也倾向于对特定地点的特定项目进行评估。因此，如果我们在加纳北部240个村庄开展了随机干预实验评估并得到了结果，而在加纳北部另外240个村庄开展了非随机干预实验评估并得到了结果，那么将结果推广到加纳南部地区时，不能认为随机干预实验的结果比非随机干预实验结果的外推性差。实际上，如果非随机干预实验未能充分处理潜在的选择性偏误问题，其结果就无法具备外推性：若在最初环境中无法确保结果是无偏的，则不足以认为该实验提供了对项目在其他环境中可能产生影响的良好估计。换言之，缺乏内部有效性时，外部有效性也将不存在。内部有效性是外部有效性的必要条件，但不是充分条件。

大型国家级或跨国评估

国家级或国际级非实验评估是否比小规模随机干预实验评估更具有可推广性？在广泛人群和多样环境中发现一致的模式或关系，对于问题理解和政策制定至关重要。然而，这并不能解决必须做出假设的问题，即结果在何时及是否可以推广到其他情境。事实上，大规模国家级或跨国研究超越了描述性结论，并暗含被检验的关系在不同背景下恒定的假设。想象一下，在全球范围内进行回归分析时，我们发现教育支出与学习水平之间没有显著相关性。这是否意味着增加教育投入对学习没有影响？

可能如此。但也可能在某些情况下教育支出与学习水平呈正相关;在其他国家可能将更多资金用于贫困社区,因此教育支出与学习水平呈负相关。

如果我们能够在多个情境下(而不只是跨国回归分析)进行回归分析,并发现其普遍适用,那么是否可以自信地认为有一种广泛存在的关系,从而基于此制定政策呢? 然而令人遗憾的是,只有当研究设计能够区分相关性和因果关系时才能得出正确结论。例如,我们可能会观察到受教育程度较高的妇女更倾向于为孩子接种疫苗。这种相关性可能在不同背景和国家中都成立。然而,并不能因此假设提高妇女受教育水平就会使疫苗接种率上升。原因何在? 因为目前受过教育的妇女与未受过教育的妇女在许多方面存在差异——她们通常更富裕、更自信。也许正是财富或自信导致了较高的疫苗接种率。换言之,在大规模非随机干预实验评估中得出政策结论仍需建立假设——只是这些假设不同而已(模块2.2中我们探讨了不同类型的非随机干预实验评估内部有效性所需的假设)。

着眼于设计外推性的随机干预实验

在本书中我们强调了设计项目评估时考虑到外推性的重要性。例如,模块3.3讨论了在一个有代表性的地点与一个有代表性的合作伙伴进行研究的好处。评估的环境最好不要依赖一个不寻常和难以复制的投入(如高度积极的员工)。这些因素均可以使结果更具有外推性。模块4.4中我们给出了一个更正式地建立外部有效性的随机干预实验示例:具体而言,该研究设计对印度安得拉邦具有代表性。通过随机选择工作区域,然后随机选择这些区域内的学校进行研究,研究人员确保了结果具有代表性,从而可以推广到整个邦(8500万人)。

结合随机干预实验和非随机干预实验研究的信息

在总结政策教训时,我们常期望将随机干预实验和非随机干预实验的研究结果相互融合,综合考虑不同方法的比较优势,就如同第3章中主张采用混合方法回应各类研究问题一样。

例如,尽管我们发现世界各地妇女的受教育程度与疫苗接种率之间存在强相关性,但这并不足以证明在坦桑尼亚提供更多教育将导致更高的疫苗接种率。然而,如果我们还发现加纳进行的一项执行良好的随机干预实验表明,为女孩提供上中学奖学金可以提高其疫苗接种率。那么,相对于任何单个信息,我们所掌握的这种综合信息对上述结论提供了更强有力的证据。[1]如果我们发现加纳的中学教育

①该案例灵感来自附录中呈现的评估案例16的研究。

对疫苗接种率的影响效果,在大小上与简单比较已上过中学和未上过中学妇女的子女们的疫苗接种率得到的效果相似,则会进一步增强对结论的信心。换言之,在这种情况下,随机干预实验结果表明同样情境下的非随机干预实验评估的结果也没有选择性偏误问题(如果研究未能区分相关性和因果关系,只有当有一项随机干预实验的结果时才能检验其偏差量)。下面将进一步讨论如何将随机干预实验结果、程序性和定性结果相结合,以理解项目的外推性。

检验结果是否具有外推性

特定结果是否可推广是一个经验性问题,可以通过在不同环境中进行类似项目的评估来测试,如在不同地点、由不同执行者或在不同规模上实施项目。我们可以设计一个评估方法,在两个不同环境(如农村和城市、贫困程度差异较大的两个国家内)中同时评估该项目。此时我们需要确保具备足够的统计功效以验证结果在不同背景下影响效果是否一致(见第6章)。另一种选择是首先在一个情景下测试多种干预方法,随后在其他情景下对其中最有效的干预方法进行检验。

当以这种方式检验结果的外推性时,需要厘清两种情景中最重要的差异是什么,以及这些差异如何影响项目的运行方式。然后,我们可以设计中间指标以描述项目变革理论在不同背景下的演变,并说明情景差异如何导致影响效果上的差异(第5章中更详细地讨论了变革理论的应用)。

目前,许多项目已经在不同情景下通过随机干预实验进行了检验。例如,布拉罕基金会的教育补习项目最初在印度不同邦的两个城市(马哈施特拉邦的孟买和古吉拉特邦的瓦多达拉)进行了检验。[①]之所以选择这些不同的地点,是因为这两个邦的学校质量水平存在差异。然后在农村地区(北方邦)使用略有不同的模型对该项目进行检验,以反映新地区的不同需求。[②]该项目目前正在加纳进行早期测试。所有这些在不同背景下进行的不同影响评估均显示出相似的结论。

对女性领导人配额的影响在印度两个不同的邦(西孟加拉邦和拉贾斯坦邦)进行了评估。印度各地的地方政府领导人普遍实行这一配额制度。研究人员选择评估这两个邦的政策,因为它们在地方政府传统、女性识字率和赋权方面存在显著差异。[③]

---

①该项目的研究者为阿比吉特·班纳吉、肖恩·科尔、埃丝特·迪弗洛、利伦德,研究内容被呈现在附录的评估案例2中。

②Abhijit Banerjee, Rukmini Banerji, Esther Duflo, Rachel Glennerster, and Stuti Khemani, "Pitfalls of Participatory Programs: Evidence from a Randomized Evaluation in Education in India", *American Economic Journal: Economic Policy* 2 (2010): 1-30.

③该项目的研究者包括洛瑞·比曼、拉加本德拉·查托帕德耶、埃丝特·迪弗洛、罗希尼·潘德和佩蒂亚·托帕洛娃,研究内容被呈现在附录的评估案例12中。

即使我们没有明确设计一个评估来覆盖两种或更多不同情景,样本中的社区和个人仍不可避免地会有差异。分析不同类型的社区或个人会在多大程度上造成干预效果的相似或不同,可以帮助我们理解项目在其他情景下的表现。例如,我们可能发现健康教育项目对那些至少完成小学教育的人特别有效。当考虑扩大项目规模时应首先关注初等教育率较高的地区,并继续寻找改善低教育水平人群健康状况的教育方法。

将经验证据和理论相结合以评估外推性

针对一个特定项目,需要进行多少次测试才能确定其结果是否具有外推性,取决于该项目本身及新环境与测试环境之间的相似度。考虑该问题时必须借助理论指导,并判断该项目是否对环境变化敏感。此外,理论还可以帮助我们确定情景中哪些方面可能与特定项目相关,并判断当将该项目复制到新地点或由新的执行者实施时所做出的细微修改是否重要。

以驱虫项目为例。根据变革理论,基于学校进行的驱虫措施能够减少儿童体内的寄生虫数量,从而改善了他们的健康状况,并提高了他们上学的便利性和出勤率。环境因素对于变革理论至关重要,以至于在完全不同的环境下检验该项目将毫无意义。例如,在没有寄生虫存在的地区进行此项目测试是没有意义的。然而,寄生虫可能通过引发贫血等方式来影响健康,而在某些地区潜在贫血率较高。最初该项目是在贫血率较低的地区进行测试,因此可能需要考察结果是否在贫血率较高的地区更显著。或者我们可以选择在寄生虫负荷更低或更高的地区进行测试,以观察其对结果的影响。总之,根据理论推断,有寄生虫感染的儿童在使用驱虫药物后其反应模式较为类似。综合考量寄生虫感染和学校这两个因素,整体来看,与其他项目相比,我们认为驱虫项目对环境差异并不敏感。[1]

与此相反,假设有一个通过向居民反馈服务质量信息、鼓励居民参与改进服务质量的项目。正如第1章所讨论的,这样一个项目的有效性可能高度依赖制度背景,比如政府系统对地方压力的反应程度。

环境的一个重要维度是项目的执行者(非政府组织、私营公司或政府机构)。不同组织可能会雇用不同类型的员工。有些项目可能非常依赖训练有素、积极进取的员工。在这种情况下项目可能无法很好地推广到其他组织。与政府一起进行评估的一个好处是如果政府打算扩大一个项目的规模,让他们了解项目的影响是很有用的。让没有特殊技能的工作人员实施的项目可能更容易推广。但需要记住随机干预实验结果并非黑箱:可以使用理论和过程评估数据来解开产生影响的机制,从而了解如果

---

[1]该案例灵感来自爱德华·米格尔和迈克尔·克雷默的研究, 研究内容被呈现在附录的评估案例1中。

由不同的组织实施该项目,期望的影响可能如何变化。例如,可以使用过程数据来记录与给定结果变量相关联的实施质量。如果该项目随后由另一个执行者接手,可以再次收集过程数据,并查看实现的差异程度。虽然这并不能确定地告诉我们新的项目执行者会带来什么样的影响,但有助于我们做出明智的推断。

如果不同背景下进行的评估发现的结果差异显著,则需要开展更多研究来厘清干预方案发挥作用的背景条件,以及成功的项目如何与特定背景相互作用的细节。只有在此基础上,我们才能有信心得出普遍适用性的政策建议。模块1.2讨论了一个这样的案例。

模块9.3　成本效益分析与比较

本模块讨论了成本效益分析如何用于比较多个随机干预实验的结果,进行这些比较所需的假设,以及如何使用成本效益的敏感性分析来确定特定项目是否适合给定的环境。

为什么要进行成本效益分析?

我们实施的任何项目或政策都有机会成本,即我们的金钱和时间还有其他的潜在使用方式。仅仅了解一项政策或项目对穷人的生活产生了积极影响是不够的。我们还需要知道,该政策或项目是否是对有限资源的最优利用形式(在政治上和后勤上可行、有充分证据的一组备选方案中)。虽然项目可能同样具有积极影响,但其成本效益可能差异非常大。

图9.1显示了每花费100美元可以带来的额外受教育年数,这是基于对不同国家的教育项目进行的11种不同的随机干预实验的结果。这些数字背后有一些警告和假设,我们将在本模块的其余部分进行讨论。但有时即使改变了这些假设,一些项目每花费100美元所产生的学年数仍然显著高于其他项目。

成本效益分析与成本收益分析

成本效益分析(Cost-effectiveness analysis,CEA)展示了在给定成本下一个项目在一个结果度量上取得的效果。计算成本效益需要将所有项目成本加起来,然后除以项目对所有样本在结果变量上带来的总影响效果。例如,在图9.1中,所有项目的成本都是根据单一的结果测量指标"受教育年限"进行比较的。成本收益分析

（Cost-benefit analysis，CBA）是将项目的所有不同收益和成本转化为同一个尺度（通常是货币尺度）。这种方法可以用来比较不同的项目，或者评估一个项目是否值得投资（即收益是否超过成本）。

成本收益分析结合了多种结果的估值

成本收益分析的一个优点是可以更容易地评估具有多个结果的项目。例如，一个项目对考试成绩影响大、对健康影响小，而另一个项目对考试成绩影响小、对健康影响大，那么如何决定投资哪个项目呢？如果我们对考试成绩的改善和对健康的改善都赋予货币价值，就可以将它们相加，然后将这些价值与项目成本进行比较。成本收益比最低的项目代表了最好的投资（考虑到对健康和教育的相对权重）。

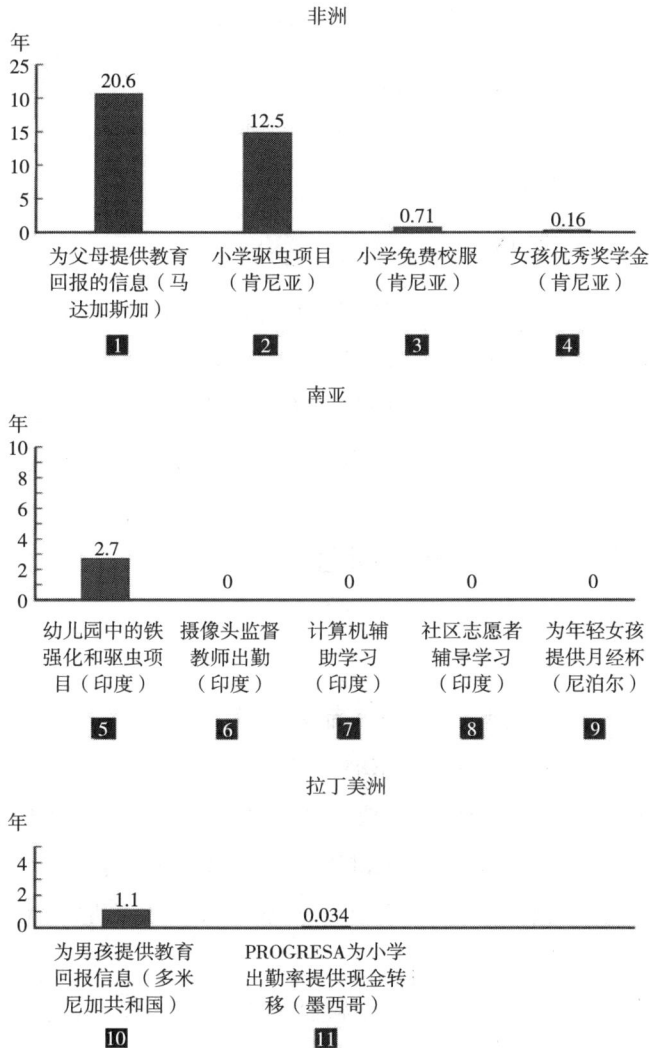

图9.1　成本效益：在非洲、南亚和拉丁美洲，每花费100美元可以增加学生上学的年限

将成本和收益放在同一尺度上，不仅可以为项目是否值得投资提供相对判断，

而且可以给出一个绝对判断。完成成本收益分析后我们可能会得出结论：没有一种干预方案值得投资，或者有多种干预方案同时值得投资。证明成本收益分析有用的一个典型案例是，有一个项目涉及一笔前期投资(如建造一家新医院)，并会在未来产生一系列的收益(如减少维护成本)。另一个案例是一个旨在通过加强监督来减少政府浪费的项目：成本收益分析将表明，增加的监督成本是否会通过减少浪费获得补偿。如果任何投入都允许通过租借来实现，并且使用借款成本作为计算长期成本和收益时的贴现率，那么应该投资所有能产生正成本收益的项目。

成本收益分析的缺点是，它需要对项目带来好处的价值进行假设，而不同的组织或不同的人可能做出截然不同的假设。例如，如果一个项目降低了儿童死亡率，就需要用金钱来衡量拯救生命的价值。我们可能必须为女孩受教育的机会或减少因疾病导致的残疾赋予货币价值，从而被迫对这两者中哪个更有价值做出相对判断。每当我们决定投资哪个项目或政策时，都在潜在地对健康和教育、老年人的健康和年轻人的健康状况等进行比较评估。成本收益分析需要给出明确的货币价值判断并将其纳入计算。

成本效益分析将不同结果的相对估值留给用户

因为不同的组织对不同类型的利益赋予了不同的相对权重，J-PAL倾向于进行成本效益分析，而不是成本收益分析。成本效益分析允许使用我们生成的信息的人根据自身的判断，对不同的结果赋予不同的权重。他们可以决定花100美元通过驱虫实现多13年的上学时间，是否比花同样的钱减少490例腹泻更有价值。

进行成本效益分析时要考虑的问题

全面和口径统一的成本核算

所有成本效益(或成本收益)分析都需要对项目所包括的所有成本进行全面和口径统一的核算。如果一项研究忽略了帮助运行项目的志愿者的时间，而另一项研究将其考虑在内，那么对它们的成本效益的分析和比较将无法反映项目之间的真正差异。保持口径统一的一个关键因素是包括所有成本。这里我们不再重复提关于如何进行成本效益研究的详细建议[①]。但值得一提的是，在计算成本时要考虑两个关键问题。

1. 受益人成本：重要的是不仅要包括实施组织的成本，还要包括受益人的成

[①]例如，具体可以阅读：Henry M. Levin and Patrick J. McEwan, *Cost-Effectiveness Analysis: Methods and Applications*, 2nd ed. (Thousand Oaks, CA: Sage, 2000), or Iqbal Dhaliwal, Esther Duflo, Rachel Glennerster, and Caitlin Tulloch, "Comparative Cost-Effectiveness Analysis to Inform Policy in Developing Countries".

本。如果我们向参与项目的受益人收取费用,或者要求他们为项目贡献劳动力,这便是项目想要帮助的人需要实际承担的成本。

2.转移支付:是否将对受益人的转移支付(如现金支付)作为项目成本纳入其中是一个复杂的问题。[①]一方面,我们可以将现金转移支付视为该项目带来的另一种好处,但如果我们不衡量其他方面的好处(如教育项目中的健康改善),为什么要将现金计入项目带来的好处呢? 另一方面,我们可以将其视为受益人的负成本。此时,它既是项目的收益(对受益人)也是项目的成本(对项目提供者),这样两者就相互抵消。一种实用方法是将包括了转移支付和未包括转移支付的结果均呈现出来,以说明其对不同假设的敏感性。[②]

使用贴现率来比较不同时间的成本和影响

有些项目在前几年有较高的前期成本,但在未来几年的维护成本很低。也有项目的前期成本较低,但运营成本(如员工工资)较高。有些项目可能很快就产生了巨大影响,而另一些项目的影响可能是随着时间逐渐增加的。为了把所有这些项目放在一个相似的基础上,我们需要对未来产生的成本和项目影响都进行贴现处理,即将所有的成本和项目影响都折现到同一个时间点。

主要的挑战是选择合适的贴现率。使用的贴现率需要能够反映项目的不同参与者——承担成本的人和获取收益的人——随着时间的推移所作的权衡。在没有市场扭曲的经济中,利率将反映这些权衡。在实践中,特别是在发展中国家,资助者和贫困的受益者对于收益和成本的时间偏好可能存在显著差异。尤其是穷人可能面临极高的利率,他们可能更加重视当前的利益而非未来的利益。因此,在确定如何正确使用贴现率时需要考虑时间贴现权衡主要是关于成本(这种情况下借款成本可以作为一个良好指标)还是关于收益的(这种情况下较高的贴现率可能更合适)。然而,我们也有必要检验结果对不同贴现率的敏感性。[③]实际上,多数结果可能对贴现率变化并不敏感。

如果项目是在不同时期实施的,我们也需要注意调整通胀成本。

跨国成本比较

如果我们有肯尼亚、印度和墨西哥旨在提高小学入学率项目的成本和影响效果的信息,应如何比较这些项目以帮助我们为坦桑尼亚选择最具成本效益的干预

---

①对该问题的讨论可以阅读:Dhaliwal , et al. "Comparative Cost-Effectiveness Analysis".
②更复杂的是,究竟什么才算转移支付。现金转移显然是一种转移,具有明确的货币价值。但是,是否应该包括食品券、蚊帐、免费医疗服务,甚至是有价值的信息?
③有关适当贴现率的更详细讨论和一些贴现率示例,请阅读:Dhaliwal et al., "Comparative Cost-Effectiveness Analysis".

方案？不幸的是，这并不是简单地用市场汇率换算成本。问题在于，墨西哥的项目可能比在印度测试的项目更昂贵，因为墨西哥更富裕，成本更高。这些较高的费用与我们关于坦桑尼亚的决定无关。我们可以使用购买力平价(Purchasing power parity, PPP)汇率，这种汇率是为了调整不同国家的不同成本而设计的。但计算购买力平价所评估的商品与项目中用到的商品可能是不同的。此外，各国之间的相对成本可能不同。例如，在印度依赖大量廉价、受过教育的劳动力的项目，在肯尼亚的成本可能比购买力平价比较所显示的要高得多。理想情况下，我们应该研究项目成本的组成部分，根据具体情况对其进行成本计算，并进行详细的成本效益分析。如果想在一个贫穷国家实施一个项目，重要的是不要使用购买力平价汇率将成本转化为富裕国家的货币。这可能会让我们对用我们的钱能实现的好处有一个非常扭曲的印象。从本质上讲，对墨西哥、印度和肯尼亚的教育项目进行的购买力平价比较(以美元计)可以告诉我们在美国实施这些项目的成本，但并不能反映在坦桑尼亚实施这些项目的效果。一般来说，购买力平价比较对于跨背景比较是有用的，但要做好仍很复杂。[1]

考虑多重影响

当一个项目对多个结果产生影响时，特别是当这些结果影响到人们生活的不同方面时，通过成本效益比较来决定采用哪个项目可能会很复杂。假设我们在比较两个项目，其中一个项目在提高学生出勤率方面更具成本效益，而另一个项目在提高考试成绩方面更具成本效益，那么这种比较可能是可行的。例如，我们可以认为出勤率是一个中间结果，我们关心出勤率只是因为它会对提高学习成绩有影响。因而可以忽略对出勤率的影响，只分析项目对考试成绩的相对成本效益。在其他情况下，我们可能会在非常不同的领域面临多种结果，其中一种结果可能并不明显优于另一种。例如，我们可能需要在以下两个项目中做出选择：一个项目可以大幅增加学校学生的出勤率，而另一个项目对学生出勤率和疫苗接种率都有中等程度的改善。如果我们所在的教育部门要求关注教育方面的结果，这可能不成问题：我们将优先考虑对教育结果贡献最大的项目。然而，如果资助我们项目的基金更关注提高一个人的总体福利，此时可能会发现很难以这种方式进行跨部门的比较。

处理具有多种结果的项目的一种方法是采用前面提到的成本收益分析。另一种方法是将项目成本在不同结果之间分摊。如果有某种方法可以在不同结果之间分摊成本，使得假设的单一结果项目与针对该结果的其他项目相比具有更高的成本效益，那么整个一揽子项目就可以被认为是具有成本效益的。假设一个项目提高了入学率和疫苗接种率，我们将四分之一的成本分摊给教育方面的结果，四分之

---

[1]更多细节，可以阅读：Dhaliwal et al., "Comparative Cost-Effectiveness Analysis".

三的成本分摊给疫苗接种部分。有了这些成本,如果该项目是解决出勤率问题的最具成本效益的项目之一,也是解决疫苗接种问题的最具成本效益的项目之一,那么我们就可以得出结论:总体来看,该项目是极具成本效益的。

成本效益估算的敏感性分析

由于成本效益比较中存在较多假设,因此检验结果对关键假设的适度变化的敏感性具有实用价值。在本模块前面已经提及了一些敏感性分析方法,这里我们将探讨其他类型的分析,并介绍如何利用敏感性分析来评估在特定情景下引入哪个项目——换句话说,我们是否以及何时可以期望将结果推广到另一个情景中。只有当我们能够获取成本效益计算所依据的数据和模型,并且能够根据特定背景进行数字调整时,才能进行敏感性分析。因此,将用于成本效益分析中的数据和模型公开,能极大地增加其对决策者的实用价值。

影响估计的不精确性

随机干预实验不仅能够提供影响效果的估计值,还能给出其置信区间。一些研究可能比其他研究更能准确地估计影响效果。在政策决策过程中除了考虑影响大小外,还需要考虑影响估计的精确性。我们可能会发现成本效益分析对于给定影响的置信区间的上下限非常敏感。或许我们会发现尽管一个干预方案最初看起来比另一个方案具有更高的成本效益,但如果将置信区间的边界纳入考量,则它们之间可能并没有显著差异。

例如,我们可以计算增加儿童在校时间项目的成本效益的90%置信区间(表9.1)。一些项目,如墨西哥的"进步计划"项目(PROGRESA),对影响的估计非常精确,其成本效益的90%的置信区间相对较窄。[1]其他项目,如马达加斯加关于教育回报的宣传活动,其影响的估计精度较低。在这种情况下成本效益的90%置信区间为每100美元约1年到近40年不等。尽管估计精确性较低,但马达加斯加项目可能的成本效益区间仍然高于本分析中大多数其他项目的成本效益区间。

对环境变化的敏感性

在本章的第二个模块中,我们讨论了在一种情景下的研究结果何时可以推广到另一种情景。在这里我们将探讨敏感性分析如何帮助我们理解在新环境下哪个项目最具成本效益。

我们已经讨论了不同国家之间成本的差异。然而,不同国家环境的差异也可

---

[1]该研究的作者是保罗·舒尔茨,研究内容被总结呈现在附录的评估案例9中。

能对成本效益产生影响。一个项目可能看起来比另一个项目更有效，仅仅是因为它在一个进展更容易的环境中实施。例如，如果入学率只有50%，则通过项目增加上学的儿童数量会相对容易，但如果入学率已经超过80%，此时要通过项目增加入学儿童数量则要困难得多。再举一个例子，如果变革理论表明不论项目前的腹泻率是多少，一个项目都可以使腹泻率在原有基础上减少相似的百分比。此时如果对比不同背景下实施的项目能够减少的腹泻病例数，这样做会错误地给予原来腹泻率高的地区更高的权重。因此，此时比较上学率提高的百分比或腹泻降低的百分比可能比直接比较变化的样本数更为合适。一种等价且更易于向政策制定者解释的方法是将研究中发现的百分比变化换算成具体情景下的腹泻率变化，以检验在这一具体情景下可以减少的腹泻病例数。这正是表9.1所做的工作。最后一种可能的方法是比较多种不同背景下的研究，正如图9.1中所做的。

表9.1　成本效益的置信区间：每100美元带来的额外受教育年数

项目		国家	时间期限（年）	下限	估计值	上限
1	为父母提供上学回报率的信息	马达加斯加	1	1.1	19.5	37.9
2	小学驱虫项目	肯卢亚	1	5.70	14.0	22.30
3	小学免费校服	肯尼亚	1	0.33	0.71	1.09
4	女孩优秀奖学金	肯尼亚	3	0.02	0.27	0.51
5	幼儿园铁强化及驱虫	印度	1	0.09	2.65	5.21
6	摄像头监督教师出勤	印度	1	n.s.i.		
7	计算机辅助学习	印度	1	n.s.i.		
8	社区志愿者辅导学习	印度	1	n.s.i.		
9	女孩月经杯	尼泊尔	1	n.s.i.		
10	为男孩提供上学回报率信息	多米尼加共和国	4	0.03	0.03	0.03
11	PROGRESA为小学出勤提供现金转移	墨西哥	4	0.08	0.24	0.41

注：区间按90%的置信区间计算。n.s.i.表示无显著影响效果。

图9.2中呈现的成本效益估计值变动区间与原始研究中影响效果估计值的精确性无关，而是反映了对项目环境进行估计的误差——这里具体指对人口密度的敏感性。有些项目对人口密度更为敏感，当考虑哪种干预方案在我们的环境中最有用时，这种类型的敏感性分析是非常有指导意义的。例如，相对于在人口分散、同一口水井只有少数家庭使用的地区，在人数集中、同一口水井有很多人同时使用

的地区开展改善水源的项目可能更具有成本效益。[①]

对项目规模的敏感性

项目规模扩大时人均成本可能下降(例如,运输或培训方面存在规模经济),从而使该项目更具成本效益。如果项目评估时规模较小,而现在计划大规模推广,并且已经对可能的成本有较为精准的估计,那么就可以在计算成本效益时将这种规模经济反映出来。但需要注意,关于成本变化的假设需要在对比的几个项目中是一致的,且要有充分的证据。

项目规模扩大后项目的影响效果也可能发生变化。如果项目规模扩大后监测变得更加困难,项目执行不如原来好,则影响效果可能降低,因而其成本效益也可能下降。但如果缺少充分的证据,我们无法确定这种效果降低是否真的发生。然而,我们可以检验,如果在大规模推广中影响效果略有降低,成本效益分析的结果是否会发生变化。

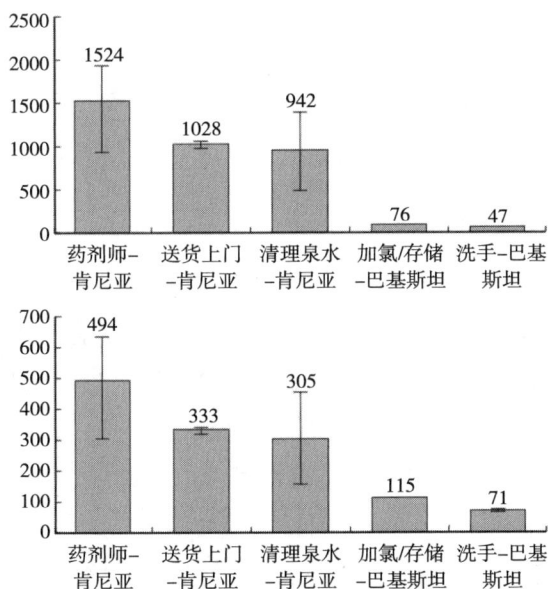

图9.2   每1000美元减少的疟疾病例数

注:使用全球平均每人每年腹泻事件数(3.2)和肯尼亚(2.11)、巴基斯坦(9.88)的估计平均值,以人口密度为置信区间构建。条上的标记是敏感区间。

当一个项目规模扩大时,对照组的正向溢出效应也可能会消失。例如,在对肯尼亚驱虫项目的评估中,项目一部分的影响效果来自对照组学校的儿童。这些儿童虽然没有被直接干预,但由于邻近的干预组学校的传染率降低,他们的寄生虫载

[①]J-PAL Policy Bulletin, "The Price Is Wrong: Charging Small Fees Dramatically Reduces Access to Important Products for the Poor", Abdul Latif Jameel Poverty Action Lab, Cambridge, MA, 2012.

量仍然有所下降（从而提高了入学率）。[1]该研究的设计方式和使用的分析方法能够测量出项目产生的对其他学龄儿童的溢出效应及项目对干预组学校儿童本身的影响效果（见模块8.2）。当项目规模扩大时，不再有对照组，因此在计算收益时需要将原来的正向溢出效应减去。

模块9.4 从研究到政策行动

开展随机干预实验的目标并非报告估计的结果、指出某一特定项目的影响。如果结果具有重要政策含义，应如何将其转化为政策改善？本模块通过案例展示了如何基于评估结果提出政策建议。

从研究到政策改变的多种路径

评估结果对项目设计者或资助者的影响并没有单一路径。评估结果如何影响辩论或导致政策变化，可能因所产生的政策教训的类型和考虑证据的决策者的类型而异。下面展示了随机干预实验的结果影响项目设计或政策设计的4种不同方式。

驱虫项目：评估小组织实施的项目，并由大组织复制推广

迈克尔·克雷默和爱德华·米格尔与在肯尼亚西部省工作的荷兰非政府组织非洲国际儿童援助组织合作，对一项以学校为基础的大规模驱虫项目进行了评估，结果表明该项目在减少学生缺勤方面成本效益较高。[2]一项对20世纪初美国南部的一个消灭钩虫项目的准实验研究也得出了类似的结果。根据其变革理论所示，该项目的实地管理相对简单，表明该项目可以复制推广到其他有寄生虫的地区。[3]然而，作为一项通过学校实施的健康项目，它需要教育部门和卫生部门之间的协调，这降低了人们对扩大项目规模的预期。但该项目在教育方面有显著的影响效果，且比其他项目更具有成本效益，这些证据为项目推广提供了重要的说服力。世界经济论坛（World Economic Forum）的一群全球青年领袖（包括迈克尔·克雷默）创建了一个名为"为世界除虫"（Deworm the World）的组织，旨在为希望在学校推行大规模驱虫项目的政府提供技术援助。到2013年，"为世界除虫"已帮助各国政府在学

---

①该研究的作者为爱德华·米格尔和迈克尔·克雷默，研究内容被总结呈现在附录的评估案例1中。

②该研究内容被总结呈现在附录的评估案例1中。

③Hoyt Bleakley, "Disease and Development: Evidence from Hookworm Eradication in the American South", *Quarterly Journal of Economics* 122 (2007): 73-117, doi: 10.1162/qjec.121.1.73.

校实施大规模驱虫项目,惠及儿童超过4000名。

该案例中,一个由政府最终推广实施的项目最初是由一个小的非政府组织探索实施的。促成其规模扩大的因素可能包括该项目成本低、成本效益高,在不同的背景下均有效,以及相对容易实施。

免费蚊帐:有助于改变更大范围政策辩论的小规模评估

杰西卡·科恩和帕斯卡琳·杜帕斯与肯尼亚政府卫生部门合作,联合小型非政府组织"铛铛"(TAMTAM)共同收集证据以推动长期存在的驱虫蚊帐(ITNs)政策辩论。该辩论关注驱虫蚊帐应该免费发放还是应该以补贴价格销售,人们预期以补贴价格销售可能刺激消费者积极使用自己花钱购买的物品。但研究结果表明,即使收取很低的费用也会显著降低人们对驱虫蚊帐的需求,且并未提高蚊帐的使用率。类似的结果也在其他预防性保健产品上得到了验证。[1]

那些倡导免费蚊帐的人迅速利用了这些证据。2009年,英国政府引用科恩和杜帕斯的研究呼吁在贫穷国家取消卫生产品和服务的费用。[2]国际人口服务组织(Population Services International, PSI)是推广驱虫蚊帐和其他卫生预防技术的领导者,他们放弃了以前的立场,即认为有补贴的低价销售能够确保蚊帐的使用。该组织通过3000个公共产前诊所,向更多肯尼亚孕妇免费分发驱虫蚊帐,同时也通过商业渠道低价销售驱虫蚊帐。[3]此外,世界卫生组织也开始支持免费分发蚊帐的政策。[4]

在该案例中,政策影响的一个关键因素不是研究人员在最初的研究中与谁合作,而是他们回答了一个政策辩论中几乎没有充分证据的关键问题。该案例也提出了使用随机干预实验(和一般评估)评估政策影响的一个重要观点:这项研究不仅有助于理解一个特定的政策问题(是否应该对驱虫蚊帐收取少量费用),它还促成了一个更广泛的讨论,即为什么高效的预防性保健产品的使用率如此低。在相同时期内进行的其他几项研究检验了其他保健产品的价格敏感性,并发现了类似结果,这引出了一个更广泛的政策建议——预防性保健产品的小额收费可能对接受度产生显著影响。同时,对不同背景、不同产品的检验结果基本相似,均遵循这一原则,这进一步增加了该研究结果在政策领域的可信度。[5]

---

①该研究内容被总结呈现在附录的评估案例6中。

②Gordon Brown. "PM's Article on Universal Healthcare",last modified September 23, 2009, Number10.gov.uk.

③Population Services International, "Malaria Prevention and Treatment", accessed May 28, 2008.

④ "Science at WHO and UNICEF: The Corrosion of Trust." *Lancet* 370 (2007): 1007;World Health Organization, "WHO Releases New Guidance on Insecticide-Treated Mosquito Nets", World Health Organization News Release, last modified August 16, 2007.

⑤有9项研究检验了价格对项目参与率的影响, 这些研究被总结呈现在: J-PAL Policy Bulletin, "The Price is Wrong".

有条件现金转移：对一个国家的政府项目进行评估，使其推广到更多国家

一个著名的、相对较早的、大规模的发展类随机干预实验项目是墨西哥政府的有条件现金转移项目PROGRESA（后来的Oportunidades）。政府高级官员（包括学者圣地亚哥·列维）认为，严格的评估有助于这一关键的反贫困项目在政府更迭中生存下来。该项目确实活了下来，且其证据引起了世界银行、美洲银行和其他政策制定者的注意，他们被证据的严谨性所说服。许多其他国家使用随机干预实验来评估自己的现金转移项目，并发现了与墨西哥项目类似的结果。

在该案例中评估的动机来自政府政策制定者，他们从一开始就参与其中。这意味着评估是大规模的，并在墨西哥的不同地区开展。这些因素可能促成了该项目的成功复制与推广，目前该项目至少已在30个国家实施。①

教育补习：一家大型非政府组织对自己的项目进行评估，并据此筹集资金、扩大项目

印度非政府组织布拉罕基金会与阿比吉特·班纳吉、埃丝特·迪弗洛和肖恩·科尔合作，评估了一项针对学业落后儿童的教育补习项目。最初的评估是在印度的两个不同的邦进行的，随后在印度农村进行了一个略有不同模式的新评估。②评估提供了充分的证据，证明该项目改善了儿童的学习成绩，这有助于布拉罕基金会在印度19个邦筹集资金并扩大"阅读印度"项目的规模，从而实现在2008—2009年惠及3300多万名儿童。

在该案例中，原来的合作伙伴有能力开展大规模的项目，这有助于项目的进一步复制推广（尽管布拉罕基金会的项目在第一次评估的时候规模较小）。该项目对不同的版本进行了检验，以适应不同的环境，并在所有情况下都被证明是非常有效的。这一事实也可能是其成功扩大规模的原因之一。此外，该项目成本很低，不需要受过高等教育的辅导老师。正如我们在下面讨论的，这项研究还有助于得出一个更普遍的政策结论，即提高教育质量的关键是确保教学因人而异、因材施教。

将研究转化为政策时要考虑的因素

上面的案例说明，从评估中获得证据进而提出政策建议的途径很多，这里有很多因素需要权衡。

---

① Ariel Fiszbein and Norbert Schady, *Conditional Cash Transfers: Reducing Present and Future Poverty* (Washington, DC: World Bank, 2009).

② Banerjee et al., "Pitfalls of Participatory Programs." 这项研究在第1章中进行了详细的讨论。

扩大单个的项目,还是推广普遍的经验

有时,单个项目的评估可以促进该具体项目的复制和推广,如基于学校的驱虫项目和有条件现金转移支付项目。然而,通常从一项或一组研究中得出的最重要的政策建议可能具有更普遍的意义。举例来说,研究发现,即使收取很少的费用,预防性保健产品的使用率也会显著下降,并且为这些产品付费似乎并不能促进其使用。如果在不同背景下证实了这种普遍的经验,则可以用来设计大量不同类型的项目。

将随机干预实验与其他研究结合来得出普遍经验的另一案例是关于儿童接受适当水平教学的重要性。描述性研究表明,学生的学习水平远远低于课程标准。[①]在肯尼亚进行的一项早期随机干预实验发现,额外的教科书只对表现最好的学生有帮助,可能是因为这些学生是唯一能够有效使用教科书的人。[②]3项研究考察了不同的干预方法以适应学生的教学水平:在印度,一项根据学生回答数学问题的正确与否来设计内容的教育软件能够显著提高学生的数学成绩;在肯尼亚,根据英语(教学语言)水平对入学学生进行分班的项目,可以提高表现优异和表现不佳的学生的考试成绩;在印度,不同版本的教育补习项目大幅提高了学生的阅读能力和数学成绩。[③]

一些国家的政府正在尝试将这一普遍经验纳入政策。例如,加纳政府在贫困行动创新组织的支持下,加纳政府设计、试点并评估了一个旨在培训助教并提供教育补习课程的项目。该项目旨在培训助教并提供教育补习课程,以帮助儿童掌握基本的阅读和计算技能。如果初步结果证明该项目能成功,该项目有望扩大规模从而使加纳地区更多的儿童受益。

与包括政府在内的大型组织合作,还是与小型组织合作

在组织内部往往存在一种偏见,即更倾向于关注内部的证据。与政府(如上述PROGRESA示例)或大型组织合作有利于项目扩大规模,因为如果执行者对评估投入了精力,他们更有可能重视评估结果。在大型组织或政府中进行评估的另一个好处是,在进行严格评估的过程中也可以使更多的人认可评估结果,这对整个组织都有很重要的好处。

然而,与大型参与者合作也有许多限制。推进合作的过程可能缓慢且耗时,政

---

①例如,在印度,三年级农村儿童中有32%连一个简单的单词都看不懂:ASER Centre, "Annual Status of Education Report (Rural) 2011".

②Paul Glewwe, Michael Kremer, and Sylvie Moulin, "Many Children Left Be-hind? Textbooks and Test Scores in Kenya," *American Economic Journal: Applied Economics,* 1 (2009): 112-135.

③相关研究被总结呈现在附录的评估案例2、3、4中。有关提高教育质量的一般政策经验的概述,请参阅 Michael Kremer, Rachel Glennerster, and Conner Brannen, "The Challenges of Education in the Developing World," *Science*, 340 (6130) (2013): 297-300.

府官员的流动性可能导致评估被放弃或中途发生重大变化。一些大型组织和政府的高流动率意味着，想让参与评估的人认同评估结果的目标可能难以实现。

小型或地方非政府组织往往比政府、国际机构或大型国际非政府组织更灵活，且更愿意尝试创新和不寻常的方法。这种灵活性意味着小型执行者通常是评估的理想合作伙伴，因为这些评估可以检验对许多组织具有普遍意义的问题。

弥合研究和政策之间的隔阂

从证据到行动的转化往往不是立竿见影或自然而然发生的，然而评估的目的在于促进未来政策的改善。为了平稳推进从评估结果到政策变革的过程，我们提供了一些实用建议，帮助评估者（即证据生产者）以决策者易于理解和接受的方式分享他们的研究成果。此外，对于证据消费者可以在哪里以合理的、可获取的形式找到随机干预实验的证据，我们也提供了相关的建议。

选择一个有政策意义的问题

如果希望我们的研究为政策制定提供参考，最重要的一步是进行评估，回答决策者和利益相关者关心的核心问题。第3章深入探讨了如何实现这一目标。

在适当的时候提供证据

重要的政策决定往往会在关键时刻做出。例如，预算拨款往往以一年、三年或五年为周期确定计划。确保在适当的时间提供证据，更有可能促使政策制定者根据证据采取行动。在研究人员和政策制定者之间建立信任关系对这一过程至关重要，并有助于评估者了解何时是提供证据的最佳时机。

介绍项目实施过程

通常学术性的评估报告关注的是如何衡量项目影响的技术细节，而很少关注项目的实际实施过程。但是如果其他组织或政府希望根据证据采取行动，他们则需要了解项目细节、实施项目的挑战是什么，以及如何克服这些挑战。

如果某个组织实施的项目经过严格评估，实施该项目的组织会成为评估结果的最佳信使，从而促进其他组织复制推广该项目。例如，J-PAL在印度比哈尔邦举办了一个证据研讨会，其目标是与邦一级的高级决策者分享在其他情况下获得的证据。在每次评估中，来自研究团队和实施该项目的组织的人员都会到场。比哈尔邦的官员尤其对与执行者讨论如何应对项目实施中的挑战表现出浓厚兴趣。同样，当J-PAL和贫困行动创新组织与加纳政府合作设计一个新的教育补习项目时（前一节中讨论过），他们拜访了印度非政府组织布拉罕基金会，了解其项目的具体运作方式。

将评估结果发布到汇总这些结果的网站上

即便是专注于最新发表的文献的学者,也难以全面综述一个特定部门或地区的证据。政策制定者和实践者可能会困惑于如何获取当前的证据,尽管有时这些结果仍然只在封闭的学术期刊中进行报告。

一些组织已经做了一些尝试,希望能够更方便地找到这些严谨的评估证据:

1.J-PAL的网站上有一个评估数据库,其中包含了隶属于J-PAL的教授进行的350多项随机干预实验,这些实验都是可搜索的。该数据库还允许用户按地区、部门、政策目标、研究人员姓名等类别进行筛选。它还能够生成涵盖J-PAL和非J-PAL评估的特定部门的文献摘要,并从文献中得出普遍经验。

2.世界银行的发展影响评估(DIME)倡议有一个可按地区和方法搜索的在线数据库。

3.影响评估网络组织(NONIE,在世界银行网站上)还拥有一个由其成员提供的随机干预实验的评估数据库。

4.循证政策联盟(Coalition for Evidence-Based Policy)维护着一份符合顶级证据标准的评估清单。这份清单的重点是与儿童和年轻人有关的国内政策。

5.美国经济学会有一个所有随机干预实验(来自世界各地)的注册表。随着时间推移,这个注册网站(仍在不断更新)将提供所有正在进行的随机干预实验的综合列表。它可以链接到已发表的研究和评估的数据。

以可获取的方式发布结果

即使政策制定者发现了评估结果,学术期刊文章的格式也并非始终易于获取。因此,对结果和政策含义进行简洁而非技术性的总结非常重要。许多组织,如J-PAL和国际增长中心(International Growth Centre)会编写简明扼要的政策简报来概述随机干预实验的结果。在解释评估结果时,邀请实施组织参与其中是非常有益的。在这个过程中,评估者需要谨慎并保持客观性,不隐瞒执行者可能不愿公开的结果。然而,在真正合作的情况下,执行者通常能够在结果解读及其与其他结果的相关性方面提供很多信息。

认真考虑外推性

正如第3章所讨论的,在项目设计阶段就考虑其未来推广的可能性(例如,在具有代表性的地点和具有代表性的合作伙伴中进行项目评估),有助于结果的传播。当讨论结果时,我们也可以解释在什么条件下结果可以推广到其他特定的环境中。

综合多个项目的一般经验

在分享有用的经验方面，综合不同背景下出现的一般经验比提供任何通过特定评估得到的单一经验更具价值。总结整个行业的经验和进行成本效益分析，有助于从大量证据中提炼出普遍适用的经验。模块3.1列举了一些有用的文献综述的来源，这些文献综述涵盖了对发展中国家反贫困项目进行的随机干预实验。我们在阅读他人编写的文献综述时，我们需要特别注意作者的观点：是否存在可能影响其结果总结方式的特定观点？

模块9.5　结论性思考

开展随机干预实验既具有挑战性又成本高昂。这要求评估者对其所评估的项目及相关操作环境有充分的了解。评估者和执行者必须紧密合作，从而相互理解彼此的工作。在评估设计、样本量、数据收集和分析等方面，我们需要做出数百个关键但细微的决策。在通常情况下，评估过程中可能会遇到很多导致评估偏离正轨的问题。一位重要的政府官员可能会离职，而其继任者可能希望对整个研究进行破坏性调整。飓风可能导致家庭从对照组社区搬迁到干预组社区，反之亦然。

虽然这项工作并不容易，但很重要。正如本书中所展示的，随机干预实验有助于回答人们生活中的许多关键问题（无论是涉及纽约民众，还是新德里民众）。但是，尽管我们学到了很多东西，特别是在过去的20年里——当随机干预实验的数量急剧增加时，它被用来解决的问题范围也获得了大幅增长——但我们仍有许多未知之处。如果政策制定在仔细、严格和有意义的项目评估基础上，政策的有效性就有可能大大增强。但要实现这一潜力，我们需要建立一个更广泛、更深入的证据基础，以涵盖对人们生活息息相关的重要问题和政策。

我们希望本书能够鼓励更多的人开展随机干预实验，提高开展随机干预实验的质量，从而为这个证据基础作出贡献。

附录　本书中引用的随机干预实验案例

以下是本书概念说明中用到的随机干预实验案例。在每个案例的末尾提供了讨论和引用该案例的模块,黑体字表示该案例被讨论最详细的模块。

评估案例1:寄生虫:干预存在外部性时评估其对教育和健康的影响

作者:(1)迈克尔·克雷默、爱德华·米格尔;(2)欧文·厄齐尔(Owen Ozier);(3)莎

拉·贝尔德、琼·哈莫里·希克斯、迈克尔·克雷默和爱德华·米格尔[1]

地点：肯尼亚西部省布西亚区布达兰格和芬玉兰小组

样本：75所小学，超过3万名学生

时间：1997—2001年

本研究评估了非洲国际儿童援助组织与布西亚区卫生部门合作开展的小学驱虫项目。该项目将75所学校随机分为3组，在3年内分阶段进行干预。

在每一组中，对随机抽取的学生进行基础寄生虫学调查。寄生虫患病率超过50%的学校每6个月使用驱虫药物进行一次大规模干预。除药物干预外，干预学校还定期举办公共卫生讲座，提供预防寄生虫的挂图，并培训一名指定教师。讲座和教师培训提供了预防寄生虫行为的信息，如饭前洗手、穿鞋和不去湖里游泳。

驱虫使干预组严重感染寄生虫的学生减少了一半。项目学校的学生报告称，他们生病的次数更少，患严重贫血的比例也更低。驱虫使学校学生出勤率提高了7.5个百分点，相当于学生缺勤率降低了四分之一。未接受驱虫干预的学生在接受驱虫干预的学校附近上学时，寄生虫感染较少，出勤率较高。

驱虫项目改善了未直接接受干预的婴儿的认知结果。那些在其兄弟姐妹就读于实施驱虫项目的学校时自己还是婴儿的学生，10年后当这些婴儿成长为儿童时，表现出更高的认知能力，约相当于提升0.5—0.8年的学业水平。

项目结束10年后，接受干预的学生仍在继续受益。接受驱虫项目的男孩在他们成年后每周多工作3.5小时，且更有可能从事制造业工作，获得更高的工资。接受驱虫项目的女孩成年后有更好的教育成果，更有可能种植经济作物。

案例引用：模块1.1,2.4,3.1,4.1,4.6,5.2,8.1,8.2,9.2,9.3,9.4

进一步阅读：

Baird, Sarah, Joan Hamory Hicks, Michael Kremer, and Edward Miguel. 2013. "Worms at Work: Long-Run Impacts of Child Health Gains". Working paper, Harvard University, Cambridge, MA.

J-PAL Policy Bulletin. 2012. "Deworming: A Best Buy for Development". Abdul Latif Jameel Poverty Action Lab, Cambridge, MA.

Miguel, Edward, and Michael Kremer. 2004. "Worms: Identifying Impacts on Education and Health in the Presence of Treatment Externalities". *Econometrica* 72 (1): 159-217.

Ozier, Owen. 2011. "Exploiting Externalities to Estimate the Long-Term Effects of Early Childhood Deworming". Working paper, University of California, Berkeley.

---

[1] 若一个案例总结涉及多篇论文，我们用括号(1),(2),(3)等来区分不同论文的作者。

评估案例2：教育补习项目

作者：阿比吉特·班纳吉、肖恩·科尔、埃丝特·迪弗洛、利伦德

地点：印度

样本：瓦多达拉的122所小学，孟买的77所小学

时间：2001—2004年

许多发展中国家大幅提高了小学入学率，但在校学生的学习水平往往很低。2005年的一项调查发现，在7—12岁的印度学生中有44%的学生不能阅读基本段落，50%的学生不能做简单的减法，尽管大多数人都在上学。研究人员与印度教育非政府组织布拉罕基金会合作，评估了在瓦多达拉和孟买的学校实施教育补习项目的影响效果。辅导教师通常是从当地社区招募的年轻女性，给她们支付的薪水仅是公立教师工资的一小部分（每月10~15美元）。这些辅导教师为被认定为成绩落后的二年级至四年级的学生进行辅导。在每天4小时的上学时间内，教师在一个单独的班级为15~20名该类学生进行2小时的辅导。教学重点是学生在一年级和二年级应该培养的核心能力，主要是基本的算术和识字技能。教师们接受了为期两周的初步培训，并学习了由布拉罕基金会设计的标准化课程。

在2001学年，瓦多达拉大约一半的学校为三年级学生配备了一名辅导教师，另一半学校为四年级学生配备了一名辅导教师。而在孟买，大约一半的学校为三年级学生配备了一名辅导教师，另一半学校为二年级学生配备了一名辅导教师。2002年，此前未接受干预的年级将配备辅导教师。在确定项目影响时，将四年级有辅导教师而三年级没有的学校的三年级学生与三年级有辅导教师的学校的三年级学生进行比较，以此类推。

该项目对考试成绩产生了实质性的积极影响，对数学成绩影响最为明显，且对原本落后学生的影响最大。在瓦多达拉和孟买，该项目显著提高了学生的整体考试成绩，第一年提高了0.14个标准差，第二年提高了0.28个标准差，其中数学成绩的提高最为显著。此外，最差的学生进步最大，他们也是该项目主要目标群体。在项目班级中，通过基本能力测试的后三分之一学生的分数提高了近8个百分点。

案例引用：模块1.2，4.1，4.6，5.4，6.2，6.4，7.2，9.2

进一步阅读：

Banerjee, Abhijit, Shawn Cole, Esther Duflo, and Leigh Linden. 2007. "Remedying Education: Evidence from Two Randomized Experiments in India". *Quarterly Journal of Economics* 122 (3): 1235-1264.

J-PAL Policy Briefcase. 2006a. "Making Schools Work for Marginalized Children: Evidence from an Inexpensive and Effective Program in India". Abdul Latif Jameel Poverty Action Lab, Cambridge, MA.

评估案例3：学校治理、教师激励和生师比

作者：埃丝特·迪弗洛、帕斯卡琳·杜帕斯和迈克尔·克雷默

地点：肯尼亚西部省

样本：210所小学

时间：2005—2007年

2003年肯尼亚取消了小学学费。这使入学人数增加了近30%。许多新学生是第一代学生，而且没有上过学前班。因此，同一年级的学生在阅读、写作和数学方面的能力差异很大。在与非洲国际儿童援助组织的合作下研究人员评估了3种干预措施，旨在解决班级规模大和同一年级学生初始学业成绩差异大的问题。

在210所小学中，有140所被随机分配到接受额外教师项目的干预组，该项目提供资金聘请当地合同制教师以解决教室过度拥挤的问题。学校委员会负责聘用合同制教师，并可根据教师的表现自由更换或保留原合同制教师。合同制教师的工资约为正式公立教师的四分之一，但具有相同的教育资格。剩下的70所学校作为对照组。

在一半的项目学校中，学生被随机分配到由合同制教师授课的班级或由公立教师授课的班级。在另一半的项目学校，学生根据他们的标准化考试成绩被分成小班，这个过程被称为分轨制教育。在所有项目学校中有一半学校也被随机选择接受学校的基本管理培训。培训目的是赋予家长对学校委员会的监督权，以确保当地合同制教师的招聘过程是公平和客观的，并监督教师的表现。

额外教师项目使学生考试成绩总体提高了0.22个标准差。然而，并不是所有学生都同样受益。合同制教师比公立教师对学生考试成绩的影响要大得多。学生学习成绩的提高主要因为教师变得更为努力。在随机访问期间，合同制教师在项目组随访时正在教学的可能性比非额外教师项目学校的公立教师高28个百分点，但额外教师项目降低了公立教师的努力程度。

将额外教师项目与学校的基本管理培训相结合，比单独的额外教师项目对学生考试成绩提高更为显著。培训使家长能够更有效地监督合同制教师的招聘过程，并将仅仅因为与现有教师有关系而被聘用的合同制教师数量减少了约一半。

根据学生的标准化考试成绩将他们分班也提高了学习效率。教授学习成绩水平相似的学生是有益的，部分是因为它允许教师更好地根据学生的水平因材施教，还因为它提高了教师在课堂上的出勤率。

案例引用：模块1.2,3.3,4.6,5.2,8.1

进一步阅读：

Duflo, Esther, Pascaline Dupas, and Michael Kremer. 2011. "Peer Effects, Teacher

Incentives, and the Impact of Tracking: Evidence from a Randomized Evaluation in Kenya". *American Economic Review* 101 (5): 1739-1774.

——2012. "School Governance, Teacher Incentives, and Pupil-Teacher Ratios: Experimental Evidence from Kenyan Primary Schools". Working paper, Massachusetts Institute of Technology, Cambridge, MA.

评估案例4：教育、艾滋病和早孕：来自肯尼亚的实验证据

作者：(1)埃丝特·迪弗洛、帕斯卡琳·杜帕斯和迈克尔·克雷默；(2)帕斯卡琳·
　　　杜帕斯
地点：肯尼亚西部省
样本：肯尼亚西部省328所小学
时间：2003—2010年
早孕和性传播疾病是撒哈拉以南非洲少女面临的重要健康风险。

在两项相关的研究中，第一项的研究人员评估了艾滋病危险性行为教育和学校补贴的影响。2003年，肯尼亚西部省的328所学校被随机分为4组。在艾滋病教育组中，每所学校有3名教师接受培训，教授国家艾滋病课程。该课程涵盖了有关艾滋病的基本知识，鼓励人们在结婚前禁欲，并在结婚后保持忠诚。这一干预措施使学校按照国家课程加强了艾滋病教育。在补贴组中，已经入读六年级的学生在两年内免费获得两套校服。第三组同时接受艾滋病教育和免费校服，第四组为对照组。

在肯尼亚，25岁的男性比16岁的青春期男孩更容易感染艾滋病。因此，与年长的伴侣(通常被称为"甜爹")发生性关系对青春期女孩来说尤其危险。在第二项研究中，328所学校中随机选择的一部分学校也接受了"相对风险信息运动"。一名训练有素的非政府组织工作人员向八年级学生播放了一段关于"甜爹"的简短教育视频，并引导了一场关于跨代性行为的公开讨论。

该项目推出3年后，研究人员收集了有关生育和两性关系的数据。7年后，收集了生育数据及性传播感染的生物标志物。

提供艾滋病教育本身并没有改变少女怀孕、性传播感染或学业成绩。它确实使非婚生子率降低了1.4个百分点。在3年和7年的随访中，教育补贴本身使小学辍学率降低了5个百分点，生育率降低了3个百分点，但对性传播感染没有显著影响。将这些项目结合起来产生的影响效果则截然不同，与单独实施教育补贴相比，两种干预同时实施使辍学率更高，生育率下降幅度较小。与此同时，性传播感染从11.8%的基数下降了2.3个百分点。

提供"性伴侣的年龄会影响艾滋病感染风险"这一信息，使怀孕率降低了28%

（一年内女孩怀孕率从5.4%降至3.9%），这表明干预措施降低了女孩进行不安全性行为的可能性。具体来说，干预似乎减少了不安全的跨代性行为：与年长5岁或以上的男性生育孩子的比例下降了61%，但与青少年伴侣生育孩子的比例并未增加。由于该子样本组缺少性传播感染数据，因此未对其进行分析。

案例引用：模块2.1，4.1，4.2，**4.4**，5.1，5.3，5.4，7.2

进一步阅读：

Duflo, Esther, Pascaline Dupas, and Michael Kremer. 2013. "Education, HIV and Early Fertility: Experimental Evidence from Kenya". Working paper, Massachusetts Institute of Technology, Cambridge, MA.

Dupas, Pascaline. 2011. "Do Teenagers Respond to HIV Risk Information? Evidence from a Field Experiment in Kenya". *American Economic Journal: Applied Economics* 3: 1-34.

J-PAL Policy Briefcase. 2007. "Cheap and Effective Ways to Change Adolescents' Sexual Behavior". Abdul Latif Jameel Poverty Action Lab, Cambridge, MA.

评估案例5：走向机遇？

作者：杰弗里·克林、杰弗里·利布曼、劳伦斯·卡茨

地点：美国巴尔的摩、波士顿、芝加哥、洛杉矶和纽约市

样本：4248户

时间：1994—2002年

美国生活在弱势社区的家庭往往健康状况较差、失业率较高，孩子在学校的表现也较差。与生活在较富裕社区的家庭相比，他们更容易遇到法律问题。目前尚不清楚这些健康和社会经济结果的差异在多大程度上是由生活在更弱势的社区造成的，还是由某些家庭特征（如受教育程度或收入较低）造成的。

为了研究生活在更富裕社区对健康和社会经济地位的影响，作者使用随机干预实验对美国住房和城市发展部的"搬向机遇"项目进行了评估。1994年至1997年，5个城市的高贫困公共住房项目中的家庭被随机分配到两个干预组或对照组中的一个。第一个干预组家庭将收到一张为期一年的代金券，可以在贫困率低于10%的社区获得公共住房和流动性咨询服务。第二个干预组家庭也收到了公共住房的代金券，但其能够选择的社区并没有贫困率限制。对照组则继续接受在研究开始前的一般公共住房援助，未发生变化。

2002年，相对于对照组，获得任何一种代金券的家庭的居住环境都相对更安全，贫困率也更低。然而，代金券并没有影响成年人的收入、对福利的参与程度，也没有影响他们获得的政府援助的数量。获得低贫困社区住房代金券的成年人肥胖

的可能性显著降低,但在其他身体健康方面没有显著改善。然而,获得低贫困社区住房代金券的成年人心理健康状况有了实质性改善。女性青年有更好的教育、心理健康和身体健康结果,参与的危险行为也显著减少。相比之下,男性青年在这些方面要么没有受到影响,要么受到负面影响。

案例引用:模块2.4,8.2

进一步阅读:

Kling, Jeffrey, Jeffrey Liebman, and Lawrence Katz. 2007. "Experimental Analysis of Neighborhood Effects". *Econometrica* 75 (1): 83-119.

评估案例6:免费发放还是成本分摊?来自肯尼亚的疟疾预防实验的证据

作者:杰西卡·科恩和帕斯卡琳·杜帕斯

地点:肯尼亚西部省

样本:20家产前诊所

时间:2007—2008年

通常认为,提供公共物品时需要进行成本分摊(即对健康产品收取一个经过补贴后的较低价格),以避免将资源浪费在那些不会使用或不需要该产品的人身上。研究人员对产前诊所向孕妇出售长效抗疟驱虫蚊帐的价格进行随机设置,探讨了这一论点。

研究人员随机选择了16家诊所以补贴的价格获得驱虫蚊帐,各诊所的折扣从市场价格的90%~100%不等(相当于蚊帐补贴的90%~100%)。对照组中的4家诊所不提供驱虫蚊帐。在每家诊所内已经选择购买蚊帐的妇女会随机获得进一步的折扣。

没有证据表明成本分摊提高了驱虫蚊帐的使用率:支付补贴价格的妇女使用蚊帐的可能性并不比免费获得蚊帐的妇女更高。此外,没有证据表明成本分摊能使最需要蚊帐的妇女获得蚊帐:那些支付更高价格的妇女似乎并不比免费获得蚊帐的妇女病情更重(以贫血率衡量,这是疟疾的一个重要指标)。然而,成本分担确实极大地抑制了需求。当驱虫蚊帐的价格从零提高到0.60美元时,使用率下降了60个百分点。

案例引用:模块2.4, 3.1, 3.2, 4.4, 5.4,7.2,9.4

进一步阅读:

Cohen, Jessica, and Pascaline Dupas. 2010. "Free Distribution or Cost-Sharing? Evidence from a Randomized Evaluation Experiment". *Quarterly Journal of Economics* 125 (1): 1-45.

Dupas, Pascaline. 2012. "Short-Run Subsidies and Long-Run Adoption of New

Health Products: Evidence from a Field Experiment". NBER Working Paper 16298.

J-PAL Policy Bulletin. 2011. "The Price is Wrong". Abdul Latif Jameel Poverty Action Lab, Cambridge, MA.

评估案例7：孟加拉国农村女孩赋权项目

作者：艾丽卡·菲尔德，瑞秋·格伦纳斯特

地点：孟加拉国博里萨尔区

样本：460个社区，约45000名女孩

时间：2007年至今（正在进行中）

虽然孟加拉国女孩的中学入学率很高，但女孩往往辍学并在年轻时结婚。孟加拉国人口和家庭调查发现，15—16岁的女孩中只有19%完成了中学教育，15—19岁的女孩中有30%开始生育。早婚和早育会损害妇女的健康、教育、创收潜力和家庭地位。人们对这些不同项目的相对成本及其对女孩的社会和经济赋权的影响知之甚少。

研究人员与美国救助儿童会孟加拉国办事处合作，实施了一系列旨在对孟加拉国南部女孩赋权的干预措施。"少女之声"项目通过在安全空间（女孩可以定期见面的社区空间）举行由同龄人主导的小型会议来运作。在460个目标社区的样本中，随机选择307个社区接受援助4种干预方案中的一种。剩下的社区作为对照组。4种干预方案如下：

1.基本干预包。同伴经过培训后在安全的地方向其他女孩传授课程，这些女孩在6个月的时间里每周见面几次。课程内容包括营养、生殖健康信息和谈判技巧。小组还举行家庭作业学习会议，而文盲女孩则接受识字和算术培训。

2.生计干预包。该干预在基本干预包的基础上，增加了关于生计的财务课程。这些课程不是提供直接的职业培训，而是侧重于培养创业和预算技能。

3.整体干预包。该干预在生计干预包的基础上又增加了一个激励措施，即激励女孩推迟结婚年龄至法定年龄18岁。激励的形式是目标社区所有15—17岁的女孩每年都有资格获得约16升食用油，价值约为15美元。

4.晚婚干预包。该干预只提供了上文所述的晚婚激励。

初步结果表明，基本干预包和生计干预包都没有对结婚年龄、教育水平或妇女的权力产生显著影响。晚婚激励使19岁及以上人群（其中大多数为19—21岁）的结婚率从64%的基数降低了7个百分点。整体干预包对教育变量的影响为0.07标准差，主要体现在最高受教育年限提高了0.3年，数学考试成绩显著提高了。晚婚干预包和整体干预包在婚姻和教育结果上没有统计学差异。然而，整体干预包带来了避孕方法知识水平的提高。

案例引用：模块 2.4, **4.6**, 7.1, 7.2, 8.1, 8.3

进一步阅读：

Field, Erica, and Rachel Glennerster. "Empowering Girls in Rural Bangladesh: Midline Report". Abdul Latif Jameel Poverty Action Lab, Cambridge, MA. Accessed January 3, 2013.

评估案例8：劳动力市场政策是否有挤出效应？

作者：布鲁诺·克萨姆彭、埃丝特·迪弗洛、马克·古尔甘德、罗兰·拉泰洛特、菲
　　　利普·扎莫拉
地点：法国的10个地区
样本：57000名18—30岁的求职者
时间：2007—2010年

虽然关于就业援助项目的实验研究很少，但通常会发现就业咨询有积极影响。然而，针对这些研究的一个重要批评是它们没有考虑到潜在的挤出效应：从就业咨询中受益的求职者更有可能找到工作，但这也意味着与他们在劳动力市场上竞争的其他失业者可能因此面临更大的就业困难。

研究人员评估了针对法国受过教育的年轻求职者的大规模求职援助计划的挤出效应。根据该项目，私营机构与失业至少6个月的年轻毕业生（至少拥有两年制大学学位）签约，提供密集的就业安置服务。私营机构在完成服务时将获得报酬。也就是说，受培训的求职者必须找到一份合同期限至少为6个月的工作，并至少受雇6个月。

8个月合格后，与该项目签约的失业青年找到稳定工作的可能性比没有签约的青年高2.5个百分点。然而，12个月后这些影响效果就消失了。此外，还有证据表明存在挤出效应。当一个未接受过就业咨询的年轻人处于周围许多年轻人都接受了就业咨询的地区时，相比于处于很少有人接受就业咨询的地区，他们本身的长期就业率要低2.1个百分点。在竞争更激烈的劳动力市场，这种挤出效应尤为显著。

案例引用：模块 2.4, **4.6**

进一步阅读：

Crépon, Bruno, Esther Duflo, Marc Gurgand, Roland Rathelot, and Philippe Zamora. 2011. "L'Accompagnement des jeunes diplômés demandeurs d'emploi par des opérateurs privés de placement". *Dares Analyses* 94: 1-14.

——. 2012. "Do Labor Market Policies Have Displacement Effects? Evidence from a Clustered Randomized Experiment". *Quarterly Journal of Economics* 128 (2): 531-580.

评估案例9：为穷人提供学校补贴：对墨西哥PROGRESA反贫困项目的评估

作者：(1)保罗·舒尔茨；(2)保罗·格特勒(Paul Gertler)

地点：墨西哥

样本：506个农村社区

时间：1997—2000年

有条件现金转移项目已成为向低收入家庭转移收入并鼓励社会期望行为的一种重要手段。现金转移支付的条件可以是儿童定期上学并接受定期健康检查。有条件现金转移的普及部分源于墨西哥PROGRESA项目的成功实践。

1998年墨西哥政府实施了PROGRESA项目，旨在改善儿童的营养、健康和教育。在被认为有资格参与该项目的5万个社区中，随机选择了506个社区参与试点评估。320个被随机分配到干预组，将立即获得项目福利；186个被分配到对照组，将接受监测，并在两年后开始参与项目。到1999年底，该项目已在全国5万多个社区推广。

PROGRESA项目提供了两种不同的转移支付方式。第一种是每月90比索(约7美元)的固定补助，条件是家庭成员获得预防性医疗保健。第二种是向从三年级开始就学的孩子的家庭提供教育补助金，条件是孩子至少有85%的时间上学，而且一个年级的留级不超过两次。高年级的教育津贴数额更大，女孩的津贴数额更大，因为政府希望鼓励年龄较大的女孩继续上学。

结果显示，PROGRESA对升学率有显著的正向影响，尤其是小学后的升学率。对于完成六年级学业并有资格进入初中的学生，入学率提高了11.1个百分点，从项目实施前的58%提高到项目实施后的69%。这种影响主要是由女孩入学率的增加带来的，女孩入学率增加了14.8个百分点，而男孩入学率增加了6.5个百分点。PROGRESA也对健康产生了积极影响。在接受干预的家庭中，孩子们的疾病发生率减少了23%，贫血率减少了18%，身高增加了1%～4%。

案例引用：模块4.2，9.4

进一步阅读：

Gertler, Paul. 2004. "Do Conditional Cash Transfers Improve Child Health? Evidence from PROGRESA's Control Randomized Experiment" *American Economic Review* 94 (2): 336 – 341.

Schultz, T. P. 2004. "School Subsidies for the Poor: Evaluating the Mexican Progresa Poverty Program". *Journal of Development Economics* 74: 199-250.

评估案例10:教育券只是再分配吗?

作者:(1)约书亚·安格里斯特、埃里克·贝廷格、埃里克·布鲁姆、伊丽莎白·金、迈克尔·克雷默和胡安·萨维德拉;(2)约书亚·安格里斯特、埃里克·贝廷格和迈克尔·克雷默

地点:哥伦比亚

样本:学校代金券计划的1600名申请者

时间:1998—2004年

在20世纪90年代初,哥伦比亚政府推出了PACES项目,为来自城市贫困社区的12.5万多名学生提供了代金券。这些代金券覆盖了哥伦比亚私立中学一半以上的学费。

由于对代金券的需求大于供应,政府通过随机抽签来决定代金券的发放,从而产生了一个自然的实验,来检验学校选择对教育和其他结果的影响。调查数据是1998年从3个队列(主要来自波哥大)的1600名以前的申请者中收集的,距离他们开始上高中已经3年了。样本是分层的,其中一半是随机抽签的抽中者,一半是未被抽中者,这意味着一半的被调查学生有机会上私立中学。调查是通过电话进行的,会询问学生们后续的上学情况和辍学情况、花费在教育上的时间及金钱投资,以及他们就读的是公立中学还是私立中学。

结果显示,在申请参加项目3年后,抽签抽中者和未抽中者在入学方面没有显著差异。但抽中者上私立中学的可能性要高15个百分点,平均多完成0.1年的学业,完成八年级学业的可能性要高10个百分点,这主要是因为他们不太可能留级。

2005年,研究人员通过检查大学入学考试的注册和考试成绩的官方记录,分析了代金券项目的长期影响。结果显示,抽签抽中者参加大学入学考试的可能性高7个百分点。这是预测高中毕业率的一个很好的指标,因为90%的高中毕业生都会参加这个考试。因为抽签抽中者参与大学考试的概率更高,对此因素进行调整后,该项目也使考试成绩提高了0.2个标准差。尽管该样本中男孩的分数普遍低于女孩,但项目的开展使他们的成绩提升幅度更大,尤其是在数学方面。

案例引用:模块4.1,5.2,8.1

进一步阅读:

Angrist, Joshua, Eric Bettinger, and Michael Kremer. 2006. "Long-Term Educational Consequences of Secondary School Vouchers: Evidence from Administrative Records in Colombia". *American Economic Review* 96 (3):847-863.

Angrist, Joshua, Eric Bettinger, Erik Blook, Elizabeth King, Michael Kremer, and Juan Saavedra. 2002. "Vouchers for Private Schooling in Colombia: Evidence from a Randomized Natural Experiment". *American Economic Review* 92 (5): 135-158.

评估案例11：信息和社会互动在退休计划决策中的作用

作者：埃丝特·迪弗洛和埃马纽尔·塞斯

地点：美国

样本：6211名大学教职工

时间：2000—2001年

研究人员评估了信息和社会网络对大学教职工参加自愿税务延迟账户退休计划的影响。为增加该退休计划的参与人数，学校举行了一个宣介会，介绍学校提供的各种退休计划的好处及相关信息。研究人员在随机选择的一些大学院系中随机挑选了一组教职工，通过发送邮件向他们承诺如果他们参加宣介会将会得到20美元的奖励。实验中研究了两组不同的教职工：一组是收到"参加宣介会金钱奖励承诺"邮件的教职工，另一组是与收到邮件的教职工来自同一院系，但未收到邮件的教职工。将这两组教职工与没有人收到20美元奖励邮件的院系的教职工进行比较。该研究追踪了奖励对参与宣介会和参与退休计划的影响，同时也考察了社会网络对同一院系未收到邮件的人的宣介会参与率和退休计划参加率的影响。

小额金钱激励成功地提高了干预院系的教职工参与宣介会的概率（包括收到奖励邮件的人和同一院系未收到奖励邮件的教职工）。接受干预的院系有21%的教职工参加了宣介会，而未接受干预的院系只有5%的教职工参加。干预组在基线调查时未参加退休计划的教职工为4000人。1年后研究人员发现，与对照组院系相比，干预组院系教职工退休计划参与率提高了约1.25个百分点。换句话说，该项目使干预组院系参加退休计划的教职工增加了50人。

假设因该项目而参加退休计划的教职工每年贡献约3500美元（新加入教职工的平均贡献），则项目将会使总的退休计划储蓄每年多增加约175000美元（远高于约12000美元的激励成本）。

案例引用：模块4.1,4.6

进一步阅读：

Duflo, Esther, and Emmanuel Saez. 2003. "The Role of Information and Social Interactions in Retirement Plan Decisions: Evidence from a Randomized Experiment." *Quarterly Journal of Economics* 118 (3): 815-842.

评估案例12：为妇女赋权：增加参与会减少偏见吗？

作者：(1)拉加本德拉·查托帕德耶、埃丝特·迪弗洛；(2)洛瑞·比曼、拉加本德拉·查托帕德耶、埃丝特·迪弗洛、罗希尼·潘德和佩蒂亚·托帕洛娃

地点：印度西孟加拉邦的伯布姆区和拉贾斯坦邦的乌代布尔区

样本:265个村委会

时间:2000—2002年

1993年印度的一项宪法修正案要求将三分之一的村委会领导职位保留给女性。一个村委会通常代表5~15个村庄,负责提供当地的基础设施,如公共建筑、水和道路,并确定政府项目的受益者。

在一些邦,为女性领导人保留席位的委员会是随机选择的,这使研究人员可以通过比较男性和女性领导的村委会在提供社会服务方面的差异,来研究强制代表制的政策影响。

数据收集于两个地点进行:西孟加拉邦的伯布姆区和拉贾斯坦邦的乌代布尔区。在伯布姆区数据的收集分两个阶段进行。首先,在每个村委会,研究人员对村委会主任进行了采访,询问他或她的家庭背景、教育程度、政治经历、政治抱负,以及村委会近期的活动。第二阶段,从每个村委会所代表的5~15个村庄中,随机抽取3个村庄,对可获得的公共物品和现有的基础设施进行调查。研究人员还收集了村委会会议纪要,并收集了过去6个月向村委会提交的投诉或诉求数据。两年后,在乌代布尔区的100个村委会都收集到了同样的村级数据。但没有对村委会主任进行访谈。

研究结果表明,为女性预留政治席位影响政策选择的方式更能反映女性的偏好。例如,在妇女会优先考虑饮用水和道路的地区,为妇女预留政治席位的村委会平均多投资了9个饮用水设施,并使道路条件多改善了18%。

此后,研究人员调查了预留政治席位对女性领导者态度的影响。他们通过内隐联想测试来评估性别职业刻板印象的强度,该测试评估了调查对象将男性和女性姓名与领导和家庭事务的联系程度。此外,调查对象还被要求评估一位假想领导者的有效性(随机分配假想领导者的性别)。

在短期内,为女性预留政治席位并没有改变选民对女性领导者的偏好。然而,反复接触女性领导者改变了选民对女性领导者能力的看法,并使更多选民将女性与领导任务联系在一起。在经过两次为女性预留政治席位的村庄里,男性对假想的女性村委会主任能力的评价高于对男性村委会主任的评价。预留女性政治席位政策也显著提高了女性在男女皆可参加的选举中的胜率,但前提是要经过两轮预留政治席位。

案例引用:模块4.1, 5.1, 5.4, 9.2

进一步阅读:

Beaman, Lori, Raghabendra Chattopadhyay, Esther Duflo, Rohini Pande, and Petia Topalova. 2009. "Powerful Women: Does Exposure Reduce Bias?" *Quarterly Journal of Economics* 124 (4): 1497-1539.

Chattopadhyay, Raghabendra, and Esther Duflo. 2004. "Women as Policy Makers: Evidence from a Randomized Policy Experiment in India". *Econometrica* 72 (5): 1409-1443.

J-PAL Policy Briefcase. 2006. "Women as Policymakers". Abdul Latif Jameel Poverty Action Lab, Cambridge, MA.

———. 2012. "Raising Female Leaders". Abdul Latif Jameel Poverty Action Lab, Cambridge, MA.

评估案例13：小额信贷的理论和实践：基于随机信用积分进行影响评估

作者：迪恩·卡兰和乔纳森·辛曼

地点：菲律宾黎萨尔省和卡菲特省及除马尼拉外的国家首都区

样本：1601名信用状况不佳的申请者

时间：2007—2009年

第一宏观银行是一家在马尼拉郊区经营的营利性贷款机构。作为第二代贷款机构，第一宏观银行向小微企业提供小额、短期、无担保的固定还款计划信贷。第一宏观银行的研究人员使用信用评分软件来识别信誉不佳的申请者，评估时给予业务能力、个人财务资源、外部财务资源以及个人和业务稳定性等指标大致相同的权重。该方法也使研究人员能够评估信用评分方法的有效性。那些分数处于中间位置的申请者构成了这项研究的样本，总共有1601名申请者，其中大多数是首次申请贷款。该组成员被随机分为两组：1272名贷款被批准的申请者为干预组，329名贷款被拒绝的申请者为对照组。

贷款被批准的申请者获得了5000～25000比索（200～1000美元）的贷款，相对于借款人的收入来说，这是一笔很大的数额。贷款的到期日为13周，需要分期并且每周还款。加上前期费用和利息，年利率约为60%。在申请流程完成约1年后，研究人员收集借款人的商业状况、家庭资源、人口统计、资产、家庭成员的职业、消费、福祉及政治和社区参与等数据。

被随机分配接受贷款确实增加了借贷概率：与对照组相比，干预组在调查前1个月获得贷款的概率增加了9.4个百分点。干预组中拥有企业的客户比对照组少经营0.1家企业，少雇用0.27名员工。干预组和对照组在大多数幸福感指标上没有显著差异，尽管获得贷款的男性表现出更高的压力水平。

案例引用：模块4.3，4.6，5.4

进一步阅读：

Karlan, Dean, and Jonathan Zinman. 2011. "List Randomization for Sensitive Behavior: An Application for Measuring Use of Loan Proceeds". *Journal of Development Economics* 98 (1): 71-75.

——. 2011. "Microcredit in Theory and Practice: Using Randomized Credit Scoring for Impact Evaluation". *Science* 332 (6035): 1278-1284.

评估案例14:教师绩效工资:来自印度的实验证据

作者:卡蒂克·穆拉利达兰、文卡特什·桑达拉曼

地点:印度安得拉邦

样本:500所学校

时间:2004—2007年

在过去10年中,公共教育支出显著增加,但公共教育服务的提供效率却严重低下。在印度安得拉邦,教师的工资和福利占小学教育支出的90%以上,但教师的缺勤率依然很高。

研究人员通过随机干预实验研究了教师的工资与学生的考试成绩挂钩是否会提高教师和学生的表现,以及这种影响在学校层面和个体层面的激励是如何变化的。干预学校的教师根据学生在数学和语言测试成绩上的平均进步获得奖金,平均奖金约为普通教师年薪的3%。在集体激励的学校中,所有教师都根据全校平均考试成绩的提高获得相同的奖金;而在个人激励的学校中,教师的奖金是根据该教师所教学生的平均考试成绩的提高获得的。

研究结果表明,根据学生的表现给教师支付奖金对提高学生的学习成绩非常有效。在该项目第2年结束时,激励组学校的学生在数学和语言测试中的得分高于对照组学校的学生(分别高出0.28和0.16个标准差)。激励组学校的学生在没有奖金的科学和社会研究方面的得分也更高,这表明存在积极的溢出效应。学校层面的团体激励和教师层面的个人激励在项目第1年同样表现出色,但个人激励组学校在第2年的表现明显优于团体激励组学校。然而,激励组学校教师的缺勤率并没有显著降低。

案例引用:模块4.4,9.2

进一步阅读:

Muralidharan, Karthik, and Venkatesh Sundararaman. 2011. "Teacher Performance Pay: Experimental Evidence from India". *Journal of Political Economy* 119 (1): 39-77.

评估案例15:机构重塑:基于预分析计划的援助影响证据

作者:凯瑟琳·凯西、瑞秋·格伦纳斯特和爱德华·米格尔

地点:塞拉利昂的邦特和邦巴利地区

样本:236个村庄和2382户家庭

时间：2005—2009年

社区驱动发展项目向地方社区提供赠款，支持地方公共物品的建设，同时也寻求加强地方参与和问责制度。塞拉利昂政府试点了这样一个社区驱动发展项目（名为GoBifo，在克里奥尔语中意为"向前迈进"），作为在经历了10年毁灭性内战后帮助重建基础设施、促进妇女和青年参与决策的途径。研究人员、世界银行和政府的权力下放秘书处合作对该试点项目进行了评估。

来自两个种族和政治上截然不同地区的社区被随机分配到干预组或对照组。干预组的村庄获得了5000美元的赠款，并由项目协调员定期访问。该协调员帮助社区成员建立或改造村庄发展委员会，为村庄发展委员会设立银行账户，建立透明的预算编制制度，并制订村庄发展计划，其中包括如何使用项目赠款的具体内容。将边缘化群体纳入村庄决策过程并促使其参与是该项目的核心。

除了家庭调查外，研究人员还进行了3次有组织的社区活动，以评估集体行动的水平、少数群体的参与和是否存在精英掠夺。这些社区活动旨在衡量社区如何在项目试图改变的3个领域对具体的现实情况做出反应：(1)根据匹配的赠款机会筹集资金；(2)在两个可比较的备选方案之间做出社区决策；(3)分配和管理免费提供的资产。

与对照组地区相比，开展项目的村庄拥有更多高质量的当地公共物品，如小学或社区谷物晾晒场。干预组社区也有更多的市场活动，包括有更多的商人和更多的物品出售。

没有证据表明该项目导致了当地机构或决策的根本性变化。尽管干预组社区的许多妇女参与了项目决策，但项目结束后在社区会议上发表意见的妇女很少，且在其他领域发挥领导作用的妇女也很少。干预组社区在筹集资金以匹配赠款机会方面也没有表现得更成功。

案例引用：模块5.4，8.3

进一步阅读：

Casey, Katherine, Rachel Glennerster, and Edward Miguel. 2011. "The GoBifo Project Evaluation Report: Assessing the Impacts of Community Driven Development in Sierra Leone".

——. 2012. "Reshaping Institutions: Evidence on Aid Impacts Using a Pre-Analysis Plan". *Quarterly Journal of Economics* 127 (4): 1755-1812. doi:10.1093/qje/qje027.

评估案例16：加纳重返中学项目

作者：埃丝特·迪弗洛、帕斯卡琳·杜帕斯和迈克尔·克雷默

地点：加纳

样本：2068名学生

时间：2006—2018年

随着撒哈拉以南非洲地区完成小学教育的儿童比例大幅增加，政府面临着增加中学教育支出和普及中学教育的压力。然而，关于中学教育的经济和社会回报的证据仍很有限。在加纳，学费和材料的直接成本（在加纳4年约为350美元）是上中学的主要障碍。

研究人员正在评估奖学金对加纳中学入学率和中学教育回报的长期影响（10年）。682名学生（通过抽签）被选中获得奖学金，该奖学金覆盖了当地公立高中100%的学杂费。奖学金在2008/2009学年公布，超过75%的奖学金获得者在当年进入高中就读，几乎是对照组人数的4倍。他们中的大多数人于2012年6月毕业。

到2018年，研究人员将收集有关劳动力市场结果、健康、婚姻和生育、时间与风险偏好、技术采用和公民参与等方面的数据。由于尚未获得后续数据，目前还无法得出关于增加中学教育机会影响的经验证据。

在奖学金获得者（干预组）中，2008/2009学年的入学率为75%，几乎是对照组的4倍。3年后，获得奖学金的学生的入学率仍然是没有获得奖学金的学生的两倍，总体入学率为73%（男孩81%，女孩64%）。

案例引用：模块8.1—8.3，9.2

进一步阅读：

Innovations for Poverty Action. "Returns to Secondary Schooling in Ghana". New Haven, CT. Accessed January 3, 2013.

术语表

每个定义末尾括号内的数字是使用该术语的模块，其中黑体字表示对该术语进行最详细讨论的模块。

逆向选择（adverse selection）：产生不良结果的风险较高的人比风险较低的人选择参与项目的可能性更大。个体知道自己的风险，但项目执行者无法知道这些人的风险。（4.3）

分配比例或分数（allocation ratio or fraction）：在给定的样本中随机分配接受某一干预的人数比例。（**4.3—4.5**，6.1—6.4，8.2）

预期效应（anticipation effect）：对照组样本因为预期以后可以参与项目而改变了行为（或在轮换设计中，当前干预组的人改变了他们的行为，因为他们知道以后会成为对照组）。（4.3，**7.4**）

样本流失（attrition）：由于研究人员无法测量样本中某些人的全部或部分结果而导致的数据缺失。（4.2—4.5，5.4，6.5，**7.2—7.4**，8.2，9.1）

基线调查（baseline）：在一个项目开始之前所做的调查，可以与以后的调查结果作比较。（1.1，2.2，2.4，4.3—4.5，**5.2**，5.4，6.1，6.3—6.4，7.2，7.4，8.2—8.3，9.1，9.3）

前后比较（before/after comparison）：一种研究方法，用于衡量在项目实施前和项目运行一段时间后，参与者的结果发生了怎样的变化。（**2.2**）

邦费罗尼调整（Bonferroni adjustment）：基于对检验了多个不同假设的事实对系数的置信区间进行校正。（**8.2**）

因果影响（causal impact）：由项目引起的任何结果变化，即有项目时的结果与无项目时可能出现的结果之间的差异。（**2.1**，2.3，2.4，3.3，9.2）

对照组（comparison group）：用于确定在没有项目时可能发生的情况。在随机干预实验中，它包括那些被随机选择不接受项目的人。（1.1，**2.1**，5.2，9.1）

依从性（compliance）：研究参与者对其被分配的干预方案的遵循程度。（1.2，4.2，6.1，6.4，7.1，7.4，8.2，9.1）

有条件现金转移（conditional cash transfer）：向参与者在遵守特定社会期望行为的条件下提供的现金。（2.4，3.2，4.1，6.4，9.4）

置信区间（confidence interval）：估计值（如估计影响效果的大小）周围的一系列值，真实值可能落入其中。置信区间取决于所选择的显著性水平。（6.1，8.2）

成本收益分析（cost-benefit analysis）：一种比较不同项目成本和收益的方法，将一个项目的各种不同收益转化为一个尺度（通常是货币尺度），然后与该项目的成本进行比较。（3.1，9.3）

成本效益分析（cost-effectiveness analysis）：对于达到特定指标上给定影响所需的费用进行检验，并用于比较具有相同目标且使用相同测量指标的不同项目。（3.1，6.3，9.3，9.4）

反事实（counterfactual）：描述了如果从未实施该项目，参与者将如何表现，并用于理解项目的因果影响。（2.1，2.3，2.4，3.1，4.2，4.3，7.3，8.2）

临界值（critical value）：与显著性水平完全对应的估计结果（如干预效果）的水平。高于此值的任何值在显著性水平上（例如，在95%水平上）在统计学上与零有显著差异；低于这一水平则不显著。（6.2，6.3）

横截面比较（cross-section comparison）：参见简单差值比较。

数据挖掘（data mining）：在数据中寻找想要的结果，直到找到为止。（8.3）

叛逆者（defiers）：个人或团体因为被分配到干预组而不参加一个项目，或者因为被分配到对照组而参加一个项目；也就是那些违抗评估者所做分配的人。（7.1，8.2）

需求效应（demand effects，又名反应偏差：response bias）：参与者因对评估者目标的感知而改变行为。（7.1，7.4）

描述性调查（descriptive survey）：描述当前情况的调查，但不试图回答关于为什么情况是这样的因果问题。（3.1）

双重差分（difference-in-difference）：一种结合了前后比较和参与者/非参与者比较的研究方法。它衡量项目参与者的结果随时间变化的程度相对于非参与者结果随时间变化程度的大小。（2.2，2.3）

虚拟变量（dummy variable）：取0或1值的变量，是一种特殊类型的二元变量。（4.5，8.1，8.2）

激励设计（encouragement design）：一种研究设计方法，干预组和对照组都可以参与项目，但随机提供给一些个人或团体激励，鼓励其参与项目。（4.3，4.5，5.2，6.5，8.2）

终线调查（endline）：研究结束时的测量值。（1.1，2.2，2.4，4.3，4.5，5.2，

6.1，6.3—6.4，8.2-8.3，9.1）

实验效应（evaluation-driven effects）：评估本身以及评估的实施方式或评估结果的衡量方式影响人们的行为方式——例如，霍桑效应和约翰·亨利效应。（**7.4**）

精确匹配（exact matching）：一种评估方法，将项目参与者与至少一个在可观察特征相同的非项目参与者进行比较，这些特征是研究人员有数据的特征，如年龄、职业等。没有直接匹配上的参与者将从分析中删除。（2.2）

排他性约束（exclusion restriction）：工具变量策略有效必须满足的条件（包括激励设计）。它是指工具变量只能通过其对自变量的影响来影响结果，工具变量本身并不会直接影响结果。（**4.3**）

外生性冲击（exogenous shocks）：在研究区域内产生条件变化的事件，与受其影响的人群的任何潜在条件或特征无关。它使我们能有机会辨别因果关系。（**2.2，2.4，6.2，6.3**）

实验方案（experimental protocol）：描述干预分配、干预内容、评估实施、数据收集的操作细节的方案。（**2.3，3.3，4.2，7.1，8.3**）

外部性（externalities）：参见溢出效应。

外部有效性（external validity，又名外推性：generalizability）：在其他环境中能够得到相同的实验结果的可能性。（2.4，4.4，9.2）

假阳性（false positive，又名 I 型错误或 alpha 错误：Type I error 或 alpha error）：项目没有真实的影响效果，但研究人员却发现该项目在统计上效果显著，这会导致错误地推断该项目有影响效果。（**6.1—6.2**）

假阴性（false zero，又名 II 型错误：Type II error）：项目有真实的影响效果，但研究中并没有发现有显著的效果，这会导致错误地推断该项目没有影响效果。（**6.1—6.2**）

一般均衡效应（general equilibrium effects）：结果（如价格和工资）的变化是由平衡力量（通常是需求和供给）的压力决定的，这些力量来自许多人之间的相互作用。（**2.4，4.2，7.3**）

外推性（generalizability）：参见外部有效性。

霍桑效应（Hawthorne effect）：评估中的干预组比平常情况下更努力地工作，是实验效应的一个例子。（**7.4**）

异质性影响（heterogeneous treatment effect）：一个项目对不同子样本组的影响有差异。（**8.1**）

隐性联想测试（implicit association test）：一种实验方法，依赖于这样一个观点，即在快速分类任务中更快地将两个概念配对的调查对象会下意识地更强烈地关联这些概念。它可以用来测试偏见。（**5.1，5.4**）

不精确零效应（imprecise zero）：研究人员无法排除大的影响效果，也无法排除零影响效果，因为估计值的置信区间非常宽。（3.3，6.1）

指标（indicator）：用于衡量结果的可观测度量。（1.2，1.3，4.3，4.4，5.1）

伦理道德委员会（institutional review board，IRB）：审查研究方案以确保其符合伦理道德准则的委员会，在涉及人类对象（受试者）的研究进行之前需要获得其许可。（2.4，4.2，5.4）

工具（instrument）：用于测量指标的工具。（5.1-5.4）

工具变量（instrumental variable）：一种不受选择性偏误影响并与结果变量相关联的因素，允许研究人员通过一个特别的渠道估计因果影响。（2.2，4.6，8.2，8.3）

内部有效性（internal validity）：反映评估出的结果是否是真实的因果影响的程度。（8.2—8.3，9.2）

时间相关性（intertemporal correlation）：衡量个体随时间变化的结果之间的相关程度。（6.4）

组内相关性（intracluster correlation）：衡量同一组内个体相比于不同组内个体更加相关的程度。这是设计效应的一个关键组成部分，设计效应是指在给定样本大小时，当从个体层面的随机化变成群组层面的随机化时，估计结果变得更不精确的程度。（6.2—6.3）

约翰·亨利效应（John Henry effect）：对照组在参与评估后行为改变的情况。（7.4）

配对随机化（matched randomization）：一种随机化方法。在重要特征列表上将样本两两配对，然后将每一对的其中一个随机分配到干预组，另一个分配到对照组。（4.4）

中线调查（midline）：在研究过程中采取的结果测量指标。（6.4）

最小可检测影响效果（MDE）：给定评估设计能够以一定概率检测到的最小结果变化。研究人员根据要实现的最小可检测影响效果来决定样本量。（6.2，6.3，6.4）

单调性假设（monotonicity assumption）：使用激励设计时要求激励对每个人的影响都是相同方向的。（4.3）

道德风险（moral hazard）：人们购买了应对风险的保险时，就会缺乏动力避免风险。（2.3）

多元回归（multivariate regression）：一种统计方法，用于评估结果与几种不同因素之间的相关性。只有当因素变异是外生（即由某些随机因素引起）时，因素和结果之间的关系才可以被解释为因果关系。（2.2）

需求评估（needs assessment）：使用定量或定性方法，对需要解决的问题和项目

拟瞄准对象的需求进行详细描述。（**3.1**）

不依从（noncompliance）：未能按照随机分配的方案进行分配，即被分配到干预组的人最终没有参加该项目，或者被分配到对照组的人参加了该项目。（**7.1**，**9.1**）

原假设（null hypothesis）：假设所有对象的干预效果为零；用 H_0 表示。（**6.1**，**6.2**）

单侧检验（one-sided test）：一种检验方法，只检验一个项目是否产生正向影响或负向影响，而不同时检验两侧。（**6.2**，**8.3**）

结果（outcome）：用于衡量一个项目影响程度的变量水平。（**5.1—5.4**）

超额认购（oversubscribed）：有参与项目意愿的人多于资源有能力提供的量。（**4.1**）

分阶段设计（phase-in design）：一种研究设计方法，不同的人在不同的时间开始参与项目。（**4.3**，**5.2**，**7.2**，**7.4**）

功效（power）：参见统计功效。

统计功效公式（power function）：将统计功效与其决定因素关联起来的公式：（1）显著性水平；（2）从业人员和政策制定者关心的最小可检测的影响效果大小；（3）感兴趣的结果变量的方差；（4）分配给干预组的样本比例；（5）样本量，以及如果执行群组层面的随机化；（6）组的大小；（7）组内相关性。（**6.1**，**6.3**，**6.4**）

预分析计划（pre-analysis plan）：提前描述如何分析研究数据以避免数据挖掘问题的计划方案。（**8.2**，**8.3**）

过程评价（process evaluation）：使用定性或定量方法评估项目是否按计划实施的研究，它不尝试检查项目的影响效果。（**3.1**）

概念验证评估（proof-of-concept evaluation）：测试一种干预方法在最佳可能情况下是否有效，即使这不是该干预方法在扩大规模时真实实施的形式。(**3.3**)

购买力平价（purchasing power parity，PPP）：根据在两个国家购买一篮子标准商品计算的汇率。（**9.3**）

随机化组别（randomization cells）：将合格的样本随机分配进去的组。在测量项目影响的简单评估中，符合条件的样本被随机分为两个组别：干预组和对照组。在更复杂的评估中，可能需要将样本随机分配到两个以上的组。（**4.4**）

随机化设备（randomization device）：对符合条件的样本进行随机化的具体方法。这可以是机械的（硬币，骰子或球机），随机数表或带有随机数生成器的计算机程序。（**4.4**）

随机分配（randomized assignment）：选取一组符合条件的样本——个人、学校、村庄、公司——然后通过投掷硬币、随机数生成器或抽签等随机过程将这些

样本分配给干预组和对照组。（**2.3**，**4.1**，**4.3**，**8.2**）

随机数表（**random number table**）：随机排序的唯一数字的列表。

随机抽样（**random sampling**）：以不可预测的方式从总体中选择样本，创建一个代表整个总体的群体。然后可以测量该样本的特征来推断整个总体的特征。（**2.3**）

断点回归设计（**regression discontinuity design**）：一种评估方法，适用于项目根据某个指标的可衡量的资格线来决定分配，分析时可以比较那些接近和低于资格线的样本的结果。（**2.2**）

研究假设（**research hypothesis**）：项目效果不为零的假设。（**6.1**）

残余方差（**residual variance**）：结果变量之间存在的、无法通过项目或任何可能用于分析的控制变量（如性别或年龄）解释的差异。（**6.3**）

调查对象（**respondent**）：研究人员进行采访、测试或观察以测量给定指标的人或一组人。（**5.1**）

轮换设计（**rotation design**）：一种研究设计方法，在该计划中每个人均可参与项目，但资源有限无法同时参与，所以各组轮换着依次参与项目。（**4.3**）

样本量（**sample size**）：在评估或研究项目中收集数据的样本的数量。（**6.1**，**6.3**，**6.4**）

抽样框（**sampling frame**）：用于从中抽取参与研究的全部符合的样本名单。（**4.4**，**4.6**）

选择（**selection**）：样本参与项目的决定过程。（**2.1**）

选择性偏误（**selection bias**）：研究人员未考虑到参与项目的人群与未参与项目的人群之间存在差异，导致估计效果在特定方向上与真实效果不同的倾向。（**2.1—2.3**，**5.2**）

简单差异比较（**simple difference comparison**，也称为**横截面比较：cross-section comparison**）：项目启动后，测量参与者和非参与者之间的差异程度。（**2.2**）

简单随机分配（**simple random assignment**）：将符合条件的样本随机分配个体到不同组别。（**4.4**）

社会期望偏差（**social desirability bias**）：研究参与者对一个问题给出符合社会规范的答案的倾向，即使这并不能准确反映他们的经验。（**5.3**）

溢出效应(**spillovers**，又名外部性：**externalities**)：一个项目对那些不在该项目中的人的影响。溢出效应可以有多种形式，可以是正向的，也可以是负向的。（**3.1**，**4.1**，**4.5**，**7.3**）

标准差（**standard deviation**）：潜在总体抽取的样本与均值离散程度的度量。（**6.1—6.5**）

标准误（standard error）：衡量影响效果的估计精度（标准误越大，表明估计越不精确）。形式上，样本的标准误等于潜在总体的标准差除以样本量的平方根。（6.1，8.3）

统计匹配（statistical matching）：通过寻找在可观察特征方面（如年龄、收入、教育）与干预组相似的人，将项目参与者与非参与者进行比较。（2.2）

统计功效（statistical power）：实验能够检测到特定大小的干预效果的可能性。对于给定的最小可检测影响效果和显著性水平，统计功效是研究人员能够精确测量项目影响的度量。（6.1—6.5）

分层随机分配（stratification or stratified random assignment）：一种分配方法，该方法先将所有符合条件的样本根据可观察的特征划分为若干层，然后再在每个层中进行随机分配。（4.4，4.5，6.4）

子样本组（subgroup）：根据项目实施前的至少某一个共同的可观察的特征划分的组。（8.1，8.2）

调查效应（survey effects）：因为数据收集而引入的干预组或对照组行为的改变。（7.4）

***t*检验（*t*-test）**：确定两个变量是否在统计上彼此不同的统计检验（通常用于确定估计的系数或效应在统计上是否与零不同）。（4.4，6.1，8.1）

变革理论（theory of change）：一个项目开始时做出的假设，指定了干预措施可能产生影响的路径。（1.2，5.1，8.3，9.2）

干预密度（treatment density）：在一个单位（学校、社区、市场）中接受项目服务（即被纳入干预组）的人数占总人口的比例。（4.2，4.5，4.6）

干预组（treatment group）：随机选择接受项目服务的人群。（2.1，5.2，9.1）

随机抽签（treatment lottery）：一种研究设计方法，将个体、家庭、学校等单位随机分配到干预组和对照组。干预组可以获得项目服务，而对照组则不行。（4.3）

真实差异（true difference）：如果进行无限次完美实验，研究人员会发现的差异情况。（6.2）

真阳性（true positive）：当项目有真实影响效果时，研究人员也发现了统计上显著的结果。（6.1）

真零结果（true zero）：当项目没有真实影响效果时，研究人员也发现统计结果不显著。（6.1）

认购不足（undersubscribed）：一个项目的参与率低，且实际服务的人数少于其有能力服务的人数。（4.1）

变量（variable）：用数值表示的指标。（2.2，5.1）

译后记

哲学家们只是用不同的方式解释世界,而问题在于改变世界。

——卡尔·马克思

近十几年来,无论是在经济学、心理学等传统领域,还是在政治学、社会学等新兴应用领域,随机干预实验都成为了一种越来越重要的研究方法。尤其在2019年诺贝尔经济学奖被授予这种实验性的方法后,该方法受到了研究者和政策制定者的极大关注。

我最早接触随机干预实验方法是在2009年,当时我跟随我的研究生导师在农村开展随机干预实验项目。作为初学者的我,当时对该方法很是好奇,希望能搞清楚如何实际开展好一项随机干预实验。但当时无论是英文书籍还是中文教材,在提及该方法时均将其作为一种统计分析或因果推断方法。这种方法多出现在计量经济学、统计分析这类教材中,将其与工具变量方法、断点回归设计、双重差分方法等统计分析方法相提并论,重在讨论其数据表达形式及推导过程,以及论证为什么随机干预实验在因果推断方面具有优势。

在长期接触随机干预实验方法的过程中,我意识到这些书籍都没有关注到随机干预实验相对于其他方法的最大不同。随机干预实验并不是一种简单的数据分析方法,它的应用是对"研究"这一行为或过程的重新定义。开展随机干预实验时,研究不再只是数据分析、概念思辨的科学思维过程,更是识别社会问题、探索解决方案的科学实践过程。因此,相对于传统方法,随机干预实验的应用是研究从思维过程向实践过程的转变,从解释世界向改变世界的转变。这种转变对研究过程提出了新要求。

本书是美国麻省理工学院阿卜杜勒·拉蒂夫·贾米尔贫困行动实验室(J-PAL)关于随机干预实验的内部培训教材。J-PAL实验室是世界上推广和应用随机干预实验最重要的研究机构之一,2019年诺贝尔经济学奖的三位获奖者的研究成果也主要来自该实验室。本书与已有的论述随机干预实验书籍最大的不同是：本书并未将随机干预当成一种简单的数据分析方法,而是当成一种科学实践过程。

本书有以下主要特点值得读者注意：

1.注重实践和操作

从如何选择要检验的问题,到如何选择可以合作的社会组织,再到如何设计随机化方案,以及数据分析后如何推动政策转变,本书均详细地进行了介绍。例如,对于溢出效应,本书并不聚焦于其理论表达形式是什么,而是重在说明如何在项目实际开展中发现和避免溢出效应,或者通过项目设计来测量溢出效应。

2.丰富的案例

本书引用了大量的实际案例,多来自J-PAL实验室的随机干预实验项目(作者本人也是J-PAL的项目负责人)。这些案例为如何在实际环境中开展随机干预实验提供了重要借鉴。

阅读和翻译本书,让我深刻感受到了随机干预实验在社会科学研究中应用的巨大潜力。无论是政府新试点的项目和政策,还是社会组织开展的公益项目和活动,抑或是企业想要提供产品、服务或应用的商业策略,都可以应用随机干预实验。随机干预实验为研究者与社会实践的结合提供了重要的契机。

一方面,随机干预实验能够使个人或个别组织的个别社会实践更具有普遍意义,从中总结出有利于全社会、全人类发展的普遍经验;另一方面,随机干预实验的应用也在促进科学研究面向实践,扎根现实,关注和解决现实社会问题。

当然,随机干预实验还有许多理论问题需要思考、厘清。例如：

项目的影响效果是如何构成的？ 自然科学中每一种干预带来的影响总是相对固定、可预期的,为什么社会实践中的项目影响总是有变动？ 一个项目的影响效果由哪些基本的部分组成？

项目的干预策略是如何提出的？ 当前的研究思路仍以解释为主。但要解决一个社会问题时,其基本的流程是什么？ 一个好的干预策略提出的基本过程又是怎样的？

本书翻译工作完成于我在康奈尔大学访学期间。感谢康奈尔大学提供的优雅的校园环境和浓厚的学术氛围,让我能对随机干预实验的一些问题静下心来认真思考和认识。我的研究生艾建民也参与了本书的校对工作,同时致以谢意。

仓促付梓,难免有不妥之处,欢迎批评指正、交流讨论。我的邮箱是：niejingchun@yeah.net。

聂景春

2024年8月于西安